Kommunikation

Heinz W. Droste

Kommunikation

Planung und Gestaltung öffentlicher Meinung

Band 2: Mechanismen

pedion verlag

Impressum

Droste, Heinz W.
Kommunikation – Band 2: Mechanismen
Auflage 3 – 06/20

Bibliografische Information der Deutschen Nationalbibliothek
Die Deutsche Nationalbibliothek verzeichnet diese Publikation in der Deutschen Nationalbibliografie; detaillierte bibliografische Daten sind im Internet über http://dnb.d–nb.de abrufbar.

ISBN 978–3–9822034–1–6

Layout, Satz, Grafik und Produktionsleitung:
Pedion Verlag

Für ***Mario Bunge***,
der unermütlich und rigoros
– aber ebenso elegant und humorvoll –
das Projekt der philosophischen und
wissenschaftlichen Aufklärung vorantrieb.
*Es ist an uns, aus seinen vielen
fruchtbaren Arbeitsergebnissen für unsere Aufgaben
und unsere Zukunft Konsequenzen zu ziehen
und damit produktiv zu werden.*

Inhaltsübersicht

Teil II
Methodologische und empirisch-wissenschaftliche Grundlegung zukünftiger Konzeptionstechnik

Ende Band 1

Beginn Band 2

Teil III
Die Bedingungen meinungsbildender Prozesse in Kommunikationssystemen

»Use it or loose it!«
(1)

Donald Olding Hebb

Kapitel 10

Anthropologie der Konzeptionstechnik:

Motivation – Basis menschlicher Kommunikation

Anthropologie gesucht

Im Blickpunkt unserer Handlungs- und Kommunikationstheorie für Konzeptionstechniker steht das in Sozialstrukturen »eingebettete« Individuum. Im Folgenden werden wir uns den individuellen Akteur genauer anzusehen haben. Wir benötigen einen Einblick in seine typischen Antriebe oder Beweggründe, sich an Kommunikation zu beteiligen und als Konsequenz Dinge zu tun oder zu meiden. Wir kommen damit auf die *Motivation* von menschlichen Akteuren zu sprechen.

Wenn wir nachvollziehen können, was Menschen zu Handlungen motiviert, können wir ihr Kommunikationsverhalten verstehen, Beweggründe erklären und bekommen Anhaltspunkte, wie wir ihre Kommunikation beeinflussen können.

»Working-model« des Akteurs

In diesem Kapitel suchen wir also nach so etwas wie einem »working model« des Akteurs und Kommunikators, das abbildet, wie Personen in Kommunikations-Situationen reagieren und handeln. Mit Hilfe dieses Modells verfügen wir über eine »Anthropologie« – frei übersetzt: eine Wissenschaft vom Menschen –, die einen wichtigen Wissensbestand unserer Arbeit an Kommunikationskonzepten bildet.

Wie gesehen arbeiten Handlungstheorien häufig mit »unter-sozialisierten« oder »über-sozialisierten« Interpretationen individuellen Verhaltens. Was wir in Zukunft benötigen, ist eine Anthropologie, die in keine dieser beiden Richtungen einseitig tendiert und stattdessen das tatsächliche Verhalten von Akteuren realistisch abbildet.

Anthropologie im Wirtschaftsalltag

Wir starten die Arbeit an unserer Anthropologie damit, dass wir auf das Menschenbild schauen, mit dem wir als Konzeptioner laufend konfrontiert werden. Es handelt sich hierbei um das so genannte *ökonomische Menschenbild.*

Es ist wohl nicht übertrieben zu behaupten, dass wir ständig mit einer klassischen »Wirtschafts-Anthropologie« konfrontiert sind, die die meisten unserer Gesprächspartner vermutlich sogar auf ihren Alltag und ihr Privatleben anwenden.

Das folgende Ergebnis vorwegnehmend halten wir fest, dass dieses in vielen Köpfen »fest eingespeicherte« Konzept von »ökonomischen Subjekten« einer empirisch kaum begründbaren Vorstellung entspringt, nämlich dem Bild des Menschen als einem durchweg eigennützigen Vernunftswesen, das sich lediglich zum eigenen Vorteil auf seine Mitmenschen einlässt.

Gerade auf Seiten unserer Klienten finden sich häufig Ansprechpartner, die von dieser Wirtschafts–Anthropologie besonders überzeugt sind. Das hat damit zu tun, dass sie meist einen wirtschaftswissenschaftlichen oder betriebswirtschaftlichen Bildungshintergrund haben und deshalb zu typischen »unter–sozialisierten« Sichtweisen neigen.

Typische »unter–sozialisierte« Sichtweisen

Das Modell der »klassischen Wirtschafts–Anthropologie«

Der Hintergrund des Menschenbildes der klassischen Wirtschaftstheorie stellt sich folgendermaßen dar:[2]

Klassische Wirtschafts-Anthropologie

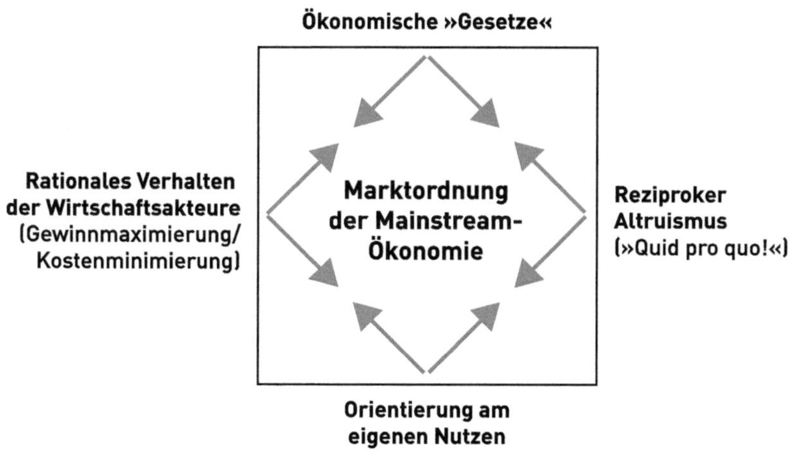

Grundkonzept ist eine Theorie rationaler Entscheidungen, die nicht nur in der Ökonomie, sondern auch im Bereich gewisser soziologischer Theorien verbreitet ist. Diese Ansätze schreiben den Handelnden bzw. den Akteuren die Kompetenz des rationalen Handelns zu. Individuen verfügten über die Fähigkeit und die Intention, ihren Nutzen möglichst weitgehend zu maximieren und Handlungskosten zu minimieren. Nutzenmaximierung und Kostenminimierung erscheinen Wirtschaftstheoretikern als Kern der menschlichen »Handlungslogik«.

Von dieser Grundannahme des unvermeidbaren Strebens nach Gewinnmaximierung und Kostenminimierung ausgehend, entwickeln sie mathematische Handlungsmodelle und leiten aus diesen Erklärungen und Prognosen für Wirtschaftsprozesse ab.

Die »Untersozialisierung« des dabei zum Tragen kommenden Menschenbildes zeigt sich deutlich an dem Umstand, dass im Rahmen dieses Konzepts jeder Akteur Ich–fokussiert ist und keine Rücksicht auf die Bedürfnisse anderer zu nehmen scheint.

Prinzip des »quid pro quo«

Zwar kommen im Modell der klassischen Wirtschaftsökonomie durchaus die Interessen anderer Personen vor. Allerdings lediglich als »quid pro quo«, als »dieses für das«, also als ein Verhalten nach dem Motto: »Ich gebe Dir, damit Du mir gibst!« oder bildlich gesprochen: »Ich kratze Deinen Rücken, wenn auch Du mir meinen Rücken kratzt!«, was als *»reziproker Altruismus«* bezeichnet wird.

Ein »reziproker Altruismus« ist deutlich kein »echter« Altruismus, keine Form von *»Selbstlosigkeit«*. Selbstlosigkeit oder *»genuiner Altruismus«* setzt moralische Gefühle wie Empathie, Sympathie und eine Form von Rücksichtnahme voraus, die nicht schon wieder auf einen eigenen Vorteil abzielt.

Es ist durchaus nicht so, dass wir das ökonomische Menschenbild deshalb kritisierten, weil es unser Selbstgefühl verletzte – weil es uns etwa beleidigt, als unveränderbar egoistisch dargestellt zu werden. An diesem Menschenbild stört am meisten, dass es grundlegend mit der Realität kollidiert.

Auf der Basis dieses Modells kann nicht erklärt werden, wie soziale Ordnung oder eine Marktordnung zustande kommt. Denn offenbar wird vorausgesetzt, jeder Wirtschaftsakteur denke nur an seinen eigenen Vorteil und nicht an die Bedürfnisse anderer Personen oder gar an soziale Interessen einer übergeordneten Gemeinschaft.

Aus diesem Grund greifen Wirtschaftstheoretiker zur Konstruktion von ökonomischen Gesetzen, die das »Wunder der Ordnung« angesichts eines realen Interessenchaos ohne menschliches Zutun – quasi automatisch – zustande bringen (etwa per »unsichtbarer Hand«).[3]

Die wesentliche Kritik am ökonomischen Menschenbild fußt auf den Ergebnissen empirischer Untersuchungen und Beobachtungen, die zeigen, dass Akteure weder so rational noch so egoistisch sind, wie es das anthropologische Modell der klassischen Ökonomie voraussetzt.

Empirische Wirtschafts-Anthropologie

Defektes ökonomisches Menschenbild

Empirische Befunde haben in der letzten Zeit das ökonomische Menschenbild nicht nur ins Wanken, sondern zum Sturz gebracht.[4] Trotz dieses Paradigmen-Zusammenbruchs ist das widerlegte Menschenbild im Augenblick noch fester Bestandteil vieler ökonomischer Theorien. Viele Ökonomen haben bisher ignoriert, dass das von ihnen vertretene Konzept des reziproken Altruismus nicht mehr aufrechterhalten werden kann.

Die zentrale Vorstellung hinter dem ökonomischen Menschenbild und seiner Annahme, Menschen seien grundsätzlich selbstsüchtig und unfähig zum Mitleiden mit ihren Mitmenschen, ist nachweislich falsch. Versuche mit Kleinkindern beispielsweise deuten stattdessen darauf hin, dass es so etwas wie *spontanes altruistisches menschliches Verhalten* gibt.[5]

Auch was die angeblich dominierende nutzenmaximierende Rationalität von Wirtschaftsakteuren angeht, irren sich viele Ökonomen. Die Untersuchungsergebnisse etwa der ökonomischen Verhaltenswissenschaften untermauern stattdessen den Eindruck, dass Geschäftsleute gar keine konsequenten Nutzenmaximierer sind, sondern sich nach dem Konzept des *»Satificing«* verhalten.[6]

Was verbirgt sich hinter dem Stichwort des »Satificing«?

Der Begriff ist zusammengesetzt aus den Wörtern »to satisfy« – englisch: befriedigen – und »to suffice« – englisch: genügen, reichen. Der Begriff Satificing bezeichnet die Tendenz, sich mit der Befriedigung eines Bedürfnisses zufrieden zu geben und nicht das optimale Ergebnis in einer Situation zu erwarten.

Satificing ist eine Entscheidungsfindungsstrategie, die darauf angelegt ist, den Aufwand für die Suche nach einer Lösung bei der Kosten–Nutzen–Analyse im Rahmen einer konkreten Handlung zu berücksichtigen. Das führt zu einer neuen Sichtweise in Bezug auf Wirtschaftshandeln:

Empirische Wirtschafts-Anthropologie

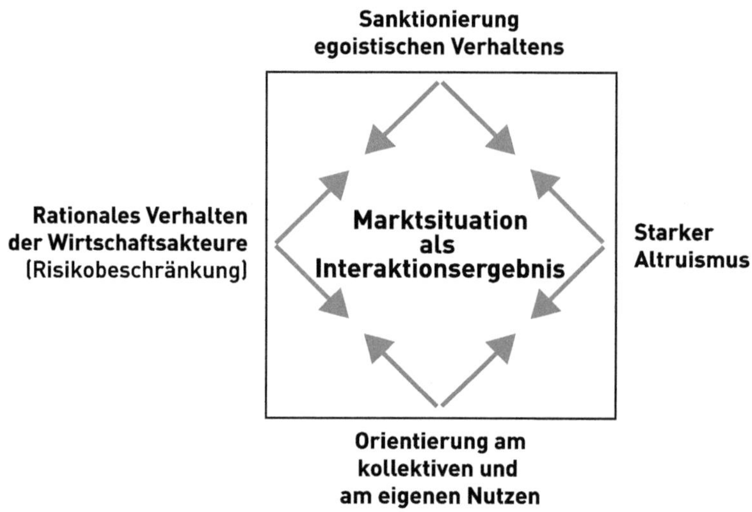

Beschränkte Rationalität der Wirtschaft

Akteuren fehlt in Entscheidungssituationen häufig die Zeit oder der Zugang zu Informationen oder zu den Ressourcen, die notwendig wären, um eine Gewinnmaximierung überhaupt realisieren zu können. Außerdem wissen die Akteure in der Regel nicht, mit welcher Wahrscheinlichkeit das von ihnen angestrebte Ziel erreicht werden kann; zudem sind häufig Kosten im vorhinein nicht überschaubar und planbar.

Akteure müssen deshalb meist »nach Gefühl« vorgehen und »aus dem Bauch« heraus handeln. Was sie dann wählen, ist die Handlungsalternative, bei der sie annehmen können, dass sie den bestmöglichen Ausgleich von

Recherche-Aufwand, Planungsaufwand und möglichst geringer Verlustwahrscheinlichkeit treffen.
Geschäftsleute warten in den seltensten Fällen so lange, bis ihr »Deal« zu den absolut idealen Konditionen möglich wird. Sie greifen bei der »erstbesten« Gelegenheit zu mit dem Ziel, ein »gutes« Geschäft zu machen – »gut« in dem Sinne, dass es möglichst wenige Verlustrisiken mit sich bringt. Meist nehmen sie es darüber hinaus auf sich, mit Geschäftspartnern zu feilschen und nochmals Abstriche von einem theoretisch konstruierbaren idealen Abschluss zu machen:

Geschäftsleute sind in der Wirtschaftsrealität »Satisficer« und keine »Maximierer«.

Geschäftsleute sind »Satisficer«.

Bereits der bekannte israelisch-US-amerikanische Psychologe und Verhaltensökonom Daniel Kahneman, der im Jahr 2002 zusammen mit Vernon L. Smith den Wirtschafts-Nobelpreis verliehen bekam, hat dazu beigetragen, die Hauptannahmen der klassischen Wirtschafts-Anthropologie zu widerlegen:

Zusammen mit seinen Mitarbeitern konnte er in Untersuchungen zeigen, dass Akteure normalerweise an ihren Besitztümern hängen und sich sogar noch daran klammern, wenn diese ihre ursprüngliche Leistung, ihren Nutzen nicht mehr erbringen, sondern sogar Kosten verursachen. Beispielsweise fanden sie heraus, dass Aktienanleger dazu neigen, ihre Aktien noch zu halten, wenn ihr Wert ins Fallen geraten ist und ein Verkauf längst geboten war.[7]

Altruistische Bestrafer verfolgen Egoisten.

Empirische Wissenschaftler haben in den letzten Jahren allerdings nicht nur gezeigt, dass das klassische Menschenbild unzutreffend ist. Sie haben darüber hinaus einen komplett neuen Entwurf einer Wirtschafts-Anthropologie vorgelegt, dem wir uns nun zuwenden wollen. Dazu gehen wir auf die Untersuchungen ein, die am *Institut für Empirische Wirtschaftsforschung* der Universität Zürich von Mitarbeitern rund um den österreichischen Wirtschaftswissenschaftler Ernst Fehr unternommen wurden.[8]

Die Forscher fanden unter anderem heraus, dass reiner Egoismus bei Wirtschaftsakteuren eine Ausnahmeerscheinung darstellt und egoistisches Verhalten im Wirtschaftssystem keineswegs vorherrschend ist.

Ihre Forschungen ergaben, dass die Orientierung von Wirtschaftsakteuren sehr unterschiedlich sein kann. Es treten im Wirtschaftsleben beide Extreme auf:

Es gibt *radikal egoistisches* und *radikal altruistisches Verhalten*. Allerdings sind die meisten Akteure »Kooperateure« oder so genannte »Reziprokateure«, nämlich Personen, die längst nicht nur ihren eigenen Nutzen im Auge haben, sondern genau darauf schauen, wie sich andere Marktteilnehmer verhalten.

Gängiges Handlungsmodell im Umbau

Im Einzelnen brachten ihre Ergebnisse die schweizer Forschergruppe dazu, das bisher gängige Handlungsmodell in der Ökonomie umzubauen. Sie leiteten die wahrscheinlich seit Jahrzehnten folgenreichste Wende des ökonomischen Paradigmas ein. Und zwar revidierten sie die Hauptannahmen hinter dem oben skizzierten Modell des ökonomischen Mainstreams:(9)

1. *Alle Wirtschaftssubjekte sind rational – was immer die Ziele eines Wirtschaftssubjekts sind, es setzt die besten Mittel zur Erreichung dieser Ziele ein.*

2. *Alle Wirtschaftssubjekte sind eigennützig, das heißt, sie sind ausschließlich an der Maximierung des materiellen Eigennutzens interessiert.*

Diese beiden Punkte revidierten sie folgendermaßen:

*1. *Ein substanzieller Anteil der Wirtschaftssubjekte handelt situationsweise nicht rational.*

*2. *Ein substanzieller Anteil der Wirtschaftssubjekte ist nicht nur an der Maximierung des materiellen Eigennutzens interessiert, sondern hat soziale und altruistische Präferenzen und Ziele.*

Die Forscher ziehen insgesamt die Schlussfolgerung:

Während sich die ökonomische Handlungstheorie in der Vergangenheit als »Königin der Sozialwissenschaften« feiern ließ, zeigt sich heute, dass sie zwar über elegante Theorien und Modelle verfügt. Diese haben aber zu wenig Anwendbarkeit in der Realität – sie konstruieren mit ihren Theorien lediglich ein »Königreich« außerhalb der ökonomischen Wirklichkeit.

Von ihrem eigenen revidierten Konzept erhoffen sich die Forscher in Zürich, ein Paradigma gefunden zu haben, das in Zukunft ein besseres Verständnis von Unternehmen, von Marktverhalten, von Politik und Gesellschaft ermöglicht. Diese verbesserte Leistung erwarten sie aufgrund der Verbesserung der ökonomischen Theorie auf der Basis von empirischem Wissen, das sie aus Psychologie und Soziologie beziehen und in die ökonomische Theorie integrieren.

Was ist im Kern nun anders am revidierten Menschenbild dieser empirischen Wirtschaftswissenschaftler?

Ihre empirische Wirtschafts-Anthropologie behauptet, dass sich die meisten Akteure so lange altruistisch verhalten, als sich die anderen Marktteilnehmer auch so verhalten. Wirtschaftsakteure verhalten sich ihrer Meinung nach in dieser Weise stark reziprok. Damit verbunden sehen die empirischen Wirtschaftsforscher die Bereitschaft von Marktteilnehmern, andere Akteure zu bestrafen, die sich weigern, reziprok zu handeln, und sich stattdessen als »Trittbrettfahrer« einseitig auf Kosten anderer Nutzen verschaffen.

Das bedeutet, Wirtschaftsakteure sind *»altruistische Bestrafer«*, die für ihre Bestrafungsinitiativen und -handlungen zur Verteidigung kollektiven Nutzens sogar Kosten und Mühen in Kauf nehmen, ohne dafür wiederum irgendeine Belohnung zu erwarten. Die Forscher vermuten, dass aufgrund von *altruistischem Bestrafungsverhalten* in Wirtschaftssystemen ein *kooperatives Verhalten sui generis* zu Stande kommt.

Kooperatives Verhalten ist störanfällig.

In konkreten Handlungssituationen hat kooperatives Verhalten aber die Tendenz, gestört zu werden und schließlich zum Erliegen zu kommen, wenn egoistisches Verhalten auf Kosten Anderer nicht unmittelbar sanktioniert wird. Wenn Akteure keine Möglichkeit haben, Egoisten umgehend zu stoppen, sehen sie sich gezwungen, ihr ursprünglich altruistisches Verhalten und ihre Reziprokität abzulegen, um sich vor Schaden durch unsanktionierten Egoismus von Trittbrettfahrern zu schützen.

Schimpansen-Wirtschaftssystem

Die Befunde der Forschergruppe aus Zürich sind durch Forschungen anderer Wissenschaftler untermauert worden. So beispielsweise durch die Untersuchungen des Verhaltens-Biologen und Psychologen Keith Jensen vom *Max*

Planck Institute for Evolutionary Anthropology in Leipzig. Auch er hat die Feststellung gemacht, dass menschliche Akteure nicht annähernd so selbstbezogen sind, wie Ökomomen sie uns darstellen.[10]

Stattdessen passt das Verhaltensmodell der Ökonomie offenbar recht gut zu dem Verhalten von Schimpansen. In Experimenten konnte Jensen zeigen, dass sich Schimpansen durchschnittlich so egoistisch verhalten, wie Ökonomen dies von Menschen annehmen.

Im Weiteren kann Jensen aus seinen Untersuchungen ableiten, dass sich typisch menschliches Verhalten insoweit vom Verhalten im Tierreich abhebt, als es in der Tendenz kooperativ und fair ist. Menschen sind also von »Natur« aus zunächst auf Kooperation eingestellt.

Vorläufiges Ergebnis des gegenwärtigen Kapitels ist das revidierte Modell der Wirtschafts–Anthropologie:

Während die klassische Wirtschafts–Anthropologie von rationalen Akteuren im Sinne einer Gewinn–Kosten–Optimierung ausgeht, erbringen empirische Untersuchungen, dass Akteure zwar durchaus rational sein können, dass sie sich dabei aber eher am Modell des Satificing orientieren und eher darauf fokussiert sind, Risiken zu vermeiden, statt »optimale« Ergebnisse zu erreichen.

Eigener Nutzen steht nicht immer im Vordergrund.

Anders als klassische Ökonomen dies annehmen, orientieren sich Akteure nicht ausschließlich am eigenen Nutzen. Stattdessen haben die Forschungsergebnisse Belege für eine genuine Reziprokität bzw. Gegenseitigkeit der Orientierungen der Wirtschaftsakteure erbracht.

Mainstream–Ökonomen glauben daran, dass Gegenseitigkeit in Wirtschaftssystemen nur als *»quid pro quo«* vorkommt – als *»Gibst Du mir, so geb› ich Dir.«*.

Empirische Untersuchungen deuten an, dass die relative Stabilität unserer Wirtschaftssysteme einem ausgeprägten Altruismus der hier Handelnden zu verdanken ist. Während klassische Ökonomen auf ökonomische Gesetze und Marktmechanismen zurückgreifen, um Ordnung zu erklären, zeigen die empirischen Untersuchungen, dass Stabilität eher dadurch zustande kommt, dass Wirtschaftsakteure bereit sind, überzogen egoistisches Verhalten zu sanktionieren und dadurch kollektive Interessen zu stützen.

Überspitzt ausgedrückt können wir Folgendes annehmen:

Die klassische Wirtschafts–Anthropologie passt nicht zum menschlichen Handeln und sollte aus der Wirtschaftswissenschaft verschwinden. Zum Trost: Sie kann in Zukunft genutzt werden, um das Verhalten von Schimpansen im Zoo und im afrikanischen Busch zu analysieren.

Um das Verhalten von Akteuren in Wirtschaftssystemen zu erklären, sind die empirischen Befunde der modernen Verhaltens–Ökonomie zu berücksichtigen:

Menschen sind grundsätzlich zur Kooperation fähig. Allerdings müssen sie das Feld, in dem sie handeln, entsprechend bearbeiten, um ihre altruistische und kollektive »Natur« tatsächlich entwickeln zu können.

Ein Wirtschaftssystem kann so gestaltet werden, dass in ausreichender Weise altruistisches Handeln begünstigt und einseitig egoistisches Verhalten umgehend sanktioniert wird.

Die klassische Wirtschafts–Anthropologie und das von ihr vertretene Menschenbild vom intelligenten egoistischen Wesen, ist bereits in der Vergangenheit vielfach kritisiert worden. Das hatte häufig weltanschaulichen oder religiösen Hintergrund.

Die aktuelle Kritik an diesem Menschenbild fußt allerdings nicht auf Vorstellungen von einer idealen Moralität des Menschen, sondern beruht auf empirischen Beobachtungen. Der Mensch ist offenbar nicht das Vernunftwesen, als das er über Jahrhunderte diskutiert worden ist.

Er ist bestimmt durch Bedürfnisse, die er durch sein Verhalten zu befriedigen sucht. Offenbar gehört zu diesen Bedürfnissen auch das Ausüben sozialer Neigungen, die Grundlage sind für den Umgang mit seinen Mitmenschen und für seine Interaktionen in Gruppen.

Mensch ist kein Vernunftswesen.

Das Bild vom vereinzelten, vernünftigen Menschen, der allein auf seinen Nutzen fokussiert ist, wird im Laufe der Zeit aus den ökonomischen Theorien verschwinden. Das wird noch eine ganze Zeit dauern, da dieses unkorrekte anthropologische Konzept heute noch eine allzu zentrale Stellung in den Mainstream–Theorien hat.[11] Die Wirtschaftswissenschaft ist überaus änderungsresistent, und ihre Vertreter scheinen gewillt, die Frage: »Sollen wir etwa eine schöne Annahme aufgeben, nur weil sie widerlegt wurde?« mit einem zynischen »Nein« zu beantworten.

Das Studium von Wirtschaftswissenschaftlern und Betriebswirten umfasst meist keine Ausbildung anhand empirischer Untersuchungen oder Experimente. Ökonomen arbeiten häufig ohne empirisch-wissenschaftliche Methodologie. Und Ökonomie-Studenten erlernen formalisierte Wirtschafts-Theorien, als wäre die Ökonomie als Zweig der Mathematik eine Formalwissenschaft ohne empirischen Bezug.

Diese Wirklichkeits-abgewandte ökonomische Weltanschauung erschwert uns Konzeptionern die Arbeit. Wir sind nämlich darauf angewiesen, unsere Maßnahmen möglichst weitgehend an der empirischen Realität auszurichten. Dabei werden wir durch vielfältige Vorurteile behindert, die sich aus dem klassischen ökonomischen Menschenbild ableiten – insbesondere durch unrealistische Vorstellungen davon, wie mit Menschen umzugehen ist und wie wir insbesondere mit ihnen zu kommunizieren haben.

»Schlaue Egoisten« nach Maßgabe der klassischen Ökonomie können wir am besten durch Kontroll- und Bestrafungsmechanismen »bändigen« – wie durch Bußgelder, Gefängnis oder sogar Exekution. Da Egoisten nur an ihrem eigenen Nutzen interessiert sind, erscheint die Manipulation als optimale Kommunikationsform. Denn, um den Egoisten zum »Guten« zu bringen, könnte der Appell an seine Moral und Vernunft offenbar nichts bewirken. Er muss stattdessen, wenn es die Wichtigkeit einer Sache verlangt, mit Hilfe des Vorgaukelns eines Nutzens, eines Profits »verführt« werden.

Falsches Menschenbild begünstigt Manipulation.

Offenbar provoziert das widerlegte Menschenbild der Ökonomie, Unehrlichkeit und Falschdarstellung als scheinbar bestmögliche Kommunikations-Strategien zu akzeptieren. Hiervon haben wir uns als Konzeptioner in Zukunft deutlich zu distanzieren.

Naturalistische Anthropologie-Ansätze

Wir sind nun mittendrin in der Detail-Diskussion unseres Themas »Anthropologie«, also der Wissenschaft vom Menschen. Für unser Anliegen, die Beweggründe menschlicher Akteure zu verstehen und dieses Wissen für unsere Konzeptionslehre zu nutzen, haben wir allerdings bisher noch nicht viel gewonnen.

Die diskutierten Varianten der Wirtschafts-Anthropologie sind zwar insoweit interessant, als sie abbilden, welche Vorstellungen unsere Ansprechpartner auf Klientenseite vom »Wesen des Menschen« verfolgen:

Die meisten haben das »klassische« Konzept vom intelligenten Egoisten verinnerlicht. Was den Charme hat, eigenes – möglicherweise rücksichtsloses – Verhalten, gut aussehen zu lassen (»Geiz ist Geil« statt »Geiz macht hässlich!«; »Recht des Stärkeren« statt »Vorteilnahme gegenüber Schwächeren ist asozial!« usw.).

Einige unserer Klienten sind nachdenklicher als die Durchschnitts-Gesprächspartner und haben bereits davon gehört, dass altruistisches Verhalten und Satificing »natürliche« Phänomene im Wirtschaftsleben sind, während die Vorstellung von Kosten–Nutzen–Optimierungen unrealistisch ist. Die klassische wie die revidierte empirische Wirtschafts–Anthropologie mit ihrem Konzept des »altruistischen Sanktionierers« haben allerdings einen gemeinsamen Schwachpunkt:

Beide basieren auf demselben »unter–sozialisierten« Grundmodell und interpretieren lediglich ein paar Begriffe unterschiedlich.

Gemeinsam ist beiden ihre Betrachtungsperspektive:

Sie praktizieren einen Blick von Außen und behandeln das Innere – die Beweggründe der Akteure – lediglich als *Black Box*.

Klassische und empirische Wirtschafts–Anthropologen denken offenbar wie Behavioristen – sie berücksichtigen in ihren Überlegungen die dem beobachtbaren Verhalten von Wirtschaftsakteuren zugrunde liegenden physiologischen oder psychischen Vorgänge kaum bzw. gar nicht.

Sie konzentrieren sich fast ausschließlich auf Prozesse, die sich zwischen einer Person und seiner Umwelt abspielen. Kognitionen des Akteurs, seine Beweggründe und Motivationen werden als nicht weiter zu analysierende, undurchsichtige Sphären behandelt. »Egoistische« oder »altruistisch bestrafende« Rationalität wird dem Verhalten von wirtschaftswissenschaftlichen Betrachtern lediglich zugeschrieben.

Wirtschafts–Anthropologen ignorieren Mechanismen.

Was den Akteur aber in konkreten Situationen tatsächlich dazu bringt, eine bestimmte Handlung auszuführen, was ihn bewegt oder welcher Mechanismus ihn dazu bringt, auf eine nach außen egoistisch oder sozial erscheinende Weise zu handeln, oder wie seine Motivation »funktioniert«, wird von den behavioristischen Wirtschaftswissenschaftlern nicht erfasst.

Offenbar gelangen wir über diese Wirtschafts–Anthropologien nicht zu der Motivationslehre, die uns hier vorschwebt.

Formulieren wir unsere Frage deshalb noch einmal und setzen neu an:

Was ist der Mensch und was treibt ihn als Akteur und Kommunikatoren an?

Hierzu sind die widersprüchlichsten Vorstellungen verbreitet:

- *Mal soll die Aggressivität,*
- *mal die Friedlichkeit des Menschen*

dessen Haupttriebfeder sein,

- *mal seine Unterwürfigkeit,*
- *mal seine Dominanz,*
- *mal seine Gelehrigkeit,*
- *mal seine Unbelehrbarkeit,*
- *mal seine Selbstlosigkeit,*
- *mal sein Egoismus,*
- *mal seine Flexibilität und*
- *mal seine Unkorrigierbarkeit.*

Letztlich können solche Aspekte menschlichen Handelns in manchen Situationen tatsächlich zutreffen. Aber eigentlich können wir den Menschen auf keinen einzigen dieser vermeintlichen »Wesenszüge« festlegen.

Die Mär von der genetischen Determiniertheit

Vertreter der modernen Naturwissenschaften glauben, eine Lösung gefunden zu haben, die sie in den *Forschungsergebnissen der modernen Biologie* ausmachen. Der Mensch sei geprägt durch seine Gene – er sei im Wesentlichen ein »Genträger«. Überhaupt sei der einzelne Mensch letztlich dazu da, sein Genmaterial an seine Nachkommen weiterzugeben. Fortbestand und Weitergabe von Erbgut sei letzter Zweck menschlicher Existenz – in unserer Erbanlage, unserer DNS stecke letztlich unser höchstes Gut, das Wesen und der Sinn unseres menschlichen Seins.

Stellen wir diese Gedanken auf die Probe:

Zunächst ist die Behauptung, der Sinn unserer Existenz bestände in der Weitergabe von Erbanlagen, eine »teleologische Erklärung«. Das heißt, unsere Existenz wird dadurch erklärt, dass ein vermeintliches Endziel, nämlich die Erbguterhaltung postuliert wird.

Beim jetzigen Stand wissenschaftlicher Forschung müssen wir feststellen, dass es keinerlei Anhaltspunkte dafür gibt, dass hinter der Entstehung unserer Welt und der Entwicklung unserer Art irgendein Sinn oder sogar ein Endzweck steckt.[12] Der menschlichen Evolution ist nach wissenschaftlicher Erkenntnis kein Endziel mit auf den Weg gegeben worden; es ist zumindest keines empirisch nachweisbar. Teleologische Erklärungen können deshalb nicht dazu dienen, das menschliche Wesen zu definieren.

Etwas anders sieht es aus bei der Behauptung, unsere Gene bestimmten unser menschliches Sein so weit, dass in unserer DNS letztlich das menschliche »Wesen« stecke.

Auch dieser reduktionistische Versuch, einen Beitrag zur Anthropologie zu leisten, geht offenbar fehl. Forschungen in Biologie und Neurophysiologie ergeben Befunde, die dieser genetischen Determinierungsannahme widersprechen. Wir sind als menschliche Wesen grundsätzlich »Produkte« zweier unterschiedlicher Faktorengruppen:

Faktoren in den Erbanlagen und in de Umgebung

Wir sind »Produkte« unserer Physis und unserer Erbanlagen auf der einen Seite und unserer Umgebung auf der anderen Seite.

Schauen wir uns dies an einem Beispiel genauer an:

Offenbar kann ein Neugeborenes mit schweren genetischen Schäden kein durchschnittlich gesunder Erwachsener werden. Allerdings gilt das Gleiche auch für ein Neugeborenes, das zwar die »besten« Gene mitgegeben bekommt, aber von seinen Eltern vernachlässigt oder von Personen in seiner Umgebung missbraucht wird.

Es gibt offenbar weder eine vollständige *physisch–genetische Vorbestimmung* noch eine *Allmacht der Lebensumstände* eines Menschen. Stattdessen interagieren diese beiden Faktorengruppen miteinander.

Da wir als menschliche Akteure unsere Umgebung ändern können, haben wir grundsätzlich die Chance, für uns eine geschützte Nische zu suchen, innerhalb derer wir unseren mehr oder weniger »guten« Genen eine optimale Entwicklungsprognose verschaffen können.

Wir können die Folgen von mehr oder weniger »schlechten« Genen dadurch zumindest teilweise kompensieren, dass wir uns Räume sozialer Unterstützung schaffen:

- *in Familien,*
- *in Partnerschaften,*
- *durch medizinische Versorgung,*
- *durch ein soziales Gemeinwesen,*
- *durch fördernde Bildung usw.*

Studien belegen, dass die *Einflüsse der sozialen Umgebung*, in der ein Individuum aufwächst, überaus stark sind. Diese Einflüsse können Anlagen eines Menschen genauso gut verkümmern lassen, wie sie auf der anderen Seite gute Entwicklungsergebnisse selbst bei nur »unterdurchschnittlicher« genetischer Ausstattung bewirken können.

Schauen wir uns das am Beispiel der menschlichen Intelligenz an:

Hier zeigen Untersuchungen deutlich, dass zwar unsere Erbanlagen die Entwicklung unseres Gehirns steuern, entsprechend wie unsere Erbanlagen dies bei allen unseren Organen tun.

Doch, das konkrete Ergebnis dieser Steuerungsleistung kann nur in engem Zusammenwirken mit Umgebungsfaktoren zustande kommen.

Wir werden ebenso wenig intelligent wie groß, geschickt oder gesprächig geboren – sondern wir sind zunächst dumm, klein, ungeschickt und stumm.

Wir verfügen aber per DNS möglicherweise über die Anlage, vielleicht eher intelligent als dumm, eher groß als klein, eher geschickt als unbeholfen, eher gesprächig als schweigsam zu werden.

Inwieweit wir uns unseren Anlagen entsprechend entwickeln, bestimmen die Außeneinflüsse, denen wir ausgesetzt sind.

Soziale Umgebung begünstigt Entwicklung.

Offenbar ist es sogar so, dass wir bei überdurchschnittlich günstigen sozialen Umständen überdurchschnittlich intelligent werden können, obwohl unser Genmaterial vielleicht nur durchschnittlich ist. Der hoch intelligente Mensch, der diese Zusammenhänge wahrscheinlich leicht durchschaut, ist also nicht besonders stolz auf seine Abstammung, sondern dankt eher den glücklichen und privilegierten Umständen, in denen er aufgewachsen ist.

Halten wir also fest:

Wir sind in unserer Entwicklung ebenso sehr von unserer Umgebung abhängig wie von unserer genetischen Abstammung.

Neben der physisch–genetischen Ausstattung stellt die Umgebung des Menschen einen bedeutenden Faktor seiner Existenz dar. Die Umgebung, die solch großen Einfluss darauf nimmt, dass der Mensch sich entwickelt, ist insbesondere seine soziale Umgebung.

Wie ist es möglich, dass soziale Systeme, in denen Menschen leben, solchen Einfluss nehmen?

Der Mensch hat im Laufe seiner Evolution soziale Eigenschaften angenommen, die sich nicht auf biologische Eigenschaften reduzieren lassen.

Der Mensch ist auf völlig andere Art sozial, als wir dies in Form von gleichförmigem Verhalten etwa bei einem Schwarm von Fischen beobachten können. Der Mensch ist nämlich in gewisser Weise *»ultrasozial«*. Er hat im Laufe der Entwicklung seiner Art Fähigkeiten ausgeprägt, die ihn in die Lage versetzen, soziale Gruppen zu bilden und sich per Interaktionen zu vernetzen, kulturelle Einheiten zu bilden, die mit eigenständigen Sets von Artefakten, Symbolen, Sprachen, sozialen Praktiken und Institutionen operieren, die anpassbar, veränderbar, letztlich hoch »plastisch« sind.

Heute sind es insbesondere *Neurophysiologen*, die uns erklären, wieso der Mensch diese besondere Qualität der *»Plastizität«* erreichen konnte:[13]

Plastische Sozialsysteme – plastische Gehirne

Sie begründen sie mit der Plastizität des menschlichen Hirns, das ganz anders als etwa das Hirn der Ameise, enorm formbar ist. Unser Hirn ist aus ihrer Sicht insoweit plastisch, als sich die neuronalen Verbindungen darin neu »wickeln«, sobald wir beispielsweise etwas Neues lernen oder etwas zuvor Bekanntes wieder vergessen.

Aus dieser Sicht ist *neuronale Plastizität* die Grundlage unserer *sozialen Plastizität*, also unserer Fähigkeit, ständig neue Verhaltens–Regeln zu erfinden, diese anzuwenden, soziale Systeme zu begründen, zu organisieren und zu reorganisieren. Unser *heutiges* Verhalten ist ein Ergebnis unserer Reaktion auf eine konkrete Konstellation unserer Umgebung von *gestern* und damit automatisch längst unaktuell. Wir haben unmittelbar wieder daran zu arbeiten, uns an die *heutige Situation* anzupassen, um es *morgen* wieder mit Umständen zu tun zu bekommen, denen wir mit unseren neuerlich bloß gestrigen Verhaltensweisen kaum noch gerecht werden.

Genauso sind unsere heutigen Sozialsysteme und Institutionen an eine gestrige Lage angepasst und stehen zur dringenden laufenden Überarbeitung an.

Offenbar heißt, als *»Mensch zu existieren«* *»Mensch zu werden«*. Denn wir sind ständig herausgefordert, in Auseinandersetzung mit unserer Umgebung Strukturen zu bearbeiten, diese graduell zu verändern, anzupassen und von Zeit zu Zeit völlig zu erneuern.

Grundprinzipien der Funktionsweise des sozial-plastischen Hirns

Neurowissenschaften sind bei der Definition des menschlichen Wesens auf dem Vormarsch – ihre anthropologischen Theorien finden ständig mehr Gehör.

Der Erkenntnisprozess der Neurowissenschaften zeigt sich massiv beschleunigt. Die Ursache dafür liegt unter anderem in der Verfügbarkeit hochinnovativer Untersuchungstechnologien. Insbesondere verfügen Hirnforscher heute durch bildgebende Verfahren über die Möglichkeit, dem Gehirn gewissermaßen bei seiner Arbeit zuzusehen. Die Ergebnisse, zu denen sie auf diese Weise gelangen, faszinieren und sorgen für großes Interesse, das weit über den Kreis empirischer Wissenschaftler hinausgeht.

Zu Beginn des neuen Jahrtausends gehören die Neurowissenschaften zu den publikationsträchtigsten naturwissenschaftlichen Forschungsfeldern. Experten versprechen sich von den neuen hirnphysiologischen Erkenntnissen, Wissen darüber zu erhalten, wie die nervösen Vorgänge an unseren *Synapsen* – den Kontaktstellen zwischen den *Nervenzellen* unseres Hirns – uns zu den Menschen machen, die wir sind, sozusagen, wie sich unser Persönlichkeitssystem aufgrund *neurophysiologischer Tatbestände* konstituiert.

Was bringen uns nun die aktuellen neurophysiologischen Erkenntnisse mit Blick auf unsere Anthropologie und in Bezug auf unser menschliches Selbstverständnis? Lassen sich beispielsweise unsere Gedanken, sozusagen von unten her – »bottom up« –, aus Nervenerregungen heraus erklären:

Ist die Psyche ausschließlich tätige Gehirnmasse?

Könnte der Tatbestand »Es feuern die Neuronen x, y, z.« dem Gedanken »Ich bin ich!« entsprechen? Sind unser Bewusstsein und unsere Psyche identisch mit unserer tätigen Hirnmasse?

Schauen wir dazu auf ein paar Basisfakten:

Die Wissenschaft von der neurophysiologischen Bedingtheit unseres Bewusstseins – die Psychobiologie – verfolgt die Leitidee, dass das Verhalten von Lebewesen, die mit Nervensystemen ausgestattet sind, durch neuronale Prozesse in diesen Nervensystemen bestimmt ist und dass ihr »geistiges« Leben auf einer Vielzahl nervöser Vorgänge beruht.

Das Gehirn ist ein äußerst komplex, in verschiedenste Areale strukturiertes Gewebe aus mehreren hundert Milliarden Nervenzellen, den so genannten *Neuronen*. Bewusstseinsvorgänge wie Träumen, Planen und Erinnern laufen nicht in einzelnen, einfach lokalisierbaren Arealen ab, sondern parallel in mehreren Hirnregionen, die untereinander in laufend wechselndem Austausch stehen.

Zwischen den einzelnen Neuronen des Gehirns existieren etwa hundert Billionen Zellkontakte, die so genannten Synapsen. Über diese Synapsen fließen elektrische Signale, welche die Verbindungen zwischen den Hirnarealen realisieren. Diese verbindende Aktivität der Nervenzellen wird durch Hormone im Blutkreislauf beeinflusst.

Hirnstruktur ist Resultat von Lebens–erfahrung.

Die *Struktur jedes Gehirns* ist dabei in gewisser Weise das *Resultat der Erfahrungen*, denen dieses ausgesetzt wird. Die Nervenmasse unseres Gehirns allein bestimmt deshalb nicht, wie unser individuelles Hirn strukturiert ist. Hirnforscher sind sich deshalb einig, dass jedes individuelle Gehirn anders ist. Es ist *offen für die besonderen Lebenserfahrungen*, die der individuelle »Hirnträger« in seiner konkreten Lebenswelt macht. Indem er seine täglichen Erfahrungen macht, formt er sein Gehirn.

Ein weiteres wichtiges Faktum betrifft die *Dynamik unseres Gehirns*:[14]

Früher herrschte die Vorstellung vor, das Hirn lasse sich nur durch äußere Reize stimulieren.

Dieses statische Bild ist offenbar falsch.

Das zeigt die Aktiviertheit der einzelnen Nervenzellen:

Jedes Neuron befindet sich normalerweise in einem aktiven Zustand. Außerdem lässt sich beobachten, dass die Nervenzellen spontan »feuern«, also elektrischen Output produzieren, ohne dass dafür eine äußere Ursache vorliegt.

Die Wirkung eines *Außenreizes* auf das Hirn besteht also nicht darin, eine Hirnaktivität überhaupt erst in Gang zu setzen, sondern stattdessen darin, das *Erregtheitsmuster* eines Gehirns zu *verändern*, indem beispielsweise die Verknüpfung eines Neurons mit anderen Zellen verändert wird.

Überhaupt ist das *Gehirn* als *dynamisches System* zu betrachten, das mit den übrigen Subsystemen unserer *Physis* intensiv *interagiert*.

Koppelung von Nerven- und Immunsystem

So ist entdeckt worden, dass eine enge *Kopplung* zwischen unserem *Nervensystem* und unserem *Immunsystem* besteht. Diese Forschungsergebnisse haben zu einer Revision der Ansicht geführt, wonach beispielsweise Erkrankungen ihren Verlauf losgelöst davon nehmen können, was wir dabei fühlen und denken.

Die Neuronen unseres Hirns interagieren steuernd, beispielsweise mit Zellen in der Thymusdrüse, Zellen, in denen Leukozyten reifen – etwa in den Lymphknoten, der Milz und dem Knochenmark.

Die Anfälligkeit für Krankheiten aber auch die Bedingungen zur Gesundung liegen offenbar in gewissem Umfang auch begründet in Vorgängen im Hirn und seinen systemischen Interaktionen mit anderen Subsystemen unserer Physis.

Das Gehirn ist also kein geschlossenes System, das Erfahrungen gemäß einer festen Verarbeitungsroutine verarbeitet, sondern ein offenes System.

Die typische Verarbeitung von Erfahrungen wird in einem individuellen Gehirn wiederum durch die Erfahrungen geprägt, denen es im Laufe der Zeit ausgesetzt ist. Dabei kommt eine der so genannten »Hebbschen Regeln« zum Tragen.

Donald Olding Hebb wird als Vater der kognitiven Psychobiologie angesehen. Er war Dozent für Psychologie an der McGill-Universität in Montreal, Kanada. Seine berühmteste Arbeit – »The Organization of Behavior« – aus dem Jahr 1949 – befasst sich mit den neurobiologischen Prinzipien des Lernens in neuronalen Netzen.

Hebb formulierte die nach ihm benannte Lernregel, der zufolge in einem Verband von Neuronen mit gemeinsamen Synapsen gilt: *»Neuronen, die wiederholt gleichzeitig aktiv werden, verstärken ihre Verbindung.«*

Beispielszenarien treten auf

- *etwa beim Gitarrespielen, wenn jemand ständig den gleichen Griff ausführt und dabei seine linke und rechte Hand gleich koordiniert,*
- *oder wenn ein Fahrschüler in der Fahrstunde wiederholt gleichzeitig mit dem einen Fuß die Kupplung tritt und mit dem anderen das Gas wegnimmt.*

Dabei bahnen sich im Netzwerk der Neuronen des Gehirns zunehmend feste Verbindungen, in denen elektrische Impulse immer leichter geleitet werden können. Nach diesem Muster bilden sich feste Verarbeitungswege für Erfahrungen, die das Gehirn laufend aktiviert, wenn sich sein Hirnträger in seiner sozialen Lebenswelt bewegt.

Sich wiederholende Erfahrungen und Verarbeitungen von Erfahrungen führen zu zunehmend festeren neuronalen Verknüpfungen – wir können auch sagen, *Erfahrungen »materialisieren« sich als neuronale Strukturen* unseres Hirns.

Erfahrungen treffen offenbar stets auf eine bereits bestehende neuronale Architektur des Hirns, die zum Einen genetisch–physisch determiniert ist und zum Anderen wie gesehen aufgrund früherer Erfahrungen – sozusagen »Materialisierungen des bisherigen Lebens« – strukturell geprägt ist.

Unter diesen Voraussetzungen können sich neue Erfahrungen aktuell neuronal einprägen, indem sie beispielsweise den Aufbau neuer Nervenverbindungen anregen.

Das ist allerdings umso schwieriger, je stärker die alten Netzwerke geprägt sind und je länger sie bereits bestehen. Nicht alle Strukturen im Gehirn sind also in der gleichen Weise plastisch.

Manche Areale und Nervennetzwerke lassen in ihrer Verformbarkeit im Laufe des Lebens des Trägers nach, während andere Bereiche relativ konstant plastische Eigenschaften erhalten.

Gehirn bleibt lebenslang plastisch.

Grundsätzlich kann gesagt werden, dass das menschliche Gehirn während der gesamten Lebenszeit über plastisch bleibt. So lange der Mensch gesund ist und nicht etwa der Senilität zum Opfer fällt, wird das Hirn durch nebeneinander verlaufende Prozesse des Wachstums von Verbindungen und deren Rückbildung auf allen Altersstufen gestaltet.

Um es noch einmal auf den Punkt zu bringen:

Die lebenslange Entwicklung des Nervensystems folgt mit Blick auf das beschriebene ständige *»Verdrahten«* und *»Neuverdrahten«* des Nervensystems keinen genetisch vorprogrammierten Bahnen. Es ist durch die *stetige Umordnung synaptischer Verbindungen* gekennzeichnet, die durch innere und äußere Einflüsse bestimmt ist. Während der Entwicklung des Gehirns entstehen eine Reihe neuer Fähigkeiten, während andere verschwinden.

Fähigkeiten und die entsprechenden neuronalen Verbindungen gehen aber verloren, wenn sie nicht genutzt werden. Hier gilt eine weitere bekannte Hebbsche Lernregel für neuronale Netze: »*Use it or loose it!*«

Es stellt sich die Frage, wie die Ergebnisse der Hirnforschung zu interpretieren sind:

Welche Schlussfolgerungen haben wir für die von uns gesuchte Anthropologie zu ziehen?

Eine Vielzahl der Interpreten der Neurowissenschaften sind Reduktionisten und Naturalisten. Das bedeutet, sie verfolgen eine Philosophie, die alle empirischen Tatbestände als naturhaftes Geschehen beschreiben und in ihren Erklärungen darauf reduzieren. Sie haben die Vorstellung geprägt, dass Menschen im Wesentlichen Träger eines Hirns sind, das sie als komplizierte, sich selbst organisierende neuronale Maschine sehen, welche die menschliche Existenz weitestgehend determiniert.

Reduktionisten beschränken Bewusstsein auf neuronale Prozesse.

Sie sehen den Menschen als »bottom up« durch sein neuronales Gewebegeflecht bestimmtes Wesen. Für sie ist das *menschliche Bewusstsein ein Produkt des Gehirns*, das deshalb beispielsweise durch den Eingriff in seine Physiologie – etwa durch pharmakologische Behandlung – grundsätzlich beliebig zu verändern ist, wenn der Mensch psychisch erkranken sollte.

Vor dem Hintergrund der Philosophie des emergentistischen Materialismus, den wir bei der Entwicklung unserer Konzeptionslehre verfolgen, sind die Befunde der Neurowissenschaften wesentlich anders zu deuten:

Als emergentistische Materialisten gehen wir davon aus, dass Menschen über ein Bewusstsein und eine Psyche verfügen, die als emergentes System aufgrund von Austauschprozessen der physiologischen Komponenten unseres Körpers wie Gehirn, Organe, Drüsensystem usw. sowie der externen sozialen Umwelten entsteht und sich hierin entwickelt.

Wir betrachten das Bewusstsein also als emergenten materiellen Tatbestand. Das ist eine wesentliche Voraussetzung.

Denn naturalistisch orientierte Neurowissenschaftler sehen unser Bewusstsein und »*Geistiges*« als »*Epiphänomene*«.

Mit diesem Begriff werden Entitäten bezeichnet, die zwar eine Ursache, aber selbst keine oder nur wenig Wirkung haben. Der Begriff wird auf zwei verschiedene Weisen verwendet:

In seiner »schwachen« Bedeutung bezeichnet »Epiphänomen« die Zustände eines Systems, die keine signifikanten Wirkungen auf das System haben.

In seiner »starken« Bedeutung deutet er auf etwas Illusionäres, das überhaupt nicht auf Materielles oder Körperliches zurückwirken kann.

In der emergentistischen Deutung des Bewusstseins, sieht unsere »geistige« Realität allerdings ganz anders aus:

Bewusstsein wirkt auf Materie.

Aus dieser Sicht kann »Geist« tatsächlich auf Materie einwirken – und zwar deshalb, weil unser Bewusstsein selbst materiell ist, genauer gesagt, weil unser »Geist« ein materieller Vorgang in einem materiellen Gebilde mit Namen »Hirn« ist.

Für uns als Materialisten ist jeder *Gedanke*, jeder mentale Prozess, ganz gleich ob Affekt oder Kognition, ein *Hirnprozess*. Das bedeutet allerdings, dass wir die idealistische Vorstellung verwerfen, dass *Ideen*, also die Inhalte unserer Gedanken, *Dinge selber bewegen könnten*.

Wir verwerfen diese Vorstellung nicht etwa deshalb, weil Ideenbildung als Hirnprozess keine *determinierende Wirkung* hätte, sondern aus dem Grund, dass es keine Ideen an sich gibt. Es existieren keinerlei Ideen oder Gedanken, die keine Hirnprozesse wären: keine Idee ohne arbeitendes Gehirn.

Die Vorstellung von an sich existierenden Ideen ist verbreitet, aber falsch und irreführend. Wir sind hierauf bereits in Kapitel 6 ausführlich eingegangen.

Um unseren Standpunkt möglichst deutlich zum Ausdruck zu bringen, sagen wir als Materialisten bewusst nicht *»Der Geist wirkt auf unseren Körper!«*, sondern wir sagen, dass *die Abläufe in einem Teil unseres Gehirns auf den übrigen Körper einwirken*.

Der Gedanke ist eigentlich ganz einfach zu verstehen, prägt sich aber schwer ein, weil wir während unserer Erziehung ständig mit der »Geist«-Sprechweise bearbeitet wurden. Deshalb noch einmal:

Alle *Bewusstseinsprozesse* und mentalen Prozesse sind *Hirnprozesse*, also *körperlich-materielle Prozesse. Einige von diesen mentalen Prozessen können wiederum Prozesse in anderen Hirnregionen oder Körperregionen bewirken.* So kann eine plötzliche Emotion einen Gedankengang unterbrechen, ein Gedankengang kann dazu führen, dass ich die Faust balle usw.

Das materialistische Bewusstseinsmodell

Zum Einstieg in das Thema Anthropologie haben wir mit den Konzepten der Wirtschafts-Anthropologie bereits zwei anthropologische Modelle kennen gelernt. Um die Ergebnisse unserer Diskussion rund um die Resultate der Hirnphysiologie festzuhalten, werden wir nun ein neues Modell konstruieren, und zwar das materialistische Bewusstseinsmodell.

Bewusstsein ist ein Emergenz-Tatbestand.

Dazu verorten wir zunächst das menschliche Bewusstsein in der Gesamthierarchie der Systeme, die wir in den vergangenen Kapiteln diskutiert haben. Der menschliche Lebensraum kann als Megasystem aufeinander geschichteter Subsysteme betrachtet werden.

Wir sehen uns das im Detail an und beginnen dabei von unten aufsteigend *(siehe Grafik auf der Folgeseite)*:[15]

Über der Ebene der chemischen Komponenten und Prozesse liegt die biologische Ebene, in der wiederum hierarchisch angeordnet Systeme wie *Zellen, Zell-Mikrosysteme, organische Systeme* in Organismen – wie beispielsweise im menschlichen Körper – positioniert sind. Hier finden wir im oberen Drittel als »steuerndes« Organ das Supersystem des *zentralen Nervensystems (ZNS)* mit unserem *Gehirn*.

Über der biologischen Ebene ist die Ebene der *Sozial- und Kommunikationssysteme* angeordnet, während zwischen der biologischen und sozialen Ebene noch die persönlich-individuelle Ebene mit dem *Persönlichkeitssystem* positioniert ist.

Das *Persönlichkeitssystem* fußt auf den Austauschprozessen der darunter liegenden Systemebenen. Wichtig für die Erhaltung der Persönlichkeit sind die Funktionen des ZNS und seine laufenden Interaktionen mit dem übrigen menschlich-organischen System.

Über die plastische neuronale Struktur des *ZNS-Teilsystems Gehirn* tauscht sich das Nervensystem mit der sozialen Erfahrungswelt des individuellen Hirnträgers aus. Aufgrund der dabei auftretenden individuellen Erfahrungen prägt sich im Laufe der persönlichen Existenz eines Menschen dessen individuelle, laufenden Revisionen ausgesetzte Hirnstruktur aus.

Dieses Gehirn und das durch die individuelle Erfahrung geprägte persönliche Bewusstsein ermöglichen dem *menschlich-organischen System* letztlich, sich mit der sozialen Umgebung insoweit auszutauschen, dass es Zugang zu

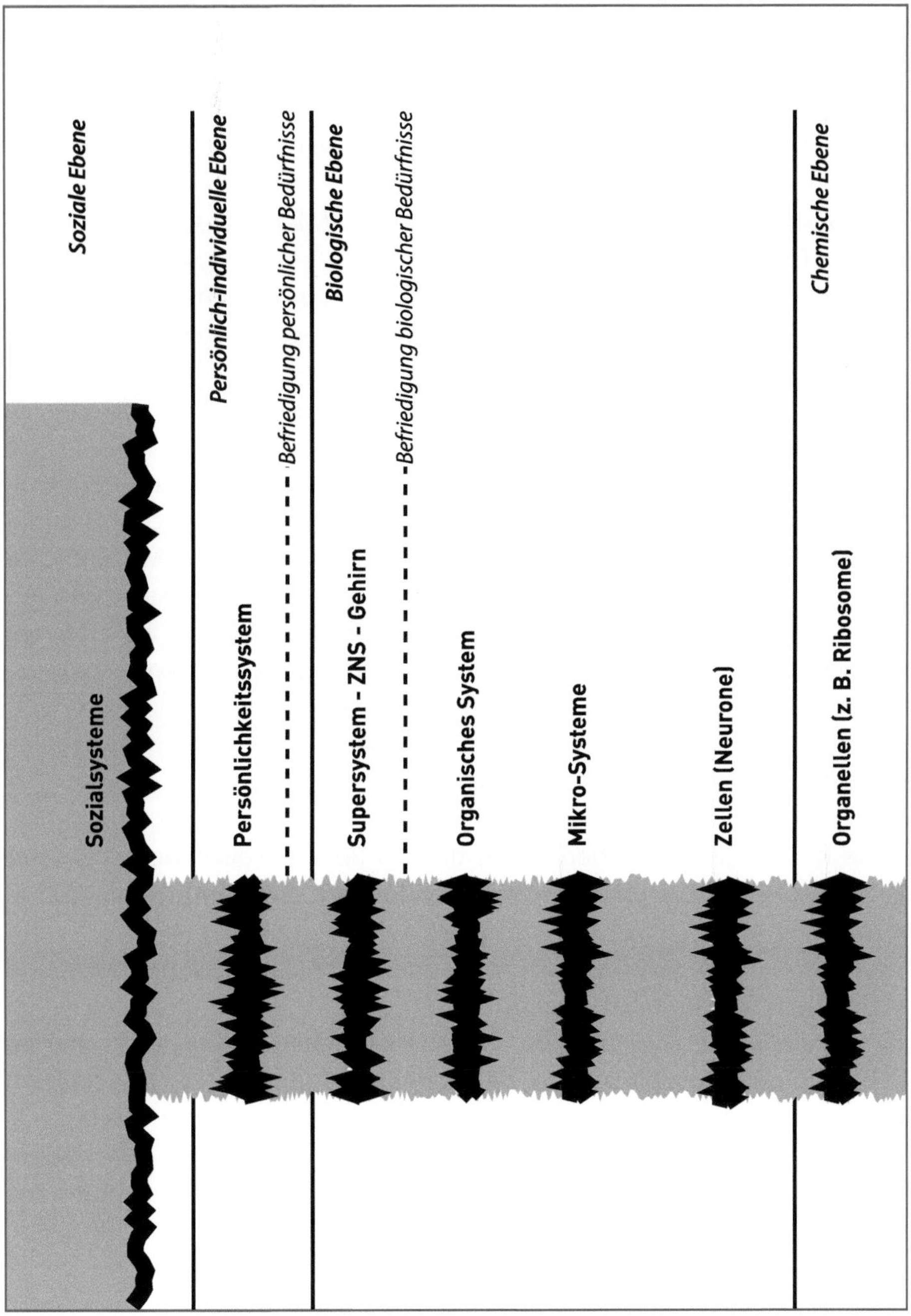
Soziale Ebene
Sozialsysteme
Persönlich-individuelle Ebene
Persönlichkeitssystem
Befriedigung persönlicher Bedürfnisse
Biologische Ebene
Supersystem - ZNS - Gehirn
Befriedigung biologischer Bedürfnisse
Organisches System
Mikro-Systeme
Zellen (Neurone)
Chemische Ebene
Organellen (z. B. Ribosome)

wichtigen Ressourcen zur Befriedigung organisch verankerter Bedürfnisse bekommt – zum Beispiel Nahrung, Geschlechtspartner zur Befriedigung der geschlechtlichen Bedürfnisse usw.
Das Bewusstsein zeigt sich damit in diesem hierarchischen Systemaufbau der menschlichen materiellen Lebenswelt als wichtiges materielles Produkt der Austauschprozesse verschiedener Subsysteme.

Damit sind wir soweit, das *Modell des menschlichen Bewusstseins* zu zeichnen *(siehe Grafik auf der Folgeseite)*.

Wie gesehen ist das Bewusstsein durchaus kein Epiphänomen, sondern ein materieller Tatbestand, der durchweg materiell bedingt ist und selber wiederum als materieller Faktor physisch–materielle Prozesse in Gang setzt. Es ist ein *emergentes »Produkt«* aus *neurophysiologischen, physiologischen und sozialen Faktoren*.

Soziale Erfahrungen verändern unser Gehirn.

Im Austausch mit unserer *sozialen Erfahrungswelt*, also in der Kommunikation mit unseren Mitmenschen, machen wir die Erfahrungen, die sich strukturierend auf unser individuelles Gehirn auswirken. Unser Gehirn ist wesentlicher Bestandteil unseres ZNS, das wiederum mit unserem Organsystem und Immunsystem in engstem Austausch steht. Die Befriedigung wesentlicher organischer Bedürfnisse ist abhängig von der erfolgreichen bewussten Intervention des Individuums in die soziale Erfahrungswelt.

Die Dynamik unseres plastischen Hirns

Welche Konsequenzen haben die in diesem Bewusstseins–Modell zusammengefassten neurophysiologischen Einsichten für unser anthropologisches Konzept?

Zur Beantwortung werden wir uns ansehen, wie Neurowissenschaftler und Psychologen diese Befunde deuten.

Beginnen werden wir mit dem US–amerikanischen Neurowissenschaftler und Psychologen Joseph LeDoux, der nicht nur erfolgreich forschte, sondern auch einige allgemein verständliche »Bestseller« zum Thema verfasst hat.

LeDoux ist Schüler des ebenfalls international bekannten Neurowissenschaftlers und Psychobiologen Michael Gazzaniga, der einst zusammen mit Roger Sperry die berühmten Split–Brain–Experimente durchführte, die Versu-

8

Bewusstseins-Modell

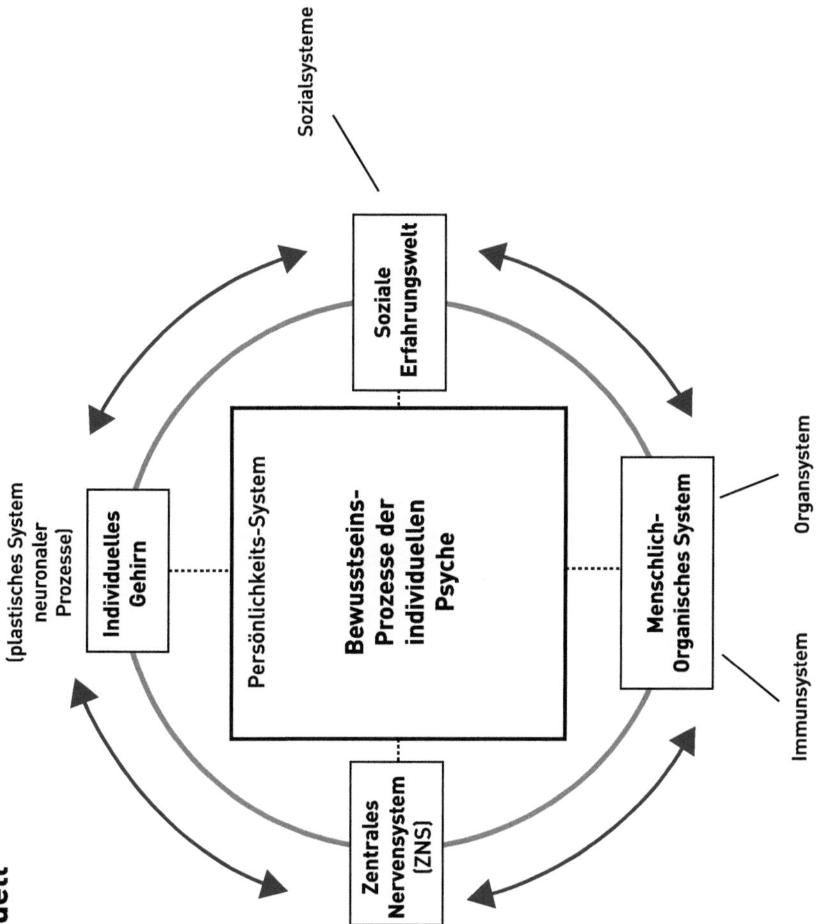

che zur Aufdeckung der komplementären Funktionen der linken und rechten Gehirnhälfte.

Auch LeDoux führt in seinen Schriften aus, wie wenig hilfreich es ist, die Forschungsergebnisse der Neurowissenschaften naturalistisch zu deuten, indem Bewusstseinsvorgänge vollständig auf physiologische Faktoren reduziert werden. Er beschreibt in seinem Buch »Das Netz der Persönlichkeit«, dass beispielsweise *psychische Erkrankungen* auf *synaptische Veränderungen* zurückzuführen sind, sozusagen auf »Fehlfunktionen« in den Schaltkreisen unseres Gehirns.[16]

Negative Erfahrungen bewirken krank–machende Strukturen.

Negative Erfahrungen, die wir in unserem sozialen Umfeld machen, haben *anhaltende Wirkungen*, indem sie in *synaptischen Schaltkreisen als Erinnerungen abgespeichert* werden. Eine negative Erfahrung eines Individuums materialisiert sich zu einem, das Wohlbefinden einer Person mehr oder weniger stark einschränkenden, »kranken« Hirnschaltkreis. LeDoux betont hierbei, dass psychische Erfahrungen, also zu Bewusstsein kommende »seelische« Tatbestände, und Hirnschaltkreise lediglich verschiedene Aspekte ein und derselben Sache sind. Er verweist darauf, dass Bewusstseinsprozesse letztlich materielle Prozesse sind.

Gesund wird ein psychisch Kranker nach LeDouxs Ansicht angesichts dieser Tatsache dann, wenn er im Rahmen einer Psychotherapie *Lernerfahrungen* macht, die wirksam zu *Veränderungen* in den *krankmachenden synaptischen Verbindungen* führen, somit die krankmachenden Erfahrungen unwirksam gemacht werden.

Das heißt, *Interaktionen im sozialen Umfeld* – beispielsweise im Therapiegespräch – führen zu korrespondierenden Veränderungen in den synaptischen Schaltkreisen des Gehirns, die im günstigen Fall *»gesund«* machen.

Da dieser Punkt für das Verständnis der Funktionsweise unseres Gehirns und damit unseres Bewusstseins besonders erhellend ist, werden wir uns diesen Punkt genauer ansehen:

Schlechte Erfahrungen haben negative Auswirkungen auf unseren psychischen Gesundheitszustand. Nun scheint es so, dass psychische Probleme recht einfach gelöst werden, könnte die neurophysiologische Forschung zeigen, welcher Hirnschaltkreis die krankmachende Erfahrung repräsentiert und wie wir diesen Schaltkreis zu verändern haben, um Gesundheits–herstellende Wirkungen im Erleben und Verhalten eines Patienten zu bewirken.

Warum jemand krank wird und in welchem Maße dies geschieht, hängt aber davon ab, welche Bedeutung die jeweiligen Erfahrungen für ihn haben, welche seiner Motivationen betroffen sind, welche persönlichen Ziele tangiert sind usw.

Gesundheit und Krankheit hängen also unauflösbar damit zusammen, welche Persönlichkeit ein Individuum ausgeprägt und welchen sozialen Lebensraum er sich geschaffen hat.

Vor diesem Hintergrund wird deutlich, dass die Anwendung von Neurophysiologie psychische Gesundheit auch in Zukunft nur bedingt herstellen wird.

Diesen Punkt hat besonders eindrucksvoll der international bekannte Psychotherapieforscher Klaus Grawe untersucht. Grawe (*1943 – †2005) war ein deutscher Psychotherapeut mit dem Tätigkeitsschwerpunkt Psychotherapieforschung, der vor allem mit seinen Arbeiten zum Thema »Wirkungsweisen und Wirksamkeit von Psychotherapien« von sich reden machte.

Gesundheit erfordert positive Erfahrungen.

Er stellte fest, dass es im Fall von psychischen Erkrankungen wichtig sein kann, eine gestörte Balance im physiologischen Gleichgewicht medikamentös wieder herzustellen. So ist beispielsweise im Gehirn die richtige Mischung von Neurotransmittern herzustellen. Allerdings ist es zur *Gesundung* eines Patienten auch wichtig, *neue Gedächtnisinhalte* zu schaffen, während *alte, krankmachende Inhalte* durch veränderte Wahrnehmungen *unwirksam* zu machen sind.

Solche Wahrnehmungen ergeben sich nicht von alleine und schon gar nicht dadurch, dass mittels pharmakologischer Behandlung die »richtige« Balance von Neurotransmittern bewirkt wird.

Aus Grawes Sicht widersprechen die Ergebnisse neurowissenschaftlicher Forschung der Praxis *pharmakologischer Therapien*, die nicht durch *psychotherapeutische Behandlungen* ergänzt werden, um *gezielte Lernerfahrungen* der medikamentös behandelten Patienten sicherzustellen.

Anhand von Ergebnissen aus empirischen Untersuchungen konnte er dies belegen:

Wenn beispielsweise Depressive lediglich medikamentös behandelt werden, ist zu beobachten, dass die Rückfallquote bei 80% der Patienten liegt.

Diese Patienten haben ohne Anleitung in Therapiegesprächen und ohne Interventionen eines Therapeuten nicht lernen können, ihre negativen

Lebenserfahrungen so zu bewältigen, dass sie langfristig und auch ohne Einnahme von Medikamenten gesund bleiben.

In den Fällen, in denen Depressive neben der medikamentösen Behandlung psychotherapeutisch behandelt wurden, ist die Rückfallquote ehemalig Depressiver wesentlich geringer. Selbst eine alleinige *psychotherapeutische Behandlung* ist signifikant *wirkungsvoller* als eine rein *medikamentöse Behandlung*.

Für die zukünftige Behandlung psychischer Erkrankungen leitete Grawe aus seinen Untersuchungen ab, dass sich pharmakologische und psychotherapeutische Therapien ergänzen könnten, um optimale Behandlungsergebnisse zu erbringen.

Diese Kooperation setzte aber gesteigertes Wissen über die *im Gehirn wirkenden Mechanismen* voraus. Auf der Grundlage dieses Wissens könnten durch gezielte medikamentöse Beeinflussung von Neurotransmittern die Patienten in einen lernbereiten Zustand versetzt werden. So könnte die Nachhaltigkeit von Lernerfahrungen verstärkt werden.

Nach Einsetzung der Wirkung der Medikamente käme es darauf an, die Chance zu nutzen und durch psychotherapeutische Interventionen dafür zu sorgen, dass der Patient tatsächlich die Erfahrungen macht, die für seine weitere Entwicklung möglichst positiv sind. Denn erst die richtigen Lebenserfahrungen in der sozialen Umgebung, in seinen Kommunikationssystemen und Netzwerken führen dazu, dass sich selbst verstärkende, gesunderhaltende Strukturen sowie »gesunde Abläufe« im Gehirn ausprägen.

Welche *Rolle* übernimmt die *Psychotherapie* im Rahmen des Gesundungsprozesses? Wie wirkt die therapeutische Kommunikation beim Patienten?

Die Psychotherapie verfügt nachweislich über ein *Arsenal wirksamer Beeinflussungsmittel und Interventionsinstrumente*. Allerdings ist im Augenblick noch weitgehend unbekannt, wie diese physiologisch betrachtet auf der Ebene der Hirnprozesse im Detail wirken.

Lern–erfahrungen bewirken Gesundungsprozess.

Psychotherapeutische Wirkung scheint allgemein betrachtet darauf zu beruhen, dass *Patienten* diejenigen *Lernerfahrungen vermittelt* werden, die nach gründlicher Abklärung mittels Gesprächen in Therapiesitzungen einen *günstigen Einfluss auf ihre Probleme* haben.

Neurophysiologisch gesprochen heißt das, dass die den Problemen zugrunde liegenden neuronalen Strukturen beeinflusst werden, indem Synapsen aktiviert werden, die Neurotransmittern den Weg zu den Rezeptoren weisen, an denen sie ankoppeln müssen, um Gesundungs–Wirkung zu erreichen.

Wirksame Psychotherapie verändert *psychische Prozesse* dadurch, dass sie *mit Hilfe von Interaktionen das Gehirn verändert.* Gelänge ihr das nicht, könnte Psychotherapie nicht wirksam sein.

Das Motivations–Modell der Neuropsychologie

An dieser Stelle wird es Zeit für die Frage:

Inwieweit haben wir mit den aktuellen Einblicken in Psychologie und Neurophysiologie Antworten für unsere Frage nach einer Anthropologie gefunden?

Wesentliche Einsicht ist, dass das menschliche Wesen grundsätzlich nicht gleichzusetzen ist mit der Physiologie seines Gehirns – auch wenn das in der Diskussion der humanbiologischen Forschung manchmal so dargestellt wird.

Kommunikation »gestaltet« unser Hirn.

Die menschliche Psyche und das menschliche Bewusstsein fußen zwar auf der physiologischen Grundlage unseres plastischen Gehirns, doch dessen Entwicklung und Struktur ist wesentlich durch die Lern– und Kommunikations–Erfahrungen des jeweiligen Hirnträgers in seiner sozialen Umwelt geprägt. Im Rahmen der Erfahrungen und der Entwicklung, die Individuen machen, bilden diese im Laufe ihrer Lebensgeschichte ihre besonderen *Motivationen und Lebensziele,* die wiederum die Grundlage ihrer psychischen Gesundheit oder Krankheit bilden.

Für die Entwicklung unserer Anthropologie sollten wir also wissen, wie Menschen diese *Motivationen und ihre persönlichen Zielausrichtungen entwickeln.*

Was wir schon ahnen ist, dass Menschen nicht ohne diejenigen sinnlichen Erfahrungen und Interaktionen leben, gesund und glücklich existieren können, welche ihre Grundbedürfnisse befriedigen. Diese *notwenigen Interaktionen* ereignen sich in *sozialen Systemen und Kommunikationssystemen,* in denen der Einzelne lebt und arbeitet.

Um die noch fehlenden Details unseres zukünftigen Wissens vom »Wesen« des Menschen zu erhalten, begleiten wir weiter den Psychotherapieforscher

Klaus Grawe. Hierzu beziehen wir uns auf seine letzten Arbeiten, in denen er Pionierarbeit geleistet hat.[17]

Ihm ist es gelungen, psychotherapeutisches Wissen, insbesondere Wissen über die Wirksamkeit von Interventionen zur Wiederherstellung psychischer Gesundheit auf der einen Seite mit den aktuellen Ergebnissen der Forschung im Bereich der Neurophysiologie auf der anderen Seite zu verknüpfen.

Eine Vorüberlegung ist allerdings noch notwendig, bevor wir die besondere Bedeutung von Grawes theoretischer Synthese verstehen können:

Es gibt keinen »reinen Geist«.

Das materialistische Bewusstseinsmodell hat eine entscheidende Konsequenz für die Beurteilung bisheriger Versuche der Deutung des menschlichen Geistes. Während Immanuel Kant noch versuchte, das Wesen des Menschen aus dessen Denken, aus dessen »reiner Vernunft« abzuleiten, wissen wir heute, dass es keinen »reinen Geist« gibt.

Das Zergliedern unserer Ideen und Gedanken führt uns nicht zur Bestimmung des menschlichen Wesens.

Zwar sind wir auf das individuelle Bewusstsein angewiesen. Denn das einzelne Bewusstsein ist der einzige für uns verfügbare Reflexionsraum, in dem so etwas wie Wissen im Allgemeinen und Wissen über den Menschen und seine Lebensverhältnisse im Besonderen möglich ist. Ohne »Ich denke« – ohne »Cogito« – kein Gedanke, kein Wissen etwa von einem Universum, von unserem Sonnensystem und den Bewohnern auf der Erde.

Doch dieses Cogito ist gleichzeitig auch Teil dieser Welt und damit durchgängig durch materielle Vorgänge bedingt. Bewusstsein emergiert als materielles Teilsystem in dem umfassenden System, in dem wir als Menschen und Naturwesen existieren. Das Cogito entsteht sozusagen wesentlich als *Interaktionsprodukt der Subsysteme* zweier Systemebenen – der *Ebene der biologischen Systeme und der Ebene der Sozialsysteme*.

Wenn wir als wesentliche Kompetenz des menschlichen Bewusstseins die Fähigkeit zur Reflexion, zum Denken oder – mit Kant gesprochen – zum Gebrauch unserer Vernunft betrachten, dann müssen wir feststellen, dass wir mithilfe dieser Fähigkeit nur einen kleinen Teil unserer Lebensumstände erfassen können.

Als individuelle »Geister« fällt es uns bereits schwer nachzuvollziehen, welche Mechanismen walten, wenn wir uns in den allerkleinsten Beziehungssystemen mit anderen Individuen aufhalten.

Gruppenbildungs- und Gruppenzersetzungsprozesse werden von uns als Einzelpersonen nur unvollkommen beherrscht und entziehen sich größtenteils unserer Beobachtungsfähigkeit.
Denn viele soziale Mechanismen und Prozesse können von uns nicht direkt beobachtet werden, müssen von uns mühsam erschlossen und auf indirektem Weg erfasst werden.

Genauso verhält es sich mit den biologischen Voraussetzungen, die unsere Existenz bedingen. Wir haben auch hier nur einen unvollkommenen Einblick – und zwar in unsere weitgehend im Dunklen liegenden Bedürfnisse und Antriebe, etwa in die neurophysiologischen Vorgänge, die unserer Angst, Freude, Aufgeregtheit, Traurigkeit usw. zugrunde liegen.

Die Mechanismen, die hier wirken, liegen für uns entfernt, sind kaum erspürbar und sind auch selbst durch technische Hilfsmittel und die neuesten neurophysiologischen Errungenschaften noch lange nicht ansatzweise erfasst.

Materielle Prozesse sind für uns oft unsichtbar.

Die hiermit beschriebene Situation, die gekennzeichnet ist durch eine deutliche *Intransparenz unserer sozialen und biologischen Existenz*, ist ein wichtiges Charakteristikum unserer menschlichen Verfasstheit.

In diesem Zusammenhang wird oft davon gesprochen, dass diese Situation des Nichtwissens und der Abhängigkeit von naturhaften Voraussetzungen ein »Schlag« für die Menschheit wäre, eine »Schmach« angesichts des philosophischen Ideals eines »absoluten« Wissens und der Vorstellung von der alles Naturhafte überragenden Qualität des menschlichen Intellekts.

Tatsächlich ist die Einsicht in die starke »Beschränktheit« menschlicher Erkenntnis lediglich für idealistische Intellektuelle, Dogmatiker und Anhänger fundamentalistischer Religionen frustrierend. Für diejenigen, die daran gewöhnt sind, Probleme aktiv durch die Klärung zugrunde liegender materieller Dinge und Prozesse anzugehen, und ihre ersten Schritte stets in einem Zustand der Unwissenheit zu beginnen, hat diese Situation nichts wirklich Überraschendes an sich.

Was beispielsweise unsere gesuchte Anthropologie angeht, ist es so, dass wir hier über kein vollständiges Wissen verfügen. Das Wissen, welches wir im Augenblick haben, ist noch recht beschränkt. Doch ein paar wichtige Dinge wissen wir auch jetzt schon.

Wir können beispielsweise in einer gewissen »Randzone« unseres sozialen Umfelds durchaus Gruppenbildungsprozesse beobachten und mit Hilfsmitteln Handlungs- und Kommunikationsprozesse nicht nur messen, sondern auch gezielt bewirken und steuern.

Was die biologische Bedingtheit unserer Existenz und unseres Bewusstseins angeht, so können wir auch hier in einer gewissen »Zone« erforschen, wie unser Denken und unser Verhalten durch Bedürfnisse bestimmt werden, die eine neurophysiologische Grundlage haben.

Diese »Zone« ist der Bereich, den wir bereits in Grundzügen beschrieben haben, der Bereich, in dem beispielsweise Psychologen wirken, wenn sie mit ihren Patienten zusammen in Therapiesitzungen arbeiten. Es ist eine Zone, in die wir mithilfe von Reflexionen und psychotherapeutischen Interventionen eindringen können und in der wir einen Eindruck von den Wirkungen und Mechanismen unserer neuronal-materiellen Innenwelt bekommen.

Zone der gegenseitigen Durch-dringung

Bewusstsein dringt hier – zwar meist schwerfällig und ohne dass Therapeuten oder Berater im Detail wissen, wie sie Wirkungen erzeugen – in den Bereich der neuronalen Struktur unseres Gehirns vor. Diesen Bereich können wir als *Zone der gegenseitigen Durchdringung von Bewusstsein und Physis* betrachten – als *»Interpenetrationszone«*. Hier können wir Beobachtungen machen; Psychotherapeuten können hier in gewissem Umfang Interventionen vornehmen.

An diesem Punkt kommen wir – wie angekündigt – auf einige Details der Arbeiten von Klaus Grawe zu sprechen:

In seinen letzten Jahren arbeitete Grawe daran, Forschungsergebnisse zu psychotherapeutischen Veränderungsprozessen mit den aktuellen Ergebnissen hirnphysiologischer Forschung abzugleichen. In seinem letzten, im Jahr 2004 veröffentlichten Werk *»Neuropsychotherapie«* verschmolz er Befunde der psychotherapeutischen Wirkungsforschung und Neurowissenschaften zu einem vorläufigen, integrierten Konzept.

Insbesondere ging es ihm dabei darum, Psychotherapeuten neurophysiologisches Wissen für ihre Therapiepraxis verfügbar zu machen und ihnen zu skizzieren, welche Veränderungen in der Hirnphysiologie zu welchen typischen psychischen Krankheitssymptomen führen können sowie daran

anknüpfend wie therapeutische Interventionen zu heilenden Veränderungen im Gehirn führen.
Grawe ging es darum, einen *ersten Vorstoß* zu einem *Ansatz neurowissenschaftlich fundierter Psychotherapie* vorzulegen. Dazu hat er – soweit er dazu passende Befunde ermitteln konnte – die angesprochene Interpenetrationszone zwischen unserem Bewusstsein und den dahinterliegenden neurophysischen Vorgängen in unserem Gehirn abgesteckt.

Das für uns und unser Interesse an einer Anthropologie Entscheidende ist, dass es ihm dabei gelungen ist, ein neurophysiologisch begründetes Modell menschlicher Motivation zu entwickeln, das wir – für unsere Zwecke vereinfacht – als Ausgangspunkt unserer Arbeit als Konzeptioner nutzen können.

Grundbegriffe der Neuropsychologie

Wie sieht nun die damit definierte Anthropologie bzw. das menschliche Motivations–Modell aus?

Aus Platzgründen und aus Gründen der Handhabbarkeit werden wir hier neurophysiologische Detailbeschreibungen weglassen. Die können vom Interessierten bei Grawe und in der von ihm berücksichtigten Forschungsliteratur nachgeschlagen werden.[18]

Wichtig zum Verständnis des Modells sind einige *Grundbegriffe*:[19]

»Konsistenz« und »Konsistenz–regulation«

An erster Stelle steht dabei der Begriff der *»Konsistenz«* und damit zusammenhängend der Begriff der *»Konsistenzregulation«*.

Konsistenz bezieht sich auf einen Zustand des Organismus und zwar auf den Zustand der Kompatibilität der gleichzeitig ablaufenden neuronalen oder psychischen Prozesse. Grawe interpretiert die Konsistenz, die Ausgeglichenheit der intrapsychischen Prozesse als wesentlichstes menschliches Grundbedürfnis, als Grundbedingung für ein gutes psychisches Funktionieren.

Ist dieses Bedürfnis nicht erfüllt, kann dies weit reichende Folgen für die Gesundheit des betroffenen Menschen haben. Das Streben nach Konsistenz und die Konsistenzregulations–Funktion werden vom Menschen nur ausnahmsweise bewusst erlebt. Sie finden überwiegend unbewusst statt, fungieren aber dennoch als so etwas wie ein oberstes Regulationsprinzip im psychischen Geschehen.

Zu der Befriedigung *menschlich–psychischer Grundbedürfnisse* gehören neben diesem Basisbedürfnis nach Grawe vier weitere elementare Bedürfnisse, die wir uns in der Folge genauer anzusehen haben.

Weiterer wichtiger Begriff ist der des *»motivationalen Schemas«*.

»Motivationale Schemata«

Menschen bilden im Laufe ihrer Entwicklung motivationale Schemata im Sinne von *Orientierungs– und Verhaltensmustern* heraus, durch die sie über Reaktionsmöglichkeiten verfügen, wenn sie in ihrer Umgebung mit dem Verhalten anderer Personen und mit Ereignissen konfrontiert werden.
Diese Schemata bilden sich im Laufe der psychischen Entwicklung heraus, fungieren als Ordnungsmuster der psychischen Aktivität und bestimmen dabei unmittelbar das Erleben und Verhalten einer Person. Sie stellen ein Emotions–Verhaltens–Repertoire bereit, welches das Individuum im Laufe seiner persönlichen Entwicklung ausprägt. Das Individuum legt durch dieses Repertoire modellhaft fest, auf welche Weise es seine Grundbedürfnisse befriedigt und wie es mit Frustrationen, also fehlgeschlagener Bedürfnis–Befriedigung umgeht.

Entscheidend ist in diesem Zusammenhang, dass Individuen sich sowohl *annähernde* wie *vermeidende Schemata* zu Eigen machen.

»Annährungs–schemata«

So genannte *»Annäherungsschemata«* bilden sich unter günstigen Umständen und Entwicklungsverhältnissen aus, wenn dem Einzelnen seine Bedürfnisbefriedigung überwiegend problemlos gelingt. Er entwickelt dabei ein Verhaltensrepertoire, das die Verwirklichung seiner Ziele unter verschiedenen Bedingungen begünstigt.

»Vermeidungs-schemata«

Werden aber die Grundbedürfnisse einer Person häufig verletzt, bildet sie so genannte *»Vermeidungsschemata«* aus, um sich vor weiteren Verletzungen zu schützen. Stark ausgeprägte Vermeidungsschemata blockieren Wege zur Bedürfnisbefriedigung und gefährden die psychische Gesundheit, indem sie Wege zur Befriedigung auch in günstigen Situationen blockieren. Statt Annäherungsschemata zu aktivieren, wird in solchen Situationen durch Schemata zunehmend vermeidendes Verhalten motiviert und ein Eingehen auf Bedürfnisse von vornherein ausgeschlossen.

Fassen wir zusammen:

Motivationale Schemata sind die wichtigen *modellhaften Gefühls– und Verhaltens–Lösungen*, die ein Mensch im Laufe seines Lebens entwickelt, und die sein Gehirn situativ aktiviert, um annähernde Reaktionen oder auch vermeidende Reaktionen dieser Person zu strukturieren.

Ein wichtiger Punkt ist die Tatsache, dass menschliches Verhalten zielorientiert ist. Als Menschen handeln wir durchgängig, um Ziele zu erreichen. In diesem Zusammenhang führt Grawe den Begriff der *»Kongruenz«* ein – Kongruenz bzw. erfolgreiche Zielerreichung geht typischerweise einher mit *positiven Emotionen*. Dagegen wird das Verfehlen persönlicher Ziele – die so genannte *»Inkongruenz«* – von *negativen Emotionen* begleitet.

»Kongruenz« und »Inkonkruenz«

Das psychische System einer Person ist laufend darauf ausgerichtet, den Status der Erfüllung seiner motivationalen Ziele und damit den Stand der Befriedigung seiner Bedürfnisse nachzuvollziehen. Er beobachtet seine Umwelt laufend aus dem Blickwinkel seiner Motivationen und seiner persönlichen Bedürftigkeit. Die Selbstreflexionen und die Selbstbeobachtungen eines Individuums orientieren sich grundsätzlich an seinen psychischen Grundbedürfnissen.

Diese *psychischen Grundbedürfnisse* sind folgendermaßen gekennzeichnet:

Die unterschiedlichen psychischen Grundbedürfnisse, die wir uns im Nachfolgenden im Einzelnen anzusehen haben, nehmen nicht direkt auf unser Verhalten Einfluss, sondern werden von Individuen mit Hilfe der beschriebenen motivationalen Schemata verwirklicht.

Psychische Grundbedürfnisse sind in gewisser Weise universell – einzelne Menschen unterscheiden sich zwar in den individuellen Zielen, die sie im Rahmen ihrer besonderen Lebenserfahrungen herausbilden. Worin sie sich allerdings nicht unterscheiden, ist der Tatbestand, dass sie über ein Set psychischer Grundbedürfnisse verfügen

Jeder Mensch verfügt über diese Grundbedürfnisse, genauso wie er Arme, Beine usw. mit seinen Mitmenschen gemeinsam hat. Er entwickelt allerdings ganz individuelle Motivationen und individuelle Lösungen dafür, wie er als Person seine Bedürfnisbefriedigung gestaltet.

Ein weiterer wichtiger Begriff in diesem Zusammenhang ist das Konzept der *neuronalen Mechanismen*:

Wir gehen davon aus, dass hinter unseren psychischen Grundbedürfnissen *Mechanismen* stehen, die auf der Basis von *neuronalen Prozessen* arbeiten. Es gibt keine menschlichen Bedürfnisse, keine psychischen Abläufe, keine

Motivationen, die ohne die Operationsweisen neuronaler Schaltkreise funktionieren. Im Folgenden werden wir menschliche Motivationen und Antriebe deshalb stets als neuronal verankerte psychische Bedürfnisse interpretieren.

Neben diesen Bedürfnissen verfügt der Mensch über weitere biologische Grundbedürfnisse, die befriedigt sein müssen, damit der menschliche Organismus seine fundamentalen Lebensfunktionen aufrechterhalten kann:

Er braucht Luft zum Atmen, benötigt ausreichend Nahrung, um Hunger und Durst zu stillen. Die Sicherung einer konstanten Körpertemperatur ist wichtig, auch ausreichend Schlaf und über bestimmte Lebenszyklen hinweg auch die Stillung seinen sexuellen Verlangens.

Biologische Bedürfnisse des Menschen

Diese *biologischen Bedürfnisse* teilt der Mensch mit vielen anderen Lebewesen. Seine psychischen Grundbedürfnisse begründen allerdings eine Bedürfniskonstellation, welche die besondere menschliche Motivation ausmacht. Die menschliche Existenz basiert wesentlich auf diesen spezifischen psychischen Grundbedürfnissen, die erfüllt sein müssen, damit es ihm gut geht, und er sich gesund fühlen kann.

Ihre Befriedigung ist für sein Wohlbefinden erforderlich und so entscheidend, dass sie sich deutlich auf die Gestaltung seines Verhaltens auswirken. Diese psychischen Grundbedürfnisse sind bei allen Menschen als »Grundaustattung« anzutreffen – ihre Verletzung oder dauerhafte Nichtbefriedigung führt zu ernsthaften Schädigungen der individuellen Gesundheit und Fitness.

Mit ihrer Erfassung in einem übersichtlichen Modell werden wir unser Ziel erreichen und die Anthropologie skizzieren, an die wir zukünftig anknüpfen können.

Vier psychische Grundbedürfnisse

Klaus Grawe hat im Rahmen seiner theoretischen und empirischen Forschungsarbeit *vier Grundbedürfnisse* definiert. Als Belege für die Existenz dieser Grundbedürfnisse lagen ihm korrespondierende Befunde sowohl in der psychologischen Forschung als auch parallel im Feld der neurophysiologischen Forschung vor.

Die vier Bedürfnisse

1. *Bedürfnis nach Bindung*
2. *Bedürfnis nach Orientierung, Kontrolle und Kohärenz*
3. *Bedürfnis nach Selbstwerterhöhung*
4. *Bedürfnis nach Wohlbefinden*

haben eine materielle Basis in der neuronalen Struktur sowie den Prozessen unseres Gehirns. Ein »erfolgreiches« menschliches Leben setzt dadurch voraus, dass die Befriedigung dieser vier Bedürfnisse in ausreichendem Maß gelingt.

Psychische Gesundheit erfordert Konsistenz.

Wesentlich für die psychische Gesundheit eines Individuums ist es nach Grawes Ansicht darüber hinaus, dass sich das psychische *Gesamtsystem* langfristig in einem ausreichenden *Gleichgewicht befindet*, das heißt, dass die *Bewusstseins–Prozesse* des Menschen konsistent sind, sich also keine schwerwiegenden, langfristig bestehenden Inkonsistenzen ausprägen.

Das Leben beinahe jedes Menschen ist durch gewisse Schwierigkeiten geprägt, die ihm in seinem sozialen Umfeld begegnen.

Ob der Mensch angesichts dessen gesund bleibt, hat dabei insbesondere damit zu tun, ob er trotz möglicher Schwierigkeiten oder trotz möglicher Verletzungen, in der Lage ist, *Annäherungsziele zu entwickeln und diese zu verfolgen*.

Für einen Krankheitsverlauf ist es in diesem Zusammenhang typisch, wenn sich Individuen aufgrund von Traumata und nachfolgender Angst zunehmend von der Befriedigung ihrer Bedürfnisse verabschieden und, um weitere befürchtete Verletzungen auszuschließen, motivationale *Vermeidungsziele* entwickeln, also zunehmend die Konfrontation mit dem Realitätsausschnitt vermeiden, den sie auf der einen Seite fürchten, der aber gleichzeitig auch wichtig ist, um irgendwann wieder befriedigende und gesunderhaltende Erfahrungen zu machen.

(1) Das Bindungsbedürfnis

Der Mensch hat also vier bedeutende psychische Grundbedürfnisse, deren Befriedigung ihn ständig herausfordert und seine typisch menschliche Lebensspannung ausmacht.

Wir beginnen mit der Betrachtung des *Bindungsbedürfnisses.*

Bisher hat es dieses Bindungsbedürfnis schwer gehabt, die Aufmerksamkeit der empirischen Wissenschaft zu erreichen. Dabei ist es doch recht offensichtlich:

Menschen sind auf die Nähe und Zuwendung naher Bezugspersonen angewiesen – sie sind von entscheidender Bedeutung für das Wohlergehen jedes Individuums.

Solide Bindungsmuster erforderlich

Das Bindungsbedürfnis tritt direkt nach der Geburt als angeborenes Bedürfnis auf, die physische Nähe primärer Bezugspersonen zu suchen und aufrechtzuerhalten. Neurophysiologische Studien zeigen heute, dass dieses Bedürfnis tief in unserem Gehirn verankert ist.

Ungünstige Bindungserfahrungen haben in der Regel verheerende Auswirkungen auf die psychische Gesundheit. Unsichere Bindungsmuster hinterlassen deutliche Spuren:

Sie führen zu einer verminderten Stresstoleranz, einer schlechten Emotionsregulation, bewirken eine geringe Selbstwirksamkeits–Erwartung und führen zu einem schlechten Selbstwertgefühl.

Klaus Grawe hat in diesem Zusammenhang über 20 Jahre lang Befragungen bei Patienten der Psychotherapieambulanz in Bern durchgeführt.

Unabhängig von dem konkreten Symptom, wegen dem die betreffenden Patienten die Ambulanz aufsuchten, gaben 75 % von ihnen an, dass ihr wichtigstes Behandlungsanliegen bei der Behebung von Schwierigkeiten im interpersonalen Bereich lag. Die Reduktion des akuten Problems, wegen dem sie eigentlich in die Ambulanz kamen, folgte in der Wichtigkeit im Schnitt erst mit 59% an zweiter Stelle.

Dieser Befund, dass 75% aller Ambulanz– Patienten Behandlungsanliegen im zwischenmenschlichen Bereich haben, korrespondiert mit den Ergebnissen aus anderen Untersuchungen. So wurde im Rahmen der Erforschung von sozialen Bindungen festgestellt, dass 80% aller Psychotherapiepatienten über ein nur unsicheres Bindungsmuster verfügen.

Es zeichnet sich ab, dass früh im Leben erlittene Verunsicherung später zu Problemen im sozialen Umfeld führt, mit denen die Betroffenen nicht fertig werden, und die ein ernstes Krankheitsrisiko bedeuten.

(2) Das Kontrollbedürfnis

Mit dem *Kontrollbedürfnis* ist das grundlegende Bedürfnis nach Orientierung und Kontrolle gemeint. Jeder Mensch entwickelt im Laufe seines Lebens ein Modell der Realität, an das er seine individuellen Erfahrungen anpasst. Dieses Modell dient ihm als Realitätskonzeption, die er anhand seiner Lebenserfahrung zu bestätigen und laufend fortzuentwickeln sucht.

Kontrollbedürfnis ist allgegenwärtig.

Mit diesem Modell ist das Bedürfnis des Individuums verknüpft, seine Umwelt so weit zu kontrollieren, dass es seine persönlichen Ziele umsetzen kann. Wenn es überleben will und seine übrigen Bedürfnisse befriedigen will, kann es nicht auf diese Kontrolle verzichten. Auf diese Weise ist Kontrolle ein allgegenwärtiger, unabdingbarer Aspekt des psychischen Geschehens.

Psychotherapeuten machen die Erfahrung, dass Patienten und Klienten, denen etwas an die Hand gegeben wird, das ihnen hilft, mit ihren Problemen besser umzugehen, wichtige positive Kontrollerfahrungen machen und dass sie dadurch frühere Verletzungserfahrungen in Bezug auf ihre Kontrollbedürfnisse beheben können.

Kontrollerfahrungen sind offenbar gesundheitsförderlich:

Personen mit hoher Kontrollüberzeugung verfügen über eine höhere Lebenszufriedenheit, haben mehr Selbstvertrauen und sind stressresistent.

Kontrolle hat auch eine kognitive Komponente:

Wer Kontrolle über seine Situation hat, kann den Dingen in dieser Situation Sinn geben, kann Zusammenhänge erklären und in gewissem Rahmen Ereignisse vorhersehen.

Eine solche kognitive Kontrolle basiert auf einem angemessenen Überblick des Individuums über seine Handlungssituation.

Wenn es dagegen nicht weiß, »was Sache ist«, befindet es sich in einer unerträglichen Lage. Und das in umso verschärfter Weise, je wichtiger die betreffende Situation ist und umso wichtiger dem Individuum die Dinge sind, um die es darin geht.

(3) Das Selbsterhöhungsbedürfnis

Das Selbsterhöhungsbedürfnis steht mit unserem Vermögen des selbstreflexiven Denkens in enger Verbindung – es ist die Fähigkeit des Einzelnen, ein positives Selbstbild und Selbstwertgefühl zu bilden und aufrechtzuerhalten.

Dieses Selbstwertgefühl entwickelt sich charakteristischerweise im Rahmen der sprachlichen Kommunikation mit anderen Personen unserer Umgebung. Die selbstreflexiven Prozesse, die zu gelungener Selbstwerterhöhung führen, basieren wesentlich auf verinnerlichter Sprache.

Untersuchungen zeigen, dass Individuen ganz allgemein eine Tendenz zur Selbstwerterhöhung haben. Darüber hinaus zeigt sich, dass, wer hier erfolgreich ist und viele Gelegenheiten zur Selbstwerterhöhung nutzt, über eine gute psychische Gesundheit verfügt.

In der Vergangenheit haben viele Autoren die Ansicht vertreten, zur Gesundheit eines Individuums gehörte eine möglichst unverzerrte Wahrnehmung der eigenen Person. Die Empirie zeigt jedoch etwas anderes:

Postive Folgen der Selbstwert–Illusion

Gesunde Menschen neigen tendenziell zur Selbstwert–Illusion genauso wie auch zu einer Kontroll–Illusion. Es ist ein Zeichen guter Gesundheit, wenn Individuen in Maßen unrealistische Gedanken und Wahrnehmungen haben, die auf eine Selbstwerterhöhung hinauslaufen. Erfahrungsgemäß neigen Akteure dazu, sich selbst mit überwiegend positiven Attributen darzustellen. In ähnlicher Form beurteilen sie dann auch Freunde und Partner verklärt und übertrieben positiv.

Bezeichnenderweise weichen Depressive und Personen mit niedrigem Selbstwertgefühl von dieser »Selbstwertübertreibung« ab:

Es sind also die Gesunden, für die eine gewisse verzerrte Realitätswahrnehmung typisch ist – nicht für die mit schlechter psychischer Gesundheit. Therapeuten und Berater müssen sich also um die sorgen, die sich nicht positiver beurteilen, als sie wirklich sind. So zeigen gerade Depressive keine Tendenz mehr zur Selbstwertüberhöhung. Entsprechend entwickeln sie auch keine Annährungs– und stattdessen Vermeidungsziele. Sie trauen sich keine befriedigenden Erfahrungen mehr zu und wagen es auch nicht mehr, ihren eigenen Wert zu erhöhen.

Menschen, die erfolgreich ihr Selbsterhöhungsbedürfnis befriedigen, praktizieren typischerweise einen positiven Rückkoppelungsprozess, indem sie sich selbst gegenüber gewisse Illusionen machen. Dieser Prozess hat den Charakter einer sich »selbst erfüllenden Prophezeiung« und scheint ein wesentlicher Aspekt normalen »seelischen« Funktionierens zu sein.

An dieser Stelle sei auch noch angemerkt, dass die Erfüllung dieses Bedürfnisses in gewisser Opposition zum Bindungsbedürfnis, dem Bedürfnis nach Nähe, steht.

Eine Überakzentuierung des Wunsches nach Selbstwerterhöhung, nach Durchsetzung der eigenen individuellen Vorstellungen, dem Beharren auf Eigenständigkeit, kann gegebenenfalls zu Lasten der Bindungsfähigkeit gehen und die Konsistenz, die Prozess-Ausgeglichenheit eines individuellen Motivationssystems gefährden.

(4) Wohlbefindensbedürfnis

Das Wohlbefindensbedürfnis scheint das offensichtlichste von allen menschlichen Grundbedürfnissen zu sein. Spielt es doch auch im ökonomischen Menschenbild als Bedürfnis nach Lustgewinn und Unlustvermeidung eine große Rolle.

Doch das psychische Bedürfnis nach Wohlbefinden ist etwas ganz anderes als das, was das Konzept von Lust und Unlust postuliert.

Beim Wohlbefinden geht es nicht um die direkte Erreichung eines hohen Lustniveaus wie im Fall unserer biologischen Bedürfnisse Hunger, Durst oder sexueller Appetit.

Wohlbefinden wird »indirekt« erreicht.

Fixierung auf Lust ist stattdessen für die psychische Gesundheit risikoreich. Wer hauptsächlich auf Lustgewinn ausgerichtet ist, erreicht am Ende paradoxer Weise extreme Formen der Unlust. Belege dafür finden sich in den typischen Lebensgeschichten von süchtigen Personen, die vollkommen von Drogen, Essen, Sex, Glücksspiel, Einkaufen von Luxusartikeln usw. beherrscht sind und unter ihrer Abhängigkeit zu leiden haben.

Demgegenüber ist die »Gut«-»Schlecht«-Bewertung, die unserem Wohlbefinden zugrunde liegt, ein Hilfsmittel unserer »Natur«, das dazu dient, die Erfüllung unserer weiteren psychischen Grundbedürfnisse zu unterstützen. Unser subjektives Wohlbehagen ist also keineswegs das Resultat unseres Strebens nach Lust und kann von uns gar nicht direkt erzielt werden, sondern tritt erst dann auf, wenn es uns gut gelingt, unsere übrigen Grundbedürfnisse zu befriedigen – wenn wir uns also in unserer direkten Bezugsgruppe aufgehoben fühlen, die Gewissheit haben, unsere wichtigen Angelegenheiten unter Kontrolle zu haben und wir uns als Personen selber hoch schätzen.

Wohlbefinden kann nicht als Ziel willentlich und direkt angestrebt werden.

Gerade wenn wir beispielsweise ein Bedürfnis auf Kosten eines anderen Bedürfnisses befriedigen, erreichen wir kein Wohlbefinden. Wer beispielsweise ständig mehr isst, wird immer fettleibiger und verliert immer mehr in den Feldern Selbstwert oder Akzeptanz bei seinen Bezugspersonen.

Der Versuch, Wohlbefinden auf diese Weise zu »erzwingen«, führt letztlich zu einem schweren Konflikt mit dem Kontrollbedürfnis: Das Leben des auf ein Bedürfnis Fixierten gerät »aus den Fugen«. Teufelskreise tun sich auf. Der Betreffende wünscht sich Wohlbefinden und gerät außer Kontrolle. Er fühlt sich ständig unwohler. Seine Reaktion ist, das Bedürfnis seiner Wahl noch extensiver zu befriedigen. Ergebnis ist, dass sein Leben laufend weitere Stufen der sich steigernden Unkontrolliertheit erreicht.

Sucht verstrickt in Teufelskreise.

Solche Teufelskreise ergeben sich nicht nur für Esssüchtige, sondern genau so für die erwähnten Drogen–, Sex–, Spiel– und Kaufsüchtigen. Ein gutes Wohlbefinden ist demgegenüber das Resultat eines Gleichgewichts der Bedürfnisbefriedigung. Wohlbefinden in diesem Sinne ist wichtig zur Vermeidung des psychischen Zustands, den Grawe als »Inkongruenz« bezeichnet.

Inkongruenzen bestehen darin, dass ein Individuum Diskrepanzen zwischen seinen Wahrnehmungen und seinen Handlungsmotiven erkennt, er also realisiert, dass er seine motivationalen Ziele verfehlt. Ein überwiegend erfolgreiches Erreichen der wichtigsten motivationalen Ziele – anders ausgedrückt: eine hohe Kongruenz – setzt eine gute Befriedigung psychischer Grundbedürfnisse voraus.

Das Motivations–Modell

Nun haben wir die Details zusammen und können die Diskussion der letzten Abschnitte in ein »neuropsychologisches Motivations–Modell« überführen, das uns von jetzt an als anthropologisches Grundkonzept unserer Arbeit an Kommunikations–Konzeptionen dient *(siehe Grafik auf der Folgeseite)*.[20]

Motivations-Modell der Neuropsychologie

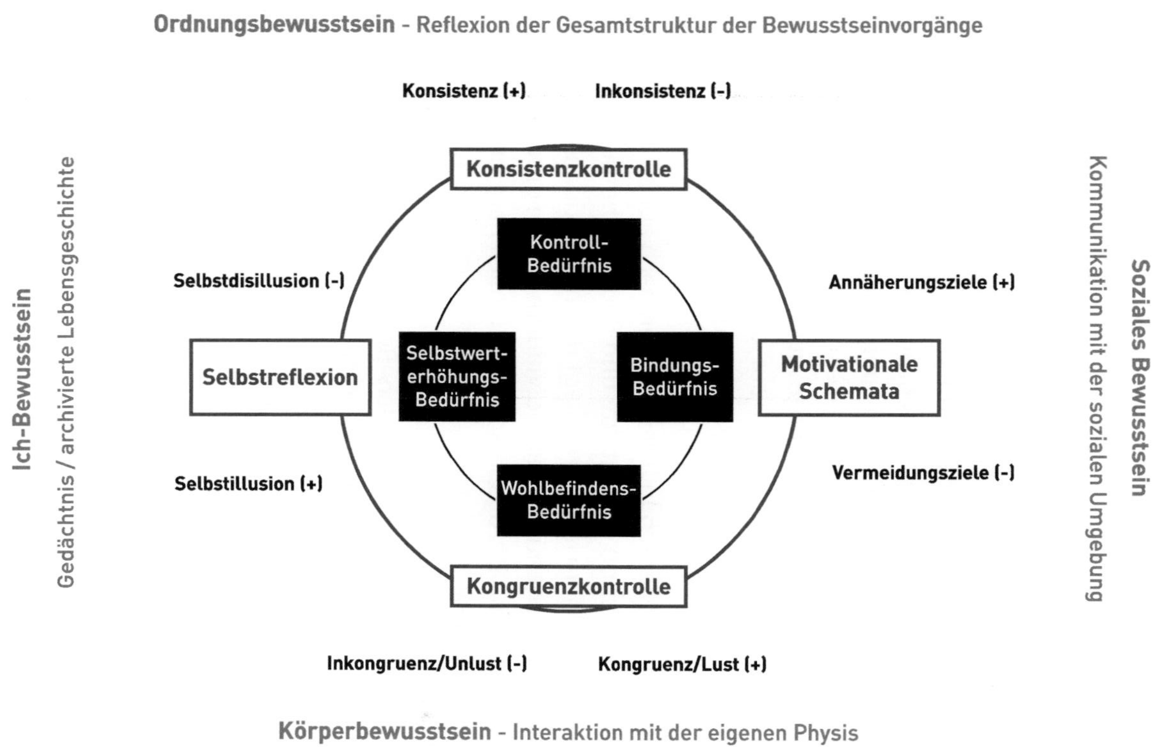

Das systemisch–emergentistische Modell der Motivation

Die Grundstruktur dieses Modells besteht aus einem Außen– und einem Innenkreis. Außerdem verfügt das Modell über vier Richtungen:

Seine Elemente sind oben und unten, rechts und links angeordnet.

Im Modell findet sich als oberster Punkt auf dem Außenkreis die *Konsistenzkontrolle*. Das Individuum reflektiert fortlaufend, meist nicht vollständig bewusst, die Gesamtstruktur der Bewusstseinsprozesse.

Psychische Gesundheit erfordert die Geordnetheit der verschiedenen darin und darunter ablaufenden Vorgänge. Es können allerdings krisenhafte Zustände von Inkonsistenz auftreten. Auf dem Innenkreis liegt die Konsistenzkontrolle als Grundbedürfnis dem *Kontrollbedürfnis* gegenüber. Der Einzelne braucht notwendig die Gewissheit, sein Umfeld zu verstehen, Vorgänge in gewissem Rahmen vorhersehen und insgesamt kontrollieren zu können.

Auf der rechten Seite liegen auf dem Außenkreis die *motivationalen Schemata*, die das Fühlen und Verhalten des Individuums mit Bezug auf seine soziale Umgebung kontrollieren. *Annährungs– und Vermeidungsziele* bestimmen, ob sich der Mensch in Interaktionen nach außen öffnet, um Bedürfnisse zu erfüllen, oder ob er Kontakte und Bedürfnisbefriedigungs–Situationen eher meidet. Auf dem Innenkreis liegt den motivationalen Schemata das *Bindungsbedürfnis* gegenüber. Das Individuum hat ein grundlegendes Bedürfnis nach Austausch mit Bezugspersonen und nach harmonischen Interaktionen in Bezugsgruppen.

Auf der linken Seite findet sich auf dem Außenkreis die *Selbstreflexion*. Das Individuum verfügt über ein Ich–Bewusstsein, im Rahmen dessen es auf gewisse Weise mit der eigenen Persönlichkeit interagiert. Es greift dazu auf sein Gedächtnis und auf seine darin archivierte Lebensgeschichte zurück. Im Innenkreis liegt der Selbstreflexion das *Selbstwerterhöhungsbedürfnis* gegenüber. Für die seelische Gesundheit des Individuums ist es wichtig, dass es in der Selbstreflexion zu einer positiven, wenn auch in gewissem Rahmen selbstillusorischen Selbsteinschätzung kommt.

Auf dem Außenkreis unten liegt die *Kongruenzkontrolle*. Über sein Körperbewusstsein verfolgt der Einzelne fortlaufend seine Wohlbefindensbalance. Auf dem Innenkreis liegt dabei das *Wohlbefindensbedürfnis*. Inkongruenz ist mit einem Verlust an *Wohlbefinden* verbunden.

Prinzip der bedürfniszentrierten Kommunikationsberatung

Dieses Modell und die damit verbundene Anthropologie haben entscheidende Wirkungen auf Konzeptionsentwicklung und Kommunikationsberatung.

Gerade PR–Berater neigen dazu, sich vorzustellen, dass es die besondere Qualität von Public Relations–Dienstleistung wäre, »pure Informationen« zu verbreiten.

Offenbar kann es im Rahmen von menschlicher Kommunikation so etwas wie *»reine Information«* gar nicht geben. *Kommunikation* ist grundsätzlich bezogen auf *Bedürfnisse* und durch das *Interesse motiviert, individuelle Ziele* oder beispielsweise *Unternehmensziele* zu erreichen.

Bedürfnisse von Auftrag–gebern stehen im Vordergrund.

Die »Kunst« einer guten Kommunikationsberatung oder einer guten Konzeption besteht also nicht darin, unverbindliche Daten zu verbreiten, wie sich das mancher vorstellt, sondern offenbar Kommunikationsmaßnahmen als Instrumente zielgerecht so einzusetzen, dass legitime Ziele und *für den Auftraggeber* wichtige – möglicherweise überlebensnotwendige – *Bedürfnisse befriedigt werden.*

Zu diesem Punkt werden wir in den folgenden Kapiteln noch im Detail kommen.

Aber es gibt eine weitere wichtige Einsicht, die sich bei dem Blick auf dieses Modell ergibt. Und zwar ist es die Einsicht, dass sich *wirkungsvolle Kommunikationsberatung und Konzeption* grundsätzlich an einem *»bedürfnisorientierten Kommunikations–Modell«* ausrichtet.

Was ist damit gemeint?

Gemeint ist damit, dass die Kommunikationsberatung und die Konzeption mit einem Rahmenkonzept zu arbeiten haben. *Ziel* ist es, die Kompetenz des Klienten bzw. die Kompetenzen der Mitarbeiter der zu beratenden und anzuleitenden Organisation im Feld der *Kommunikation so fortzuentwickeln*, dass wichtige *Bedürfnisse befriedigt* werden.

Fokus auf Annäherungsziele

Die Beteiligten sind dahin zu bringen, sich auf *Annäherungsziele* zu konzentrieren, statt sich weiter auf die Verfolgung eventueller Vermeidungsziele zu beschränken. Denn allzu oft ist der äußere Anlass der Beauftragung von Beratern und Konzeptionern, dass Klienten »Probleme« in der Kommunikation haben, die sie in Zukunft vermeiden wollen.

Solange die Kommunikation mit der Außenwelt und den Medien insbesondere »beschwerdelos« funktioniert, glauben Verantwortliche in Organisationen, keine Unterstützung von außen zu benötigen.

Erst wenn sich *Probleme* auftun, suchen sie nach Hilfe. Oft erwarten sie sich durch PR–Beratung und –Konzeption *keine Verbesserung* ihrer *Kommunikations–Kompetenz*. Ihnen geht es lediglich um schnelle Resultate in Form erfolgreicher Kontaktvermeidungs–Strategien und Bollwerke gegen Kritik von außen und innen.

Unser Modell verhilft uns hier dagegen zu einem Beratungskonzept, dass Kommunikation gezielt in den Dienst der Erreichung von Annäherungszielen stellt:

Beratung verbessert Kommunikations–Kompetenz schrittweise.

Der Klient ist Schritt für Schritt in die Lage zu versetzen, seine Ziele mit Hilfe von Kommunikationsmaßnahmen in Angriff zu nehmen und bestmöglich zu bewältigen.

Folgen wir zur Erläuterung Schritt für Schritt unserem Modell:

Wir beginnen »oben«:

Im Rahmen der Kommunikation etwa eines Unternehmens ist als *Ausgangsbasis* für alle weiteren Aktivitäten *Konsistenz herzustellen*. Dazu wird die Unternehmenskommunikation einer Grundanalyse unterzogen. Es wird geschaut, welche Kommunikations–Gewohnheiten sich ermitteln lassen und welche Wirkungen dadurch bei den Dialoggruppen erzielt werden. Zur laufenden Kontrolle wird hierzu ein Kommunikations–Monitoring eingerichtet.

Um die Unternehmensorganisation und die Mitarbeiter kommunikationsbereit zu halten, brauchen die Beteiligten ein Mindestmaß an Gewissheit, ihre Kommunikation mit der Außenwelt »im Griff« zu haben und durch ihre Kommunikations–Maßnahmen zu kontrollierbaren Ergebnissen zu kommen. In Krisenzeiten, wenn jede Äußerung von Unternehmensmitgliedern in der Öffentlichkeit »böswillig« fehlinterpretiert wird, kann diese Gewissheit verloren gegangen sein.

Kontrollgewissheit wird dadurch hergestellt, dass ein Aktivitätenplan »verordnet« wird, der mit einfachen Maßnahmen startet. Nach erfolgreicher Abwicklung können diese Maßnahmen dann komplexer und anspruchsvoller werden. Die Kontrollgewissheit erhält so in sicheren Schritten solide Nahrung.

Im nächsten Schritt ist die *Bindungsfähigkeit* des Unternehmens *herzustellen* und sind Bindungsbedürfnisse zu kanalisieren. Durch eine Krisensituation ist möglicherweise der Außenkontakt verloren gegangen. Die Fühlung selbst zu nahe stehenden und »wohlwollenden« Organisationen kann abhanden gekommen sein. Hier ist ebenfalls ein Programm mit Maßnahmen aufzustellen, die sich in Komplexität und Schwierigkeit parallel zu den sich einstellenden Erfolgserlebnissen steigern.

Annäherungsziele treten zunehmend in den Mittelpunkt.

Nun ist der Zeitpunkt gekommen, um beim Klienten *Bewusstsein für seine Annäherungsziele* zu schaffen und zu zeigen, mit welchen Kommunikationsmaßnahmen deren Verfolgung nachhaltig unterstützt werden kann. Kommunikationsmaßnahmen sollen als gut kontrollierbare Schritte hin auf das Unternehmensziel verstanden werden.

Der Klient soll die bisherigen *Vermeidungsziele erkennen* lernen, die ihn und seine Organisation so weit vom Kontakt zu den Dialoggruppen weggeführt haben, dass Bedürfnisbefriedigungs–Situationen im Augenblick noch systematisch gemieden werden.
Statt Diskussionen mit der Öffentlichkeit aus Angst vor Widerstand zu meiden, sind *zielführende Dialoge* zu suchen.

Die Verfolgung typischer Vermeidungsziele wie beispielsweise die Verhinderung von Gesprächen mit der Außenwelt – die Vermeidung von eventuell negativer Berichterstattung durch Journalisten – ist eine nervenaufreibende und zeitaufwendige Aufgabe für PR–Verantwortliche in einem Unternehmen. Es erfordert unter anderem eine laufende Medienkontrolle, eine umfassende Kontrolle des Outputs aller Printmedien, Online–Medien, Sender und Internet–Medien zu Themen, die das eigene Unternehmen tangieren.

Wenn sich ein Unternehmen dagegen auf seine Ziele und Zukunftsvisionen fokussiert und selber Berichterstattung initiiert, braucht es weniger Energie für Kontrollmaßnahmen und kann wesentlich mehr Kraft in »produktive« Kommunikationsaktivitäten stecken.

Mit zunehmenden Erfolgen in den Feldern *»Erzeugung von Kontrollgewissheit«*, *»Aufbau von Bindungen«* und *»Stärkung von Annäherungszielen«* entsteht immer mehr positiver Gehalt und Inhalt, der im Unternehmen genutzt werden kann, um das Selbstwertgefühl der Belegschaft zu nähren. Dazu sind in der *Mitarbeiterkommunikation* Unternehmens–Erfolge herauszustellen und verstärkt positive Bezüge zur Unternehmensgeschichte herzustellen.

Insgesamt ist das *positive Selbstbild* und die Identifikation mit der »Unternehmensidentität« zu steigern und mit ein wenig dramaturgischem Geschick – mit »dosierter« Übertreibung und mit Augenmaß – zu erhöhen.

Zur Abrundung des »Programms« dient eine *Kongruenzkontrolle*:

Kongruenzkontrolle zum Abschluss

- *Wie entwickelt sich die Einschätzung der Mitarbeiter in Bezug auf die Erreichung der Unternehmensziele?*
- *Nehmen die Mitarbeiter ausreichend wahr, dass ihr Unternehmen seine Ziele erreicht?*
- *Haben die Mitarbeiter an ihrem Arbeitsplatz das Gefühl, den ihnen zugeordneten Aufgaben gerecht zu werden?*

Gegebenenfalls sind hier weitere Kommunikationsmaßnahmen erforderlich, um das Kongruenzniveau im Unternehmen zu heben.

Abschluss und Aufgabenstellung

Damit haben wir den Kreis geschlossen und mit dem bedürfniszentrierten Kommunikations-Modell eine *Grundstrategie für eine erfolgsorientierte Beratung und Konzeption* vor uns liegen.

Deren Umsetzung erfordert offensichtlich einen erheblichen Mut gerade auf Seiten des Konzeptioners. Denn mit seinen Maßnahmen fasst er massiv unter anderem bei den internen Strukturen des Klienten-Unternehmens an.

Heute sind Konzeptioner daran gewöhnt, Probleme in der Klientenorganisation »schamhaft« zu übersehen und deren Offenlegung »diskret« aus dem Weg zu gehen, um nicht etwa den eigenen Auftrag durch vermeintliche »Pietätlosigkeit« zu gefährden.

Konsequenz ist, dass er sich laufend veranlasst sieht, den Vermeidungswünschen seines Klienten entsprechen zu müssen.

Aber erfahrungsgemäß hilft dieses »taktvolle« Vorgehen niemandem – denn Vermeidungsverhalten führt dazu, dass irgendwann Misserfolge überhand nehmen und ernste Krisen auftreten.

Probleme und Konfrontationen mit der Öffentlichkeit lassen sich nicht durch Isolation, Ausgrenzung von Gesprächspartnern usw. aus der Welt schaffen, sondern hierdurch lediglich verzögern – wobei verstärkte negative Spätfolgen umso wahrscheinlicher werden.

Zum Abschluss des aktuellen Kapitels und zur Vorbereitung des folgenden gibt es hier nun wieder eine Aufgabenstellung:

Reflektieren Sie folgendermaßen über Ihre Beratungs– und Konzeptionspraxis:

Auch in Ihrer Praxis kommt es vor, dass Sie mit Klienten konfrontiert sind, die ganz offenbar bei Ihrer Beauftragung vor allem Vermeidungsabsichten verfolgen.

Was sind dabei potenzielle Hintergründe?

- *Was bewirkt die Meinung Ihres Klienten, sein Kommunikations–Ziel läge in der Vermeidung, Verhinderung von Kontakten und Meinungsäußerungen?*
- *Woran können Sie die Vermeidungsintentionen Ihrer Ansprechpartner erkennen? Gibt es typische Briefing–Formulierungen?*
- *Wie reagieren Klienten auf Ihre Fragen rund um die Problemlage, die offenbar die Vermeidungsreaktionen ausgelöst haben?*

Wie liefen die anschließenden Projekte ab?

- *Welchen Einfluss hatte die Vermeidungshaltung auf die Zusammenarbeit – gab es offen zu Tage tretende emotionale Empfindlichkeiten?*
- *Wie haben Sie auf eventuell schroffe und emotionale Reaktionen der Klienten reagiert?*
- *Konnten Sie im Lauf der Arbeit für den Klienten Sicherheit für Maßnahmen aufbauen, die schließlich doch Ziel–annähernden Charakter hatten?*
- *Wie häufig kommen Projekte mit Vermeidungszielen in Ihrer Praxis vor?*
- *Wenn Sie auf Ihre Projekte schauen, wie häufig sind im Verhältnis zu anderen Aufgaben, Aufträge, die vor allem mit Vermeidungszielen zu tun haben?*

Quellenhinweise und Anmerkungen

1. Hebb, Donald Olding; *The Organization of Behavior: A neuropsychological theory;* New York 1949

2. Wir greifen hier auf Mario Bunges Analysen der »menschlichen Natur« zurück. Vergleiche:

   Bunge, Mario; *Political Philosophy. Facts, fiction and vision (2009)* S. 49 – 137

   Weiterhin berücksichtigen wir Forschungergebnisse der empirischen Wirtschaftswissenschaften:

   - Boyd, Robert; Herbert Gintis; Samuel Bowles; Peter J. Richerson; »The Evolution of Altruistic Punishment«; in: *PNAS*, 2003: Volume 100, Nummer 6; S. 3531–5
   - Fehr, Ernst; Urs Fischbacher; »The Nature of Human Altruism«; in: *Nature*, Volume 425, 23. Oktober 2003; S. 785–91
   - Fehr, Ernst; Urs Fischbacher; Simon Gächter; »Strong Reciprocity, Human Cooperation an the Enforcement of Social Norms«; in: *Human Nature 13*, 2002; S. 1–25
   - Fehr, Ernst; Herbert Gintis; »Human Motivation and Social Cooperation: Experimental and Analytical Foundations«; in: *The Annual Review of Sociology 33*, 2007; S. 43–64
   - Fehr, Ernst; Simon Gächter; »Altruistic Punishment in Humans«; in: *Nature*, Volume 415, 10. Januar 2002; S. 137–40
   - Jensen, Keith; Josep Call; Michael Tomasello; »Chimanzees Are Rational Maximizers in an Ultimatum Game«; in: *Science*, Volume 318, 5. Oktober 2007; S. 107–9

3. Die Metapher der »unsichtbaren Hand« wurde durch den schottischen Ökonomen und Moralphilosophen Adam Smith bekannt.

4. Siehe:

   - Bunge, Mario; *Political Philosophy. Facts, Fiction and Vision (2009)* S. 25
   - Camerer, Colin F.; Ernst Fehr: »When Does ‹Economic Man› Dominate Social Behavior?«; in: *Science*, Volume 311, 6.1.2006; S. 47–52
   - Etzioni, Amitai; *Jenseits des Egoismus–Prinzips. Ein neues Bild von Wirtschaft, Politik und Gesellschaft;* Stuttgart 1994

5. Vergleiche:

   - Fehr, Ernst; Urs Fischbacher; »The Nature of Human Altruism« (2003) S. 785–91
   - Fehr, Ernst; Urs Fischbacher; Simon Gächter; »Strong Reciprocity, Human Cooperation an the Enforcement of Social Norms« (2002) S. 1–25
   - Fehr, Ernst; Herbert Gintis; »Human Motivation and Social Cooperation: Experimental and Analytical Foundations« (2007) S. 43–64

6. Siehe:

   - Bunge, Mario; *Social Science under Debate (1998)* S. 130
   - Bunge, Mario; *Philosophy in Crisis (2001)* S. 133
   - Bunge, Mario; *Chasing Reality. Strife over realism (2006)* S. 176

7. Kahneman, Daniel; Paul Slovic; Amos Tversky; *Judgement under uncertainty: Heuristics and biaces;* Cambridge 1982

8. Vergleiche:

   - Fehr, Ernst; Urs Fischbacher; »The Nature of Human Altruism« (2003) S. 785–91
   - Fehr, Ernst; Simon Gächter; »Altruistic Punishment in Humans« (2002) S. 137–40

9. Vergleiche:

   Ernst Fehr, »Die Psychologische Wende in der Ökonomik«, Vortrag zum ‹Dies Academicus› der Universität St. Gallen am 8.6.2002 (Scipt: »www.iew.unizh.ch/moe/fehr/«)

10. Vergleiche:

    Jensen, Keith; Josep Call; Michael Tomasello; »Chimanzees Are Rational Maximizers in an Ultimatum Game«; in: *Science*, Volume 318, 5. Oktober 2007; S. 107–109

11. Vergleiche:

    Bunge, Mario; *Political Philosophy. Facts, fiction and vision (2009)* S. 51–7

12. Vergleiche:

    Kanitscheider, Bernulf; *Entzauberte Welt (2008)* S. 178–80.

13. Vergleiche:

    Bunge, Mario; Rubén Ardila; *Philosophie der Psychologie (1990)* S. 209–49

14. Vergleiche:

    Bunge, Mario; Philosophy in Crisis (2001), S. 79–98

15. Diese Grafik basiert auf einer Darstellung (»*Human beings and their subsystems and supersystems*«) in:

    Bunge, Mario; *Philosophy in Crisis (2001)* S. 87

16. Siehe:

    Ledoux, Joseph; *Das Netz der Persönlichkeit. Wie unser Selbst entsteht;* München 2002; S. 342–5

17. Grawe, Klaus; *Neuropsychotherapie;* Göttingen, Bern, Toronto, Seattle, Oxford, Prag 2004

18. Siehe:

    Ebenda: S. 16 – 182

19. Wir folgen bei der Darstellung des *»neuropsychologischen« Motivations-Modells* in:

    Grawe, Klaus; *Neuropsychotherapie (2004)* S.183 – 371

    und diesem vorausgehenden »Funktionsmodell des psychischen Geschehens« in:

    Grawe, Klaus; *Psychologische Therapie;* Göttingen, Bern, Toronto, Seattle 1998, S. 329–452

20. Dieser Grafik liegen Darstellungen von Grawe zugrunde:

    »Funktionsmodell des psychischen Geschehens« in:

    Grawe, Klaus; *Psychologische Therapie (1998)* S. 439

    sowie

    »Das konsistenztheoretische Modell des psychischen Geschehens« in:

    Klaus Grawe, *Neuropsychotherapie (2004)* S. 189

»Values and morals do not exist by themselves, except for metaphysical idealists such as Plato." (1)

Mario Bunge

Kapitel 11

Axiologie der Konzeptionstechnik:

Kommunikation bewerten und messen

Bewerten und Messen

Im letzten Kapitel haben wir die Hintergründe menschlicher Motivation klären können. Der Einblick, über den wir damit insbesondere in die Hintergründe von Kommunikation verfügen, wird uns bei den Überlegungen der nächsten Kapitel von entscheidendem Nutzen sein. Wir verfügen dadurch bereits über einen wichtigen Baustein zum Verständnis der Mechanismen, die Kommunikationsprozessen zugrunde liegen. Das Wissen über Kommunikations–Mechanismen ist wiederum wesentliche Voraussetzung der Gestaltung von wirksamen Kommunikations–Maßnahmen.

Im vorliegenden elften Kapitel kommen wir zu einem weiteren wichtigen Thema und zwar zur Bewertung und Messung von Kommunikation.

Offenbar ist Messbarkeit von Interaktionen die Bedingung für eine empirisch abgesicherte Analyse von Kommunikation und von Kommunikationssystemen.

Es kann ohne verlässliche Messungen keine wirkungsvollen Kommunikations–Konzeptionen geben; ohne Messungen vor der Maßnahmengestaltung und während der Maßnahmendurchführung sind Kommunikationswirkungen weder plan– noch prüfbar.

Es ist Aufgabe des aktuellen Kapitels zu zeigen, wie die Orientierungen und Interaktionen von Individuen und Gruppen bewertet und gemessen werden können.

Standardisiertes Messen

»Intuitive« Beurteilungen an der Tagesordnung

Messungen und darauf aufbauende Bewertungen von Kommunikation sind notwendig, auch wenn diese im Augenblick im Konzeptions– und Beratungsalltag kaum praktiziert werden. Heute sind weitgehend »intuitive« Beurteilungen der Wertorientierungen von Klienten, von deren Konkurrenten und von Vertretern der Zielgruppen üblich.

»Stimmungen« und »Gefühlslagen« werden von den PR–Verantwortlichen ohne standardisiertes Mess–Instrumentarium spontan zu erfassen gesucht. Die dabei erzielten Ergebnisse sind durch die persönlichen Vorerfahrungen und Vorurteile geprägt, welche die verantwortlichen Kommunikations–Berater und Konzeptioner in ihren jeweiligen Berufsleben gesammelt haben.

Für die zukünftige Konzeptionslehre benötigen wir deshalb eine theoretische und praktische Wertlehre, mit deren Hilfe wir Kommunikation in Sozialsystemen jeglicher Art verlässlich messen und Tendenzen in Kommunikationssystemen in Stärke und Richtung bewerten können.

Auf dem Weg zur Entwicklung solch einer Wertlehre für die Konzeptionstechnik haben wir es mit Fragen zu tun wie:

- *Lassen sich Interaktionen von Individuen, Interaktionsprozesse in Gruppen und deren Auswirkungen auf andere Gruppen und Sozialsysteme sowie auf Individuen tatsächlich ausmessen?*
- *Wenn ja – wie sind die theoretischen Voraussetzungen dafür?*
- *Wie werden solche Messungen praktisch vorgenommen?*
- *Inwieweit können wir als Konzeptioner für unsere Arbeit auf bereits erprobte Verfahren der Interaktionsmessung zurückgreifen?*

Individuelle Wertsetzungen als Ausgangspunkt

Ausgangspunkt der Beantwortung dieser Fragen sind die Ergebnisse unserer Überlegungen im letzten Kapitel.

Bedürfnisse sind allgegenwärtig.

Wie gesehen ist das Bewusstsein des einzelnen Akteurs eng mit seiner Bedürfnislage und damit seinem Motivationssystem verknüpft. Das Individuum kann nicht von seinen organisch verankerten Bedürfnissen abstrahieren. Der Akteur sieht in diesem Sinne seine Umgebung nie losgelöst von seinen eigenen Zielen und Motivationen. Er erforscht kontinuierlich sein Umfeld, indem er es aufgrund seiner individuellen Ziele beurteilt und aus seiner individuellen Bedürfnis–Perspektive durchsucht.

Es ist genau dieser Tatbestand, der uns die Möglichkeit eröffnet, Orientierungen und Interaktionen von Akteuren sowie schließlich von Sozialsystemen zu messen.

Schauen wir uns das im Detail an:

Der individuelle Akteur existiert in enger Bindung an Bezugspersonen und Bezugsgruppen. Das Leben des Einzelnen ist in Gruppen eingebettet. Akteure sind auf soziale Systeme und Kommunikationssysteme angewiesen, um Bedürfnisse zu entwickeln und zu befriedigen. Auf diese Weise sind die individuellen Bedürfnisse die Grundlage dafür, dass sich Personen in die Gesellschaft und ihre Subsysteme integrieren.

Akteure leben in einer sozialen Welt, zu der sie laufend Positionen einnehmen und gegenüber der sie sich verhalten müssen, um ihre überlebensnotwendigen Bedürfnisse zu befriedigen.

Wie gesehen haben dabei ihre physiologisch verankerten psychischen Bedürfnisse – nämlich ihr Bindungsbedürfnis, Kontrollbedürfnis, Selbsterhöhungsbedürfnis und ihr Wohlbefindensbedürfnis – einen wichtigen Stellenwert *(siehe folgende grafische Darstellung)*.

Individuelle Wertorientierungen

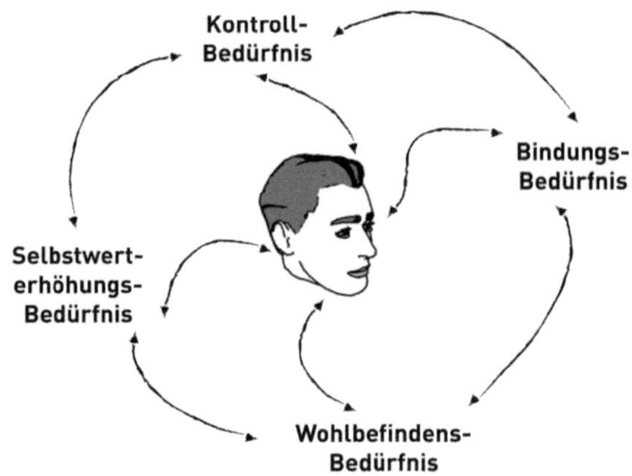

Berücksichtigung unserer vier Grund–bedürfnisse

Nur solange es den individuellen Akteuren gelingt, diese Bedürfnisse in einer gewissen Gleichgewichtigkeit ausreichend zu befriedigen, ist ihr Überleben und ihre Gesundheit sichergestellt.

Gleichgewichtigkeit ist in diesem Zusammenhang wichtig, da die einzelnen Bedürfnisse in vielen Aspekten Ursachen für Konflikte sein können. Die fokussierte Befriedigung eines einzelnen Bedürfnisses kann der Befriedigung eines anderen Bedürfnisses entgegenarbeiten.

Zum Beispiel kann im Fall des Selbsterhöhungsbedürfnisses zu stark betontes Selbsterhöhungs–Interesse der Möglichkeit entgegenarbeiten, Bindungen zu Anderen herzustellen oder etwa eine Position in einer Gruppe einzunehmen. Eine starke Selbstorientierung kann also einer sozialen Orientierung entgegenarbeiten.

Andererseits kann ein stark ausgelebtes Bindungsbedürfnis zu einer Abhängigkeit von der Anbindung an einzelne Personen oder Bezugsgruppen führen, was unter Umständen der Ausprägung eines gesunden Selbstbewusstseins und persönlicher Selbständigkeit entgegensteuert. Soziale Orientierung kann also notwendige Selbst–Orientierung verhindern.

Entsprechend kann ein zu stark verfolgtes Kontrollbedürfnis die Befriedigung anderer Bedürfnisse behindern, etwa in Situationen, in denen der Einzelne die Chance hat, seine Gefühle auszuleben. Das für das Leben des Einzelnen notwendige Maß an Wohlbefinden kann »wegkontrolliert« werden, wenn notwendige Emotionalität verhindert wird. Das Ausleben von Emotionen dagegen verspricht Wohlbefinden und das Erreichen von Lustgefühlen, was mit einer gewissen Lockerung der Kontrolliertheit des Handelns verbunden werden muss.

Zu starke emotionale Orientierung kann wiederum zum Verlust eines notwendigen Mindestmaßes an Selbstkontrolle führen.

Materialistische Wertauffassung

Nun sind wir mit unseren Überlegungen an dem entscheidenden Punkt, von dem aus wir nachvollziehen können, wie die »wertende Qualität« menschlicher Interaktionen in Kommunikationssystemen zustande kommt:

Umgebung wird laufend bewertet.

Damit der einzelne Mensch zu einer Befriedigung seiner Bedürfnisse gelangen kann, muss er fortlaufend seine Wahrnehmungen und seine Vorstellungen von der Welt, von seinen Mitmenschen und seinen Erwartungen miteinander in Bezug setzen. Das heißt, er muss all dies vor dem Hintergrund seiner Bedürfnislage »bewerten«. Er muss analysieren, inwieweit die Vorgänge um ihn herum einen Einfluss auf seine Motivationslage haben bzw. inwieweit er auf diese Vorgänge Einfluss nehmen kann, um seine Bedürfnisse zu befriedigen. In diesem Sinne besteht geradezu die »Natur« des zielorientierten Akteurs darin, laufend seine Umwelt und die Dinge darin mit Bewertungen zu versehen.

Auf diese Weise bewerten Individuen fortlaufend das Verhalten ihrer Mitmenschen und setzen es in Bezug zu ihren individuellen Bedürfnissen. Die eigene Bedürfnislage ist der Orientierungsrahmen, in dem diese Personen einen Platz bekommen, sozusagen vom Individuum positioniert werden.

Mitmenschen werden ins Verhältnis gesetzt zum Individuum und seinen Handlungszielen. Sie können ihm und seinen Bedürfnissen nützen, können Hilfestellung auf dem Weg des Akteurs zur Zielerreichung darstellen, können allerdings auch als Verhinderer seinen Zielen im Weg stehen.

Der individuelle Akteur bewertet auf diese Weise fortlaufend, inwieweit etwas, das er wahrnimmt, seinen Bedürfnissen entgegenkommt oder zuwiderläuft. Aufgrund der dabei vergebenen Werte steuert er seine Handlungen.

Mit Hilfe seiner Wertungen zeichnet der einzelne Akteur für sich ein inneres *mentales Kartierungssystem*, eine Art Landkarte der sozialen Welt und der darin befindlichen Sozial- und Kommunikationssysteme. In diese imaginäre Wert-Landkarte trägt er die Wege zu seinen Zielen, zu seinen Bedürfnisbefriedigungen ein, verzeichnet Mitmenschen, Gruppen und seine Interaktionen mit ihnen. Er hält darin fest, welche Dinge auf dieser Karte als Hindernisse zu betrachten sind und welche als Vehikel zur Überbrückung von Hindernissen und Distanzen auf dem Weg zur Zielerreichung einzuschätzen sind.

Wenn wir uns diese »Bewertungsmechanik« menschlichen Orientierens und Kommunizierens vergegenwärtigt haben, sind wir in der Lage, manche gängigen Fehlurteile in Bezug auf unser Interaktionsverhalten ad acta zu legen.

So hat Kommunikation weit weniger mit dem »Austauschen« von Informationen zu tun, als gemeinhin gerade in gängigen PR-Konzeptionen beschrieben wird.

Es gibt keine wertfreie Kommunikation.

Wichtig ist insbesondere die Einsicht, dass Kommunikation weder »wertfrei« sein kann, noch dass es sinnvoll wäre, »wertfreie« Kommunikation betreiben zu wollen. Denn wäre die von uns praktizierte Kommunikation tatsächlich »wertfrei«, wäre sie im wahrsten Sinne des Wortes genauso »wertlos« für unsere Klienten. Denn dann könnte sie nicht zur Erreichung seiner Ziele dienen, was wie gesehen Wertungen voraussetzt.
Wertfreie Kommunikations-Konzeptionen kann es nicht geben – die Vorstellung davon basiert auf einer Abstraktion.

Wenn wir als Konzeptioner und Kommunikations-Spezialisten Kommunikationssysteme gestalten wollen, sollten wir die »werthafte« Qualität von

Interaktionen ernst nehmen, sollten gezielt Expertise im Bereich von Werten sammeln und uns zu »Wertspezialisten« entwickeln.

Dazu benötigen wir ein Kommunikations–Modell, in dessen Mittelpunkt der Mechanismus des unvermeidbaren und sich ständig vollziehenden Wertens der kommunizierenden Akteure steht.

Diesem Modell werden wir uns nun zuwenden und es in seiner »Grundarchitektur« fixieren.

Dazu sind grundsätzliche theoretische Vorüberlegungen anzustellen.

Wir betrachten, bevor wir in unser neues Kommunikationsmodell einsteigen und das darauf aufbauende Wertmess–Instrument ansehen, mit welchen wesentlichen Prämissen die Lehre von den Werten, die so genannte Axiologie (von griechisch »axia« – *Wert*) arbeitet.[2]

Dazu gehen wir zunächst der Frage nach, was Werte überhaupt sind.

Eine gewisse Vorstellung von Werten und deren »Existenz« hat wahrscheinlich jeder. Für die meisten scheint mehr oder weniger sicher, dass Werte »schwer zu greifen«, aber dennoch irgendwie und auf irgendwelche Weise »tatsächlich« vorhanden sind.

Diesem »irgendwie« wollen wir nachgehen.

Keine Werte »an sich«

Im Idealismus ist die Sachlage sehr einfach geregelt – hier existieren Werte »an sich«. Dies entspricht unserer Alltagssprache und der eingeübten Sprechweise *»Wir orientieren uns an Werten.«* – als gäbe es da tatsächlich überweltliche »Dinge« in einer transzendenten Welt idealer Entitäten.

Diese Sprechweise ist gänzlich fehlleitend.

Zwar neigen wir dazu, Werte aus ihrem realen Kontext zu abstrahieren. Zum Beispiel formulieren wir Sätze nach folgendem Muster: »Person A verleiht Ding B den Wert C«. Oder wir sprechen von »Wahrheit« statt von einer »wahren Aussage«, von »Schönheit«, statt von »schönen Dingen«, von »Fairness« statt von »fairen Handlungen« oder von »fairen Personen«.

»Idealistischer Fehlschluss«

Das ist so lange harmlos, als wir dadurch nicht zur ontologischen Vorstellung einer realen Existenz von Werten kommen. Die Vorstellung, dass Werte und daraus abgeleitete Normen an sich existieren, wird als *»idealistischer Fehlschluss«* bezeichnet.[3]

Werte und Normen sind demgegenüber aber materialistisch zu interpretieren, das bedeutet, wir behalten stets den Organismus im Auge, der die Wertungen tatsächlich vornimmt. Denn Bedürfnisse, Wünsche, Interessen oder

Präferenzen kommen lediglich bei lebendigen Organismen vor. Das heißt, Organismen sind die elementare und objektive Grundlage von Werten. Ohne einen lebendigen Organismus gibt es keine Bewertungen – Tote haben keine Werte und benötigen auch keine Wertlehre.

Der Materialismus geht konsequent davon aus, dass es genauso wenig Werte an sich gibt, wie Formen und Bewegungen an sich existieren.

Keine Wertungen ohne wertende Organismen

Werte existieren also nur dort, wo es Organismen gibt, die bestimmte Dinge, Zustände oder Prozesse bewerten. Sie bewerten, weil etwas für sie zuträglich – gut – oder abträglich – schlecht – ist. *»Wertvolles«* oder *»Wertloses«* gibt es nur in Bezug auf bestimmte Organismen, die sich in bestimmten Zuständen befinden.

Werte sind damit *relationale Eigenschaften* zwischen einem Organismus und seiner inneren und äußeren Umgebung. Der Organismus kann sich deshalb selbst oder auch einen Teil von sich selbst bewerten (z.B. seine Nase als schön, zu klein, zu groß usw. beurteilen). Genauso bewertet er die Gegenstände in seiner Umgebung.

Wir können sagen, dass Dinge, Zustände von Dingen oder Prozesse in Dingen »Träger von Bewertungen« sein können. Damit behaupten wir nicht, dass diese Tatbestände selber »Werte« wären oder »Werte« enthielten.

Werte sind formal betrachtet relationale Eigenschaften, die durch mindestens *zweistellige »Prädikate«* dargestellt werden müssen:[4]

Ein Prädikat ist ein Begriff aus der Logik und bezeichnet eine Aussage, einen Satz, der wahr oder falsch sein kann und durch welchen etwas von etwas anderem ausgesagt (»prädiziert«) wird, das heißt, eine Eigenschaft zu- oder abgesprochen wird.

Daraus folgt für eine *»Wert–Aussage«*, dass lediglich ein Satz der Form *»A ist wertvoll für B«* sinnvoll ist. Eine Aussage wie *»A ist wertvoll«* ist dagegen sinnlos.

Wir können es auch so ausdrücken:

Es gibt keine den Dingen inhärenten Werte.

Wir haben eben gelernt, dass Werte durch mindestens zweistellige Prädikate dargestellt werden müssen – *»A ist wertvoll für B«* ist ein zweistelliges Prädikat. – Ein zweistelliges Prädikat drückt die Sachlage hinter einer Wert–Aussage aber nicht exakt aus. Präziser muss es heißen: *»A ist wertvoll für Organismus B in der Hinsicht C und unter dem Umstand D«*. Damit hätten wir ein vierstelliges Prädikat verwendet.

Noch genauer werden wir mit einem sechsstelligen Prädikat der Form: *»A ist wertvoll für Organismus B im Hinblick C unter dem Umstand D mit dem Ziel E und im Licht seines Kenntnisstandes F«.*

Angesichts unserer gerade beschriebenen materialistischen Wertauffassung leugnen wir allerdings keineswegs, dass es einen grundlegenden Unterschied zwischen Tatsachen auf der einen Seite und Werten sowie Normen auf der anderen Seite gibt.

»Moralische Tatsachen« stellen allerdings eine spezielle Art von Fakten dar. Kennzeichnend für sie ist, dass es sie nicht in Abwesenheit moralischer Akteure geben kann. Auch können vollständig isolierte Personen keine moralischen Probleme haben – Werte bedürfen eines wertschätzenden Organismus und eines sozialen Systems, in dem sie funktionieren.

Weiterhin ist kennzeichnend, dass Werte und sie ausdrückende Soll–Aussagen nicht aus Ist–Aussagen abgeleitet werden können. Denn es gibt eine logische Lücke zwischen Soll– und Ist–Aussagen:

Aus der Aussage: *»Wir tun X bereits seit Y Jahren.«* kann nicht abgeleitet werden *»Wir sollen Y tun!«*.

Naturalistischer Fehlschluss

Wer versucht, diese Lücke zu überspringen, indem er die zweite Aussage aus der ersten ableitet, begeht den so genannten *»naturalistischen Fehlschluss«.*[5]

Dieses besondere logische Detail von Soll–Aussagen ist wichtig, doch es soll dabei nicht übersehen werden, dass die Lücke zwischen »soll« und »ist« jederzeit geschlossen werden kann. Und zwar jedes Mal, wenn wir eine Handlung ausführen, um ein gewünschtes Ziel zu erreichen – wenn wir »es« also wirklich realisieren und aus einem *»Ich soll A!«* ein *»Ich tue A.«* machen.

Jede bewusste menschliche Handlung hat »Wert–Dimensionen«. Denn jedes Mal, wenn wir etwas bewusst, also etwas mit einem Zweck oder Ziel Verbundenes tun, fällen wir mehr oder weniger reflektiert Werturteile.

Wir führen Handlung A aus, weil wir A oder die Konsequenzen schätzen, die A für uns hat. Es ist also nicht die Frage, ob wir uns bei unserem Handeln und Kommunizieren wirklich an Werten orientieren. Das ist ein realer Tatbestand.

Andere Fragen, die sich nicht so leicht beantworten lassen, fordern uns ständig heraus:

Wir müssen uns in Situationen nämlich stets überlegen, ob wir die Werte, an denen wir uns orientieren, rational begründen und gegenüber betroffenen Mitmenschen rechtfertigen können.

Wie umfassend wir unsere Existenz und selbst unser physisches Umfeld aus der Perspektive unserer Werte betrachten, ist uns oft nicht klar.

Kommunikations-Modell: Akteure als Wert-orientierte Wesen

Grundlage für die nun folgenden Betrachtungen rund um unser Kommunikations-Modell sind die eben vorgestellten Grundprämissen einer Axiologie:

Wir haben eine konsequent realistisch-materialistische Haltung gegenüber dem Phänomen der Wertorientierung von handelnden und kommunizierenden Individuen eingenommen.

Idealistische Konzepte an sich existierender Werte verwerfen wir – auch wenn unsere Alltagssprache diese manchmal real erscheinen lässt, wenn wir beispielsweise von der »Orientierung an Werten« sprechen.

Bewertungen wandeln sich zu Dispositionen.

Wir gehen im Folgenden stets davon aus, dass Akteure aufgrund ihrer physisch verankerten Bedürfnisse Dinge in ihrer Umwelt schätzen oder nicht schätzen, also positiv oder negativ bewerten. Diese Bewertungen werden im Laufe des Lebens von Individuen zu festen Dispositionen, indem sie als Erfahrungen im zentralen Nervensystem, insbesondere im Gehirn verankert werden. Wertorientierungen haben deshalb mit neuronalen Verknüpfungen typische Eigenschaften gemein:

Sie bilden sich durch Nutzung und stabilisieren sich im Laufe der Zeit durch wiederholte Verwendung. Werden sie nicht genutzt, können sie verloren gehen. Auch Wertorientierungen, die über einen Zeitraum stabil waren, können so im Laufe der Zeit durch alternative Orientierungen abgelöst werden.

Die Dynamik der wandelbaren Wertorientierungen vollzieht sich insbesondere vor dem Hintergrund von Änderungen in der sozialen Umgebung eines Individuums, insbesondere im Rahmen seiner Interaktionen in seinen Bezugsgruppen.

Wie sich das im Einzelnen vollzieht, wie wir Wertorientierungen messen können und wie Wertorientierungen sich auf die Struktur von Sozialsystemen auswirken und schließlich, wie »messtechnisch erfasste« Wertorientierungen

Grundlage für die Gestaltung von Kommunikationssystemen sein und gestaltet werden können, genau darum geht es nun im Folgenden.

Wir können hierzu auf eine bewährte Theorie und ein fertiges Messinstrumentarium zurückgreifen. Wir brauchen hierfür nichts völlig neu zu erfinden.

Urheber von Theorie und Messinstrument ist der Sozialpsychologe und Soziologe Robert Freed Bales (* 1916 / † 2004), der an der amerikanischen Harvard–University lehrte und arbeitete.

Kurz ein paar biografische Hintergründe:[6]

»Department of Social Relations« an der Harvard University

Bales promovierte im Jahr 1945 und wurde dann im folgenden Jahr vom bekannten soziologischen Theoretiker Talcott Parsons an das »Department of Social Relations« in Harvard berufen. Im Jahr 1957 wurde Bales hier »Professor of Social Relations«.

Bales› und Parsons› Zusammenarbeit war in den 50er Jahren richtungsweisend für die amerikanische Soziologie. Sie waren Koautoren von Publikationen, welche die internationale fachliche Diskussion in der Soziologie für Jahrzehnte beeinflussen sollte.

Während Parsons von diesen Arbeiten aus in sein Projekt der Suche nach einer *»Grand Theory«* der Sozialwissenschaften startete und dabei schließlich in einer idealistisch–holistischen Ontologie endete, wandte sich Bales empirischen Untersuchungen zu und entwickelte eine aus heutiger Sicht emergentistisch–materialistische Theorie.

Bales› Hauptwerk konzentrierte sich auf fundamentale Konzepte der Sozialpsychologie, zunächst vor allem auf die Merkmale der interpersonalen Interaktion in Kleingruppen. Heute wird er als Pionier der Entwicklung systematischer Methoden der Gruppenbeobachtung, der Beschreibung und Messung von Interaktionsprozessen gewürdigt.

Bereits im Jahr 1950 veröffentlichte er sein erstes Buch zur Interaktionsprozess–Analyse. Die darin von ihm entwickelte Analysemethode (IPA – »interaction process analysis«)[7] fand fachliche Anerkennung und wird weltweit von Sozialwissenschaftlern etwa im Rahmen von Experimenten in der Gruppenforschung verwendet.

Darauf aufbauend entwickelte Bales im Laufe der Jahre eine systemische Feld–Theorie sozialer Interaktionen.

Diese Theorie zielt darauf ab, nachzuvollziehen, wie individuelle Informationsverarbeitungsprozesse, wie Fantasien, persönliche Einstellungen und Wertorientierungen Interaktionssysteme emergieren lassen. Der erste Entwurf seiner »Sozial–Interaktions–Feldtheorie« (»social interaction field theory«) erschien im Jahr 1970 in seinem Buch *»Personality and Interpersonal Behavior«*.[8]

Feldtheorie von Kurt Lewin

Seine Theorie ist eine Systemtheorie menschlicher Kommunikation, die in einigen Grundkonzepten von der *Feldtheorie* des deutsch–jüdischen Sozialwissenschaftlers Kurt Lewin (*1890 – †1947) beeinflusst ist.

Lewin, der heute als einer der einflussreichsten Pioniere der Psychologie und Sozialpsychologie gilt, hatte Nazi–Deutschland bereits im Jahr 1933 verlassen und danach in den USA gearbeitet. Er begründete die *Theorie der Gruppendynamik* und den so genannten *feldtheoretischen Ansatz*. Er analysierte menschliches Handeln als Verhalten in einem Raum, dem *»Feld«*:[9]

Das Umfeld eines Individuums ist nach dessen Erfahrungsbestand und Persönlichkeit strukturiert. Individuelles Handeln und Interagieren ist nach der Feldtheorie stets »Feldhandlung«. Der Handelnde beginnt seine Aktionen mit der Untersuchung des »Felds«, in dem er sich gerade aufhält. Bei dieser situativen Umgebung »Feld« geht es in den Augen des Individuums nicht etwa um die physische Beschaffenheit der Bestandteile darin. Der Einzelne nimmt im Feld stattdessen soziale, intersubjektive Kräfte wahr, die auf ihn, seine Einstellungen und sein Verhalten einwirken.

So gesehen hat der Lewinsche Feld–Begriff Ähnlichkeit mit dem in der Physik verwendeten Feld–Begriff – etwa dem des elektromagnetischen Feldes, in dem ionisierte Materie–Teilchen Kräfte aufeinander ausüben.

Lewin konzipiert das Umfeld des Individuums, also sein Feld, als mathematisch rekonstruierbaren, »topologischen« Raum. Daran anknüpfend übertrug er formale mathematische Konzepte – wie Lagebeziehungen von »Nähe«, »Ferne«, »Faktor«, »Differenz« und so weiter – auf Handlungsprozesse, um zu Begrifflichkeiten zu kommen, die präziser und besser standardisierbar sind, als umgangssprachliche Konzepte.

An diese feldtheoretischen Ansätze knüpfte Bales ausdrücklich an, als er schließlich Ende der 1970er Jahre sein Verfahren zum Studium und zur Gestaltung von Gruppenprozessen, das so genannte *SYMLOG–Verfahren – »System for the Multiple Level Observation of Groups«* – vorlegte. Es stellt die Weiterentwicklung seiner Interaktionsprozessanalyse–Methode IPA dar. Im Vergleich zu diesem ersten Ansatz und auch zu Modellen anderer Wissenschaftler zeichnet sich SYMLOG durch seine Differenziertheit aus. Außerdem sind die darin enthaltenen methodischen Instrumentarien besonders gut handhabbar und flexibel. Ihre Anwendung führt schnell zu gut interpretierbaren Ergebnissen.

Belegt wird dies dadurch, dass, nachdem Bales im Jahr 1983 die »SYMLOG-Consulting Group« gründete, sein Modell inzwischen auf sechs Kontinenten und in dreißig Ländern als Werkzeug etwa zur Begleitung von Organisationsentwicklungen verwendet wird.

Methodologische Hintergründe

Mit der Entwicklung seines SYMLOG–Ansatzes gelang Bales eine größere innovative theoretische Integration. Er selbst nannte sie »social interaction systems theory« – »Sozial–Interaktions–Systemtheorie«.[10]

Analyse der Interaktionsprozesse in Gruppen

Ausdrücklich war bei den Arbeiten daran sein Ziel, für die Sozialwissenschaften – insbesondere für die Sozialpsychologie – eine integrierte Sichtweise, einen Übergang von der heute noch vorherrschenden Individuen–zentrierten Sichtweise zu einem umfassenderen Rahmen zu schaffen, der Viel–Personen–Systeme und die darin ablaufenden Interaktionen im Blick hat. Wichtig war ihm weiterhin, nicht nur eine Theorie zu liefern, sondern seine Konzepte mit einer Messmethode zu verbinden.[11]

Zunächst erarbeitete Bales seine Theorie und Messmethode über Jahrzehnte anhand von Gruppenexperimenten, in denen er mit Hilfe von Labor–Beobachtungen allgemeine Gesetze des individuellen Verhaltens sowie der parallelen Gruppenprozesse ableitete.

In den späteren Phasen seiner Arbeit erhob Bales seine Daten in Gruppensitzungen, die von ihm selber moderiert und protokolliert wurden. Verhaltens– und Interaktionsmessungen wurden mit Hilfe einer Reihe kombinierter Beobachtungsinstrumente vorgenommen. Auch die Einschätzungen und Bewertungen der am Gruppenprozess beteiligten Individuen wurden standardisiert aufgezeichnet und ausgewertet.

Die besondere Fruchtbarkeit des Balesschen Ansatzes basiert auf der methodischen Fundiertheit und Gründlichkeit seiner Vorgehensweise. Die Berücksichtigung langjährig gesammelter und dokumentierter Daten nimmt einen breiten Raum seiner Arbeit ein.

Dabei nutzt Bales eine theoretische Abstraktion, die mithilfe von Messungen nicht direkt beobachtbare Mechanismen hinter Gruppenprozessen sowie hinter Kommunikationsprozessen in sozialen Systemen erkennbar macht.

Verbindung von empirischer Forschung und Theoriebildung

Dazu ein paar Erläuterungen aus *wissenschaftstheoretischer Sicht*:

Die wesentlichen Elemente des Balesschen Modells sind nicht etwa aus einer philosophischen Grundanschauung oder einer vorab formulierten Theorie deduktiv abgeleitet. Sie sind *Ergebnis systematischen Untersuchens* und *Erforschens* von *realem Gruppenverhalten.*

Dennoch enthält seine Theorie auch deutliche fiktionale Elemente und Konzepte, die schließlich notwendig waren, um die Dynamik hinter dem Verhalten in Gruppen sichtbar zu machen.

Festzuhalten ist auch, dass Bales› Feldtheorie nicht auf einer Spielart behavioristischer Theorien basiert, welche die subjektiven Sichtweisen interagierender Personen völlig außer Acht lassen. Denn Bales erfasst mit SYMLOG umfassend, wie betroffene Akteure die Dynamik in Gruppen wahrnehmen und interpretieren. Dennoch ist seine Feldtheorie nicht etwa phänomenologisch. Bales erfasst mit seinem Verfahren keineswegs lediglich subjektive Sichtweisen oder subjektive Wahrnehmungen von Probanden.

Drei Interaktions-Dimensionen

Nun beginnen wir damit, uns Bales› Ansatz im Detail anzusehen:

Bales› Approach konzentriert sich von Beginn an auf die Wertorientierungen, die Individuen im Zusammenhang mit ihren Interaktionen in Gruppen aktivieren. Bales setzt also – wie wir es mit den einleitenden Absätzen dieses Kapitels als wesentlich vergegenwärtigt haben – bei den Wertsetzungen der Akteure an, um von hier aus Kommunikation und Kommunikationsprozesse zu erfassen und schließlich »auszumessen«.

Im vorherigen Kapitel haben wir anhand des Motivations-Modells gesehen, wie Akteure von ihren psychischen Bedürfnissen ausgehen, wenn sie den Wert von Dingen und Personen in ihrer Umgebung einschätzen und über deren Wert reflektieren.

Individuen verwenden in gewisser Weise einen *Orientierungskompass,* dessen wesentliche Struktur wir uns anhand der folgenden Grafik vergegenwärtigen wollen:

8

Individueller Orientierungskompass

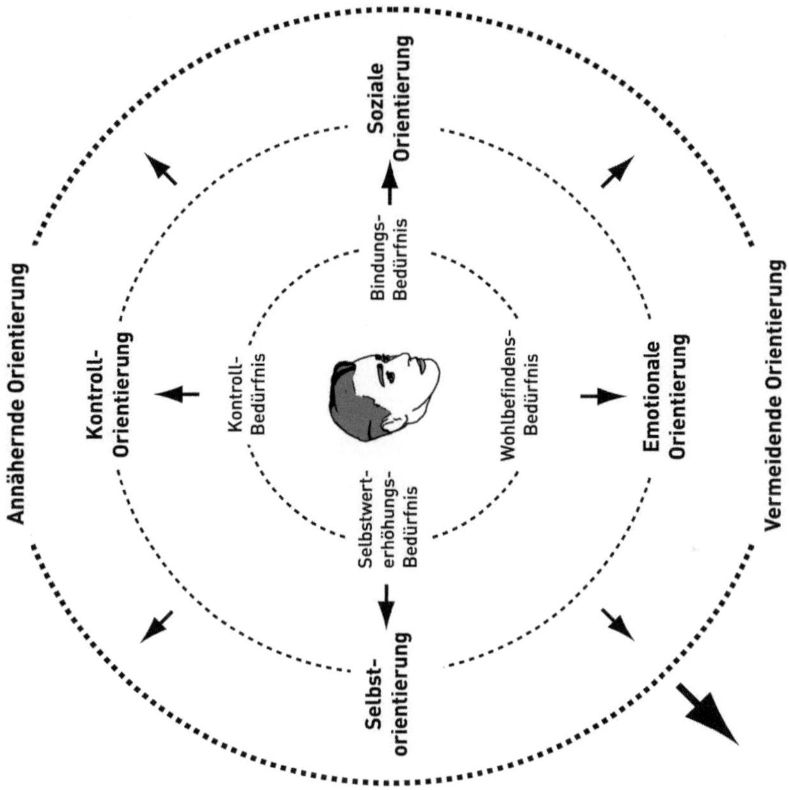

- *Ausgehend von seinen Bindungsbedürfnissen entwickelt der Akteur eine soziale Orientierung, aufgrund der er wiederum seine soziale Umwelt bewertet.*
- *Er ist bestrebt ein Mindestmaß an Selbstwert zu erhalten und beurteilt seine Umwelt im Licht seiner individuellen Selbstinteressiertheit.*
- *Aufgrund seines Kontrollbedürfnisses entwickelt er eine individuelle Kontrollorientierung und bewertet damit gewisse Komponenten seiner Umgebung als möglicherweise störend, als ordnungsgefährdend, verwirrend usw.*
- *Aufgrund seines Wohlbefindensbedürfnisses entwickelt er eine emotionale Orientierung, die ihn gewisse Dinge als angenehm oder auch unangenehm bewerten lässt.*

Die Erfahrungen, aber auch die aktuelle Verfassung eines Akteurs bestimmen dann, welche Handlungsalternativen dieser aktiviert, ob er sich durchschnittlich vermeidend orientiert, ob er also Situationen meidet, oder ob er sich eher annähernd orientiert und eine Verhaltensweise an den Tag legt, die auf die mehr oder weniger direkte Befriedigung seiner Bedürfnisse abzielt.

Verbindung individueller Perspektive und systemischer Struktur-analyse

Mit Hilfe seines Modells gelingt es Bales, diese Sicht auf den individuellen »Orientierungskompass« in ein Konzept zu überführen, dass zusätzlich auch die Berücksichtigung der Orientierungen von Gruppen ermöglicht. Dies gelingt ihm dadurch, dass er zum einen das Konzept des Felds übernimmt, das wie gesehen von Lewin ausgearbeitet worden war, und zum anderen, indem er die Ergebnisse seiner langjährigen empirischen Untersuchungen mit Hilfe des statistisch–mathematischen Verfahrens der Faktorenanalyse auswertete. (12)

Die Faktorenanalyse oder Faktoranalyse ist ein Verfahren der schließenden und zwar der multivariaten Statistik. Es dient dazu, auf der Grundlage empirisch erhobener Daten auf zugrunde liegende latente Variablen, nämlich auf die »Faktoren« hinter den betrachteten Phänomenen zu schließen.

Die Faktorenanalyse gehört damit zu den datenreduzierenden oder dimensionsreduzierenden Verfahren.

Als Ergebnis von erfolgreichen Faktorenanalysen lassen sich in einem Datenbestand – mathematisch gesprochen – »Korrelationen« zwischen verschiedenen statistischen Variablen erkennen. Einfach gesagt tritt im Fall von Korrelationen etwa bei der Auswertung eines Experiments Folgendes auf:

In einer Messreihe ändert sich ein bestimmter Wert stets parallel zu einem oder zu mehreren anderen Werten.
Grundsätzlich sind drei Arten von Korrelationen zu unterscheiden:

- ***positive Korrelationen*** *– Beispiel: »Je höher der Honorarsatz, umso höher der Umsatz.«*
- ***negative Korrelationen*** *– Beispiel: »Je höher der Mitarbeiterverdienst, desto niedriger der Unternehmens-Profit.«*
- ***Null- oder Zero-Korrelationen*** *treten auf, wenn Variablen völlig unabhängig voneinander ihre Größe verändern, sie also offenbar in keiner direkten kausalen Verbindung stehen – Beispiel: »Kräht der Hahn auf dem Mist öfter als drei Mal, ändert sich das Wetter entweder oder bleibt, wie es ist.«*

Im Rahmen seiner Untersuchungen nahm Bales Faktorenanalysen vor, um Wertorientierungen von interagierenden Akteuren systematisch zu untersuchen.

Dabei kam er zu einem interessanten Ergebnis:

Er konnte seine komplexen Messergebnisse drei Wertorientierungs-Dimensionen zuordnen. Das ergab sich folgendermaßen:

Entdeckung dreier Dimensionen als Resultat

1. *Er konnte die Zahl der für seine Theorie relevanten grundlegenden Wertorientierungen so weit reduzieren, dass* ***sechs wesentliche variable Einzelorientierungen*** *übrig blieben.*
2. *Diese gefundenen Einzelorientierungen* ***korrelierten paarweise*** *miteinander.*
3. *Im Einzelnen zeigte sich, dass die betreffenden Wertepaare jeweils* ***negativ korrelierten****: Wurde der Wert der einen Variable positiv, wurde der andere negativ und umgekehrt.*
4. *Untereinander zeigten* ***die drei Paare*** *keine Abhängigkeiten, waren also jeweils* ***zero-korreliert****.*

Der Werte-Würfel

Die drei Variablen-Paare, die sich aufgrund einer großen Zahl von Studien anhand von Beobachtungen und Messungen ergeben hatten, wurden von Bales als »Dimensionen« seines Interaktions-Modells verwendet. Dazu griff er auf Lewins Vorstellung des Felds zurück:

Bales übernahm Lewins Gedanken, dass sich Akteure in einem topologischen Raum orientieren, wenn sie miteinander kommunizieren. Mit Rückgriff auf die durch das statistisch-mathematische Verfahren der Faktorenanalyse bestimmten drei Wert-Dimensionen hatte Bales die passende Anzahl von Variablen, um damit einen Raum mit x-, y- und z-Achsen zu bestücken – das Balessche Würfel-Diagramm war entstanden.

Akteure orientieren sich in einem sozialen Raum.

Den Würfel, der die Basis für Bales› theoretisches Modell bildet, können wir uns als Raum vorstellen, in dem der Akteur hineinversetzt seine individuelle Wertorientierung einnimmt. Siehe dazu die Illustration des Balesschen Würfels auf der Folgeseite:[13]

Der Akteur steht im Zentrum des Würfels und schaut nach vorne, also vorwärts. Ausgehend von dieser vorwärtsgerichteten Position ordnet Bales die per Faktorenanalyse Werteorientierungs-Dimensionen an.

»Upward« versus »Downward«

Als erste Dimension definiert Bales das Richtungspaar »nach oben« und »nach unten« und bezeichnete sie in seinem Würfeldiagramm als »upward« und »downward«. Diesem Richtungspaar ordnet er das bei der Faktorenanalyse gefundene, negativ korrelierende Werteorientierungspaar »Einfluss nehmend« versus »auf Einfluss verzichtend« zu – er benutzt alternativ auch die Bezeichnungen »aktiv« versus »passiv« für diese Wertedimension.

»Positive« versus »Negative«

Dem Richtungspaar rechts und links ordnet er das Werteorientierungs-Paar »positive« versus »negative« zu – er benutzt unter anderem zur Umschreibung auch das Begriffspaar »partnerschaftlich« versus »selbstschützend«.

Wertorientierungen im Interaktionssystem

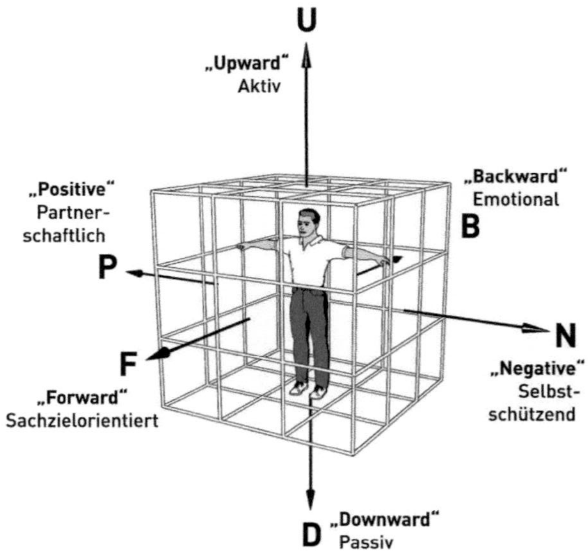

Blick auf den Bales-Würfel:

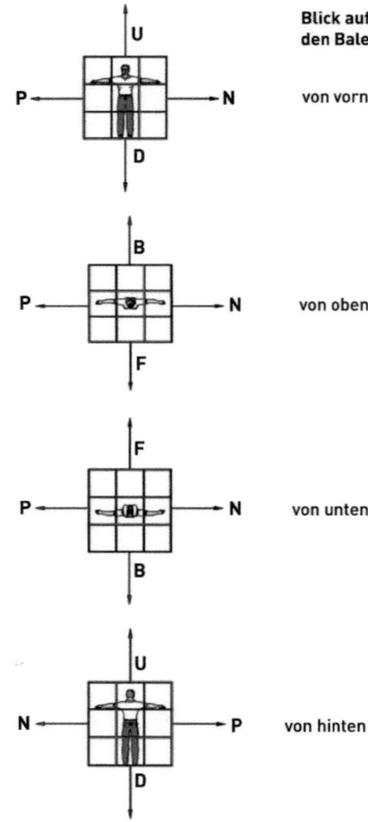

»Forward« und »Backward«

Dem Richtungspaar Vor und Zurück ordnete er die Wertepaare »forward« und »backward« zu, das er unter anderem auch beschrieb als »sachzielorientiert« versus »emotional«.

Abgleich des Werte-Würfels mit dem Motivations-Modell

Bales› Dimensionen korrespondieren den Richtungen des Motivationsmodells.

Welche Wertorientierungen sich konkret hinter den jeweiligen drei Paaren verbergen, schauen wir uns gleich im Detail an. Zunächst nehmen wir einen kurzen Abgleich mit dem Modell vor, das wir im letzten Kapitel untersucht haben, nämlich mit dem *Motivations-Modell* bzw. dem Modell der »bedürfniszentrierten Kommunikation«:

Offenbar stimmen die dort gefundenen Dimensionen mit denen aus dem Balesschen Modells weitgehend überein: Die Dimension des *upward/downward (U/D)* korrespondiert mit dem Begriffspaar *»annähernd« versus »vermeidend«*, wie wir es dort anhand der Beschreibung annähender und vermeidender motivationaler Schemata betrachtet haben.

Die Dimension *positive/negative (P/N)* korrespondiert mit dem Begriffspaar *»sozial-orientiert« oder »Bindungs-fokussiert« versus »Selbst-orientiert« oder »Selbsterhöhungs-fokussiert«*.

Die Dimension *forward/backward (F/B)* gleicht dem uns bereits vertrauten Begriffspaar *»kontrollierend« versus »Emotions-orientiert« oder »Wohlbefindens-fokussiert«*.

Der wesentliche Vorteil des Balesschen Modells besteht offenbar in der Tatsache, dass der Amerikaner diese Konzepte in einen dreidimensionalen Raum überführt und projiziert.

Dadurch bekommt er die Möglichkeit, in seinem Modell nicht nur individuelle Motivationen abzubilden, sondern auch Bewertungen in Interaktionsprozessen zwischen Mitgliedern einer Gruppe.

Bevor wir diesen Punkt genauer untersuchen, betrachten wir nun die Erläuterungen, die Bales zu den drei Wertdimensionen vorgelegt hat.

Dimension U/D – aktiv/passiv

»Upward« (U) versus »Downward« (D)

Aus Bales› Sicht sind in der Richtungsdimension upward/downward diejenigen Werte positioniert, die den Status von Individuen betreffen, sein Sichtbarwerden in der Menge, sein Durchsetzungsvermögen und sein persönlicher Einfluss. In dieser Dimension nehmen Einschätzer Bewertungen in zwei typischen Richtungen vor:

- *Entweder bewerten sie einen Akteur als »aktiv« und nutzen Attribute wie beispielsweise »dominant« oder »einflussnehmend«. Solchen dominanten Mitgliedern wird typischerweise zugeschrieben, dass sie eine große Energie beim »Mitmachen« auszeichnet, dass sie extravertiert sind und die Tendenz haben, der Gruppe ihre Ansichten aufzudrängen.*
- *Die andere Bewertungsrichtung geht dahin, dass Mitglieder als »passiv« eingeschätzt werden, wobei von den Einschätzern Attribute wie »unterwürfig« und »selbstabwertend« verwendet werden. Diesen »Unterwürfigen« wird zugeschrieben, dass sie ruhig und introvertiert oder einordnungsbereit sind und dass sie sich nur dann an Gruppenaktivitäten beteiligen, wenn sie von anderen dazu aufgefordert werden.*

Dimension P/N – partnerschaftlich/selbstschützend

»Positive« (P) versus »Negative« (N)

In der Richtungsdimension positive/negative sind diejenigen Werte positioniert, die das Verhältnis des Einzelnen zu der Gruppe als Ganzes charakterisieren. Einschätzer nehmen hier wieder zwei Bewertungen in zwei Richtungen vor:

- *Entweder positionieren sie ein Individuum auf die rechte Seite und verbinden es mit Vorstellungen wie »auf Wahrung von Gleichheit bedacht«, »kooperativ«, »am Schutz von anderen interessiert« und »partnerschaftlich«.*
- *Auf der anderen Seite positionieren sie Individuen nach links, wenn sie deren Verhalten als betont selbstschützend empfinden. Sie benutzen zur Wertung des Verhaltens solcher Individuen Begriffe wie »unfreundlich«, »autark« und »unabhängig«.*

Dimension F/B – sachzielorientiert/emotional

»Forward« (F) versus »Backward« (B)

In der Richtungsdimension forward/backward sind diejenigen Werte positioniert, die mit der offenbaren Kontrolliertheit oder Unkontrolliertheit der eingeschätzten Akteure zu tun hat. Personen werden dabei vorwärtsgerichtet erlebt im Sinne von »zielgerichtet/kontrolliert«, oder eher rückwärtsgerichtet im Sinne von »emotional/unkontrolliert«:

- *Das Attribut vorwärtsgerichtet interpretieren die Einschätzer als »aufgabenorientiert«. Aufgabenorientiertheit verbinden sie mit dem Verhalten von Individuen, die darauf abzielen, intellektuelle Kontrolle auf ihr Verhalten auszuüben, indem sie beispielsweise Handlungsalternativen sorgfältig prüfen und erst im Anschluss daran Entscheidungen treffen. Die Einschätzer setzen voraus, dass der Akteur dazu spontane Gefühlsregungen und Emotionen unterdrückt, zielgerichtet reflektiert und Erfolgserlebnisse aufschieben kann. In diesem Sinne schätzen sie sein Verhalten als kontrolliert und als bezogen auf Ziele ein.*
- *Demgegenüber bedeutet »rückwärts« so viel wie »gefühlsbetont«, »ausdrucksvoll« oder »der Kontrolle entgegengerichtet«. Die Einschätzer vermuten bei entsprechend bewerteten Akteuren, dass diesen die Kompetenz zur verstandesmäßigen, intellektuellen Kontrolle ihres Verhaltens fehlt.*

Dynamische Prozesse im Werteraum

Nun haben wir in groben Zügen die drei Dimensionen kennen gelernt, die sozusagen den Balesschen Werteraum aufspannen.

Wir haben damit das Feld abgesteckt, in dem sich Individuen begegnen, miteinander kommunizieren und sich dabei gegenseitig bewerten. Wir sind von der Betrachtung des individuellen Orientierungskompasses ein wesentliches Stück weitergekommen und können uns nun *Interaktionsprozessen* zuwenden und ihre *Dynamik im Werteraum* verfolgen:

Einzelner wahrt sein Selbst–Bild.

Zur Präsentation seines Werteraums erläutert Bales zunächst, warum der einzelne Akteur sich überhaupt in diesem Feld aufhält und wieso er hier überhaupt Stellung zu anderen Personen sowie zu Objekten bezieht.[14]

Für das Individuum geht es um die Pflege, den Ausbau und um die Wahrung seines Selbst–Bildes. Der Einzelne ist darum bemüht, langfristig mit einem stabilen Selbst in seinem Lebensraum zu existieren. Dabei dienen ihm seine Wertorientierungen zur Ausrichtung seines mehr oder weniger bewussten Handelns sowie seiner Erwartungen in Bezug auf das Verhalten der Mitmenschen, die ihm in seinem Feld begegnen.

Wert–Dispositionen beschleunigen Handlungs–Entscheidungen.

Wertorientierungen beeinflussen das Handeln des Akteurs, ohne das dieser in jeder Situation stets bewusst über die von ihm genutzten Werteinschätzungen reflektieren muss. Sie haben die Tendenz, zu mehr oder weniger »automatisch« funktionierenden Dispositionen zu werden.

Allerdings gibt es auch Situationen, in denen der Akteur Anlass hat, bewusst über seine Wertungen nachzudenken. Von Akteur zu Akteur unterschiedlich ist dabei, wie abstrakt diese innere Wertdiskussion verläuft:

Viele Handelnde entwickeln eher *konkrete Wert–Dispositionen*, verfügen über kein hoch intellektualisiertes Wertsystem. Das führt dazu, dass Werturteile von Fall zu Fall nicht konsistent sind, ohne dass dies dem Handelnden bewusst wird. Beobachtern kann diese Inkonsistenz allerdings auffallen, was gelegentlich zu Diskussionen zwischen Handelndem und Beobachtern führt.

In solchen Situationen zeigt sich eine weitere Qualität der Wertungen von Akteuren:

Der Einzelne verspürt den *Drang, seine Werte zu rechtfertigen.* Auch wenn er nicht immer die Konsistenz seiner Wertungen überschauen kann, so sieht er seine Werte doch als Teil eines größeren und umfangreicheren Ganzen von zusammenhängenden Werturteilen, das er zu rechtfertigen sucht und zwar mit dem Anspruch, seine Werturteile als sein persönliches »Gut« zu erhalten.

Dieser persönliche Anspruch verbindet das Individuum mit der Bereitschaft, *moralische Empörung* zu entwickeln, wenn seine Wertvorstellungen frustriert werden oder wenn andere nicht so handeln, wie es diesen Wertvorstellungen entspricht. Akteure können Wertfrustrationen mit erheblicher Aggressivität beantworten, die umso stärker ausfällt, je wichtiger ihnen die betroffenen Werte sind.

Überhaupt sind die meisten *Wertorientierungen* im Bewusstsein von individuellen Akteuren als *hoch motiviert* zu betrachten. Bales führt das darauf zurück, dass die Wertsetzungen des Einzelnen die Kanalisierung der grundlegenden, biologisch begründeten Motivationen darstellen, die das Individuum im Laufe seines Lebens durch Lernen, Übung und Erfahrung erworben hat. Der Prozess der Bewertung mobilisiert im Akteur Handlungsenergie und lässt ihn dadurch seine emotional verankerten Bedürfnisse bewusst werden.

Individuelle Wertungen lassen dynamische Systeme entstehen.

Dies widerfährt dem Individuum als Mitglied einer Gruppe, sozusagen als »Element« in einem sozialen Feld. Durch seine Wertungen in Bezug auf Vorgänge seiner Umgebung mobilisiert der einzelne Akteur seine persönliche Handlungsenergie, wodurch sich in der Zusammenwirkung mit seinen Mitmenschen ein von Bales als *»dynamisches System–Feld«* bezeichnetes Sozialsystem bildet.

Sozialsysteme emergieren auf der *Basis des Bewertens* der beteiligten Akteure, die das externe »Drama« sozialer Interaktionen in ihrer sozialen Umgebung persönlich mitgestalten und –erleben.

Dieser Prozess ist kompliziert, denn alle Teilnehmer in einem System bewerten unvermeidlich fortlaufend alle erkennbaren Vorgänge der gemeinsamen Handlungssituation anhand der Ziel- und Wertausrichtung ihrer eigenen, individuellen Existenz.

Das Interaktionssystem emergiert.

Gruppen aller Art und Größen können nach Bales als Sozial–Interaktions–Systeme – als »social interaction systems« aufgefasst werden.[15] Wo und wann immer konkrete soziale Interaktionen über einen gewissen Zeitraum auftreten und Bestand haben, pflegen bestimmte Verhaltensweisen, mentale und soziale Prozesse zu emergieren, die systemische Einheiten bilden.

Diese dynamischen Systeme sind in Bewegung und prägen jeweils eine *charakteristische Struktur* aus:

Zu Beginn des Entstehens eines Systems finden in kurzen Zeitabschnitten richtungsweisende *Konfrontationen* der von den Teilnehmern verfolgten Wertorientierungen statt.

Nach Konfrontation Phase der Stabilität

Danach treten in längeren Zeitabschnitten meist lediglich kleine Wandlungen auf – bis sich ein gewisses umfassendes *stabiles Muster* mit *typischen Wertorientierungen* in der Gruppe ausgeprägt hat. Trotz der dabei erreichten Stabilität können hier gelegentlich in größeren Zeitabständen noch einmal tiefer gehende Umbrüche auftreten.

Die *langlebigen Wert–Muster*, die häufig ungeplant auftreten, sind die *Grundlage* für die Formen von *Kooperation* und von *Konflikten*, die sich im

betreffenden Interaktions–System in konkreten Situationen als *modellhafte Lösungen* ausprägen.
Diese Lösungen stecken ab, inwieweit in der Gruppe Probleme gelöst werden können, wie *effektiv zusammengearbeitet* wird und schließlich, ob die Gruppe überhaupt über einen langen Zeitraum »*überlebensfähig*« ist.

Diese Eigenschaften sind bei Gruppen in allen denkbaren Größen beobachtbar. Grundsätzlich sind dabei Interaktionssysteme, sogar solche, die nur aus zwei Personen bestehen, Wandlungen unterworfen, die sich den Intentionen, Wünschen und Kontroll–Bestrebungen der beteiligten einzelnen Individuen weitgehend entziehen.

Schauen wir uns das in einigen Details an:

Wenn sich die Kommunikation einer neu gebildeten Gruppe im Laufe der ersten oder der zweiten Zusammenkunft entwickelt, zeichnet sich zunehmend ab, welche Personen welche Wertorientierungen verfolgen.

Spontane Bildung von Subsystemen

Personen, die dabei spüren, dass sie jeweils ausreichend übereinstimmenden Wertmustern anhängen, tendieren dazu, *Untergruppen* innerhalb der Gruppe zu bilden. Selbst kleine Gruppen bekommen es so bereits nach kurzer Zeit mit ein oder zwei Untergruppen zu tun, die zunehmend »*Eigenleben*« entwickeln. So prägen sich im Laufe der Zeit vielfältige, sich selbst organisierende Tendenzen im Gesamtsystem der Gruppe aus.

Damit verbunden sind *Wertpolarisierungen* – zwei, oft auch drei Wert–Bündel treten an die Oberfläche der Aufmerksamkeit und einzelne Akteure bekennen sich immer deutlicher zu den jeweiligen Werthaltungen. Die Individuen nehmen Person für Person ihren jeweiligen Platz in Untergruppen ein, die sich mit den unterschiedlichen prominenten Werthaltungen und Meinungen in der Gruppe identifizieren.

Die Beteiligten des Interaktionssystems, egal ob sie als »Führer« oder als »normale« Gruppenmitglieder auftreten, haben meist nur einen sehr unvollkommenen Einblick in diese systemischen Emergenz–Vorgänge:

Beziehungsmuster sind in der Gruppe *überindividuell* und »dezentral« verteilt, so dass kein Einzelner in der Lage ist, als Gruppenmitglied die *komplette Beziehungsstruktur* des Systems wahrzunehmen. Dazu kommt, dass die Werte, die einzelnen Akteuren im Rahmen ihrer *individuellen Wahrnehmungen* bewusst werden, häufig Orientierungen darstellen, die für die Entwicklung der

Gruppe und des Interaktions–Systems als Ganzes gar *nicht ausschlaggebend* sind.

Soll nun in einer solchen Gruppe ein gezielter Versuch unternommen werden, einen *Wandel in eine gewünschte Richtung* zu initiieren, kann dieser nur wirkungsvoll sein, wenn die beschriebenen *systemischen Prozesse verstanden* und nutzbar gemacht werden.

Dabei ist es nach Bales› Ansicht wesentlich – ganz *unabhängig von der Größe des jeweiligen Systems* –, bei den Werten der beteiligten Akteure anzusetzen.

Emergente Systeme messen

In den letzten Abschnitten haben wir verfolgen können, wie Bales mithilfe seines Ansatzes und der Konzeption des Werteraums das Emergieren von Interaktionssystemen abbildet. Wir können damit nachvollziehen, wie sich Akteure in Gruppen aufgrund ihrer Wertorientierungen Positionen erarbeiten und manchmal Positionen auch regelrecht erringen und verteidigen müssen.

Kommunikationssysteme sind emergente systemische Entitäten – und zwar das Ergebnis der Kommunikation von Individuen, die in einem Feld aufeinander treffen. Die dabei ablaufenden Prozesse kann der Einzelne in manchen Aspekten beobachten und sich bewusst machen. Aber wenn wertorientierte Akteure zusammenkommen, wenn also ein dynamisches System emergiert, dann entstehen Beziehungs–Strukturen, die in ihrer Vollständigkeit den Wahrnehmungs–Horizont der einzelnen Beteiligten weit übersteigen. Obwohl für sie nicht erfassbar, bestimmen diese Strukturen doch wesentlich ihre Existenzen.

Einzelner erfasst Kommunikation nur skizzenhaft.

Nur kleine Ausschnitte des Emergenzprozesses kann der Einzelne in seinem Bewusstsein nachvollziehen – er erfasst nur Prozesse in einer gewissen *Zone der Interpenetration* von individuellem Erleben und der sich darüber ausprägenden Gruppendynamik.

Doch der Mensch ist nicht auf die Wahrnehmungen in dieser engen Interpenetrationszone beschränkt:

Mithilfe der *Instrumentarien*, die Bales entwickelt hat, sind Messungen der dynamischen Prozesse möglich, welche die Ausrichtung, die Orientierung, die typische Struktur eines Interaktionssystems erfassbar machen und ein für viele Anwendungen *ausreichend komplettes Bild des Ganzen* liefern.

Indem Bales› Modell nicht direkt wahrnehmbare Strukturen hinter sozialen Phänomenen erfassbar macht, ermöglicht es – ähnlich wie die erfolgreichen theoretischen Modelle in den Naturwissenschaften –, das menschliche Erkennen über den Bereich der Phänomene, also der mit Hilfe unseres Wahrnehmungsvermögens erreichbaren Tatbestände, hinaus zu erweitern.

Natürlich wollen wir hier nicht übersehen, dass sich das aktuelle sozialwissenschaftliche Wissen in Komplexität und Präzision längst nicht mit dem naturwissenschaftlichen Wissen vergleichen kann, das etwa die Physik bereits vor hundert Jahren erreicht hatte.

Interaktionen messen mit SYMLOG

Dennoch hat Bales mit SYMLOG – dem System für die Mehr-Ebenen-Beobachtung von Gruppen (»A system for the multiple level observation of groups«) – eine wichtige und innovative Lösung für die Messung von Wertorientierungen und die »Vermessung« von Kommunikationssystemen vorgelegt. Wir wollen nun im Weiteren dieses Kapitels einen Einblick in die Hintergründe seiner Messmethode bekommen.[16]

Wir kennen bereits die drei Dimensionen des Balesschen Werteraums.

Mit diesem Wissen sind wir in der Lage, im sozialen Feld positionierte Werthaltungen zu illustrieren, wie dies in der nachfolgenden Grafik angedeutet ist *(vergleiche die grafische Darstellung auf der Folgeseite).*

- ***Aktive Haltungen** sind in **U-Richtung** positioniert und in der Grafik rechts oben vergrößert abgebildet.*
- ***Emotional gefärbte Haltungen** sind in **B-Richtung** positioniert und in der Grafik rechts mittig dargestellt.*
- ***Selbstschützende, egozentrische Haltungen** sind in **N-Richtung** positioniert und in der Grafik rechts unten abgebildet.*
- ***Passive Haltungen** sind in der Tendenz in **D-Richtung** positioniert und in der Grafik unten dargestellt.*
- ***Partnerschaftliche Orientierungen** sind in **P-Richtung** positioniert und in der Grafik links abgebildet.*
- ***Sachzielbezogen-kontrollierte Orientierungen** sind in **F-Richtung** positioniert.*

Hiermit ist noch einmal verdeutlicht, wie Werthaltungen im Allgemeinen im Werteraum positioniert vorzustellen sind.

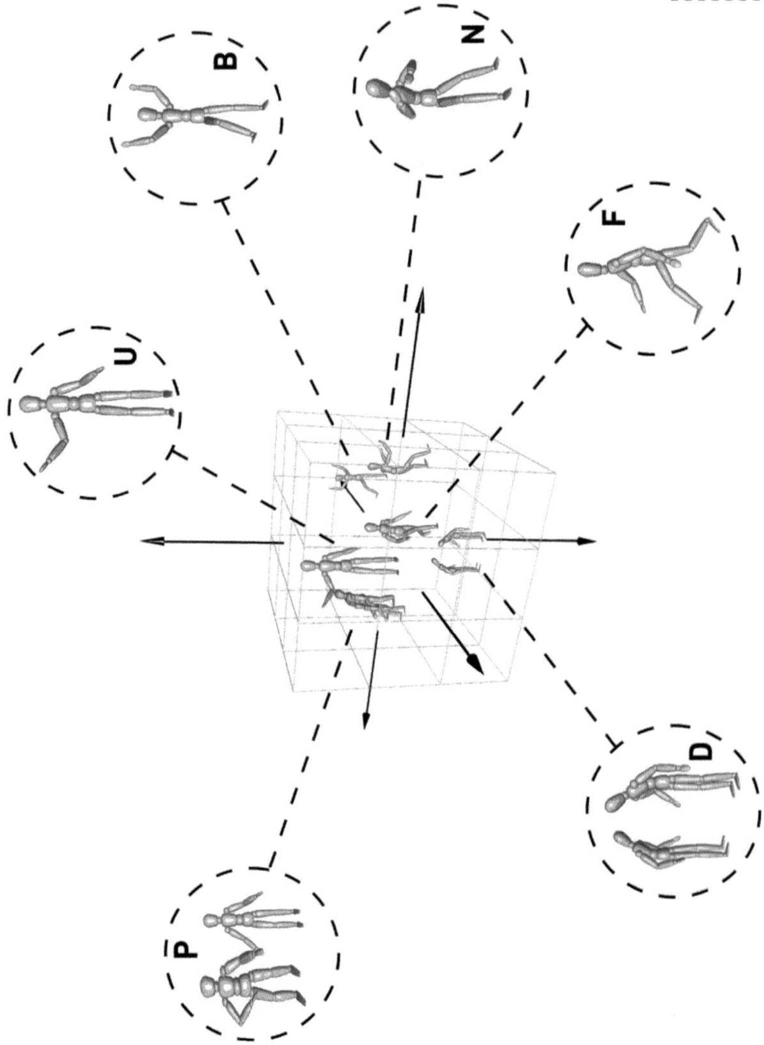

8

Akteure im Interaktionssystem

Dieses Prinzip der Verortung von Werten im Raum hat Bales bei der Entwicklung seiner Messmethode wesentlich verfeinert. Wichtiger Baustein ist dabei seine *27-teilige Messmatrix*:

Bales teilte den Wertorientierungs-Würfel in weitere Felder auf. Darauf kam er, indem er zunächst jede seiner Dimensionen weiter differenzierte. Er berücksichtigte dazu jeweils die beiden gegenüberliegenden »Pole« jeder Dimension und jeweils deren »Mitte«. So erhielt er eine Wertematrix aus 3^3 *{3 (drei Dimensionen)* ***x*** *[1 (PlusPol) + 1 (PolMitte) + 1 (MinusPol)]}* miteinander kombinierter Felder.

SYMLOG arbeitet mit 27 (3x3x3) Kodierungen.

Es entstand das SYMLOG-System mit seinen insgesamt 27 Kodierungsmöglichkeiten. Für Messungen werden davon allerdings nur 26 Werterichtungen verwendet. Der im Zentrum der Würfelmatrix gelegene Wertbereich, der die Durchschnittsbewertung aller Wertorientierungen darstellt (»average«), wird von Bales als Koordinatenursprung interpretiert und spielt im Messsystem selber keine Rolle. Dieses Feld hat die Bezeichnung AVE.

Die *nächste Grafik* zeigt eine Übersicht über die Verteilung der Werte-Felder, die Bales als so genannte »Richtungskodes« bezeichnet.

Wir können uns diese »Richtungskodes« als so etwas wie Messschnittstellen vorstellen, an denen im Werteraum jeweils per Messsonden Einstellungsmessungen vorgenommen werden können.

Die Lokalisierung der Richtungskodes im theoretischen Messmodell erscheint dem Betrachter im ersten Augenblick als willkürlich. Sie folgt aber einer recht einfachen »Logik«.

Schauen wir uns das im Detail an:

Die Buchstabenbezeichnungen der einzelnen Richtungskodes sind von den Bezeichnungen der drei Dimensionen U/D, P/N, F/B abgeleitet. Manche Richtungen sind nur mit einem, manche mit zwei, einige auch mit drei Buchstaben gekennzeichnet.

Bei der Positionierung der Richtungskodes hat Bales mit der U/D Dimension begonnen und schritt dann zur P/N-Dimension und letztlich zur F/B-Dimension fort. Bales verwendete insgesamt 26 dieser Buchstabenkombinationen. Das 27. Item stellt wie gesehen mit der Bezeichnung AVE eine Ausnahme dieser Bezeichnungslogik dar:

Übersicht Richtungskodes

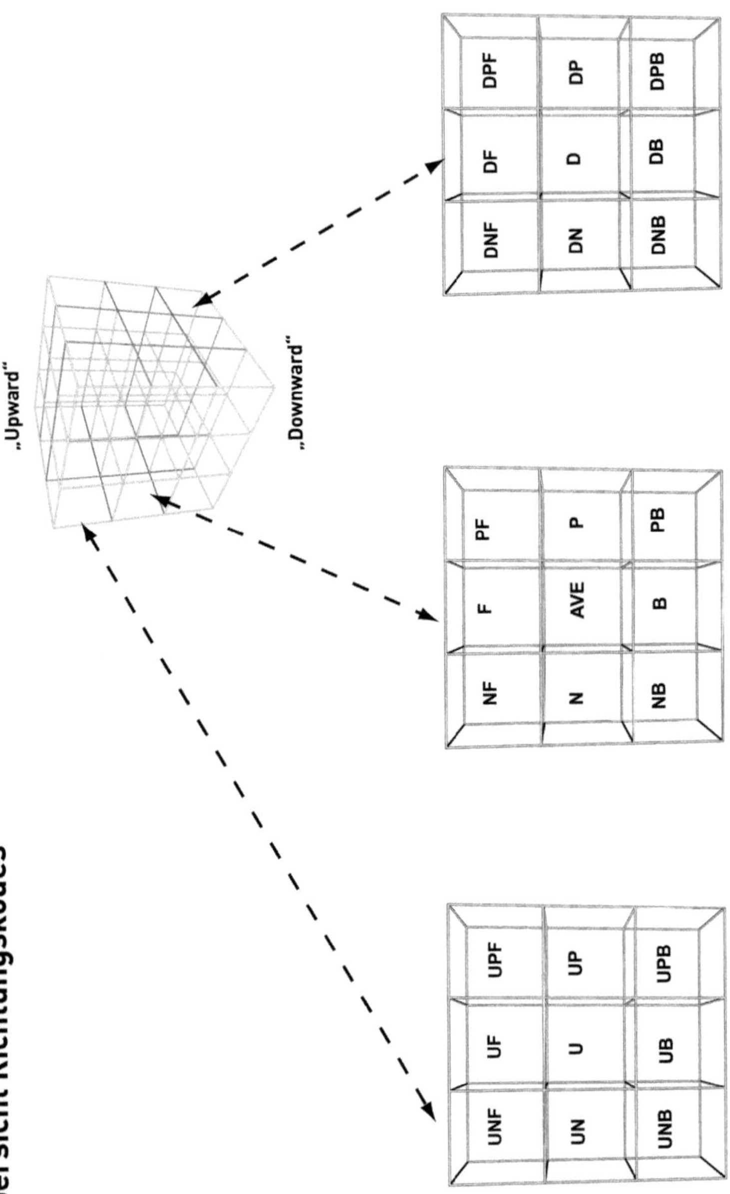

Um die Zuordnung der Richtungs–Bezeichnungen zu den jeweiligen Matrix–Feldern besser nachvollziehen zu können, greifen wir wiederum auf ein Schaubild zurück *(siehe grafische Darstellung auf der Folgeseite)*.
Hier erkennen wir links in der größeren Abbildung, dass die Zuordnung der Buchstabenkennzeichnung mit U in der Mitte beginnt. Der nächste Code UP liegt im rechts benachbarten Feld. Von da aus bewegt sich die Abfolge der Bezeichnungen entgegen dem Uhrzeigersinn über das komplette obere Drittel des Würfels, um dann eine Ebene tiefer nach P zu gelangen, dort wieder eine Runde zu drehen, bis es dann schließlich im unteren »Stockwerk« in die letzte Kreisbewegung geht.

Um dies einfach vorstellbar zu machen, ist in der Grafik durch den Würfel eine Art imaginäres »Ariadne–Tau« gezeichnet, das sich der Logik der Vergabe der Buchstaben–Kennzeichen folgend Feld–für–Feld durch die Abteilungen des Wertewürfels windet. Auf der rechten Seite des Schaubilds können wir in zwei kleineren Abbildungen das Raummodel mit der darin eingezeichneten »Ariadne–Spirale« aus zwei verschiedenen Perspektiven betrachten.

Dieses Raummodell mit seinen 26 Richtungskodes hat Bales zu einem feingliedrigen Beschreibungsraster fortentwickelt, das er systematisch auf individuelle Wertorientierungen und auf die Orientierungen von Systemen anwendete.

»Nullmessung« am kooperativen Team

Um bei konkreten empirischen Anwendungen Messungen vornehmen zu können, brauchte Bales so etwas wie eine »Nullmessung«. Diese »Nullmessung« stellt die empirisch ermittelte optimale Wertausprägung im Fall einer effektiv an Aufgaben arbeitenden Gruppe dar. Diese optimale Wertausprägung wurde von Bales und seinen Mitarbeitern aufgrund von langjährigen Messungen festgehalten und dokumentiert.[17]

Werden die dazu gehörenden Werte in einer Tabelle dargestellt, so ergibt sich als »Optimal–Profil« ein von oben nach unten verlaufendes Muster in Form dreier Wellen mit jeweils drei prägnanten Wellenbergen und –tälern.

Verteilung der Richtungskodes in der Raummatrix

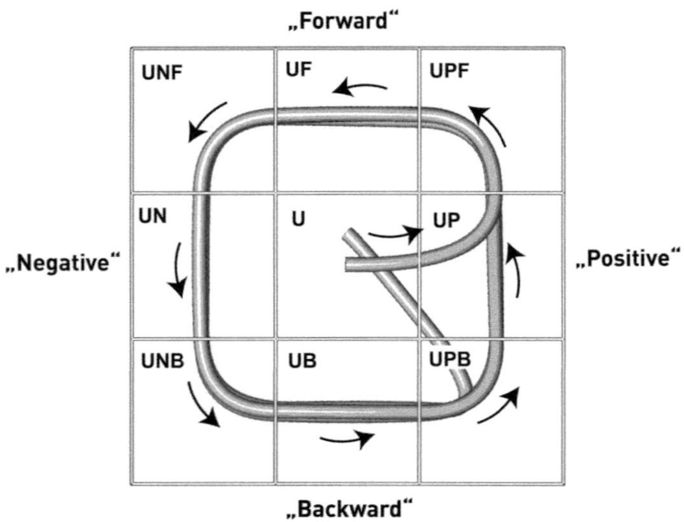

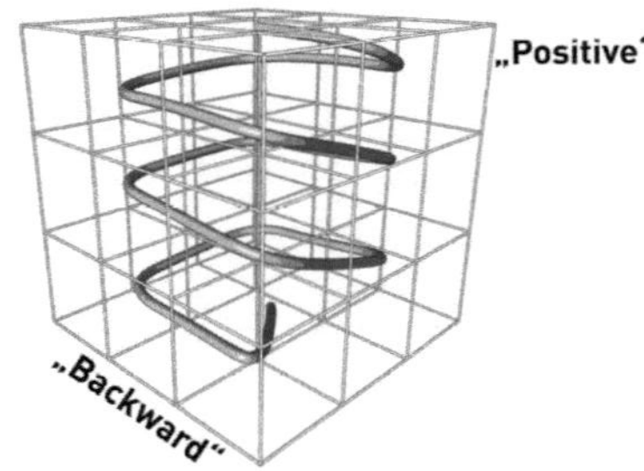

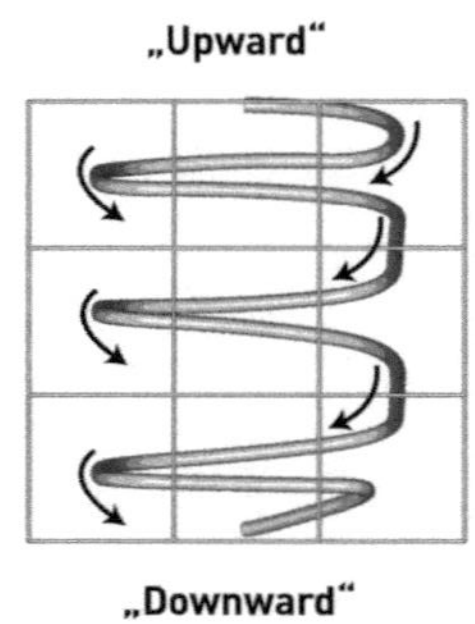

Da die Betrachtung dieses Details sich anbietet, um einen Eindruck von Bales› Messmethode und seinen typischen Wertdefinitionen zu bekommen, schauen wir uns dazu zwei weitere Illustrationen an:

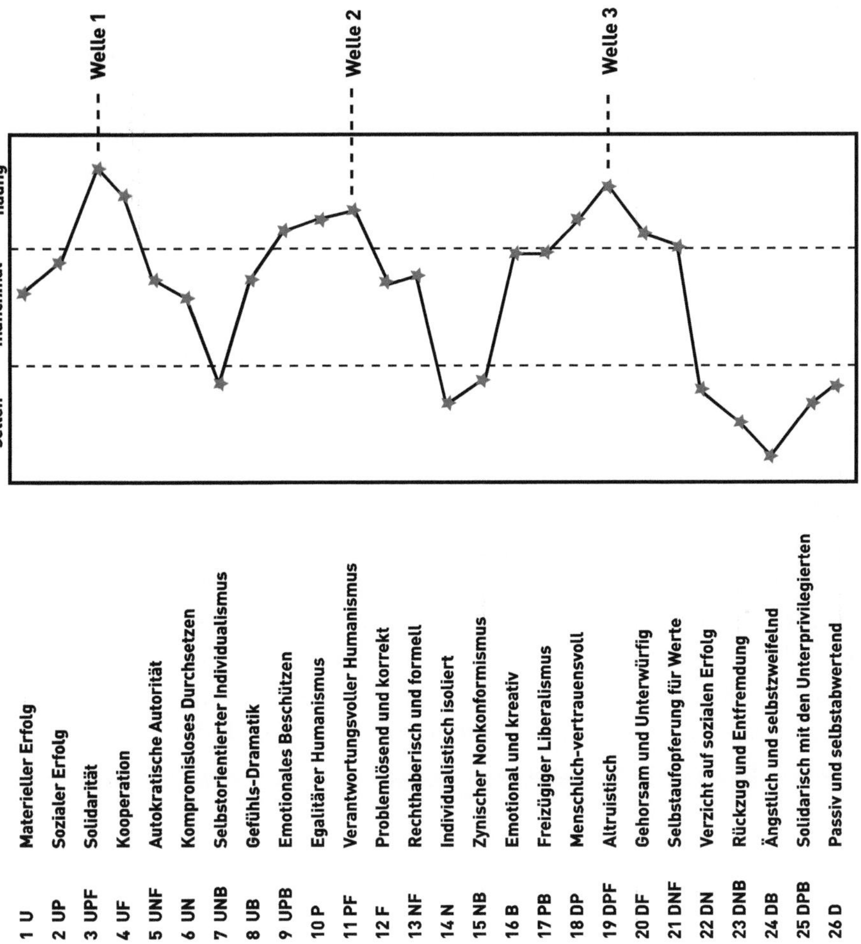

»Optimales« Werte-Profil

Im Schaubild auf der vorhergehenden Seite sind zum einen links die 26 Richtungskodes tabellarisch aufgelistet, während rechts in einem Koordinatensystem die Optimallinie der »Nullmessung« dargestellt wird. Die hier eingezeichneten Werte zeigen den Grad der Häufigkeit an, in der die betreffenden individuellen Werteorientierungen – beispielsweise »Gehorsam und Unterwürfig« – in Gruppen registriert wurden.

Dieses Wertmuster hat sich als Ergebnis einer Vielzahl von Untersuchungen ergeben und stellt die emergierende Verteilung und die Stärke von Wertorientierungen in effektiv zusammenarbeitenden Gruppen dar.

Bales› Messung widerlegt klassische Wirtschafts–Antropologie.

Anders als von der klassischen ökonomischen Theorie postuliert, arbeiten gemäß diesem Ergebnis Gruppen oder Systeme nicht dann optimal, wenn sich möglichst viele der kompetenten Mitglieder konsequent egoistisch verhalten.

Die konkreten Messungen, die in der Optimal–Kurve von Bales dokumentiert sind, zeigen mit der abgebildeten Wellenstruktur eine wesentlich andere typische Wertverteilung.

Schauen wir nun auf das nächste Schaubild (*siehe Grafik auf der Folgeseite*). Die »Optimallinie« wurde hier neben die Darstellung der oben vorgestellten Spirale in das Raummodell hineinprojiziert. Hiermit können wir uns anschaulich über die »Extremwerte« unter den Orientierungen informieren:

Offenbar ist eine optimale Wertverteilung geprägt durch drei die Gruppendynamik stärkende und drei schwächende Trends:

Schwächend sind die Wertorientierungen »Selbstorientierter Individualismus«, »Individualistische Isolation« und »Ängstlicher Selbstzweifel«. »Gegenspieler« sind die die Gruppe stärkenden Trends »Solidarität«, »Verantwortlicher Humanismus« und »Altruismus«.

Werte-Profil des effektiven Interaktionssystems

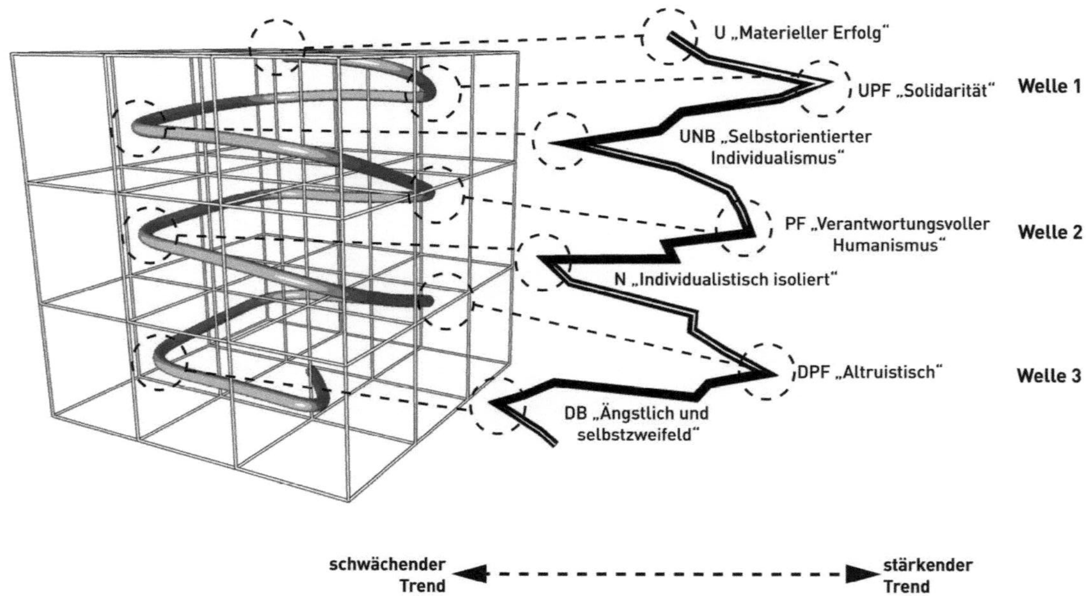

Bales› Methode zur Messung von Interaktionen

Bales zeichnet durch seine Theorie nach, wie die Dynamik von Gruppen und sozialen Systemen mit der Dynamik der beteiligten individuellen Persönlichkeiten zusammenhängt.

Insbesondere zeigt er, wie sich die Eigendynamik des sozialen Feldes aus den Wertungen ergibt, welche die individuellen Akteure durch ihr Verhalten in Gruppen offenbaren.

Um die Orientierungen der einzelnen Individuen und die umfassende Gruppenkonstellation gleichzeitig betrachten zu können, suchte Bales nach einem grafischen Hilfsmittel für die Darstellung der Daten aus dem dreidimensionalen Werteraum.

Bales› »Felddiagramm«

Dazu entwickelte er ein besonderes Koordinatensystem. Die von ihm gefundene einheitliche Koordinatendarstellung, die gleichermaßen auf die Individuen wie auf die emergierenden kollektiven Strukturen anwendbar ist, nannte Bales »Felddiagramm«.[18]

Auch das schauen wir uns im Detail an:

Zunächst hatte Bales mit Hilfe standardisierter Erhebungsmethoden die Positionierungen jedes Akteurs im Wertefeld festgestellt und mit Koordinatenpunkten angezeigt. Die entsprechenden Koordinatenpositionen markierte er mit Hilfe von kugelförmigen Markern.

Die nachfolgende Grafik *»Positionierung von Objekten im Werteraum«* zeigt in verschiedenen Perspektiven, wie Bales sich eine typische Verteilung von wertorientierten Objekten – etwa von Akteuren im Werteraum vorstellte.

Um dieses Zwischenergebnis weiter bearbeiten zu können, überführte er diese dreidimensionale Abbildung von Wertepositionen in eine zweidimensionale Darstellung. Das gelang ihm dadurch, dass er die Blickrichtung auf die Wertpositionierungen auf eine Perspektive, nämlich auf den Blick von oben beschränkte. Die Illustration dieses Blicks von oben stellt die Darstellung des Werteraums dar, die von Bales schließlich als »Felddiagramm« bezeichnet wurde.

Die Funktionsweise des Felddiagramms ist in der übernächsten Grafik *(»Prinzip der Darstellung von positionierten Objekten in Bales› Felddiagramm«)* dargestellt:

Positionierung von Objekten im Werteraum

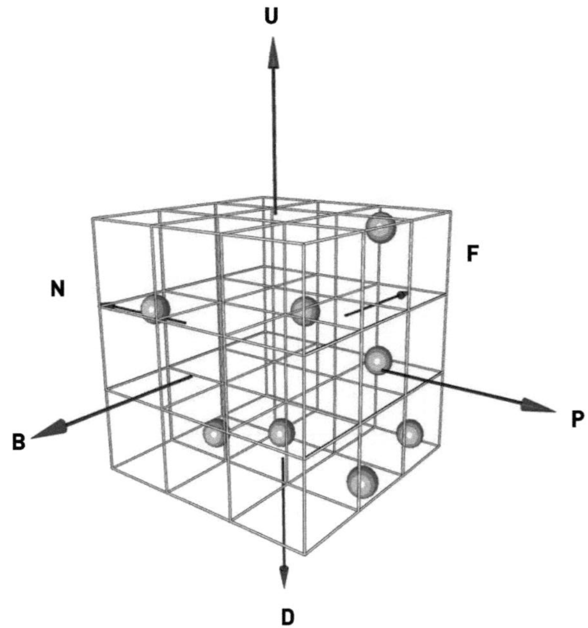

Blick von oben

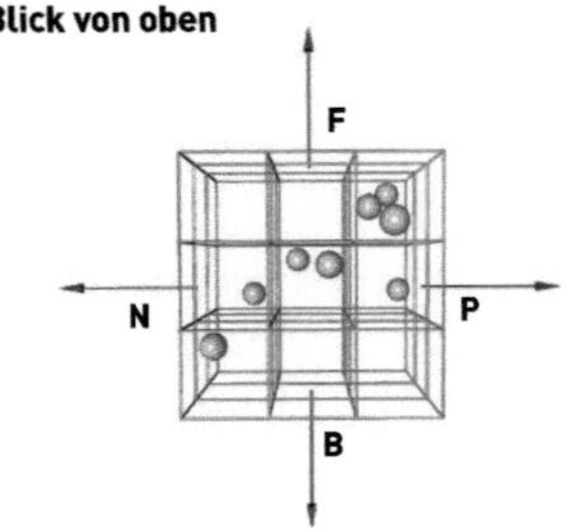

Blick von rechts

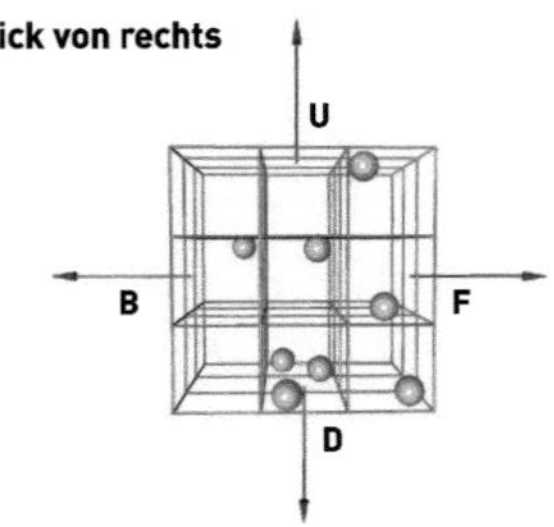

Prinzip der Darstellung von positionierten Objekten in Bales› Felddiagramm

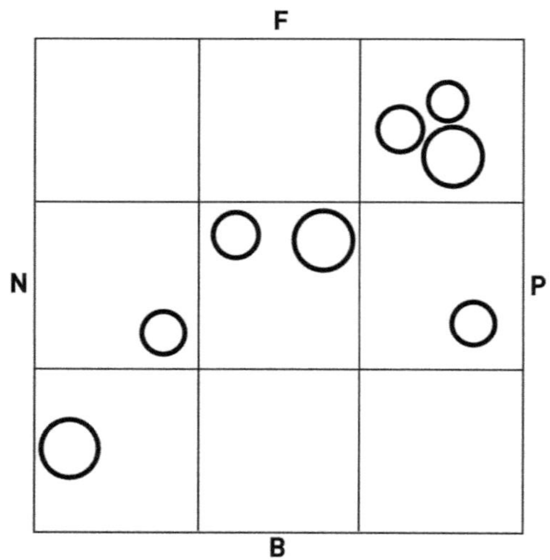

Seitenperspektive von rechts vorn

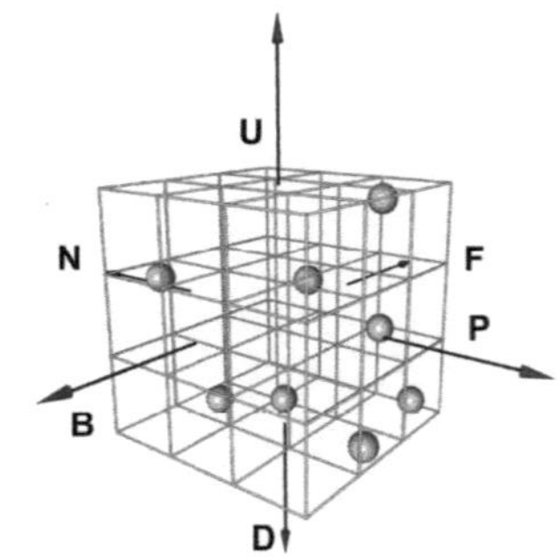

Blick von oben

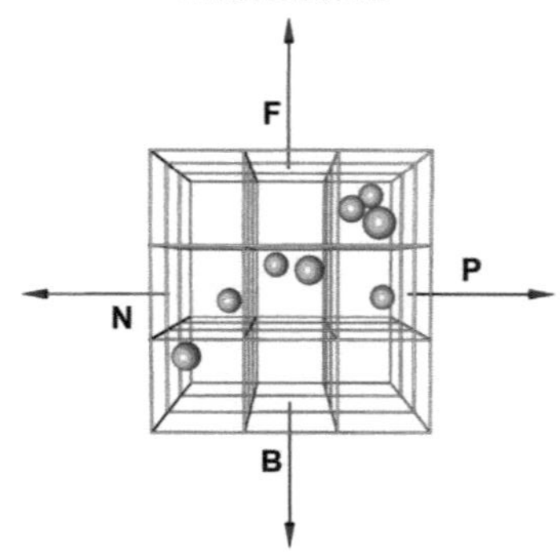

Die Richtungen F, P, B, N werden zweidimensional als »oben«, »rechts«, »unten«, »links« interpretiert. Die Dimension U/D wird dadurch erfasst, dass die »Ortskreise« eine spezifische Größe haben.

Das ist nachvollziehbar:

Von oben in den Raum geschaut, erscheinen Körper, die tief unten auf der D-Ebene positioniert sind, klein, während auf U-Ebene positionierte Körper dem Betrachter groß erscheinen. Auf diese Weise können also die »dreidimensionalen« Messwerte in einer »zweidimensionalen« Zeichnung abgetragen werden, ohne dass Richtungsparameter verloren gehen.

Die Auswertung dieser Felddiagramme hat Bales› zu einer Methode fortentwickelt, durch die Systeme und Wertorientierungen von Akteuren in Gruppen tatsächlich »ausgemessen« werden können. Diese Wertmessungen berücksichtigen die Einschätzung der Individuen in Bezug auf ihr soziales Umfeld. Darüber hinaus werden Aktivitäten, Reaktionen der Individuen, ihre Umorientierungen usw. messbar.

Über Zeiträume hinweg lassen sich die Interaktionen zwischen den Individuen beobachten und Entwicklungen in den Beziehungen und Beziehungsmustern festhalten.

Der innere Aufbau der umschließenden Gruppe, des sozialen Systems, wird ebenfalls anhand von Wertorientierungen ablesbar und über Zeiträume hinweg beobachtbar. Es lassen sich somit die langfristigen dynamischen Veränderungen des sozialen Interaktionsfeldes aufzeichnen.

Solche Veränderungen treten beispielsweise in Bezug auf die Akzeptanz und die Betonung von Wertmustern auf, wenn die Mitglieder einer Gruppe mit neuen Problemen und Anforderungen konfrontiert werden.

Interaktionen werden im Felddiagramm sichtbar.

Dabei kann sich die Situation im Interaktionssystem so verändern, dass bisher zentrale Wertorientierungen Konflikte verursachen und dadurch Problemlösungen behindern. Die Orientierungen der Akteure kommen dann in Bewegung und das gesamte System beginnt, sich neu zu strukturieren. Neue Untergruppen bilden sich und veränderte Wertorientierungen kommen an die Oberfläche. Das Bild, das die Akteure voneinander haben, ändert sich. Es bilden sich neue gegensätzliche Orientierungen, und es formieren sich neue Beziehungsmuster zwischen den Akteuren.

Nach einiger Zeit, wenn funktionsfähige Lösungen für die Probleme gefunden sind und sich neue Verhaltensmuster stabilisieren, werden die neuen

Strukturen insgesamt immer klarer und fester. Die im Rahmen dieser Entwicklungen beteiligten Gruppen–Prozesse lassen sich als

- ***»Polarisierungs–Tendenzen«*** *– Tendenzen des Auseinanderdriftens von Werthaltungen –*

und als

- ***»Unifikations–Tendenzen«*** *– Tendenzen des Angleichens ursprünglich gegenläufiger Werthaltungen – beschreiben.*

Zustand der Kommunikation wird kartiert.

Diese *Polarisierungs– und Unifikations–Tendenzen* spielen zusammen, wenn sich in Gruppen typische Wertkonstellationen herausbilden. Dazu hat Bales eine Art *Wert–Gebiets–Karte* skizziert, die in der nachfolgenden Grafik dargestellt ist:[19]

Solange eine Gruppe besteht und die beteiligten Individuen an gemeinsamen Aufgaben arbeiten, nähern sich einzelne Individuen der Wertorientierung »Effektives Team« an.

An diesem »Effektiven Team« orientieren sich im Laufe der Zeit die übrigen Individuen und Untergruppen im Interaktionssystem und stecken ihre eigene Position ab.

Sie können dabei eher »unifizieren« und sich dem Wert des »Effektiven Teams« annähern oder sich mehr oder weniger davon distanzieren und »polarisieren«, indem sie eine oppositionelle Orientierung verfolgen.

Die besondere *Dynamik einer Gruppe* ergibt sich durch die *»Stärkeverhältnisse«* der jeweils *vertretenen Positionen*. Die *Ausrichtung einer Gruppe* ergibt sich in gewisser Weise als *»Produkt« der zusammenwirkenden Werterichtungen*. Aufgrund der resultierenden Dynamik und Orientierung des Interaktionssystems erweist sich, ob eine Gruppe tatsächlich zielführend an Aufgaben arbeitet oder ob sich die Energien der Beteiligten eher gegenseitig aufheben und im schlimmsten Fall gemeinsame Problemlösungen verhindern.

Wert-Gebiets-Karte nach Bales

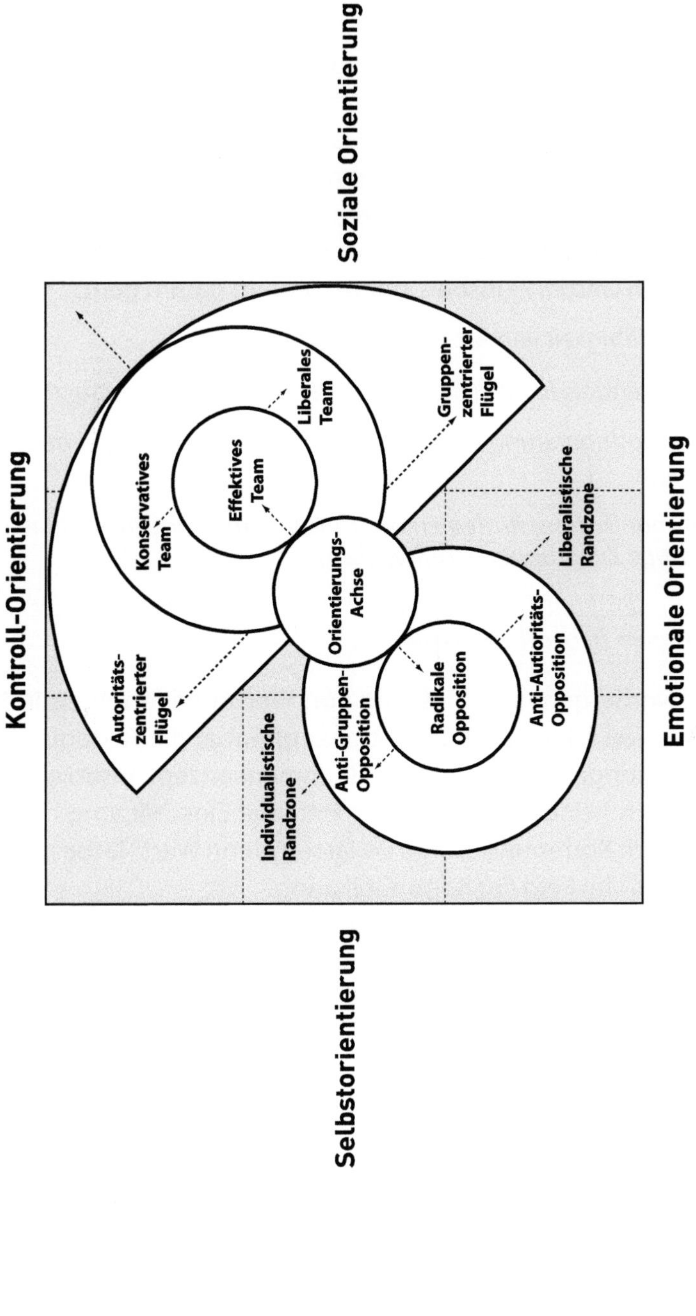

Einsatzfälle für Interaktions-Messungen im Konzeptions-Alltag

Wie die kurze Einführung in den beispielhaften Ansatz Robert Freed Bales› belegen konnte, ist das »Ausmessen« von Systemen auf der Basis der Messung von Wertorientierungen nicht nur handhabbar, sondern in Bereichen der Sozialpsychologie und Soziologie seit langem üblich.

Solche Messungen können im Rahmen der Untersuchung von Gruppen und Systemen grundsätzlich jeglicher Größe angewendet werden. Dadurch können im Vorfeld der Durchführung von Maßnahmen wichtige Analysen vorgenommen werden – insbesondere wenn es darum geht:

- *die Arbeitsfähigkeit von Arbeitsgruppen herzustellen*
- *Konfliktpotentiale in der Belegschaft eines Unternehmens auszuräumen*
- *die Marktpositionierung von Unternehmen und ihren Leistungen zu optimieren*
- *die Kommunikationsstrategien von Unternehmen und Institutionen mit Blick auf wichtige Zielgruppen zu entwickeln*
- *Unternehmenskultur im Rahmen der Entwicklung von Corporate-Identity-Maßnahmen zu bearbeiten usw.*

Keine Konzeption ohne Kenntnis der Wert-Konstellation

Ohne eine vorhergehende Messung von Wertorientierungen in Kommunikationssystemen fehlt dem Konzeptioner offenbar die Faktenbasis, an die er mit seinen Lösungen und seinem Maßnahmenkonzept ansetzen kann.

Er sollte sich keineswegs auf seine intuitive Einschätzung der Haltungen der betroffenen Kommunikatoren verlassen, denn Wert-Tatbestände sind die »harten Fakten« im Feld der Kommunikation.

Kommunikationssysteme bilden sich aufgrund der Konfrontation polarisierender und unifizierender Wertorientierungen, die sich materialisiert in den Hirnen der Interaktionsakteure befinden.

Die *Ansprache von Werten »weckt«* bei diesen Akteuren *unterstützende oder blockierende Energien*. Dabei kann die Gefährdung bestimmter Werte – insbesondere von sozialen Werten – bei Individuen ein hohes Maß an Aggressivität und Widerstand auslösen.

Wertorientierungen sind deshalb der *Dreh- und Angelpunkt* jeglicher *Kommunikationsarbeit.*

Die Nicht–Berücksichtigung von Wertorientierungen birgt ein großes Risiko–Potenzial für die Durchführung von Kommunikationsmaßnahmen.

Die kundige Analyse von Werten, die Einschätzung der aus ihnen ableitbaren Verhaltenstendenzen und –richtungen stellt eine wesentliche Kompetenz professioneller Konzeptioner und Kommunikationsberater dar.

Ausschlag gebende »Wert«–Kompetenz

Darauf aufbauend stellt der zielführende Umgang mit Wertkonstellationen sowie das geplante Umgestalten von Wertorientierungen eine weitere wesentliche Kompetenz dar, die ebenfalls mit dem Wissen um Werte und Wertorientierungen engstens verbunden ist.

Dieser Kompetenz werden wir uns insbesondere in den nächsten beiden Kapiteln widmen.

Abschluss

Zum Abschluss des aktuellen Kapitels und zur Vorbereitung des folgenden gibt es hier wieder eine Aufgabenstellung:

In Ihrem Konzeptions– oder Beratungs–Alltag haben Sie laufend mit Wertorientierungen zu tun, die Relevanz für die von Ihnen zu entwickelnden und umzusetzenden Maßnahmen haben. Dabei begegnet Ihnen das Problem, mit Ihren Klienten über Werte diskutieren zu müssen. Der eine oder andere Ihrer Ansprechpartner wird Sprechen über Wertorientierungen für »diffuses und unkonkretes Herumdiskutieren« halten und Sie auffordern, stattdessen über »konkrete Fakten« und die »Informationslage« zu sprechen:

- *Wie reagieren Ihre eigenen Klienten im Einzelnen auf »Wertthemen«?*
- *Welche Strategien haben Sie möglicherweise gefunden, die Diskussion rund um Wertorientierungen zu »versachlichen«?*
- *Wie gehen Sie im Rahmen Ihrer Konzeptionen mit diesen Themen um? Haben Sie Wege gefunden, Wertthemen mit alternativen Begriffen zu umschreiben?*
- *Inwieweit spielen Wertorientierungen und die Arbeit an diesen Orientierungen in Ihren Maßnahmenkonzepten eine Rolle?*

Quellenhinweise und Anmerkungen

1. Bunge, Mario; *Treatise on Basic Philosophy Volume 8; Ethics (The Good and the Right);* Dordrecht, Boston, Lancaster 1989; S. 11

2. Vergleiche:
   - Bunge, Mario; *Philosophy in Crisis (2001)* S. 191–205
   - Bunge, Mario; *Philosophical Dictionary (2003)* S. 307–8
   - Bunge, Mario; Emergence and Convergence (2003) S. 97–8
   - Bunge, Mario; *Chasing Reality. Strife over realism (2006)* S. 266–7
   - Bunge, Mario; *Political Philosophy (2009)* S. 38–9
   - Bunge, Mario; Martin Mahner; *Über die Natur der Dinge (2004)* S. 172, 213, 218, 229

3. Vergleiche:
   - Bunge, Mario; *Treatise on Basic Philosophy Volume 8 (1989)* S. 15
   - Bunge, Mario; Martin Mahner; *Über die Natur der Dinge (2004)* S. 173

4. Vergleiche:
   - Bunge, Mario; *Treatise on Basic Philosophy Volume 8 (1989)* S. 11–40;
   - Bunge, Mario; *Political Philosophy (2009)* S. 87–137;
   - Bunge, Mario; Martin Mahner; *Über die Natur der Dinge (2004)* S. 171–97

5. Vergleiche:
   - Bunge, Mario; *Treatise on Basic Philosophy Volume 8 (1989)* S. 23, 37, 72
   - Bunge, Mario; *Philosophical Dictionary (2003)* S. 192;
   - Bunge, Mario; *Political Philosophy (2009)* S. 40
   - Bunge, Mario; Martin Mahner; *Über die Natur der Dinge (2004)* S. 180, 183

6. Siehe:

   Bales, Robert Freed; *Social Interaction Systems. Theory and Measurement;* New Brunswick/London 2001; S. 331–9

7. Bales, Robert Freed; *Interaction Process Analysis. A Method for the Study of Small Groups;* Chicago, London, Neudruck 1976 (1950)

8. Bales, Robert Freed; *Personality and Interpersonal Behavior;* New York, Chicago, San Francisco, Atlanta, Dallas, Montreal, Toronto, London, Sydney 1970

9. Siehe:

   - Lewin, Kurt; *Kurt–Lewin–Werausgabe Band 1. Wissenschaftstheorie I;* Bern/Stuttgart 1981
   - Lewin, Kurt; *Kurt–Lewin–Werausgabe Band 4. Feldtheorie;* Bern/Stuttgart 1982
   - Lück, Helmut E. ; *Kurt Lewin; Eine Einführung in sein Werk;* Weinheim 1996

10. Bales wesentliche Veröffentlichungen zu seinem SYMLOG–Instrument sind:

    - Bales, Robert Freed; Stephen P. Cohen; *SYMLOG. Ein System für die mehrstufige Beobachtung von Gruppen;* Stuttgart 1982 (englische Originalausgabe: New York 1979)
    - Bales, Robert Freed; *SYMLOG Case Study Kit – with Instructions for A Group Self Study;* New York/London 1980
    - Bales, Robert Freed; *Social Interaction Systems. Theory and Measurement;* New Brunswick/London 2001

11. Vergleiche:

    Bales, Robert Freed; Stephen P. Cohen; *SYMLOG (1982/1979)* S. 35–253

    Bales, Robert Freed; *Social Interaction Systems. Theory and Measurement (2001)* S. XIII–XIX

12. Vergleiche:

    Bales, Robert Freed; Stephen P. Cohen; *SYMLOG (1982/1979)* S. 387–89

    Bales, Robert Freed; *Social Interaction Systems. Theory and Measurement (2001)* S. 78–9, 102, 104, 107–18, 126, 176–8, 199, 203, 215–6, 333

13. Bales stellte sich seinen »Werte–Würfel« als dreidimensionalen Raum vor (SYMLOG–Raum). Seine Verlage und Herausgeber investierten leider nie in eine Illustration per 3D–Grafik. So wird bis heute bei der Diskussion von Bales› Theorie eine zweidimensionale Grafik reproduziert, welche Bales› visuelle Vorstellungen leider nur unvollkomen widergibt:

    - Bales, Robert Freed; Stephen P. Cohen; *SYMLOG (1982/1979)* S. 63
    - Bales, Robert Freed; *SYMLOG Case Study (1980)* S. 5
    - Bales, Robert Freed; *Social Interaction Systems (2001)* S. 9

    Mit dieser „Tradion" brechen wir im vorliegenden Buch. Bales› Wertemodell wurde dazu als digitales 3D–Objekt angelegt, das zur Fertigung der verwendeten Grafiken als Modell eingesetzt wurde.

14. Siehe:

    Bales, Robert Freed; *Social Interaction Systems (2001)* S. 29–36, 85–106

15. Siehe:

    Bales, Robert Freed; *Social Interaction Systems (2001)* S. XIV

16. Siehe:

    Bales, Robert Freed; Stephen P. Cohen; *SYMLOG (1982/1979)* S. 35–38

    Bales, Robert Freed; *Social Interaction Systems (2001)* S. 3–27

17. Siehe:

    Bales, Robert Freed; *Social Interaction Systems (2001)* S. 97–8

18. Siehe:

    Ebenda: S. 6–13

19. Siehe:
    Ebenda: S. 59–69

»Enjoy life and help live!«
(1)
Mario Bunge

Kapitel 12

Kommunikationsethik der Konzeptionstechnik:

Kommunikation legitimieren

Wert–Zentriertheit von Kommunikation

Im letzten Kapitel sind wir auf den Tatbestand gestoßen, der umfassende Bedeutung für alle unsere zukünftigen Überlegungen zum Thema Kommunikation hat:

Die Basis jeder Interaktion und damit jeglicher Kommunikations–Maßnahme sind Wertungen. Kommunikationssysteme sind vor allem »moralischer Natur«.

Wie gesehen ermöglicht die Wert–Zentriertheit von Kommunikation, Möglichkeiten zu finden, Kommunikation und Sozialsysteme sowie die darin ablaufenden Prozesse darzustellen und zu messen.

Als Konzeptioner können wir uns allerdings nicht damit zufrieden geben, Kommunikationsvorgänge auszumessen. Unsere Aufgabe ist es, Kommunikation zu gestalten. Durch den »moralischen Charakter« von Interaktionen unterscheidet sich Konzeptionstechnik gerade in Bezug auf die Gestaltung ihres Gegenstandsbereichs grundlegend von anderen Technologien. Unsere Vorgehensweise hat sich von Beginn an auf die moralisch–ethische Qualität unseres Arbeitsfeldes einzurichten.

Die Verletzung von Moralvorstellungen löst bei Individuen moralische Empörung aus, während die Zustimmung zu Moralvorstellungen der Akteure Gefühle der Solidarität auslöst. In beiden Fällen wird Handlungsenergie freigesetzt – im ersten Fall gegenläufige, polarisierende, negative Energie und im zweiten Fall unterstützende, unifizierende, positive Energie. Menschen können also aufgrund ihrer Wertorientierungen motiviert sein, Projekte in ihrem Umfeld entweder zu behindern oder stattdessen zu unterstützen.

Konzeptioner intervenieren in sozialen Systemen.

Konzeptioner entwerfen Kommunikations–Maßnahmen und nehmen mit Hilfe von Kommunikations–Instrumentarien Interventionen in sozialen Systemen vor. Dabei bestimmt die Motivation der Akteure, eher »positiv« und weniger »negativ« zu reagieren, im Einzelnen darüber, welche Erfolgsaussichten ihre Aktivitäten haben.

Die Voraussetzung dafür, Unterstützung für die Realisierung von Kommunikations–Konzeptionen zu bewirken und Rückhalt bei Vertretern aus Zielgruppen zu bekommen, ist, dass die verfolgten Kommunikationsziele moralisch legitimierbar sind:

Wirksame Kommunikations-Maßnahmen setzen moralisch legitimierte Ziele voraus. Andernfalls drohen negative Gegenreaktionen aus der Öffentlichkeit.

Ohne Legitimität keine Erfolgsaussichten

Dies gilt nicht nur für die Ziele der Kommunikation, sondern auch für die Auswahl und Anwendung von Kommunikationsinstrumenten. Kommunikationsmaßnahmen müssen moralisch »legitimierbar« sein, um notwendige Unterstützung zu bekommen und nicht etwa Opposition in Bereichen der Gesellschaft zu schüren.

Was hat es mit dieser Legitimität auf sich?

Der Begriff ist abgeleitet vom lateinischen Wort »legitimus« – übersetzt: gesetzmäßig – und bezeichnet in den Sozialwissenschaften die Rechtmäßigkeit oder Anerkennungswürdigkeit von Personen, Institutionen, Vorschriften, sozialen Normen usw. Im weitesten Sinne geht es um die Begründbarkeit von Tatbeständen.

Konzeptioner und Kommunikationsberater müssen laufend die von ihnen favorisierten Kommunikationsmaßnahmen begründen und in Diskussionen vertreten. PR-Berater beispielsweise verweisen hierbei an erster Stelle auf die *Aktualität* und die *Relevanz* der von ihnen vertretenen Maßnahmen.

Sie begründen Maßnahmen mit dem Verweis auf die »Richtigkeit« der »transportierten« Inhalte oder der Wahrheit der vertretenen Aussagen.

Weiterhin betonen sie die Wichtigkeit der Maßnahmen für das Wohl oder die Interessen von gesellschaftlichen Gruppen.

Auch die Wichtigkeit der Maßnahmen für ihren Auftraggeber führen sie ins Feld.

Keine dieser bei Kommunikations-Dienstleistern verbreiteten Begründungs-Strategien verschafft allerdings die notwendige »moralische Legitimität«.

Macht und moralische Legitimität

Kommunikations-Maßnahmen lassen sich nicht per Rückgriff auf ökonomische, politische, soziale oder kulturelle Macht ethisch begründen. An öffentlicher Kommunikation Beteiligte haben sich stattdessen als moralisch-legitime Gesprächspartner zu erweisen und Vertrauenswürdigkeit zu belegen.

Das schauen wir uns genauer an:

Die *ethisch–moralische Legitimität* ist eine *spezifische Form der Wahrung von Chancen*, die dazu dient, *in einer Gruppe oder einer Gesellschaft Zustimmung und aktive Unterstützung für die Verfolgung von Zielen zu erreichen*. Sie setzt voraus, dass die Ansicht durchgesetzt wird, das betreffende Ziel verfolge moralisch legitime Ziele. Diese Legitimität kann weder durch ökonomischen, politischen, sozialen oder kulturellen Einfluss erreicht werden, sondern lediglich moralisch–ethisch begründet werden:

Ökonomische Macht

Keine moralische Legitimität durch Wirtschaftsmacht

Legitimität ist nicht durch den Einsatz von ökonomischer Macht erreichbar. Weder dadurch, dass eine wirtschaftlich dominierende Organisation ihre Ziele gegen Bevölkerungsgruppen mit ökonomischem Druck durchsetzt – etwa durch den »gezielten« Entzug von Ressourcen wie Geld, Nahrung, Energie usw. –, noch durch den »Einkauf« und die anschließende umfangreiche Nutzung kostspieliger Massenkommunikations–Mittel wie Fernsehspots, Anzeigenwerbung, Onlinewerbung im Internet, flächendeckende Plakatierung usw.

Diese Nutzung ökonomischer Macht im Bereich von Kommunikation setzt demgegenüber bereits moralisch–ethische Legitimität voraus, wenn sie erfolgreich sein soll. Ohne Legitimität besteht beispielsweise das Risiko von »Fehlinvestitionen«.

Dazu ein Beispiel:

Wenn sich im Rahmen einer groß angelegten Öffentlichkeits–Kampagne erweist, dass die als Testimonial eingesetzte prominente Person sich in der Vergangenheit einen moralischen »Fehltritt« geleistet hat – etwa als Sportler in einen Doping–Skandal verwickelt ist o.ä. – droht die betreffende Kommunikationsmaßnahme als Folge zu scheitern.

Die moralische Problematik von Zielen wird durch den Einsatz besonders aufmerksamkeitsstarker kommerzieller Massenkommunikation sogar gesteigert. Denn das Konfliktpotential hinter dem betreffenden Ziel zeichnet sich durch gesteigerte Publizität besonders deutlich ab und droht dadurch, noch stärker in den Blickpunkt öffentlicher Diskussion gerückt zu werden.

Überhaupt macht extensiver Einsatz von werblichen Mitteln für Interessen von einzelnen Personen oder Organisationen Betrachter misstrauisch. Denn diese vertreten oft die Ansicht, dass eine gute Sache eigentlich keine »Reklame« braucht.

Politische Macht

Keine moralische Legitimität durch politische Macht

Auch der Einsatz politischer Macht im Bereich der Kommunikation schafft keine moralisch–ethische Legitimität.

Es gibt in westlichen Gesellschaften die Tendenz zur »Kommunikations-gestützten« Durchsetzung von privaten Interessen – Interessenten kommunizieren direkt mit den politischen Entscheidern und machen dabei einseitigen Einfluss geltend. So wurde im Laufe der letzten Jahrzehnte die so genannte »Lobbyarbeit« zu einer »Fünften Gewalt« im politischen System mit der Absicht aufgebaut, zum Nutzen von wirtschaftlichen und politischen Interessenträgern direkten Einfluss auf politische Entscheidungen und die Staatsgewalt zu nehmen. Lobbyisten nehmen dazu Kontakt zu Parlamentariern auf, um diese im Sinne ihrer Auftraggeber für Ziele zu gewinnen. Dieses Vorgehen kann fallweise auch zu Korruption und anderen unethischen, unerlaubten und letztlich kriminellen Formen der Einflussnahme führen.

Aber selbst die harmlosen Formen der Lobbyarbeit, die lediglich aus Informationsveranstaltungen mit Hintergrundinformationen für unsere »Volksvertreter« bestehen, brauchen moralisch–ethische Legitimität. Erst dadurch ist gewährleistet, dass die Öffentlichmachung von Lobbyisten–Tätigkeit in der Bevölkerung nicht zu moralischer Empörung führt.

Soziale Macht

Keine moralische Legitimität durch sozialen Einfluss

Eine weitere Form von Macht, die im Zusammenhang mit öffentlicher Kommunikation eingesetzt wird, ist soziale Macht. Diese beruht auf der Chance von gesellschaftlichen Gruppen, Solidaritätspflichten bei ihren Mitgliedern einzulösen, um Interessen durchzusetzen. Mitglieder solcher Gruppen werden verpflichtet, bestimmte Entscheidungen zu akzeptieren, Gruppenziele aktiv zu verfolgen, materielle Unterstützung der Gruppenaktivitäten zu leisten, die Botschaften der Gruppe in der Öffentlichkeit zu verbreiten usw.

Beispiele von Gruppen, die solche Solidaritätsmacht haben und diese im Rahmen ihrer Kommunikation einsetzen, sind in unserer Gesellschaft u.a. die politischen Parteien, Wirtschaftsverbände, Gewerkschaften, kirchliche Konfessionen, die übrigen religiösen Vereinigungen, Einwanderergruppen usw.

Auch die öffentliche Kommunikation dieser Gruppen setzt moralisch-ethische Legitimität voraus. Ohne diese Legitimität stehen die Interaktionen dieser Gruppen unter dem Verdacht, lediglich einseitige Ziele und Partikular-Interessen zu verfolgen.

Kulturell–wissenschaftliche Macht

Keine moralische Legitimität durch Berufung auf geistige Mächte

Eine weitere Macht, die im Bereich öffentlicher Kommunikation von Bedeutung ist, tritt mit dem Anspruch auf, keinerlei weitere Legitimität zu benötigen – es handelt sich hierbei um die kulturell–wissenschaftliche Macht. Ihre Vertreter greifen auf unterschiedlichste »Wahrheiten« zurück, um ihre Ziele in der Öffentlichkeit möglichst wirkungsvoll zu vertreten. So verweisen Wissenschaftler unter anderem auf die »unumstößlichen« Wahrheiten der Formalwissenschaften Mathematik und Logik oder auf Erkenntnisse, die sie mit Hilfe bewährter empirischer Theorien gewonnen haben.

Neben sie treten mit ihren »Wahrheiten« die Vertreter von Weltanschauungen – beispielsweise Kirchenvertreter als Verkünder vermeintlicher »göttlicher Offenbarungen«, Philosophen als Verkünder von Vernunftwahrheiten sowie Künstler als Vertreter ästhetischer Intuition und romantischer Lebensstile.

Allen diesen Vertretern kulturell–wissenschaftlicher Macht ist gemein, dass sie praktizierende Dogmatiker sind. Unter einem Dogma (griechisch *»dogma«*: »Meinung, Denkart, Lehrsatz«) verstehen wir hier eine feststehende, grundlegende Lehrmeinung, deren Wahrheitsanspruch von deren Vertretern als unumstößlich behauptet wird.

Im Bereich der Theologie, ist der Begriff »Dogmatik« wertneutral – Theologen selber benutzen den Begriff des Dogmas für ihre zentralen Lehrsätze, die sich beispielsweise auf ihre Vorstellungen von göttlicher Offenbarung und Beweisbarkeit der Existenz ihres Gottes beziehen. Dagegen zu behaupten, dass auch Wissenschaftler, Philosophen und Künstler Dogmatiker sind, mag zunächst als abwertend erscheinen. Doch Wissenschaftler benötigen ebenso wie Theologen, Philosophen und Künstler Lehrsätze, deren Gültigkeit sie als gegeben voraussetzen müssen.

Empirische Wissenschaftler unterscheiden sich von den übrigen »Dogmatikern« allerdings darin, dass sie nicht an »ewige«, sondern nur an »vorläufige« Wahrheiten glauben. Auch für manche Vertreter philosophischer Weltanschauungen gilt, dass sie lediglich an vorläufige, verbesserungsfähige Wahrheiten glauben.

Trotz ihrer Wahrheitsansprüche sind auch die Vertreter der kulturell-wissenschaftlichen Macht auf ethisch-moralische Legitimität angewiesen, wenn sie sich öffentlich äußern. Der Hinweis auf die von ihnen vertretenen »Wahrheiten« und »Dogmen« reicht zur Überzeugung der Öffentlichkeit nicht aus. Sobald ein Ziel mit weltanschaulichen Ansichten in Verbindung gebracht und mit Dogmatik in der Öffentlichkeit vorgetragen wird, tritt umgehend Opposition auf – zum Beispiel in Form von Einwänden der Vertreter anderer, konkurrierender Weltanschauungen.

Selbst der Verweis auf wissenschaftliche Belegtheit von geäußerten Meinungen hilft nicht vor Misstrauen und Anfechtung der ethisch-moralischen Legitimiertheit dieser Meinung. Schließlich steht »Wissenschaft« bei manchen Diskussionsgruppen grundsätzlich im Verdacht, »käuflich« zu sein oder aus Eigennutz skrupelloses und inhumanes Handeln zu begünstigen.

Moralische Tatbestände sind »harte Fakten«.

Weder ökonomische, politische, soziale noch kulturell-wissenschaftliche Macht kommen ohne eine ethisch-moralische Begründung aus, wenn es darum geht, Ziele zu begründen. Die Erreichung der notwendigen »Anerkennungswürdigkeit« von Ansprüchen erfordert eine spezifische »kommunikative Macht«, so etwas wie die Einlösung eines übergeordneten sozialen Anspruchs.

Funktion kommunikativer Macht

Wie funktioniert diese kommunikative Macht?

Schauen wir uns das an einem konkreten Beispiel, und zwar der Diskussion der Kernenergie in der Bundesrepublik Deutschland an:

Wie in vielen westlichen Ländern wurde die friedliche Nutzung der Kernenergie hier konträr diskutiert. In der Bundesrepublik verlief diese Diskussion allerdings besonders konfliktreich.

Das Scheitern der Debatte um die Kernkraft

Die Kernkraft–interessierten Unternehmen – Kraftwerksbetreiber, Kraftwerksbauer und Technologieentwickler – reagierten auf Kritik aus der Bevölkerung, indem sie eine »kontrollierende« Haltung einnahmen. Das heißt, sie argumentierten mit betonter »technologischer Autorität«, legten Wahrscheinlichkeitsrechnungen zum Thema Störfallsicherheit und zum Eintreten des GAUs, des »größten anzunehmenden Unfalls« vor.

Diese Argumentationsweise »verstörte« die breite Öffentlichkeit. Laien verstehen nichts von Wahrscheinlichkeitsrechnung, können den »Zahlenspielen« der Experten nicht folgen, vermuten intuitiv hinter »kleinen« Zahlen – insbesondere Ziffern weit hinter dem Komma – sich potenzierende Gefährdungen, während Wissenschaftler und Technologen »Zahlen–Räume« weit hinter dem Komma mit »gegen Null gehender Gefährdung« assoziieren.

Während die Wertorientierungen der Kernkraft–Industrie sich im Laufe der Debatte immer deutlicher im Bereich kontrollierender und selbstorientierter Einstellungen stabilisierte, polarisierte sich die Werthaltung der Öffentlichkeit im Bereich sozialer und kollektiver Orientierungen, die sich um Werte wie »Schutz der Gesundheit« und »Schutz der Gruppe« zentrierten.

Statt auf diese Wertorientierungen einzugehen, versuchte die Kernkraft–Industrie in der Folge, ihre eigene Werthaltung in der öffentlichen Diskussion durch die massive Nutzung ökonomischer, politischer, sozialer und kulturell–wissenschaftlicher Macht gegen die Bevölkerung durchzusetzen.

Es wurden Werbekampagnen eingesetzt, unter anderem Kultusministerien und Schulen mit »atomaren Lehrmaterialien« versehen – beispielsweise mit Bausätzen zum »Basteln« von Miniatur–Reaktoren aus Plastik. Parallel versuchte die Industrie unter großem Aufwand durch Lobbyarbeit, politische Entscheidungen zu ihren Gunsten zu beeinflussen. Weiterhin versuchte sie, meinungsbildende Bevölkerungsgruppen zu öffentlichkeitswirksamen Bekundungen »pro Kernkraft« zu bewegen. So wurden Vertreter der Naturwissenschaften von der Industrie engagiert, um »Belege« der Ungefährlichkeit deutscher Atomkraftwerke zu publizieren.

Resultat war, dass sich die Atom–Industrie immer weiter entfernt von den sozialen Werthaltungen breiter Kreise der Bevölkerung positionierte.

Sie trat weiter »autoritär–zentriert« auf, während sich die Bevölkerung immer stärker »gruppen–zentriert« positionierte und emotional verhielt. Schließlich zeigten besonders engagierte Bevölkerungs–Gruppen im Rahmen von Großdemonstrationen ihre moralische Empörung zunehmend offen und aggressiv. Der Konflikt eskalierte. Endergebnis war, dass sich eine dauerhaft polarisierte Wertorientierungskonstellation ausgeprägt und verfestigt hatte.

Unabhängig vom tatsächlichen Risikopotenzial der Kernkraftwerks–Technologie hat die beschriebene konflikthafte Diskussion dazu geführt, dass in Deutschland keine weiteren atomaren Kraftwerke mehr gebaut und bestehende nur begrenzt lange betrieben werden können. Es herrscht stattdessen der so genannte »Atomkonsens« zwischen den Betreibergesellschaften und der deutschen Öffentlichkeit. Das heißt, die heutige Kernkraftnutzung wird nur zeitweise und nur unter der Prämisse geduldet, dass alle heute betriebenen Kernkraftwerke in der Zukunft abgeschaltet werden.

Wert–Tatbestände sind harte Fakten.

Dieses Beispiel zeigt, dass die Wert–Tatbestände sich in Kommunikationsprozessen zu äußerst »harten Fakten« wandeln. Wertorientierungen erzeugen in einer Gesellschaft offenbar soziale Energien, die nicht durch den Einsatz ökonomischer oder politischer Macht kontrollierbar sind. Die deutsche Atomkraft–Industrie hatte dies übersehen und so keinen effektiven Dialog mit der Bevölkerung führen können. Grund für ihr Scheitern war letztlich, dass ihren Kommunikations–Maßnahmen deutlich die notwendige ethisch–moralische Legitimität fehlte.

Wege zur Legitimierung von Kommunikation

Zukünftige Konzeptionstechnik hat für die beschriebene Problematik eine überzeugende und handhabbare Lösung zu liefern.

Deshalb werden wir uns im Weiteren dieses Kapitels mit folgenden Fragen beschäftigen:

- *Wie kann Kommunikation wirkungsvoll legitimiert werden?*
- *Wie kann die Anerkennungswürdigkeit von Zielen und Bedürfnissen belegt werden?*
- *Wie verhindern wir, dass unsere Kommunikation Individuen und Gruppen wegen fehlender moralisch–ethischer Legitimität zu Reaktionen herausfordert, die unseren Zielen zuwiderlaufen?*

Die gesuchte moralisch–ethische Begründung von Kommunikation und Kommunikations–Maßnahmen stellt eine spezifische und wesentliche Aufgabe für jeden Konzeptioner dar. Er hat mit Blick auf die Anliegen seines Klienten die moralisch–ethische Legitimität von Kommunikations–Maßnahmen zu »managen«.

Gelingt ihm dieses Management nicht oder nur in nicht ausreichendem Maß, drohen Wertkonflikte sowohl mit Personen außerhalb der Klienten–Organisation als auch mit den Angehörigen des betreffenden Unternehmens oder der betreffenden Institution. Wertkonflikte können zu ernsten, oft emotional geführten Auseinandersetzungen führen, die sich zu unlösbar polarisierten Positionen entwickeln.

Wie stellt sich dieses »Ethik–Problem« in der Praxis dar?

Ethik–Problem in der Konzeptions–Praxis

Bevor der Konzeptioner im Rahmen eines konkreten Auftrags daran gehen kann, ethisch–moralische Begründungen zu suchen, hat er zunächst die relevanten sachlichen Hintergründe ausgiebig zu klären. Das ist gerade dann wichtig, wenn im Rahmen der zu konzipierenden Kommunikations–Maßnahmen neue Entwicklungen, Innovationen usw. zu thematisieren sind, die auf die eine oder andere Art zukünftig auf das Leben von sozialen Gruppen und Individuen Einfluss nehmen werden.

Die Betroffenen wollen insbesondere aufgeklärt werden, ob sie mit wirklichen »Fortschritten« konfrontiert werden und nicht etwa durch ökonomische oder politische »Mogelpackungen« abgelenkt werden sollen, die lediglich den Interessen privilegierter Gruppen dienen. Begründungen und Argumente, die hier ins Feld geführt werden, sollten deshalb auf soliden sozialwissenschaftlichen Erkenntnissen, auf verlässlichen empirischen Daten usw. basieren. Der Rückgriff auf ideologisch gefärbte Slogans verbietet sich hier ebenso, wie autoritäres oder emotionales Argumentieren. Zwei Aspekte sind dabei von besonderer Wichtigkeit:

Es ist zu zeigen, inwieweit die betreffenden Absichten und Ziele des Klienten das Wohl des Einzelnen tangieren – inwieweit dieses möglicherweise eingeschränkt zu werden droht oder sich stattdessen sogar Chancen für dessen Förderung abzeichnen. Entsprechend ist zu zeigen, inwieweit die Interessen des Gemeinwesens oder soziale Strukturen betroffen und voraussichtlich Veränderungen unterworfen sind. Gerade an diese Konsequenzen für Individuen und Gruppen hat die ethisch–moralische Diskussion anzusetzen und sich dabei zu bewähren. Letztlich hat diese Diskussion die Interessen und Ziele des Klienten überzeugend zu begründen.

Die Frage ist nun:

Wie geht das?

Für die Begründung von Interessen und Werten gibt es eine ganze Reihe konkurrierender Ansätze. Wir betreten damit das Feld der so genannten »praktischen Philosophien«, die auch als »Moralphilosophien« bezeichnet werden. Zur Diskussion dieser Ethik–Konzepte folgen wir den Überlegungen des Wissenschaftstheoretikers und Philosophen Mario Bunge.[2]

Er hat ausgehend von den klassischen Antworten auf die »Ethik–Frage« eine Lösung für unser Legitimations–Problem gefunden, welche die typischen Schwächen von Moralphilosophien umgeht und uns ein Legitimierungs–Verfahren konstruieren hilft, das sich für unsere tägliche Arbeit besonders eignet.

Bunge setzt bei den vier grundlegenden »praktischen Philosophien« an, die zur Begründung von Moral und Ethik formuliert worden sind:[3]

Vier beispielhafte Lösungs–versuche des Ethik–Problems

- *dem »Relativismus«,*
- *der »Deontologie«,*
- *dem »Utilitarismus« und*
- *dem »Kontraktualismus«.*

Alle diese Ethik–Doktrinen zeichnen sich aus Bunges Sicht dadurch aus, dass sie säkular – also weltlich – argumentieren und jeweils einen zutreffenden, haltbaren Aspekt beinhalten:

- *Der Relativismus betont die Pluralität von Normen und Wertvorstellungen,*
- *die Deontologie die Bedeutung von Pflichten,*
- *der Utilitarismus die Rechte von Individuen und*
- *der Kontraktualismus die Vorteile des Haltens eines einmal gegebenen Wortes oder Versprechens.*

Relativismus

Der ethische Relativismus behauptet, dass jede menschliche Gruppe ihren eigenen moralischen Code habe – es könne deshalb keine übergeordneten Moralprinzipien geben.

Dieser Relativismus hat zwei wesentliche Aspekte – der eine ist deskriptiv und der andere ist normativ.

Der deskriptive Aspekt deutet auf etwas Zutreffendes: Tatsächlich verfolgen Einzelpersonen individuelle Wertvorstellungen, während unterschiedliche Gruppen wirklich jeweils eigene Einstellungen zu Moralvorstellungen ausprägen. Der normative Relativismus und seine Behauptung, dass aus diesem Tatbestand zu folgern wäre, es gäbe keine objektive Beurteilung von Moralprinzipien und deshalb wären alle ethischen Haltungen gleich gut oder gleich schlecht, ist unhaltbar.

Anthropologen und Soziologen haben festgestellt, dass es in unterschiedlichen Volksstämmen, Bevölkerungsgruppen, Sozialsystemen und Gesellschaften erheblich unterschiedliche Normen gibt. Doch diese Normen können durchaus analysiert und kritisch untersucht werden, um Belege für deren mögliche Anerkennungswürdigkeit zu erhalten. Denn, da Normen bestimmte Verhaltensweisen motivieren, durch welche die einen Betroffenen profitieren und andere Betroffene Schaden haben können, sind Moralvorstellungen durchaus objektiv beurteilbar.

Wir können zur Prüfung von Normen praktisch so vorgehen, dass wir daraus abgeleitete Verhaltensregeln mit den menschlichen »Grundrechten« vergleichen – Regeln, die diesen Menschenrechten widersprechen, wären offenbar zu verwerfen.

Menschenrechte sind nicht zu relativieren.

Spätestens mit der Verkündung der *»Allgemeinen Erklärung der Menschenrechte«* am 10. Dezember 1948 durch die *Generalversammlung der Vereinten Nationen* ist deshalb ein Schlussstrich unter die Ansprüche des normativen Relativismus zu ziehen:

Die Erklärung der Menschenrechte ist der faktische Beweis dafür, dass eine universelle Einigkeit darüber besteht, was die Basis eines Wertsystems einer Gruppe oder Gesellschaft zu sein hat.

Deontologie

Die deontologische Ethik oder Deontologie (griechisch: deon – »das Erforderliche«, »das Gesollte, »die Pflicht«) bezeichnet eine Klasse von ethischen Theorien, die bestimmten Handlungen zuschreiben, unabhängig von ihren Konsequenzen, an sich – intrinsisch – gut oder schlecht zu sein. Ihre Grundmaxime ist, dass jeder tun soll, was Gesetze als Pflicht vorschreiben.

Bei Immanuel Kant, einem der bekanntesten Pflichtethiker, heißt es entsprechend: *»Pflicht ist die Notwendigkeit einer Handlung aus Achtung fürs Gesetz.«*[4]

Die Pflichtethik hat *drei grundlegende Schwächen*:

Zunächst einmal erklärt sie uns nicht ausreichend klar, was richtig ist.

Ist das richtig, was uns Traditionen überliefern, was uns unser Vorgesetzter vorschreibt, was uns der Pfarrer ins Gebetbuch schreibt, uns unsere Eltern predigen oder unser Lebenspartner von uns einfordert?

Zweiter Mangel ist, dass die Pflichtethik unsere individuellen Rechte und Bedürfnisse mehr oder weniger ignoriert. Denn gemäß der Deontologie ist alles der abstrakten Pflicht zu unterwerfen. Pflichtethik eignet sich so lediglich für Engel, nicht für Menschen aus Fleisch und Blut.

Dritter Mangel der Deontologie ist, dass sie die Befolgung der Pflichten unabhängig von der Berücksichtigung von Handlungskonsequenzen vorschreibt. Denn »moralische« Handlungen dürfen per Definition durch keines unserer Bedürfnisse motiviert sein. Bei Kant hört sich das so an: *»[...] eine Handlung aus Pflicht hat ihren moralischen Wert nicht in der Absicht, welche dadurch erreicht werden soll, sondern in der Maxime, nach der sie beschlossen wird, hängt also nicht von der Wirklichkeit des Gegenstandes der Handlung ab, sondern bloß von dem Prinzip des Wollens, nach welchem, die Handlung unangesehen aller Gegenstände des Begehrungsvermögens geschehen ist.«*[5] Die Verfolgung von Interessen wird auf diese Weise grundsätzlich aus dem Feld moralischer Handlungen verbannt.

Moral ist mehr als bloße Pflicht.

Weitere Folge des Ignorierens von Handlungskonsequenzen durch die Pflichtethik ist, dass sie eine *Haltung der Unverantwortlichkeit* nährt:

Pflichtethiker tun ihre Pflicht – ohne Rücksicht auf die Interessen von Personen, ohne Berücksichtigung von Konsequenzen für sich und andere.

Von rationalen, fairen und verantwortungsvollen Menschen erwarten wir aber, dass sie die möglichen Folgen ihres Tuns oder Unterlassens bedenken. Sie sollten »Konsequenzialisten« sein und keine »Gesinnungstäter«.

Der Pflichtethiker Kant hat im Rahmen seiner praktischen Philosophie zwar wichtige humanistische Prinzipien formulieren können:

- Er betonte, dass die Individualität jedes Menschen zu würdigen ist. Für ihn ist es unmoralisch, Menschen zum Mittel der Erreichung von Zielen anderer Personen zu machen: *»Handle so, dass du die Menschheit, sowohl in deiner Person als in der Person jedes anderen, jederzeit als Zweck, niemals bloß als Mittel brauchst.«*[6]

- Weiterhin betonte er die Objektivität und Universalität von Moralität, indem er das Moralgebot als allgemeines Gesetz definiert, das für jedermann und überall Geltung hat: *»Das moralische Gesetz wird aber nur darum als objektiv notwendig gedacht, weil es für jedermann gelten soll, der Vernunft und Willen hat.«*[7] Es sollte also keine Situation geben, in der das allgemeine Moralprinzip unwirksam wird.

Dennoch ist unübersehbar, dass eine Pflichtethik sich lediglich dazu eignet, »Untergebene« in einer Gruppe oder in einer autoritären Gesellschaft »auf Kurs« zu halten.

Deontologie passt nicht in demokratische Gesellschaften.

Utilitarismus

Der Utilitarismus (vom lateinischen *»utilitas«*: Nutzen) ist die ethische Theorie, die von der Vision des größtmöglichen Lebensglücks für eine größtmögliche Anzahl von Individuen ausgeht. Er verbindet das »Gute« – Angenehme – mit dem »Nützlichen« – dem Glück des Einzelnen Förderlichen.

Utilitaristische Moraltheorien verfügen über keine wirkliche moralische Codierung:

Sie enthalten keine präzisen moralischen Normen, anhand derer Akteure ihr Handeln ausrichten könnten.

Als einziges Moralkriterium nutzen sie das Nützlichkeits–Konzept:

Jede Handlung sei anhand von individuellem Nutzen zu bewerten; wir hätten zu ignorieren, dass die Normen des betroffenen Handelns beispielsweise in Traditionen verankert sind oder auf bestimmten Wertorientierungen basieren.

Der Utilitarismus übersieht unsere moralischen Gefühle wie Mitleid, Fairness, Solidarität oder unseren Wunsch, anderen in Situationen zu helfen, in denen wir keine Reziprokität erwarten können.

Damit stellt er offenbar ein ebenso abstraktes Moralkonzept dar, wie die eben betrachtete Deontologie.

Zur Legitimierung von moralischen Grundsätzen bietet er uns keine Lösung:

Er basiert allein auf Eigennutz, während Ethik hauptsächlich mit Pflicht, Fairness und gegenseitiger Hilfe und Unterstützung zu tun hat.

Ethik ist mehr als nur nützlich.

Darüber hinaus ist er mit den Forschungsergebnissen der Psychologie und Soziologie zur »sozialen« Qualität individuellen Verhaltens inkompatibel – Menschen handeln nachweislich häufig spontan »prosozial« und nicht ständig eigennützig.

Kontraktualismus

Ausgangspunkt der praktischen Philosophie des Kontraktualismus sind Verträge.

Der Kontraktualismus geht davon aus, dass sich die Bürger eines Staates irgendwann einmal aufgrund ihrer »natürlichen« Interessen aus freier Entscheidung zusammengeschlossen haben, um eine legitime Staats–Ordnung zu beschließen. Daraus resultiere die geordnete Beziehung zwischen den Individuen sowie ihre freiwillige Selbstverpflichtung, den beschlossenen Staats–Vertrag einzuhalten.

Auf diese Weise macht der Kontraktualismus Moralität zu einer Frage eines Vertrags, dem Vertragspartner aus rationalen Gründen und zum gegenseitigen Nutzen zustimmen können.

Die kontraktualistische Moralordnung ist zwar für Macht–Inhaber eine angenehme Ordnung:

Sie können Abhängigen einen von ihnen diktierten Vertrag vorlegen und von diesen unterzeichnen lassen.

Der Kontraktualismus hat aber keinen Platz für nicht-kontraktuelle Beziehungs-Modelle wie Liebe, Freundschaft, gegenseitigen Respekt, Solidarität, Mitleid, die jeweils Individuen helfen, soziale Netzwerke und Sozialsysteme zusammenzuhalten und zu stabilisieren.

Diese ethische Theorie ist wirklichkeitsfremd und funktioniert bereits in überschaubaren Beziehungen – etwa im Geschäftsleben – nicht.

Tagtäglich scheitern Kooperationsverträge, weil bei ihrer Formulierung nicht jede Eventualität zukünftiger Entwicklungen vorausschaubar war:

Eine Zusammenarbeit kann lange Zeit gut und vertrauensvoll funktionieren. Kommt aber der Augenblick, in dem die Vertragspartner das Bedürfnis haben, sich den Vertrag noch einmal genauer anzusehen, weil im Tagesgeschäft Unstimmigkeiten auftreten, sind die Tage der Kooperation gezählt. Dann zeigt sich, dass sich Rechte aus solchen Verträgen nur aufwändig und meist mit finanziellen Verlusten auf dem Rechtsweg, beispielsweise vor Gericht geltend machen lassen.

Verträge setzen schon Moral voraus.

Das größte Problem des Kontraktualismus ist, dass Verträge stets das Vertrauen in die Moral des Vertragspartners bereits voraussetzen müssen und dieses Vertrauen nicht selbst begründen können. Entsprechend lautet der alte römische Rechtsgrundsatz: »*Leges sine moribus vanae!*« – »Gesetze ohne Moral sind nutzlos!«

Dazu kommt, dass der Kontraktualismus eine funktionierende politische Macht voraussetzen muss, die dem Recht der Vertragspartner überhaupt erst die notwenige Geltung verschaffen kann.

Legitimität nach Maßgabe des Agathonismus

Agathonismus verbindet Verpflichtung mit Nützlichkeit.

Wie gesehen scheitern die vier klassischen praktischen Philosophien Relativismus, Deontologie, Utilitarismus und Kontraktualismus beim Versuch der Begründung ethisch-moralischer Legitimität.

Die Moraltheorie, der wir uns nun zuwenden werden, löst die verschiedenen skizzierten Probleme. Sie basiert auf einem konsequenten empirisch-wissenschaftlichen Systemismus. Ausgangspunkt ist die realistische Axiologie – Wertlehre –, die wir im vorausgehenden Kapitel kennen gelernt haben.

Wir haben dort gesehen, dass es keine Werte im Sinne an sich existierender Dinge gibt. Existent sind Akteure, die Gegenstände, Abläufe, Verhalten usw. in ihrer Umgebung »bewerten«.

Wertungen sind reale Vorgänge in den Gehirnen von Akteuren. Werte haben in diesem Sinne eine materiale Grundlage.

Genauso wie Werte so gesehen materiellen und realen Ursprungs sind, haben auch Ethik und Moral eine materielle und reale Basis. Was wir benötigen, ist also eine materialistische Moraltheorie.

Materialistische Ethik ist keine naturalistische Ethik.

Eine materialistische Moraltheorie und Ethik, wie wir sie uns hier vorstellen, muss keineswegs, wie von Kritikern behauptet, eine »naturalistische« Ethik sein. Denn eine solche materialistische Ethik hat nichts mit einem egoistischen »Hedonismus« zu tun, der behauptet, das Gefühl, etwas »Gutes« zu tun, wäre gleichbedeutend damit, etwas zu tun, was unsere »Lust« weckt und uns »glückselig« macht, also bloß wieder die Befriedigung unserer organisch bedingten, »natürlichen« Bedürfnisse bewirkt.

Stattdessen berücksichtigt unsere materialistische Ethik, dass Moral lediglich unter realen, materiellen Umständen vorkommt, nämlich in sozialen Kontexten. Denn dasjenige, was uns »lieb und teuer« ist, können wir nur als Akteure in einem sozialen Beziehungssystem erreichen. Individuen erleben Moral lediglich in funktionierenden Sozialsystemen, wobei das soziale Leben in diesen Netzwerken dem individuellen Verhalten deutliche Grenzen setzt.

Vor dem Hintergrund dieser »praktischen« Fakten zeichnet sich nun ein überzeugender, empirisch haltbarer Weg ab, auf dem Normen und Verhaltensregeln begründet und legitimiert werden können:

Die materialistische Lösung des »Ethik–Problems« liegt darin, die tragfähigen Aspekte der Pflicht–Ethik mit Gesichtspunkten einer utilitaristischen Ethik zu verbinden.

Ausgangspunkt dieser Lösung ist die Einsicht, dass soziale und individuelle Werte systematisch miteinander verknüpft und abgeglichen werden können.

Auf der einen Seite haben Individuen wichtige und überlebensnotwenige Bedürfnisse, aufgrund derer sie ihre Umgebung bewerten. Sie verfolgen reale individuelle Werte. Individuellen Werten wie »Rechtsschutz« oder »Wohlbefinden« stehen ebenso reale soziale Werte wie etwa »Sicherheit«, »soziale Verbundenheit«, »Demokratie«, »Fortschritt«, »Frieden« usw. gegenüber. Daher können soziale Werte mit individuellen Werten in Konflikt geraten:

Der Wert der Sicherheit des Staates kann in bestimmten Situationen mit dem Wert der individuellen Privatheit und Freiheit kollidieren.

Im Konfliktfall können Unstimmigkeiten allerdings gelöst werden – am besten durch Verhandlungen und Kompromisse. Daher ist es möglich, die Anwendung von Zwang weitgehend auszuschließen, wenn moralische Konfliktfälle gelöst werden.

Soziale Werte sind genauso objektiv und wichtig, wie individuelle Werte objektiv und wichtig sind – ein Umstand, der uns die Möglichkeit bietet, individuelle und soziale Werte aus- und abzugleichen. Denn – ob objektiv oder subjektiv – Werte können grundsätzlich auf empirisch-wissenschaftlicher Grundlage untersucht, verteidigt oder kritisiert werden, statt der ideologischen Diskussion der Vertreter von Weltanschauungen überlassen zu werden.

Wir können auf diese Weise sachlich klären, ob eine Norm tatsächlich mit dem Wohlergehen betroffener Individuen vereinbar ist. Entsprechend können wir sachlich begründet klären, ob bestimmte, für Individuen vorteilhafte Normen sozialen Werten entsprechen oder diesen eventuell zuwiderlaufen.

Angesichts dieser Sachlage konnte Mario Bunge eine praktische Philosophie definieren, die gleichermaßen realistisch, visionär und handlungsleitend also praktisch ist: den so genannten »Agathonismus«.

Der altgriechische Begriff »Agathon« (griechisch: »agathon« – *das Gute*) wird bereits in der griechischen Philosophie etwa von Platon und Aristoteles verwendet.

Doch bei Bunge erhält er eine »frische« Bedeutung:

Gemäß dem ethischen Konzept des Agathonismus müssen Handlungen – insbesondere Handlungen, die in sozialen Systemen und Kommunikationssystemen vollzogen werden, moralisch gerechtfertigt werden. Grundlegend ist dabei, dass die zur Verwendung kommenden moralischen Prinzipien durchweg anhand ihrer Auswirkungen auf Individuen einerseits und Konsequenzen für betroffene Gruppen und Institutionen andererseits bewertet werden müssen. Grundlage für dieses Bewerten ist, dass jeder Akteur gleichermaßen moralische Rechte wie Pflichten hat.

Rechte und Pflichten treten paarweise auf.

Gemäß dem Agathonismus treten Rechte und Pflichten stets paarweise auf und implizieren einander.

Bunge präsentiert dieses Prinzip als eine Art »Tauschgeschäft« zwischen Belohnung und Bürde. Das heißt, jedem Menschen wird ein Maß an Egoismus so weit zugestanden, als dieser durch einen Altruismus entsprechenden Ausmaßes abgemildert wird.

Jedem Menschen wird damit zugestanden, seine Bedürfnisse in Konkurrenz zu anderen Personen zu befriedigen, solange dadurch ein ausreichendes Maß von Kooperation in seinem Lebensumfeld gewährleistet ist. Auf diese Weise verbindet der Agathonismus die wesentlichen Merkmale insbesondere des deontologischen Kantianismus und mit denen des Utilitarismus.

Während Kant bei der Formulierung seines Sittengebots die Pflicht absolut setzte, ergänzt Bunge dieses einseitige Pflichtgebot mit den Rechten und Freiheiten des Menschen.

Rechte und Pflichten gehen Hand in Hand.

Bunge betont damit einerseits, dass Menschen Pflichten insbesondere gegenüber ihren Mitmenschen haben. Er ist in dieser Beziehung in Übereinstimmung mit der entsprechenden Formulierung des Artikel 29 der »Allgemeinen Erklärung der Menschenrechte« der Vereinten Nationen: *»(1) Jeder Mensch hat Pflichten gegenüber der Gemeinschaft, in der allein die freie und volle Entwicklung seiner Persönlichkeit möglich ist.«*[8]

Doch diese Grundpflicht wird von ihm andererseits wesentlich begrenzt, wenn er dem Menschen neben diesen grundlegenden Pflichten ebenso grundlegende Rechte zugesteht. Bunges Vorstellung von der Begrenzung der menschlichen »Grundverpflichtung« entspricht wiederum der Erklärung der Menschenrechte, wo es im Artikel 29 weiter heißt: *»(2) Jeder Mensch ist in Ausübung seiner Rechte und Freiheiten nur den Beschränkungen unterworfen, die das Gesetz ausschließlich zu dem Zweck vorsieht, um die Anerkennung und die Achtung der Rechte und Freiheiten der anderen zu gewährleisten und den gerechten Anforderungen der Moral, der öffentlichen Ordnung und der allgemeinen Wohlfahrt in einer demokratischen Gesellschaft zu genügen.«*[9]

Auf diese Weise wird der »Kategorische Imperativ« Kants durch den »Agathonistischen Imperativ« als moralischer Leitsatz abgelöst.

Bunge bringt das neue ethische Prinzip auf den Punkt, indem er es formuliert als *»Enjoy life and help live!«*

Rechte und korrespondierende Pflichten als Basis von Legitimität

Empirisch–wissenschaftlich und humanistisch

Der Agathonismus ist eine praktische Philosophie, die sich gleichermaßen an empirisch–wissenschaftlichen Kriterien orientiert als auch einen konsequenten Humanismus verfolgt.

Wie der Humanismus postuliert der Agathonismus, dass alle Menschen dieselben elementaren Rechte haben, als Personen zu überleben und gemeinsam mit ihren Mitmenschen daran zu arbeiten, das Leben in der Gesellschaft für alle lebenswert zu gestalten.

Jeder Mensch hat gleichermaßen Rechte und Pflichten – und zwar umweltbezogene, biophysische, soziale, ökonomische, politische und kulturelle Rechte und Pflichten. Keines der Rechte besteht ohne korrespondierende Pflicht:

Das Umwelt–Recht auf eine saubere natürliche Umgebung und insbesondere auf saubere Luft ist automatisch verbunden mit der Pflicht, selber Umwelt und Luft nicht unnötig zu verschmutzen.

Bunge verweist in diesem Zusammenhang auf Thomas Hobbes, der das Prinzip des Agathonismus in gewisser Weise mit seinem »ethischen Minimalkonsens« vorwegnahm, den dieser sinngemäß so formulierte: *»Dein Recht ist meine Pflicht und Deine Pflicht ist mein Recht.«*[10]

Mit Bezug auf unsere wesentlichen Lebenszusammenhänge können wir menschliche Rechte und Pflichten folgendermaßen zusammenfassen:

- *Als »**homo naturalis**«, als Naturwesen, begegnen dem Menschen insbesondere seine umweltbezogenen und biologischen Rechte und Pflichten. Menschen heutiger und zukünftiger Generationen haben ein Recht auf eine saubere Umwelt, eine vielfältige Natur, auf Gesundheit, ausreichend Nahrung, Befriedigung organischer Bedürfnisse usw., um ihr Überleben sicherstellen zu können. Gleichzeitig ist es ihre Pflicht, die Umwelt und Natur möglichst weitgehend zu erhalten und Mitmenschen bei der Sicherung ihrer biologischen Lebensgrundlage zu unterstützen.*

- *Als »**homo socius**«, als Individuum, das allein im Zusammenleben mit seinen Mitmenschen lebensfähig ist, hat der Mensch auf der einen Seite soziale Rechte – etwa Recht auf Verständnis, Anerkennung, Sympathie und Liebe. Auf der anderen Seite hat er die Pflicht, entsprechende positive Beziehungen zwischen ihm und seinen Mitmenschen zu fördern.*

- *Als »**homo oeconomicus**«, als von ökonomischen Prozessen abhängiges Wesen, hat der Mensch ökonomische Rechte, wie Recht auf Beschäftigung, auf Arbeitsplatz–Sicherheit und auf ein Einkommen, das sein Überleben sichert. Im Gegenzug hat er die Pflicht, mitzuarbeiten und das »ökonomische Überleben« seiner Mitmenschen tatkräftig zu unterstützen.*
- *Als »**homo politicus**«, als Individuum, das von der Ausübung staatlicher Macht betroffen ist, hat der Mensch Recht auf die Sicherstellung eines demokratischen Gemeinwesens, auf persönliche Freiheit, Recht auf Privatsphäre, Chancen auf Beteiligung an politischen Entscheidungen usw. Auf der anderen Seite hat er die Pflicht, sich für den Erhalt der demokratischen Ordnung zu engagieren.*
- *Als »**homo loquens**«, als Kulturwesen, hat der Mensch das Recht, am kulturellen Leben, an der Meinungsbildung der Gesellschaft teilzunehmen; er hat Recht auf Bildung und auf eine möglichst ideologiefreie Beantwortung seiner existenziellen Sinnfragen. Demgegenüber hat er zum Beispiel die Pflicht, die Urheberrechte von Kulturschaffenden zu wahren, Mitmenschen bei der Befriedigung ihrer Bildungsbedürfnisse zu unterstützen und ihnen den Zugang zu Informationsquellen zu öffnen.*

Das Legitimierungsverfahren der Konzeptionstechnik

Zur Erinnerung:

Verfahren der ethisch–moralischen Legitimierung

In diesem Kapitel sind wir in die Diskussion praktischer Philosophien eingetreten, weil wir auf der Suche nach einem Verfahren der moralisch–ethischen Legitimierung von Kommunikation sind.

Zunächst zeichnet sich der von Mario Bunge gefundene Ansatz in diesem Zusammenhang dadurch aus, dass dieser in Übereinstimmung ist mit empirisch–wissenschaftlichem Wissen über menschliches Handeln, insbesondere über dessen biologische und soziale Voraussetzungen.

Wir haben bereits gesehen, dass der Agathonismus den klassischen konkurrierenden Ansätzen Relativismus, Deontologie, Utilitarismus und Kontraktualismus *(vergleiche die nachfolgende Grafik)* gerade in Bezug auf diese empirisch–wissenschaftliche Begründetheit deutlich überlegen ist.

Begründung moralischer Tatbestände

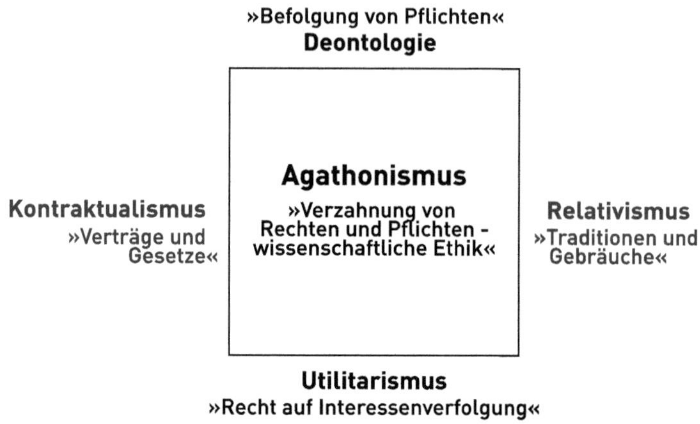

8

Was wir benötigen, ist allerdings noch mehr – und zwar eine Werttheorie, die ausreichend konkretisierbar ist, um im Tagesgeschäft der Konzeptionsentwicklung sicher handhabbar zu sein.

Konzeptioner meiden moralische Konflikte.

Moralisch–ethische Diskussionen werden in unserer Kommunikations–Praxis häufig deshalb vermieden, weil die Beteiligten mit moralisch–ethischen Auseinandersetzungen oder dem Austausch häufig stark divergierender persönlicher Wert–Interpretationen nicht umzugehen verstehen.

Es ist also zu zeigen, wie wir mit Hilfe des agathonistischen Ansatzes so konkret und nachvollziehbar rational sowie sachlich an Kommunikations–Fragen herangehen können, um ein praktisches Diskurs–Verfahren zu entwickeln, das diese Probleme löst.

Schauen wir uns die Bungesche *wissenschaftliche Ethik* im Detail an:

Wissenschaftliche Ethik setzt bei den elementaren Bedürfnissen an, deren Befriedigung die Grundvoraussetzung dafür ist, dass menschliche Organismen leben können. Aufgrund des *»agathonistischen Imperativs«* – *»Enjoy life and help live!«* – sind deshalb zwei Postulate zu formulieren:[11] *Postulate 1 + 2*

- ***Postulat 1:***

  Was zur Wohlfahrt eines Menschen beiträgt, ohne die Grundrechte anderer Personen zu gefährden, ist als gut und richtig zu beurteilen.

- ***Postulat 2:***

  Jeder Mensch hat zum einen das Recht, sich seines Lebens zu erfreuen, und zum anderen die Pflicht, anderen dabei zu helfen, sich ihrerseits ihres Lebens zu erfreuen.

Diese beiden Postulate »promoten« die Verfolgung von Glück und Interessen innerhalb vernünftiger Grenzen, das heißt, ohne Schäden oder Lasten auf Kosten der körperlichen oder seelischen Gesundheit der Mitmenschen.

Sie verbinden den »Eigennutz«, auf den wir alle für unser Überleben angewiesen sind, mit dem Altruismus, den wir benötigen, um unsere Gesellschaft funktionsfähig und lebenswert zu erhalten.

Anhand des ethischen Prinzips, das durch diese Postulate zum Tragen kommt, lässt sich eine komplexe und praktische Werttheorie der Kommunikation aufbauen. Diese Theorie ist das Werkzeug, mit dem wir beliebige Bedürfnisse und Interessen von Akteuren diskutieren, beurteilen und bei Vorliegen entsprechender Bedingungen auch legitimieren können.

Kern unserer Werttheorie sind drei aufeinander aufbauende einfache Definitionen:

Ausgangspunkt sind die fundamentalen Bedürfnisse des Menschen. Anhand der ersten Definition wird festgelegt, was »primäre« Bedürfnisse des Menschen sind:

Primäre Bedürfnisse sind zum einen unser Wille zum Leben und unser Anspruch auf Gesundheit. – Das Menschenrecht auf Leben ist in der Erklärung der Menschenrechte in Artikel 3 kodifiziert, unser Recht auf Gesundheit in

Artikel 25. – Ohne Gewährleistung dieser Rechte gibt es in einer Gesellschaft keine würdevolle menschliche Existenz.

Erklärung der Menschenrechte

Ist das Recht auf Leben und Gesundheit gewährleistet, treten unmittelbar weitere wichtige Rechte in den Blick, ohne deren Gewährung es kein würdevolles menschliches Leben geben kann – kein Leben, das mit dem Begriff der »Menschlichkeit« bezeichnet werden kann. Denn es sind hierbei die übrigen universellen und unverzichtbaren Bedürfnisse betroffen, die neben unserem Recht auf Leben und Gesundheit ebenfalls in der Erklärung der Menschenrechte kodifiziert wurden – im Wesentlichen sind das die Rechte:

- *auf Freiheit,*
- *auf Gleichbehandlung,*
- *auf Behandlung im Geist der Brüderlichkeit,*
- *auf Schutz vor Diskriminierung,*
- *Schutz vor Versklavung,*
- *auf Schutz vor Folter,*
- *auf Anerkennung als Rechtsperson,*
- *auf Gewährleistung von Rechtsschutz,*
- *auf Schutz vor willkürlicher Verhaftung und Ausweisung,*
- *auf Gewährleistung fairer Behandlung im Rahmen von Gerichtsverhandlungen,*
- *auf Schutz der Privatsphäre,*
- *auf Freizügigkeit und Auswanderungsfreiheit,*
- *auf Eigentum,*
- *auf Gedanken–, Gewissens– und Religionsfreiheit,*
- *auf Versammlungs– und Vereinigungsfreiheit,*
- *auf soziale Sicherheit,*
- *auf Arbeit und gleichen Lohn,*
- *auf Wohlfahrt und Wohlbefinden,*
- *auf Bildung und Teilhabe am kulturellen Leben der Gesellschaft.*

Diese *erste Definition* lautet somit folgendermaßen:[12]

- ***Definition 1 – Primäre und sekundäre Bedürfnisse***

  Wenn X ein biologisches, psychisches oder soziales Bedürfnis einer Person P unter den Umständen U ist, dann gilt für X

Moralisch–ethische Definition Nr. 1

(a) *X ist ein **primäres Bedürfnis** von P bei Vorliegen von U genau dann, wenn die Befriedigung von X für P **notwendig** ist, um unter den Umständen U **seine Gesundheit aufrechtzuerhalten und am Leben zu bleiben**.*

(b) *X ist ein **sekundäres Bedürfnis** von P bei Vorliegen von U genau dann, wenn die Befriedigung von X für P **notwendig** ist, um unter den Umständen U **menschenwürdig zu leben und dabei seine grundlegenden umweltbezogenen, biophysischen, sozialen, ökonomischen, politischen und kulturellen Rechte** zu wahren.*

Von dieser Definition können wir herleiten, welche Anliegen und Interessen grundsätzlich moralisch–ethisch legitimierbar sind. Denn die Legitimität eines Interesses setzt voraus, dass dieses keine der in Definition 1 erfassten universellen – primären oder sekundären – Bedürfnisse beeinträchtigt oder verletzt.

Deshalb lautet die zweite Definition folgendermaßen:[13]

- ***Definition 2 – Legitime Interessen***

  *Das Interesse Y einer Person P in einer Gesellschaft G ist ein **legitimes Interesse** genau dann, wenn die Befriedigung von Y in G **nicht die Befriedigung primärer oder sekundärer Bedürfnisse** anderer Angehöriger von G **beeinträchtigt**.*

Moralisch–ethische Definition Nr. 2

Nachdem wir mit Hilfe dieser beiden Definitionen nicht nur festgehalten haben, was primäre und sekundäre Bedürfnisse, sondern auch ableiten konnten, was legitime Interessen sind, können wir nun auch die Bewertungen grundlegend und universell ordnen, die von individuellen Akteuren vorgenommen werden:

Wenn ein Handelnder ein Objekt in seiner Umgebung bewertet, auf das er angewiesen ist, um seine primären Bedürfnisse zu erfüllen, also etwas benötigt, um schlichtweg bei Gesundheit und am Leben zu bleiben, dann hat dieses Objekt in der »Werteskala« höchste Priorität. Und ein lediglich »interessantes« Objekt hat eine niedrigere Wertigkeit, als ein Objekt, das erforderlich ist, um die Menschenwürde einer Person zu gewährleisten.

Vor dem Hintergrund dieser Einsicht können wir eine elementare Wertordnung definieren[14]:

- ***Definition 3 – Primäre, sekundäre und tertiäre Werte***

Moralisch–ethische Definition Nr. 3

Wenn Z für ein Ding, eine Eigenschaft eines Dings oder einen Prozess steht, U für einen natürlichen, gesellschaftlichen oder anderen Umstand steht und S für das Sozialsystem, in der dieser Umstand U lokalisiert ist, dann schreiben wir Z zu:

(a) *Z hat einen **primären Wert** für die Mitglieder des Sozialsystems S unter den Umständen U genau dann, wenn Z **dazu beiträgt, mindestens ein primäres Bedürfnis der Mitglieder** von S zu befriedigen, wenn sie den Umständen U ausgesetzt sind.*

(b) *Z hat einen **sekundären Wert** für die Mitglieder des Sozialsystems S unter den Umständen U genau dann, wenn **Z dazu beiträgt, mindestens ein sekundäres Bedürfnis der Mitglieder** von S zu befriedigen, wenn sie den Umständen U ausgesetzt sind.*

(c) *Z hat einen **tertiären Wert** für die Mitglieder des Sozialsystems S unter den Umständen U genau dann, wenn **Z dazu beiträgt, mindestens ein legitimes Interesse einiger Mitglieder** von S zu befriedigen, wenn sie den Umständen U ausgesetzt sind.*

Mit Hilfe dieser drei Definitionen und dem Bungeschen Imperativ »*Enjoy life and help live!*« können wir nun die beiden Fragen beantworten, die offenbar so eng zusammengehören, wie die Vorder– und Rückseite einer Münze:[15]

- *Was ist ein moralisch legitimierbares Recht?*
- *Was ist eine moralische Pflicht?*

Ein Recht ist dann legitimierbar, wenn es dazu dient, primäre, sekundäre oder tertiäre Werte zu verwirklichen. Die Inanspruchnahme dieses Rechts ist mit der Erfüllung moralischer Verpflichtungen verbunden. Denn es ist unsere moralische Pflicht, andere bei der Verwirklichung ihrer primären, sekundären oder tertiären Werte zu unterstützen.

Zu Beginn dieses Kapitels sind wir auf das Problem der moralisch-ethischen Legitimation von Interessen, Zielen und Kommunikation gestoßen. Hier haben wir die Lösung:

> *Die Position eines Individuums oder einer Organisation ist legitimierbar, wenn diese Person oder Organisation aufgrund legitimer Rechte handeln, also primäre, sekundäre oder tertiäre Werte verwirklichen, und wenn sie gleichzeitig anderen Akteuren dabei helfen, deren primäre oder sekundäre oder tertiäre Werte zu erfüllen.*

Eine legitimierbare Position setzt in einer Kommunikationssituation also voraus, dass derjenige, der ein Interesse verfolgt, über eine in diesem Sinne ausgeglichene Rechte/Pflichten-Bilanz verfügt.

Herstellung einer ausgeglichenen Rechte/Pflichten-Bilanz

Die moralisch-ethische Legitimiertheit von Kommunikation und von Kommunikations-Maßnahmen ist unverzichtbare Voraussetzung für die Entwicklung von Konzeptionen.

Legimiertheit ist unabdingbare Voraussetzung jeder Konzeption.

Legitimiertheit erweist sich sozusagen als die »*conditio sine qua non*«, die unerlässliche Bedingung für die Anwendung von Konzeptionstechnik in der Praxis. Ohne sie drohen Maßnahmen unüberschaubare Risiken, wie wir sie uns am Beispiel der Diskussion der Kernenergie in der Bundesrepublik Deutschland vergegenwärtigen konnten.

Um dieser unerlässlichen Bedingung gerecht zu werden, ist eine regelrechte Überprüfung der moralisch-ethischen Position des auftraggebenden Klienten durch den Konzeptioner erforderlich.

Diese Prüfung ist viel mehr als ein kleiner Test, welcher der Konzeptformulierung »nachgeschickt« und hinten angehängt werden könnte – sozusagen als konzeptionelle »Kür« im Sinne eines Mottos wie: *»Erst kommt das Konzept, und am Ende schauen wir auch mal auf die Moral!«.*

Erstellung einer zutreffenden Rechte/Pflichten–Bilanz

Stattdessen muss die oben angesprochene Rechte/Pflichten–Bilanz in Bezug auf die Kommunikations–Position des Klienten sowohl *Startpunkt* jeder Konzeption, als auch *konstitutives Element* jedes Maßnahmenplans sein. Nur so lassen sich zukünftige Wertkonflikte mit gesellschaftlichen Gruppen und Individuen ausschließen. Denn im Rahmen der anschließenden Umsetzung von Kommunikations–Maßnahmen wird der Klient mit seinen Anliegen verstärkt ins Licht der Öffentlichkeit treten. Sollten dabei Wertkonflikte in der öffentlichen Diskussion ausbrechen, können diese nur von einer legitimierbaren Position aus bearbeitet und gelöst werden.

Dazu kommt, dass ein motivierendes Kommunikationskonzept, das Akteure für die Interessen eines Klienten einnehmen soll, möglichst positive Emotionen erzeugen muss. Ein Unternehmen, das über eine überzeugende, positive Rechte/Pflichten–Bilanz verfügt, hat hierfür wesentlich bessere Chancen, als ein Unternehmen, dessen Bilanz beispielsweise durch »Umwelt–Skandale«, »Mitarbeiter–Bespitzelungs–Affären« oder Ähnliches negativ belastet ist.

Die moralisch–ethische Bilanzierung ist ein Verfahren, das anhand von empirisch erhobenen Fakten arbeitet. Es beruht auf der systematischen Prüfung der Position eines Klienten – etwa eines Individuums oder einer Organisation. Es werden sowohl die moralisch–ethische »Rechte–Seite« als auch die »Pflichten–Seite« der jeweiligen Werteposition möglichst exakt untersucht.

Auf der Rechte–Seite wird unter anderem untersucht, ob alle vom Klienten in Anspruch genommenen Rechte tatsächlich legitim sind, also entweder auf primären, sekundären oder auf tertiären Werten beruhen.

In manchen Fällen kann dabei der Blick auf nicht legitimierbare Tatbestände fallen. In so einem Fall hat der Klient zu überlegen, die nicht legitimierbaren Punkte zu revidieren und dahinter stehende Interessen zu legitimierbaren Interessen zu wandeln.

Gegebenenfalls können verletzte Interessen von Individuen oder Gruppen auch durch eine Gegenleistung des Klienten mittelfristig ausgeglichen werden – ein Unternehmen beispielsweise kann nach Einleitung schädlicher Stoffe in einen Fluss eine Kläranlage installieren, eine Naturschutzzone einrichten und durch Verschmutzungen geschädigten Anwohnern Schadensersatz leisten.

Auf der Pflicht-Seite wird unter anderem untersucht, in welcher Weise der Klient anstrebt, in Anspruch genommene legitime Rechte durch die Übernahme korrespondierender Pflichten auszugleichen. Es ist zu analysieren, wer die Nutznießer dieser Verpflichtungen im Einzelnen sind, um welche Bedürfnisse und Werte es hierbei konkret geht und ob der Ausgleich tatsächlich in ausreichendem Maß funktioniert.

Sind die beiden Seiten der Bilanz abschließend analysiert, kann beurteilt werden, ob die Wertposition des Klienten tatsächlich positiv oder zumindest ausgeglichen ist.

Negative Bilanzergebnisse können ausgeglichen werden.

Sollte die Bilanz eine negative Tendenz haben, ist zu überlegen, ob ursprünglich geplante Kommunikations-Maßnahmen bis zum Erreichen einer positiven Bewertungs-Tendenz auszusetzen sind.

Eine konstant negativ bewertete Position führt den Klienten mittelfristig in eine problematische Lage. Sie kann dazu führen, dass er wichtige Rechte einbüßt. Am Beispiel der deutschen Kernenergie-Nutzung haben wir gesehen, wie die Industrie für die Zukunft das Recht auf Bau neuer Anlagen vollständig verlor und nach einigen Jahrzehnten Laufzeit seine atomaren Kraftwerke nicht mehr weiter betreiben darf.

Eine zeitweise negative Bilanz führt aber nicht zwangsläufig dazu, dass beispielsweise ein Unternehmen auf öffentliche Kommunikation verzichten muss. Negative Tendenzen der moralisch-ethischen Legitimitätsposition können jederzeit auftreten. Denn Klienten nutzen Rechte, wodurch unvermeidbar Risiken entstehen:

- *Bergwerksgesellschaften erwerben Abbaurechte, ohne bei deren Ausschöpfen Unfall- und Umweltrisiken ausschließen zu können.*
- *Chemieunternehmen arbeiten mit Produktionsverfahren, die das Auftreten schädlicher, umweltbelastender Reststoffe bewirken. Zum Beispiel fielen bei der Produktion des chemischen Farbgrundprodukts Titandioxid in früheren Jahren große Mengen umweltschädlicher Säuren an, die von den Herstellern meist in die Meere eingeleitet wurden, was irgendwann zu öffentlichen Protesten in verschiedenen Ländern führte. Diese Hersteller hatten ihre Rechte zur Nutzung von Naturressourcen missbraucht und waren nun im Gegenzug verpflichtet, entstandenen Schaden auszugleichen und schädliche Wirkungen abzustellen. So haben Titandioxid-Produzenten das betreffende problema-*

tische Produktionsverfahren an vielen ihrer Standorte aufgegeben und durch ein umweltfreundlicheres ersetzt. Diese Umstellung dauerte zwar ein paar Jahre, aber die Ankündigung des zukünftigen Abstellens der Probleme sowie der Start einiger Umweltschutzprojekte bewirkte, dass die Unternehmen nach einiger Zeit in der öffentlichen Diskussion wieder eine moralisch–ethisch akzeptable Position einnehmen konnten. Sie waren in der Lage, auf diese Weise die negative Tendenz in ihrer Rechte/Pflichten–Bilanz zu stoppen.

Aufbau einer moralisch–ethischen Argumentationsplattform

Das Fazit der Überlegungen des aktuellen Kapitels lautet somit:

Eine der ersten Aufgaben eines Konzeptioners ist es, eine grundlegende moralisch–ethische Argumentationsplattform zu entwickeln, auf die er die »Architektur« seiner konzeptionellen Ideen aufbauen kann. Ohne diese Plattform drohen seine Maßnahmen in der Praxis an Konflikten in der Öffentlichkeit zu scheitern.

Für die Formulierung dieser Plattform gibt es kein vorgeschriebenes Format. Wesentlich ist, dass sie eine klare und mit empirischen Daten belegte Argumentationslinie enthält, welche die moralisch–ethische Bilanz mit ihren Hauptposten auf deren Rechte– und Pflichten–Seite darstellt.

Herstellung moralisch–ethischer Transparenz

Es ist die Grundpflicht eines jeden Kommunikations–Verantwortlichen, dafür zu sorgen, dass diese Argumentationslinie allen Beteiligten verfügbar gemacht wird. Denn, nur wer die moralisch–ethische Bilanzposition hinter den zu kommunizierenden Interessen öffentlich vorstellen und diskutieren kann, hat eine Chance, als Gesprächspartner etwa von Medienvertretern akzeptiert zu werden.

Wer in diesem Sinne als Kommunikations–Verantwortlicher seine Pflicht erfüllt, indem er seine Werte–Plattform sorgfältig »aufbaut«, kann im Gegenzug von der Öffentlichkeit mehr als Akzeptanz erwarten: Er hat sich gleichzeitig Kommunikations–Rechte erarbeitet – er hat das Recht, sich an den Meinungsbildungen in der Öffentlichkeit aktiv zu beteiligen.

Dieses Recht von Individuen und von Unternehmen oder Institutionen, über ihre legitimen Interessen öffentlich zu reden, wird von manchen Medienkritikern und sogar von Medienwissenschaftlern bestritten.

Sie behaupten, jegliche interessenzentrierte Kommunikation wäre definitionsgemäß automatisch illegitim. Sie qualifizieren beinahe jede Form von Public Relations als »Propaganda« ab.

Intellektueller Hintergrund dieser Kritiker sind häufig gesinnungsethische Weltanschauungen ohne materiell–realistische Relevanz. Doch wer legitime Interessen verfolgt und eine zumindest ausgeglichene Wert–Bilanz vorzuweisen hat und bei der Nutzung von Maßnahmen die legitimen Interessen Anderer nicht verletzt, dem kann sein Recht, an öffentlichen Dialogen teilzunehmen, nicht streitig gemacht werden.

Motivierende Wirkung von moralisch–ethischer Legitimität

Aufgrund einer sorgfältigen moralisch–ethischen Bilanzierung kann sich ein Klient also als öffentlicher Dialogpartner etablieren. Diese Bilanzierung hat noch weitere wichtige Wirkungen.

Wir haben gesehen, dass Wertorientierungen »vorprogrammieren«, inwieweit sich Individuen mit Interessen identifizieren oder stattdessen Interessen gegenüber Widerstand leisten. Beispielsweise identifizieren sich Mitarbeiter, die in einem Unternehmen arbeiten, das deutlich primäre oder sekundäre Werte verfolgt und über eine positive Werte–Bilanz verfügt, mit ihrem Arbeitgeber und entwickeln mit großer Wahrscheinlichkeit positive Gefühle für »ihre Firma« – beispielsweise im Fall eines Unternehmens, das erfolgreich im Bereich des Umweltschutzes tätig ist.

Moral weckt positive Energie.

Auf der Basis der beschriebenen Werte–Plattform ergeben sich also Chancen, das positive »Energiepotenzial« von Akteuren zu stützen. Kommunikations–Konzeptionen können daran anknüpfend mit motivierenden Werten und Visionen arbeiten.

Ein weiterer wesentlicher Aspekt moralisch–ethischer Bilanzierung liegt so sehr »auf der Hand«, dass er oft übersehen wird:

Die Durchführung dieser Bilanzierung macht es möglich, Wertediskussionen im Rahmen der Konzeptionsentwicklung zu versachlichen. Wertpositionen und selbst Wertkonflikte können mit dem Klienten nun nüchtern besprochen werden.

Problematische ethische Positionen lösten bisher in den Gesprächen zwischen Beratern und dem Klienten häufig Unsicherheit aus – Probleme wurden »verdrängt«.

Moralische Probleme machen PR–Beratern Angst.

Einigkeit bestand fatalerweise darin, diese Probleme als Tabus unter den Tisch fallen zu lassen, statt offensiv an sie anzuknüpfen: der Klient möglicherweise aus Scham – der Berater aus Angst, beim Klienten negative, emotionale Reaktionen wie Ärger und Wut zu erzeugen.

Werden solche Probleme zukünftig sachlich als »Posten« in einer bearbeitbaren Bilanz diskutiert, praktizieren wir ein nüchternes Verfahren ohne schädliche emotionale Dramatik.

Abschluss

Zum Abschluss dieses Kapitels erhalten die Leser wieder die Gelegenheit, die vorhergehenden Gedankengänge zu vertiefen und die vorgestellten Konzepte mit der eigenen Praxis in Verbindung zu bringen.

Als Kommunikations–Berater oder Konzeptioner haben Sie gewiss in vielen Projekten mit Fragen der moralisch–ethischen Legitimierung von Positionen zu tun gehabt:

- *Welche Erfahrungen haben Sie dabei gemacht und in welchem Licht sehen Sie diese Erfahrung, nachdem Sie hier das Verfahren der Wert–Bilanzierung kennen gelernt haben?*
- *Haben Sie Fälle erlebt, in denen die fehlende Legitimierung von Positionen entscheidenden Einfluss auf den Beratungsablauf und die Arbeit an Ihrer Konzeption genommen hat?*
- *Wieso ist jeweils zu Tage getreten, dass es bei Positionen Legitimationsbedarf gab?*
- *Hatten Ihre Klienten Sie hierauf rechtzeitig aufmerksam gemacht?*
- *Gab es Fälle, in denen Sie während Ihrer Arbeit an Ihrem Konzept und der Kommunikations–Strategie erst bei Ihren eigenen Recherchen auf Legitimations–Defizite aufmerksam wurden?*
- *Konnten Sie mit Ihrem Klienten offen über die von Ihnen entdeckten Defizite sprechen und für Abhilfe sorgen?*

- *Gab es auch Fälle, in denen Sie erst auf Legitimations–Lücken gestoßen sind, als Ihre Maßnahmen bereits umgesetzt wurden?*
- *Wie wirkte sich in diesen Fällen das verspätete Erkennen von Wertkonflikt–Potenzialen auf Ihre Projekte und auf Ihre weitere Zusammenarbeit mit Ihren Klienten aus?*

Quellenhinweis und Anmerkungen

1. Bunge, Mario; *Treatise on Basic Philosophy Volume 8; Ethics (1989)* S. 207
   Bunge, Mario; *Philosophical Dictionary (2003)* S. 123
   Bunge, Mario; *Political Philosophy (2009)* S. 42
   Bunge, Mario; *Finding Philosophy in Social Science (1996)* S. 238
2. Siehe:
   Bunge, Mario; *Treatise on Basic Philosophy Volume 8; Ethics (1989)*
   Bunge, Mario; *Finding Philosophy in Social Science (1996)* S. 219–38
   Bunge, Mario; *Social Science under Debate (1998)* S. 371–4
   Bunge, Mario; *Philosophy in Crisis (2001)* S. 191–205
   Bunge, Mario; *Political Philosophy (2009)* S. 87–137,
   Bunge, Mario; Martin Mahner; *Über die Natur der Dinge (2004)* S. 171–97
3. Siehe:
   Bunge, Mario; *Finding Philosophy in Social Science (1996)* S. 229–233
   Bunge, Mario; *Political Philosophy (2009)* S. 126–32
4. Kant, Immanuel; *Grundlegung der Metaphysik der Sitten* – hg. v. Karl Vorländer; Hamburg (Felix Meiner Verlag) 1965: unveränderter Nachdruck der 3. Auflage; S. 400
5. Ebenda: S. 399–400
6. Ebenda: S. 429
7. Kant, Immanuel; *Kritik der praktischen Vernunft* – hg. v. Karl Vorländer; Hamburg (Felix Meiner Verlag) 1929 (9); S. 64
8. Generalversammlung der Vereinten Nationen: »*Allgemeine Erklärung der Menschenrechte*«; 10.12.1946, Palais de Chaillot/Paris
9. Ebenda

10. Siehe:
    Bunge, Mario; Martin Mahner; *Über die Natur der Dinge (2004)* S. 179

11. Bunge, Mario; *Philosophy in Crisis (2001)* S. 200

12. Vergleiche:
    Bunge, Mario; Martin Mahner; *Über die Natur der Dinge (2004)* S. 176–7

13. Vergleiche:
    Ebenda: S. 177

14. Vergleiche:
    Ebenda: S. 177–8

15. Vergleiche:
    Bunge, Mario; *Treatise on Basic Philosophy Volume 8; Ethics (1989)* S. 390–99
    Bunge, Mario; *Finding Philosophy in Social Science (1996)* S. 233
    Bunge, Mario; *Philosophy in Crisis (2001)* S. 200–1
    Bunge, Mario; *Political Philosophy (2009)* S. 132

Teil IV
Planung und Gestaltung öffentlicher Meinung durch die Kontrolle von Kommunikations–Mechanismen

»Hence the methodological rule:
No mechanism,
no mechanismic explanation,
and therefore no real understanding.«
(1)
Mario Bunge

Kapitel 13

Kommunikations-Mechanismen:

Kommunikations-Wirkungen erklären

Gestaltungs–Know–how für Konzeptioner

Konzeptionslehre kann nur dann zu einer wirklichen Technologie fortentwickelt werden, wenn Konzeptioner über exaktes Wissen darüber verfügen, wie Kommunikationsprozesse gestaltet werden und wie diese Prozesse Veränderungen in sozialen Systemen bewirken.

Darauf, dass dieses exakte Wissen notwendig ist, sind wir im Rahmen unserer Überlegungen wiederholt zu sprechen gekommen. Und wahrscheinlich haben die meisten Leser ihr Hauptaugenmerk auf diesen für die Konzeptionstechnik wesentlichen Punkt gelegt und erwarten mit Spannung praktisch nutzbare Erkenntnisse.

An dieser Stelle werden deshalb folgende Zwischenfragen relevant:

- *Wie weit sind wir bei der Klärung dieses Gestaltungs–Know–hows?*
- *Haben wir die wesentlichen Hintergründe bereits geklärt oder benötigen wir weitere Details und Fakten?*
- *Und wie weit sind wir mittlerweile überhaupt auf dem Weg fortgeschritten, Konzeptionslehre in eine Soziotechnologie umzuwandeln?*

Wir konnten mit Hilfe der realistisch–materialistischen Wissenschaftstheorie bereits viele Einsichten gewinnen, die wesentlich über das hinausgehen, was das verbreitete und heute übliche Phasenmodell der Konzeptions–Entwicklung an Kommunikations–Wissen enthält.

Die Grundeinsicht, die uns immer wieder bei den Grundfragen der Konzeptionstechnik weiterbrachte, war das systemistische Grundkonzept, das jede empirisch begründete Sozialwissenschaft auszeichnet:

Wir haben gesehen, dass die *»conditio humana«*, die Grundbedingung unseres Menschseins, bestimmt ist durch die systemische Eigenart unserer Lebenswelt.

Systemische Verfasstheit unserer Lebenswelt

Jeder von uns ist eine Persönlichkeit, die zwar individuell handelt und kommuniziert, aber in Gruppen eingebunden ist, welche entscheidenden Einfluss auf ihr Handeln und Kommunizieren nehmen. Deshalb können Ansätze, die einseitig entweder nur die individualistische oder nur die kollektivistisch–holistische Sichtweise nutzen, die Wirklichkeit unserer täglichen Kommunikation nicht erfassen.

Mit Hilfe einer systemischen Grundperspektive erkannten wir wesentliche Merkmale von Kommunikation, die ansonsten leicht übersehen werden können:

- *die Bedürfniszentriertheit von Kommunikation*
- *die Wertzentriertheit von Kommunikation*
- *den moralisch–ethischen Charakter von Kommunikation*

Dadurch haben wir einen Einblick gewonnen, wie zukünftig bedürfniszentriert beraten und bedürfnisgerecht konzeptionell gearbeitet werden kann.

Wir wissen auch, dass wir Kommunikation, Interaktionen und Kommunikationssysteme aufgrund deren grundlegender Wertorientiertheit messen können. Außerdem haben wir erkannt, dass Kommunikation grundsätzlich moralisch–ethisch zu rechtfertigen sein muss und was die Bedingungen der erforderlichen moralisch–ethischen Legitimiertheit sind.

Doch wissen wir damit auch, wie Kommunikation gestaltet wird und wie Wirkungen zielgenau gesteuert werden?

Noch nicht!

Wir haben zwar wichtige Grundlagen kennen gelernt, doch ein Einblick in das Wirkungs–Know–how steht noch aus.

Und genau diesem Know–how wenden wir uns nun in diesem Kapitel zu. Ausgangspunkt dieses Kapitels ist deshalb die Frage:

Wie kann die Wirksamkeit von Kommunikations–Maßnahmen erklärt werden?

Wirksamkeit von Kommunikation

Wie wirkt Kommunikation?

Unzweifelhaft ist, dass es kausal operierende Kommunikations–Prozesse im Zusammenhang mit der Änderung von sozialen Systemen gibt. Die Frage ist nun:

Wie wirken diese Prozesse im Einzelnen?

Die Klärung dieser Wirksamkeit und die gezielte Nutzung der dabei relevanten Prozesse ist die eigentliche technologische Herausforderung für jeden Konzeptions–Entwickler. Er hat sozusagen die wesentlichen »Mechanismen« der Kommunikation zu kennen und zu »beherrschen«.

Um diesen »Mechanismen« nachzuspüren, greifen wir weiterhin auf die realistisch–materialistische Wissenschaftstheorie zurück.[2]

Für diese Theorie, die beispielhaft von Mario Bunge für die Sozialwissenschaften adaptiert wurde, gibt es keine Alternative auf unserem Weg zur Analyse der Wirksamkeit von Kommunikations–Maßnahmen. Denn, wer von Aktivitäten im Feld der professionellen Kommunikation, der Public Relations, der Marketing–Kommunikation, der Werbung usw. empirische Wirksamkeit erwartet, muss darauf bestehen, dass die verantwortlichen Kommunikations–Profis auf empirisch überprüfbare, in diesem Sinne »materialistische« Ansätze zurückgreifen.

Mit dieser Erwartung werden Kommunikations–Berater und Konzeptioner tagtäglich von ihren Klienten konfrontiert.

Die Entwicklung von Maßnahmen und deren Realisierung sind aufwändig. Jeder Auftraggeber muss also darauf zählen können, dass sich die von seinen Kommunikations–Dienstleistern in Aussicht gestellten Wirkungen tatsächlich einstellen. Was allerdings in der Praxis viel weniger realisiert wird, als sich das »Kommunikations–Laien« vorstellen dürften.

Quantitative und qualitative Schwächen

Im Fall von Public Relations tritt ständig das Problem auf, dass beispielsweise Presse– und Medienarbeit bei weitem nicht die nachhaltigen Reaktionen bei den Zeitungen oder Sendern erzielen, die sich Klienten vorgestellt hatten.

Die Präsentation der so genannten »Medien–Clippings« und die Erläuterung dieser Abdruck– und Sende–Ergebnisse einer Medienkampagne ist für die verantwortlichen Kommunikationsberater deshalb oft ein »Spießrutenlauf«. Berater kommen unterschiedlich gut mit der üblichen Präsentation »kümmerlicher« Arbeits–Ergebnisse vor »wirkungshungrigen« Klienten zurecht – können mehr oder weniger gut »mageres« Medien–Feedback rhetorisch aufwerten oder mehr oder weniger erfolgreich glaubhaft auf eine in der Zukunft liegende, erhoffte »Spätwirkung« verweisen.

Das Problem liegt zunächst also darin, dass das Echo quantitativ oft schwach ausfällt – wenige Journalisten haben die an sie versandten Pressemitteilungen tatsächlich annähernd wunschgemäß verwendet.

Ein weiteres Problem ist die Qualität der Ergebnisse.

Die erzielte Reaktion bei den Medien mag in manchen Fällen mit Blick auf die erreichten Auflagenergebnisse zwar befriedigend sein, aber die Wirkung, die durch Abdrucke oder durch Erwähnungen in Funk und Fernsehen erreicht wurde, entspricht so manches Mal nicht den Erwartungen der Auftraggeber: Die von PR-Beratern angekündigte Kommunikations-Wirkung stellt sich selten ein.

Probleme mit der Wirksamkeit von Kommunikation haben nicht allein die PR-Professionals:

Entsprechende Schwierigkeiten kennzeichnen insbesondere auch die »Wirksamkeitserfolge« der Arbeit von Werbeagenturen, obwohl sie gegenüber PR-Agenturen scheinbar eine bessere Ausgangsposition für die Erreichung von Wirksamkeit haben. Werber können durch Anzeigenetats – anders als die PR-Leute, die im Rahmen ihrer Medienarbeit auf das »Wohlwollen« von Redakteuren angewiesen sind – beispielsweise exakt vorherbestimmen, wie hoch die Auflage der Medien ist, in denen eine von ihnen gestaltete Anzeige abgedruckt wird. Sie können vorherbestimmen, wie oft und wann, auf welche Seite die Anzeige in Erscheinung treten wird. Dafür hat ihr Klient teuer zu bezahlen, da er die hohen, von Verlagen veranschlagten Kosten für den notwendigen Veröffentlichungsraum tragen muss. Welche Personen die Anzeige im Einzelnen aber tatsächlich lesen, was dieses Lesen beim Leser bewirkt, was dieser daraufhin tun wird, darüber kann der »klassische« Werbeberater keine wirklich befriedigende Auskunft geben.

Bereits der legendäre Automobilbauer Henry Ford hatte diese Probleme rund um die werbliche Kommunikation erkannt. Ihm wird zugeschrieben, dass er auf der einen Seite an die Wichtigkeit von Kommunikation glaubte – *»Wer nicht wirbt, stirbt!«* –. Ihm war aber bewusst, dass dieser »fromme« Glaube an die Wirkung von Werbung in der Kommunikations-Wirklichkeit Werbeagentur-Kunden teuer zu stehen kommt – Ford gestand, dass ihm niemand die »Wirkweise« von werblicher Kommunikation befriedigend erklären konnte – *»Ich weiß, die Hälfte meiner Werbung ist hinausgeworfenes Geld. Ich weiß nur nicht, welche Hälfte.«*

»Frommer« Glaube an Kommunikations-Wirkungen

Die Erreichung von Wirksamkeit durch die Verwendung von Kommmunikations-Maßnahmen ist, um es noch einmal ganz deutlich zu sagen, die entscheidende Herausforderung der Konzeptionslehre.

Kommunikations-Konzeptionen, die nach ihrer Realisierung nicht annähernd die Wirkungen erzielen, die angekündigt waren, und mit bloßen Vermutungen in Bezug auf angebliche Wirkungspotenziale arbeiten, sind zukünftig auszuschließen. Der Weg dies zu erreichen, liegt darin, in Zukunft konsequent technologische Kompetenz zu nutzen.

Hierdurch werden wir in die Lage versetzt, Wirkungen zu erklären und zu erkennen, welche Mechanismen in Kommunikationsprozessen arbeiten.

Das Konzept des Erklärens

Starten wir unsere weiteren Überlegungen anhand einer Auseinandersetzung mit dem Begriff des Erklärens:(3)

Es geht beim Erklären darum, etwas »darzulegen«, etwas »explizit« zu machen, was bisher undeutlich oder versteckt war. Im Englischen heißt es »to explain« – etwas »auspacken«, »einfach« machen (englisch: »plain« – *einfach*).

Wenn wir nun also Fakten im Zusammenhang mit Kommunikation »erklären« wollen, welche undeutlichen, versteckten Dinge wollen wir da »auspacken«?

Grundsätzlich können wir sagen, dass wir, um das Entstehen – die Emergenz – eines konkreten Dings oder den Wandel einer Sache »erklären« zu können, die kausalen Mechanismen aufzudecken haben, die hierfür verantwortlich sind.

Ein kausaler Mechanismus ist ein Vorgang, der sich auf Vorkommnisse bestimmter Art, auf »Ursachen« bezieht.

Eine Ursache kann extern oder intern sein, das heißt, ein Stimulus – ein Reiz – sein, der Handlungen auslöst, und entweder aus der Umgebung oder aus dem Inneren eines Systems heraus auftritt.

Mechanismen sind die Basis für jegliche zutreffende Erklärung von Sachverhalten.

Konzentrieren wir uns deshalb auf den Begriff »Mechanismus«:

Mechanismen setzen Sachverhalte in Gang.

Ein Mechanismus ist ein Prozess, der einen komplexen Sachverhalt zum »arbeiten« bringt, in »Betrieb setzt«, »ablaufen« lässt – metaphorisch können wir auch sagen: in »Funktion« setzt.

Schauen wir uns einige Beispiel–Mechanismen an:

- *der Gang einer mechanischen oder elektrischen Uhr*
- *der neuronale Prozess hinter menschlichem Lernen und menschlicher Kreativität – nach heutigem Wissen ein Vorgang der Selbstassemblierung von neuen neuronalen Netzwerkstrukturen im Gehirn*

- *die Kooperation als Mechanismus in sozialen Systemen*
- *der Vorgang des Wählens von Parlamenten als Partizipations–Mechanismus in demokratischen Sozialsystemen*
- *die Moralität als Mechanismus der sozialen Koexistenz und sozialen Kontrolle*

Wie gesehen können die im Rahmen von Mechanismen auftretenden Ursachen extern oder intern wirken.

Externe Ursachen, Umgebungsursachen, können *natürlich* – biologisch, physikalisch, chemisch usw. –, *sozial* oder *eine Kombination von beidem* sein.

Beispielsweise ist eine Schallwelle ein physikalisches Phänomen, das einen Befehl einer Person überträgt, der, wenn er auf ein Ohr einer anderen Person trifft, biologisch wirkt, indem er einen Gehirnprozess auslöst, der soziale Auswirkungen hat, indem er den betroffenen Hirnträger anregt, auf bestimmte Art gegenüber seinen Mitmenschen zu handeln.

Die Frage, ob ein behaupteter Mechanismus tatsächlich in einem konkreten Fall vorliegt und wirkt, ist eine Frage, die grundsätzlich empirisch–wissenschaftlich untersucht und beurteilt werden kann.

Kommunikation durch Gründe erklären

Im Fall menschlicher Kommunikation spielen »interne« Ursachen eine wichtige Rolle – beispielsweise mentale Ereignisse in der Psyche von individuellen Akteuren. Bei diesen mentalen Ereignissen kann es sich zum Beispiel um Entscheidungen handeln, die durch Bedürfnisse und Absichten von Individuen motiviert sind.

Unterscheidung von Gründen und Ursachen

Wir sind gewohnt, solche inneren Ursachen als »Gründe« (englisch: »reasons«) zu bezeichnen und grundsätzlich von physikalischen »Ursachen« (englisch: »causes«) zu unterscheiden.

Diese Unterscheidung von »Ursachen« und »Gründen« ist durchaus gerechtfertigt. Doch sie sollte nicht auf eine Weise überakzentuiert und mystifiziert werden, wie dies beispielsweise idealistische Philosophen und Autoren tun.[4] Wir vertreten hier die Position, dass Gründe von Individuen genauso »mechanistisch« zu erklären sind, wie externe Ursachen. Wir nehmen damit eine konträre Haltung zu den so genannten »verstehenden« und »hermeneutischen« Ansätzen in der Sozialphilosophie ein.

Aus dem Blickwinkel der Vertreter dieser Ansätze sollen soziale Tatbestände nicht erklärt, sondern »interpretiert« werden, was heißt, es soll gemutmaßt werden, welchen »Sinn« dieser Tatbestand für die jeweils betroffenen Handelnden hat – so, als könnten soziale Fakten wie Texte gedeutet werden.

Die Verstehens-Theoretiker stellen sich diese Interpretations-Operation beispielsweise vor:

- *als Form des Hineinversetzens, der »Empathie« oder*
- *als »vernünftige Rekonstruktion« individuellen Verhaltens,*
- *als Versuch der Interpretation im Sinne eines idealen zweckrationalen, etwa nutzenmaximierenden Handelns.*

In allen diesen Versionen ist das Ergebnis der Verwendung dieser Interpretations-Verfahren nicht empirisch fundiert, sondern lediglich intuitiv. Die Berufung auf Verstehen kann uns deshalb kein Wissen von den in Sozialsystemen wirkenden Mechanismen vermitteln.

Schauen wir uns das an einem Beispiel an, das Mario Bunge in diesem Zusammenhang anführt:

Stellen wir uns vor, wir verständen, warum Gefreiter Hans vom Schlachtfeld floh – wenn wir etwa glauben, wir hätten das auch getan, wären wir an seiner Stelle in einer hoffnungslosen Lage gewesen.

Es mag wahr sein, dass wir uns in Hans »hineinversetzen« können. Doch ist durch dieses Hineinversetzen und Vorstellenkönnen kein verlässliches methodisches Verfahren. Dieses »Nachvollziehen« einer Handlung ist bloß laienhaft und bedient sich einer plumpen Form von Alltagspsychologie.

Verstehen ist keine Lösung.

Solches »Verstehen« kann keineswegs das Erklären ersetzen, das empirisch fundiert auf zugrunde liegende Ursachen und insbesondere auf wirkende Mechanismen zurückgreift.

Die vermeintliche »Methode« des Verstehens bietet bestenfalls ergänzende Hinweise zur Betrachtung von menschlichem Handeln an und kann anregen, in bestimmte Richtungen empirisch zu forschen, also nach Ursachen zu suchen. »Verstehen« hat in diesem Sinn höchstens »heuristischen« Wert.

Was sind nun eigentlich »Gründe«?

Gründe sind Ursachen, die Handelnde erkennen und über die sie typischerweise mehr oder weniger Kontrolle haben, zum Beispiel Gründe, etwas Bestimmtes zu tun.

Gründe sind deshalb tatsächlich grundverschieden von nicht–rationalen Ursachen, die sich jenseits menschlicher Kontrolle befinden – etwa nicht–rationale externe Ursachen wie Sturmfluten, Erdbeben oder »interne« nicht–rationale Ursachen wie etwa Hunger, Durst oder Harndrang.

Auch Gründe sind Ursachen.

»Gründe« sind vom Standpunkt physiologischer Psychologie aus gesehen Hirnprozesse, die äußeres Verhalten eines »Hirnträgers« verursachen können.

Von diesem realistischen Standpunkt aus gesehen basiert die Unterscheidung von Erklärungen mit Rückgriff auf wirkende »Ursachen« auf der einen Seite und Erklärungen mit Bezug auf wirksame »Gründe« auf der anderen Seite lediglich auf dem *Unterschied von externen und internen Ursachen.*

So betrachtet ist zielorientiertes und absichtsvolles Handeln prinzipiell ein ursächlich – nämlich durch interne Ursachen – bedingter Prozess.

Wenn ein Akteur beispielsweise eine Handlung H ausführt, um das Ziel Z zu erreichen, dann ist er durch die momentane mentale Vorstellung V in Bezug auf das Ziel Z dazu veranlasst, A zu tun.

Die kausale Verknüpfung, mit der wir es hier zu tun haben, ist also zu formalisieren als Verknüpfung $V \rightarrow H$ – die Vorstellung V vom erreichbaren Ziel bewirkt die Ausführung der Handlung H.

Dieser ursächliche Zusammenhang ist also nicht korrekt beschrieben als $Z \rightarrow H$, denn Handlungen werden nicht direkt durch ein Ziel Z verursacht.

Was traditionell als *finale Kausalität* (causa finalis), als Zweckverursachung menschlichen Handelns verstanden wird, ist nichts anderes als eine »innere« Kausalität im Fall eines Akteurs, der einen Handlungseffekt, ein Ziel, im Blick hat.

Diese Überlegungen widersprechen grundlegend den Konzepten »verstehender« sozialphilosophischer Theorien, wie sie etwa von Wilhelm Dilthey und Max Weber in die sozialwissenschaftliche Diskussion eingebracht worden sind.

Darüber hinaus unterscheidet sich der damit definierte Standpunkt auch von dem der Rational–Choice–Theoretiker, die menschliches Handeln als »rationales Verhalten« im Sinne eines universellen Nutzenmaximierungs–Prinzips verstehen und interpretieren.

Unser Standpunkt unterscheidet sich somit von allen Ansätzen, die fälschlich voraussetzen,

- *Ursachen und Gründe wären durch eine unüberwindbare Kluft getrennt und*

- *menschliches Handeln ließe sich, anders als Naturereignisse, nur durch den Hinweis auf Intentionen und Gründe, aber nie durch Ursachen erklären.*

Struktur rationalen Handelns

Als Erklärungs–Schema für rationales Handeln arbeiten wir zukünftig mit folgendem logischen Schluss:

- *Ausgangssituation:* Ein Akteur hat in einer Situation eine Absicht oder eine Vorstellung von einem Ziel Z.

+

- *Faktenlage:* Der Akteur hat Gründe anzunehmen, dass er Z am besten erreicht, wenn er die Handlung H ausführt.

→

- *Konsequenz:* Daher tut er H.

Ein rationaler Akteur wird eine Handlung *H* ausführen, wenn er aufgrund wohl erwogener Gründe und Informationen über die Umstände, in denen er sich befindet, davon ausgehen kann, dass *H* tatsächlich die Erreichung seines Ziels *Z* bewirken wird.

Ein gut informierter Akteur, wird darüber hinaus auch wissen, dass die Situation, in der er sich befindet und die den Hintergrund für sein zielorientiertes Handeln bildet, ein Ergebnis natürlicher oder sozialer Ursachen ist. Das heißt, ein rational handelnder Mensch kombiniert »Gründe« für sein Handeln – also »interne Ursachen« – mit externen Ursachen, statt diese Ursachen–Arten voneinander zu trennen.

Für konkretes Handeln existiert also keine »Kluft« zwischen »Gründen« und »Ursachen«.

Die Box–Modelle des Erklärens

Wir haben bisher geklärt, dass Gründe und Ursachen nicht prinzipiell voneinander zu unterscheiden sind, wenn wir menschliches Handeln erklären.

Sowohl in Bezug auf Gründe und in Bezug auf Ursachen benötigen wir für Erklärungen gleichermaßen Wissen über relevante, wirkende Mechanismen.

Übertragen wir diese Einsicht direkt auf die Praxis der Konzeptionsentwicklung:

Welche Wirkungsvorstellungen stecken hinter dem klassischen Phasenmodell der Kommunikations–Konzeptioner? Mit welchen Vorstellungen in Bezug auf die Kausalitäten hinter Kommunikations–Maßnahmen wird hier gearbeitet?

In Bezug auf Klarheit und Erklärungsmacht von Lösungsansätzen gibt es drei grundlegende Arten von Hypothesen oder Theorien[5] – es gibt

- ***Black Box–Ansätze*** *(englisch: black box – schwarzer Kasten)*
- ***Grey Box–Ansätze*** *(englisch: grey box – grauer Kasten)*
- ***Translucent Box–Ansätze*** *(englisch: translucent box – durchsichtiger Kasten)*

Black Box–Erklärungen

Ursprünglich wurde der Begriff »Black Box–Ansatz« bei der Beschreibung der phänomenologischen Verhaltensbiologie verwendet, die lediglich von außen beobachtbares Verhalten registriert – also sozusagen »Inputs« und »Outputs« im Zusammenhang mit dem Verhalten eines Akteurs. Im Sinne dieser Verhaltensbiologie wird untersucht, welchem Reiz ein Individuum ausgesetzt wird und welche Reaktionen darauf hin an ihm zu erkennen sind.

Innere Vorgänge, Kognitionen – Überlegungen, Gefühle usw. – werden bei der Black Box–Betrachtung ausgelassen – die »Kiste« bleibt »schwarz«.

Black Box–Modelle beschreiben Handlungs–Phänomene und bieten so lediglich Antworten auf die Frage: »*Was passiert?*«

Grey Box–Erklärungen

Grey Box–Modelle sind semi–phänomenologisch oder halbdurchsichtig. Auch sie registrieren schwerpunktmäßig von außen beobachtbares Verhalten und bieten lediglich skizzenhafte und oberflächliche Antworten auf die Frage: »*Wie wirkt es?*«

Translucent Box-Erklärungen

Erst Translucent Box-Modelle sind mechanistisch oder dynamisch insoweit, dass sie Verhalten beschreiben, aber auch erklären, welche dynamischen Prozesse bzw. Mechanismen dem Verhalten zugrunde liegen. Erst sie machen Mechanismen hinter Verhalten tatsächlich »durchsichtig« und bieten vollständige Antworten auf die Frage: *»Wie wirkt es?«*

An welchem dieser Modelle orientiert sich die klassische Konzeptionstechnik?

Im Wesentlichen liegt dem Phasenmodell der Konzeption ein Black Box-Modell zugrunde.

Die Grundvorstellung ist, dass durch Kommunikations-Maßnahmen »Informations-Inputs« in die Black Box, in die Öffentlichkeit, geleitet werden, was die Wirkung haben soll, dass daraufhin ein gewünschter Output auftritt – etwa eine bestimmte Meinung – bei einer bestimmten Zielgruppe.

Wissen über Kommunikations-Mechanismen ist in dem klassischen Konzeptions-Modell nicht enthalten, denn es wird nicht erklärt, was der Input bewirkt, damit in der nächsten Kommunikations-Phase der gewünschte Output auftritt.

Dieses typische »Kommunikations-Konzept« gleicht in dieser Hinsicht weitestgehend dem behavioristischen Stimulus-Response-Modell.

Parallelen gibt es in dieser Hinsicht übrigens zu den in der Managementlehre verbreiteten Organisations-Charts, die als Block-Diagramme dargestellt werden. Hier werden verschiedene Positionen in Kästchen mit Titeln notiert wie »Management«, »Produktion«, »Vertrieb« usw. Was in den einzelnen Boxen aber abläuft und wie deren Aktionen miteinander koordiniert werden, also welche Mechanismen greifen, erfassen diese Charts nicht.

Manchen neueren Formulierungen des Konzeptions-Phasen-Modells können wir aber »zugutehalten«, dass hier so genannte »intervenierende« Variablen« berücksichtigt werden, so dass die betrachtete »Box« nicht vollständig »schwarz« bleibt, sondern halb durchsichtig »grau« wird.

Und zwar wird hierbei die Hypothese der Wirksamkeit des Einflusses von »Meinungsführern« integriert. Die Vorstellung ist, dass Kommunikations-Maßnahmen dadurch Wirksamkeit bekommen, dass »Mittler- und Empfehlungsfiguren« Informationen an die gewünschten Zielgruppen weiterleiten. Als intervenierende Variable wird eine zweite Kommunikations-Stufe postuliert, die sicherstellt, dass der Ursprungs-Informations-Input tatsächlich bei den Zielgruppen Wirkung entfaltet und den Output, die geplante Meinungsbildung, sicherstellt.

Wie das im Einzelnen funktionieren soll, warum Personen solche Meinungsmultiplikations–Funktion übernehmen können, wie Personen diese Funktion konkret realisieren, dazu bieten auch neuere Formulierungen des Konzeptions–Phasenmodells keine befriedigende Erläuterungen an.

Ernstzunehmende Konzeptionstechnik braucht zukünftig offenbar mehr als Black Box– oder Grey Box–Modelle. Erst Translucent Box–Modelle enthalten das empirisch belastbare Wissen über die Mechanismen hinter Kommunikations–Prozessen, das notwendig ist, um zielorientiert Maßnahmen in Kommunikationssystemen einzusetzen und zu platzieren.

Kinetik und statistische Korrelationen

Black Box–Theoretiker arbeiten »phänomenologisch«:

Sie beschränken sich auf die Beschreibung der Außensicht der Dinge, auf die Betrachtung der »Phänomene«, also der Erscheinungsweisen von Sachverhalten. Was für sie unbeobachtbar ist, etwa die kausale Dynamik hinter den Dingen, ist für sie nicht existent.

Aus ihrer Sicht sind deshalb Erklärungen, die Beschreibungen von nicht direkt wahrnehmbaren Mechanismen enthalten, nicht möglich.

Tatsächlich sind Mechanismen nicht direkt beobachtbar und müssen deshalb theoretisch erst erschlossen werden, wenn wir etwa die Dynamik von Kommunikations–Prozessen erfassen wollen. Selbst die exakteste Beschreibung der Abläufe eines solchen Prozesses reicht nicht hin, um als mechanistische Erklärung von Kommunikation gelten zu können. Beschreibungen erfassen lediglich die »Kinetik« von Prozess–Abläufen und –Phasen.

Lehre von der Bewegung

Die Kinetik ist die Lehre von der Bewegung von Körpern im Raum. Sie betrachtet Änderungen der Bewegungs–Parameter wie

- *zurückgelegte Wegstrecke,*
- *benötigte Zeit,*
- *erreichte Geschwindigkeit und*
- *Beschleunigung.*

Eine kinetische Betrachtung ist ohne erklärende Kraft. Denn die Kinematik eines Prozesses lässt nicht ablesen, welche Mechanismen der beobachteten Bewegung zugrunde liegen.

Ein und dieselbe Kinematik, also die gleiche Abfolge von Phasen eines Prozesses, können durch unterschiedliche Dynamiken bewirkt werden. So können Kommunikations–Prozesse stets denselben Phasenablauf zeigen; die Gründe für die beteiligten Akteure, sich an den betreffenden Interaktionen zu beteiligen, können sich aber von Kommunikations–Akt zu Kommunikations–Akt völlig unterscheiden.

Aufgrund einer beobachtbaren Regelmäßigkeit ist nicht festgelegt, welche Mechanismen dahinter mit welcher Dynamik wirken. Unterschiedliche Dynamiken können gleiche Prozessabläufe bewirken.

Dass bedeutet: Während ein Mechanismus eine bestimmte Dynamik und damit eine bestimmte Kinematik mit sich bringt, lässt sich umgekehrt von einer bestimmten Kinematik nicht eindeutig auf den zugrunde liegenden Mechanismus schließen.

Schauen wir uns dieses Charakteristikum von Mechanismen – ihre »Latenz«, ihre »Verborgenheit« – genauer an:[6]

Mechanismen sind nicht direkt beobachtbar.

Da Mechanismen latent sind, sind sie nicht direkt erfahrbar. Sie können nicht unmittelbar durch empirische Daten erfasst werden. Aus diesem Grund können Kommunikations–Mechanismen beispielsweise nicht einfach aus Kommunikations–Inhalten, aus periodisch wiederkehrenden Interaktions–Abläufen oder aus Korrelationen in statistischen Auswertungen zum Kommunikations–Verhalten von Bevölkerungsgruppen »herausgelesen« werden.

Selbst besonders deutliche Korrelationen im Interaktions–Verhalten von Zielgruppen entheben uns nicht davon, gründliche kausale Analysen vorzunehmen und nach dahinterliegenden Mechanismen zu suchen.

Betrachten wir das an einem fiktiven Beispiel:

Wir stellen bei der Untersuchung von Kommunikations–Verhalten Korrelationen fest, das heißt, wir sind auf mehrere statistische Variablen gestoßen, die eine lineare Beziehung zueinander aufweisen:

- *Wir stellen fest, dass über einen Zeitraum die Internetzugriffe auf die Firmen–Internetsite unseres Klienten zunehmen (A),*

- *während parallel dazu* – offenbar *durch Pressearbeit bewirkt – eine Reihe von Artikeln in Tageszeitungen erschienen (B).*

Statistische Korrelationen können fehlleiten.

Ob dieses Medienecho *(B)* die Zunahme der Internetzugriffe bewirkte *(A)*, kann aufgrund der statistischen Daten nicht beurteilt werden.

Es ist möglich, dass tatsächlich hinter der Korrelation von gesteigerter Pressearbeit, gewachsenem Medienecho und Zugriffen auf die Internet–Site Kausalbeziehungen stecken.

Es kann aber gar nicht ausgeschlossen werden, dass eine ganz andere, eine dritte Größe sowohl die Zunahme des Medienechos als auch die Internetzugriffe bewirkt hat.

Möglicherweise ist beides durch eine Anzeigenkampagne für ein Produkt des Klienten bewirkt worden, die parallel von der Marketingabteilung des Klienten–Unternehmens in Publikumsmedien geschaltet wurde.

Möglich ist auch, dass das gesteigerte öffentliche Interesse am Klienten stattdessen mit einem besonders publikumsträchtigen Finanzskandal zusammenhängt, in den die Hausbank des Klienten–Unternehmens im Augenblick verwickelt ist.

Dieses Beispiel der Betrachtung von korrelierenden Daten macht noch einmal deutlich, dass wir stets eine Kausalanalyse benötigen, um erklären zu können, wie unterschiedliche Tatbestände miteinander zusammenhängen und zusammenwirken:

Die Feststellung statistischer Regelmäßigkeiten kann nicht mehr liefern als einen Hinweis, der uns als Betrachter motiviert, genauer hinzusehen und nach dem Auslöser und nach den dahinter steckenden Mechanismen zu suchen.

Mechanismen und Funktionsbegriff

Wenn wir uns auf die Suche machen nach Mechanismen, welche die Dynamik von Kommunikations–Prozessen bewirken, dann stoßen wir auf den parallel verwendeten Begriff der »Funktion«.

Häufig werden Erklärungen von Kommunikations–Prozessen durch Rückgriff auf Konzepte wie »Absicht«, »Zweck« und insbesondere »Funktion« versucht. So finden wir Formulierungen wie *»Pressemitteilungen funktionieren, wenn sie aktuelle Informationen enthalten.«* oder *»Wir beziehen in unserer*

Pressearbeit die Redakteure in Zeitungsredaktionen ein, die für uns die Funktion der vertrauenswürdigen Weiterleitung von Inhalten an die Zielgruppen übernehmen.«.

Die meisten Autoren benutzen die Begriffe »Funktion« und »Mechanismus« weitgehend synonym.

Doch eine Vermischung der beiden Konzepte ist nicht empfehlenswert.

Zwar sind Versuche, mit Hilfe des Hinweises auf Funktionen Sachverhalte zu »erklären«, besonders in den Sozialwissenschaften verbreitet. Doch solche »Erklärungen« sind ungenügend; die zugrunde liegenden Mechanismen ausfindig zu machen, ist mindestens genauso wichtig, wie die Funktionen zu definieren und zu analysieren.[7]

Dies gilt umso mehr, als jede gegebene Funktion durch unterschiedlichste Mechanismen erfüllt werden kann:

Mechanismen sind keine Funktionen.

Die Relation zwischen Funktion und Mechanismus ist eine *eins-zu-viele-Beziehung*. Etwa die Funktion der Vermittlung von Informationen kann durch Nutzung unterschiedlichster Maßnahmen und Mechanismen erfüllt werden.

An diesem Faktum, dass zwischen einem Satz von Funktionen und einem Satz von Mechanismen keine *ein-ein-deutige Beziehung* hergestellt werden kann, zeigt sich die Begrenztheit des Ansatzes, Sachverhalte mittels Funktionen zu »erklären«.

Das heißt aber nicht, dass der Funktionalismus falsch wäre. Er ist lediglich schwach und oberflächlich, wird er als Erklärungsansatz verwendet. Er hat eher heuristischen Wert:

Wenn wir erkennen, dass ein Prozess in einem System eine bestimmte Funktion erfüllt, kann uns diese Einsicht dabei helfen, der dahinter liegenden Dynamik auf die Spur zu kommen und die dabei relevanten Mechanismen theoretisch zu erschließen.

Auch praktisch ist der Funktionalismus sehr beschränkt.

Wenn wir Dinge beeinflussen wollen, hilft es uns beispielsweise als Dienstleister wenig, wenn wir lediglich die Anweisung bekommen, dass eine bestimmte Funktion zu erfüllen ist, um ein Klienten-Ziel zu erreichen. Denn wir können Dinge und Prozesse nur beeinflussen und in den Griff bekommen, wenn wir darüber hinaus auch die relevanten Mechanismen kennen und beherrschen:

Wenn beispielsweise Makroökonomen von Regierungen gerufen werden, um eine Rezession zu bekämpfen, müssen sie zunächst damit beginnen, zu untersuchen, welche Mechanismen den betreffenden Wirtschaftsrückgang und volkswirtschaftlichen Schrumpfungsprozess bewirkt haben, um deren Ursachen bekämpfen zu können.

Gleiches gilt für einen Konzeptioner, der wegen einer Vertrauenskrise in der Öffentlichkeit von einem Klienten beauftragt wird. Auch er muss zunächst untersuchen, welche Dynamik zu den verunsichernden Interaktionen und Meinungen bei den Zielgruppen des Auftraggebers geführt hat, um Gegenmaßnahmen entwickeln zu können.

Konzept des Mechanismus

Wenn wir einen realen Tatbestand, ein wirkliches Ding verstehen und erklären wollen – ganz gleich, ob es natürlich, sozial, biosozial oder künstlich, also von Menschen hergestellt ist, – dann müssen wir herausfinden, wie es »arbeitet«, wie es sozusagen »operiert«.

Das bedeutet: Um die Welt und ihren Wandel zu erklären, müssen wir die darin wirkenden Mechanismen »entschleiern«.

In dieser Hinsicht unterscheiden sich die Sozialwissenschaften, auf deren Wissen wir als Konzeptioner angewiesen sind, nicht von den Naturwissenschaften.

Bevor wir uns in den folgenden Abschnitten im Detail den Eigenheiten von Kommunikations–Mechanismen zuwenden, wollen wir zuvor eine grundlegende philosophische Frage klären, und zwar die Frage nach dem »Weltbild«, das mit dem Konzept des »Mechanismus« verbunden ist:

»Mechanismus« oder »Mechanizismus«?

Verfolgen wir etwa einen kritikwürdigen »Mechanizismus«, wenn wir uns beim Versuch, Tatbestände zu erklären, auf die Suche nach Mechanismen konzentrieren? Nehmen wir also an, die Welt funktioniere wie eine Maschine mit quasi–technischen Maschinenelementen?

Schauen wir zur Beantwortung dieser Fragen einmal darauf, wie die Vertreter der Sozialwissenschaften mit dem Thema »mechanistische Erklärungen« umgehen:

Eine ganze Reihe empiristisch–orientierter Sozialwissenschaftler zeigen wenig Interesse an der Erforschung von sozialen Mechanismen.

Ihre Grundhaltung ist meist positivistisch, das heißt, wissenschaftliche Forschung ist für sie in erster Linie Beobachten und Sammeln von Daten. Sie meiden Annahmen über Dynamiken, die hinter den messbaren sozialen Prozessen wirken. Sie lassen sich kaum auf »mechanistische Theorie-Arbeit« ein.

Mit ihrer Gegenposition zu diesen Daten sammelnden, positivistischen Sozialwissenschaften haben sich insbesondere in Deutschland Sozialphilosophen prominent positionieren können, die beispielsweise in der so genannten »Frankfurter Schule« das idealistische Gedankengut klassischer deutscher Denker fortspinnen.

In Anknüpfung etwa an die Schriften von Hegel, Marx, Dilthey oder Max Weber reagieren sie heftig auf die beschriebene Einseitigkeit des Positivismus. Soziale Tatbestände erklären heißt aus ihrer Sicht, Dinge in eine Entwicklungslinie oder in eine historische Ereignisfolge bringen.

In den gesellschaftlichen Verhältnissen wirkt sich ihrer Ansicht nach ein zielgerichteter Geist, ein Denk-Trend, der ohne »gelehrt-verstehenden« Blick in die Vergangenheit nicht erkennbar wäre und erst in historischer Betrachtung seine »teleologische« Orientiertheit erfassen lässt.

»Post-moderne s« Denken

So interpretieren sie etwa den heutigen Wandel gesellschaftlicher Kommunikation als Auswirkung eines »postmodernen« Geistes, der die Individuen dazu bewegt, sich insbesondere kritisch mit den Auswirkungen moderner Industrialisierung und Staatlichkeit auseinanderzusetzen.

Nach den Mechanismen, die einen Wandel von Kommunikation konkret und real bewirken, suchen auch die Vertreter dieser holistischen Sozialphilosophien nicht. Sie begnügen sich mit der Behauptung, vermeintliche geschichtliche Entwicklungstrends »sehen« zu können, ohne dies im Detail empirisch zu belegen.

Dagegen ist es unser Ziel, die relevanten Mechanismen für den Wandel und für Entwicklungen im Bereich von Kommunikation in sozialen Systemen zu ermitteln.

Eine Beschreibung der geschichtlichen Entwicklung von öffentlicher Kommunikation reicht nicht aus, um die Kommunikations-Prozesse dahinter zu erklären. Denn Trends zu erklären, heißt, zu zeigen, wie diese zustande kommen und welche Dynamik dafür verantwortlich ist.

Beispielsweise können wir soziale Konflikte durch divergente Interessen, den Aufbau oder den Zusammenbruch von Kommunikationssystemen durch die Analyse von Wandlungs-Prozessen in den Systemkomponenten erklären.

Die Untersuchung solcher Vorgänge erfordert die Nutzung einer Reihe von Schlüsselbegriffen wie der des »Systems«, des »Prozesses« und insbesondere eben des »Mechanismus«.

Woher stammt dieser besondere Begriff?

Der Mechanismus-Begriff

Das ursprüngliche Konzept des Mechanismus wurde bereits in der frühen Neuzeit durch Autoren wie den französischen Philosophen, Mathematiker und Naturwissenschaftler René Descartes geprägt. Descartes hielt alle Mechanismen für »mechanisch« – Mechanismen waren für ihn physikalische Vorgänge, bei denen physische Körper aufeinander wirken.

Heute gehen wir davon aus, dass Mechanismen nicht »mechanisch« sein müssen, sondern sowohl physikalisch, chemisch, psychisch, sozial oder gemischt sein können.

Mechanismen können »natürlich«, aber auch von Menschen konstruiert und implementiert, also »künstlich« sein.

Mechanismen können »kausal« sein – also einen Prozess bewirken, in dem Dinge in Ursache-Wirkungs-Beziehungen stehen. Mechanismen können auch »stochastisch« sein – also einen Prozess bewirken, in dem Dinge in Beziehungen gebracht werden, die mit Hilfe statistischer bzw. wahrscheinlichkeitstheoretischer Modelle abzubilden sind.

Es gibt unter anderem elektromechanische, nukleare, chemische, ökologische, politische, ökonomische, soziale und kulturelle Mechanismen.

Es spielen zwar heute durchaus in der wissenschaftlichen Forschung Mechanismen eine Rolle, die im »mechanizistischen« Sinne »mechanisch« sind, also mit rein physischen Dingen und technischen Artefakten zu tun haben.

Doch die meisten der uns interessierenden Mechanismen sind nicht mechanisch. Sie haben nichts mit der »Mechanik« etwa von technischen Bauteilen gemein. Wir nennen von nun an Erklärungen, die wie erläutert auf Mechanismen im nicht-physikalisch-technischen Sinne Bezug nehmen, »mechanistische« Erklärungen. So erklären wir formale Organisationen – Schulen, Unternehmen, Regierungs-Abteilungen, Zeitungs-Redaktionen usw. – mechanistisch, indem wir deren Mechanismen, also deren jeweilige »modi operandi«, deren Operationsweisen aufdecken.

Die Bedingung dafür, dass eine mechanistische Hypothese in moderner Wissenschaft oder Technologie Akzeptanz findet, ist zunächst, dass sie konkret ist.

Es gibt keine »allgemeinen« Mechanismen. Mechanismen sind Prozesse bzw. Zustandsveränderungen bei konkreten, individuellen Dingen und nicht etwas abstrakt Allgemeines.

Mechanismen sind real – es gibt keine immateriellen Mechanismen.

Mechanismen sind real.

Mechanistische Hypothesen arbeiten mit gesetzmäßigen, keinesfalls über-natürlichen Bedingungen; sie sind nachvollziehbar, überlegt und vernünftig.

Formale Kennzeichen mechanistischer Erklärungen

Im nächsten Schritt sehen wir uns an, was die formalen Kennzeichen einer mechanistischen Erklärung sind. Wir orientieren uns dabei an dem so genannten deduktiv-nomologischen Modell, dem DN-Modell, für die Struktur wissenschaftlicher Erklärungen.

Dieses Modell wurde von Carl Gustav Hempel und Paul Oppenheim im Jahr 1948 in einem Fachaufsatz beschrieben und ist deshalb auch als *Hempel-Oppenheim-Schema – HO-Schema* – bekannt.[8]

Die Besonderheit dieses Modells besteht darin, dass die Frage: »Warum tritt ein Tatbestand auf?« als Frage nach zutreffenden Gesetzen aufgefasst wird und zwar folgendermaßen:

»Nach welchen allgemeinen Gesetzen und aufgrund welcher Vorbedingungen tritt der Tatbestand auf?«

Die wissenschaftliche Erklärung nach Hempel und Oppenheim besteht im Detail darin, eine Reihe von Bedingungen eines Tatbestands mit Hilfe eines wissenschaftlichen Gesetzes zu verknüpfen. Da die Voraussetzung des Modells ist, dass dieses Gesetz die Bedingungen des betreffenden Sachverhalts tatsächlich »abdeckt« (englisch: to cover – abdecken), wird das HO-Schema auch als »covering-law-Modell« der wissenschaftlichen Erklärung bezeichnet.

Struktur des HO-Schemas

Eine deduktiv-nomologische Erklärung eines Sachverhalts gemäß dieses covering-law-Modells ist ein logisch korrektes Argument, das über folgende Komponenten verfügt:

- ***den erklärenden Teil** – das so genannte **»Explanans«** (vom Lateinischen »explanare« – auslegen, erklären, deuten) bestehend aus:*

  *– **wissenschaftlichen Gesetzen und***

  *– den **speziellen Bedingungen des zu erklärenden Sachverhalts***

- *sowie dem daraus ableitbaren **»Explanandum«** (das Zu–Erklärende), **den zu erklärenden Satz.***

Die Erklärung besteht im Nachweis, dass der betreffende Tatbestand den allgemeinen Gesetzen »gehorcht« und dass diese Gesetze auf die speziellen Gegebenheiten des Tatbestands angewendet werden können.

Das logische Argument des covering law–Modells sieht damit folgendermaßen aus:

Explanans:
- *$L_1, \ldots, L_n$ (Gesetze)*
- *$C_1, \ldots, C_r$ (Bedingungen)*

$\rightarrow$

Explanandum

Sokrates – tatsächlich sterblich

Die Funktionsweise dieses Modells wird gerne am Beispiel der Sterblichkeit des Menschen im Allgemeinen und der Sterblichkeit griechischer Philosophen im Speziellen demonstriert und zwar:

Explanans:
- *»Alle Menschen sind sterblich.« (Gesetz)*
- *»Sokrates ist ein Mensch.« (Bedingung)*

$\rightarrow$

Explanandum:
»Sokrates ist sterblich.«

Dieses Beispiel zeigt die Schwäche der Ursprungs–Version des covering–law–Modells besonders deutlich:

Es ist kaum erhellend, zu behaupten, jemand müsse sterben, weil Menschen sterblich sind. Das ist zwar logisch stichhaltig, aber eben nicht wirklich erhellend, da auf keinen Mechanismus verwiesen wird, der die Sterblichkeit erklärt.

Wissenschaftler suchen nach den Mechanismen hinter dem Sterben und der Senilität. So forschen sie beispielsweise nach genetischen Grundlagen des Alterungsprozesses, um zu verstehen, warum das Sterben des Menschen unausweichlich ist.

Die logische Operation, auf die das HO-Modell aufbaut, ist offenbar nicht das, was eine Erklärung in unserem Sinne ausmacht, werden hier doch lediglich Partikularien unter eine Universalie subsumiert.

Das Schema fokussiert auf die Form des logischen Schließens und lässt die ontologische Seite, den eigentlichen Kern des Erklärens aus.

Revidiertes covering-law-Modell

Anders als eine bloße Subsumtion beinhaltet eine wissenschaftliche Erklärung einen direkten Hinweis auf bereits bekannte oder behauptete Mechanismen irgendwelcher Art – kausale, stochastische oder gemischte –, die natürlichen, biosozialen, sozialen oder künstlichen Ursprungs sind. Das bedeutet, dass die Struktur einer authentischen wissenschaftlichen Erklärung folgendermaßen auszusehen hat:

Explanans:
- *prüfbare mechanistische Hypothese oder mechanistische Theorie*
- *Umstände, unter denen ein Sachverhalt auftritt*

$\rightarrow$

Explanandum

Dieses angepasste covering-law-Modell macht plausibel, wie wissenschaftliche Erklärungen, beispielsweise naturwissenschaftliche Erklärungen im Prinzip funktionieren.

Eine korrekte Erklärung sozialer Fakten setzt allerdings eine wesentliche Erweiterung des Explanans voraus. Denn die Erklärung sozialer Fakten in einem Sozialsystem erfordert neben der Berücksichtigung von Mechanismen zusätzlich die Berücksichtigung von Werturteilen sowie Normen, die in dem betreffenden System relevant sind. Wegen der Wichtigkeit der Wertstruktur und der Normen in Sozialsystemen ist die logische Struktur sozialwissenschaftlicher Erklärung komplexer als das Erklärungs-Ausgangs-Modell:

Explanans:

- *prüfbare mechanistische Hypothese oder mechanistische Theorie*
  + Werturteile
  + Normen (technische, rechtliche, ethisch-moralische usw.)
- *Umstände, unter denen ein sozialer Sachverhalt auftritt*

→

Explanandum

Das Impact-Modell in Werbung und PR

Was hat nun dieses Modell wissenschaftlicher Erklärung mit unserem Arbeitsfeld, der Entwicklung von Kommunikations-Konzeptionen zu tun? Gibt es wissenschaftliche Gesetze, die hier zum Einsatz kommen könnten?

Allem Anschein nach ja, denn es wird im Bereich der Kommunikations-Wirkungsforschung tatsächlich mit der Formulierung von »Gesetzen« gearbeitet.

Die vermeintliche Macht des impact

Insbesondere trifft dies auf das in der Konzeptionstechnik der Werbung und den Public Relations weit verbreitete so genannte »Impact-Modell« (von englisch: »impact« – *Wirkungskraft*) zu.

Dieses Modell basiert auf folgender Annahme, nämlich dem so genannten *»Impact-Gesetz«*:

> *»Je bekannter eine Marke ist, desto größer ist die Wahrscheinlichkeit, dass die damit versehenen Produkte gekauft werden.«*

Dies ist die »Werbe-Version« dieses Gesetzes.

In der PR-Konzeptionslehre wird mit einem entsprechenden »Impact-Gesetz« gearbeitet, das folgendermaßen zu formulieren ist:

> *»Je bekannter der Absender einer Botschaft ist, desto größer ist die Wahrscheinlichkeit, dass seine Botschaft von der Öffentlichkeit positiv aufgenommen wird.«*

Das von PR-Leuten verwendete Wirkungs-Erklärungs-Modell sieht formal so aus:

Explanans:

- *Impact-Gesetz (hohe Bekanntheit → hohe Erfolgswahrscheinlichkeit)*
- *A (der Absender der Botschaft X) erzielt hohe Bekanntheits-Werte*

→

Explanandum

»Die Botschaft X erreicht wahrscheinlich hohe Akzeptanz.«

Begründete Zweifel am Impact-Gesetz

Was ist von diesem Impact-Gesetz zu halten?

Im Bereich der Werbung führt seine Verwendung beim Versuch, Werbe-Wirkung zu erklären, dazu, dass Kommunikations-Maßnahmen systematisch darauf zugeschnitten werden, möglichst effektiv Bekanntheit herzustellen.

Das heißt, bei der Zielgruppe soll in Bezug auf die betreffende Marke *X* in erster Linie eine möglichst starke Gedächtniswirkung in Form hoher so genannter »Recall(Erinnerungs-)-Werte« erreicht werden.

Entsprechend versuchen PR-Agenturen für die Botschaften ihrer Klienten hohe Akzeptanz zu erreichen, indem sie vor allem Wert auf die Bekanntheit des Klienten und dessen Organisation legen.

Den »Erfolg« der Agentur-Arbeit belegen sie deshalb vor allen Dingen anhand des Nachweises von gestiegener Bekanntheit – etwa durch die Vorlage von Beispielen der Erwähnung des Klienten in den Medien.

Inwieweit die Botschaften des Klienten tatsächlich aufgrund der durchgeführten PR-Maßnahmen höhere Akzeptanz bei der Zielgruppe finden, bleibt aber weitgehend im Dunklen.

Die Anwendung dieses Impact-Modells und des Impact-Gesetzes hat offenbar zwei erhebliche Schwachstellen:

- *Erstens ist das Impact-Gesetz nicht universell gültig. – Es ist durchaus nicht so, dass sich Bekanntheit stets in Form von Attraktivität und Akzeptanz auswirkt. Zwischen dem Phänomen der Bekanntheit und der gewünschten positiven Reaktion müssen eine ganze Reihe von Prozessen ablaufen, die in dem Impact-Modell nicht erfasst werden. Es werden keinerlei Mechanismen dargestellt, die für die gewünschte Kommunikations-Wirkung garantieren könnten.*

- *Zweiter Schwachpunkt ist, dass dabei in beiden Feldern – der Werbung und der PR – mit der vereinfachten Form des Erklärungsmodells gearbeitet wird und die ganz entscheidenden Vorbedingungen sozialen Handelns – Werturteile und Normen – ausgeblendet werden.*

Konsequenz dieser beiden Schwachstellen ist, dass Konzepte, die mit dem Impact-Modell arbeiten, häufig scheitern.

Hoher Recall garantiert keinen Erfolg.

So sind Fälle zu beobachten, in denen Werbekampagnen insoweit äußerst »erfolgreich« sind, als sie zwar hohe Recall-Werte bei den Zielgruppen erreichen, aber Absatzzahlen nach Kampagnen-Durchführung dennoch nicht ansteigen oder sogar stagnieren.

Entsprechend gibt es regelmäßig Beispiele von PR-Kampagnen, die zu einer hohen Bekanntheit von Personen, Unternehmen oder Institutionen führen, aber letztlich keine Akzeptanz für Botschaften bei den Zielgruppen erreichen können.

Hierzu noch einmal ein grundsätzlicher Gedanke:

Wie gesehen sind mechanistische Erklärungen konkret, gesetzmäßig, überprüfbar und vernünftig.

Wichtige Eigenart von Mechanismen ist, dass sie stets spezifisch oder anders ausgedrückt »substanzabhängig« sind.

Aus diesem Grund gibt es keine universellen Erklärungen mechanistischen Typs. In den empirisch weitläufigen Gegenstandsfeldern der Naturwissenschaften wie etwa der Physik, aber auch in den Sozialwissenschaften – wie beispielsweise der Soziologie – sind universale Antworten mit großer Skepsis zu betrachten:

- *etwa im Fall des Marxismus, welcher die Frage nach der geschichtlichen Entwicklung universell mit dem Hinweis auf das Phänomen des politischen Kampfes beantwortet,*

- *im Fall der Rational-Choice-Theorie, welche die Frage nach der sozialen Ordnung mit der individuellen Verfolgung von Gewinnmaximierung oder*

- *im Fall der »Kritischen Theorie«, welche die Frage nach der idealen Gesellschaftsordnung mit dem Ideal einer herrschaftsfreien Diskurs–Ordnung beantwortet.*

Wir sind an konkreten Fragen und Antworten interessiert und untersuchen dazu die Faktenlage, insoweit diese uns ebenso konkreten und empirisch belegbaren Antworten näher bringt.

Als Konzeptioner konzentrieren wir uns deshalb auf Fragen wie:

> *»Warum bildet sich gegenüber Unternehmen der Form A, in der Situation B, in Bezug auf die Absichten des Managements in Teilen der Öffentlichkeit die sich weit verbreitende Meinung C?«*

Mechanismen sind konkret und nicht allgemein.

Unterschiedliche Sozialsysteme und Kommunikationssysteme arbeiten mit entsprechend unterschiedlichen Mechanismen, in denen jeweils wiederum unterschiedliche Wirkkräfte und Dynamiken zum Tragen kommen, – jeder konkrete, spezielle Fall verlangt nach seiner individuellen konkreten Erklärung, und entsprechend braucht jede konkrete Kommunikations–Situation ihre spezifische Konzeption mit spezifischen Maßnahmen.

Mechanistische Erklärungen von Kommunikations–Prozessen sind so spezifisch wie die sozialen Systeme, in denen sie ablaufen, sowie die konkreten Mechanismen, die sie bewirken.

Aus diesem Grund funktioniert der beschriebene »Impact–Ansatz« nicht universell.

Wir müssen im Einzelnen stets genau nachvollziehen, wie die realen Akteure in realen Situationen mit Blick auf ihre realen Bedürfnisse tatsächlich mit Inhalten aus den Medien umgehen, wie sie kommunizieren, und schließlich handeln.

Kommunikations–Mechanismen sind soziale Mechanismen.

Kommunikations–Mechanismen unterscheiden sich wesentlich von den Mechanismen, wie sie etwa von den Naturwissenschaften untersucht werden.

Kommunikations–Mechanismen sind soziale Mechanismen.

Wir definieren soziale Mechanismen als Mechanismen, die in einem sozialen System auftreten.[9]

Weiterhin stellen wir fest, dass *soziale Mechanismen soziale Prozesse sind, die zumindest zwei Akteure verbinden, die sich dabei engagieren, ein soziales System aufzubauen, es aufrechtzuerhalten, zu gestalten und umzuformen oder es gemeinsam aufzulösen.*

Es gibt eine große Anzahl von Typen unterschiedlichster sozialer Systeme, zum Beispiel Paare und Großfamilien, Straßenbanden, Schulen, Kirchen, Fabriken, Supermärkte, staatliche Regierungsorganisationen, Ökonomien, multinationale Verbünde von politisch–ökonomischen System, wie beispielsweise die Europäische Union. Entsprechend groß ist die Bandbreite der sozialen Mechanismen, die hier wirken und jeweils zu beachten sind.

Unterscheidung von »Mechanismus« und »System«

Bei der Definition des sozialen Mechanismus als Mechanismus in einem sozialen System ist wichtig, die Begriffe »System« und »Mechanismus« zu unterscheiden und die damit angesprochenen Dinge nicht zu verwechseln. *Denn der Mechanismus ist ein Prozess in einem System und nicht selbst ein System.*

Mit dieser Unterscheidung sind wir mit der Alltagssprache, wie sie heute in der Kommunikations–Branche gepflegt wird, manches Mal überfordert.

Technologien – wie beispielsweise die Humanmedizin – haben durch ihre Nähe zu Wissenschaften wie der Biologie weniger Probleme damit. Ärzte machen nicht den Fehler, das kardiovaskuläre System mit den Mechanismen der Blutzirkulation oder das neuronale System des Gehirns mit mentalen Prozessen zu verwechseln.

In der »Konzeptionsprosa« ist es dagegen beinahe unüblich, diese Unterscheidung korrekt einzuhalten. Hier gibt es zuhauf Ausdrücke wie:

»Die tägliche Tagesschau–Sendung im TV ist der Hauptmechanismus der politischen Orientierung der Öffentlichkeit.«

oder

»Die PR-Abteilung ist der Mechanismus der Kommunikation mit den Medien.«

Im Licht der vorausgegangenen Überlegungen müssen wir präzise sagen:

»Die von Redakteuren in ihrer Berichterstattung vorgenommene Selektion aktueller Ereignisse bewirkt als Mechanismus die Fokussierung der Aufmerksamkeit der Gruppe der Medienkonsumenten auf einige wenige relevant erscheinende Inhalte.«

oder

»Der persönliche Kontakt der Mitarbeiter der PR-Abteilung zu den zuständigen Redakteuren der Fachpresse ist ein wichtiger Mechanismus zur Erreichung laufender Aufmerksamkeit für Unternehmens-Neuigkeiten in der Fachöffentlichkeit.«

Die Unterscheidung von System und Mechanismus mag dem Konzeptioner auf den ersten Blick etwas spitzfindig erscheinen. Zu denken geben sollte ihm aber, dass diese in den Naturwissenschaften und den etablierten Technologien Kennzeichen klaren und disziplinierten Denkens sind. Selbstverständlich kann nur derjenige, der die wesentlichen Tatbestände seines Gegenstandsbereichs klar auseinander hält, mit diesen umgehen und sie für seine Aufgaben nutzen. Also halten wir für die Zukunft fest:

Aktions-Logik von Kommunikation

Mechanismen sind für ein System, was die Bewegung – oder anders ausgedrückt – was die »Aktions-Logik« – für einen Körper ist.

Ohne Beherrschen der Aktions-Logik gibt es keine erfolgreichen, in Systemen funktionierenden Maßnahmen.

Arten sozialer Mechanismen

Manche soziale Systeme und ihre korrespondierenden Mechanismen sind spontan entstanden, sind also ohne Planung emergiert, andere sind künstlich nach einem Konzept gestaltet worden.

Beispiele für spontan entstandene Systeme sind Freundeskreise, Nachbarschaften, Paar-Beziehungen usw. Beispiele für künstlich gestaltete Systeme sind PR-Abteilungen, Agenturen, Vereine, Verbände, Regierungen usw.

Künstlich gestaltete soziale Systeme und ihre entsprechenden sozialen Mechanismen werden gewöhnlich als »Organisationen« bezeichnet.

Wir benutzen hier die soziologische Grundeinsicht, dass Gesellschaften aus vier künstlichen Gesamtsystemen zusammengesetzt sind, nämlich

- *aus einem ökonomischen System,*
- *einem politischen System,*
- *einem gesellschaftlich–gemeinschaftlichen System und*
- *einem Kultursystem.*

Diesen Systemen korrespondieren spezifische Typen sozialer Mechanismen:

- *Produzieren und Handel sind Beispiele für ökonomische Mechanismen.*
- *Wählen und Mobilisieren von Öffentlichkeit sind Beispiele für politische Mechanismen.*
- *Netzwerke spinnen und aufrechterhalten sind Beispiele für gesellschaftlich–gemeinschaftliche Mechanismen.*
- *Forschen, Lehren und Lernen sind Beispiele für kulturelle Mechanismen.*

Die Unterscheidung dieser vier sozialen Gesamtsysteme Ökonomie, Politik, gesellschaftliche Gemeinschaft und Kultur und ihrer korrespondierenden Mechanismen bedeutet selbstverständlich nicht »voneinander Abgelöstheit« oder »Abtrennung«.

Operationen von Mechanismen beeinflussen sich gegenseitig.

Die Funktionsweisen und Operationen der Mechanismen in einem der vier Gesamtsysteme beeinflussen jeweils die Funktion und Operation der Mechanismen in den anderen Grundsystemen:

- *Wenn beispielsweise eine* ***starke Zunahme der Produktivität im ökonomischen System*** *auftritt, etwa Maschinenparks erheblich ausgebaut werden,*
- *wird Arbeitslosigkeit bewirkt, was wiederum zu einer starken Belastung des* ***Gemeinschaftssystems*** *führt, in dem die Familien und Angehörigen der Arbeitslosen mit beschränkten Ressourcen haushalten müssen, um weiter existieren zu können.*
- *Parallel kommt es, wenn keine Gegenmaßnahmen ergriffen werden, sowohl zur* ***kulturellen*** *Verarmung, da von Arbeitslosigkeit betroffene große Bevölkerungskreise von kostspieliger akademischer Bildung ausgeschlossen sind,*

- *sowie zu **politischer** Unruhe, die eine Gefährdung des »bürgerlichen Friedens« innerhalb einer Gesellschaft bewirken kann.*

Ein anderes Beispiel ist

- ***die Verbesserung des allgemeinen Bildungsniveaus im kulturellen System** einer Gesellschaft, die nur dauerhaften Effekt haben wird,*
- *wenn sie Rückhalt in der **gesellschaftlichen Gemeinschaft** findet, beispielsweise Familien insoweit die Initiative ergreifen, dass sie Töchtern und Söhnen den Besuch von Bildungsinstitutionen durch materielle Unterstützung ermöglichen.*
- *Im **ökonomischen System** gehört eine parallele Erhöhung des Gehaltsniveaus für besser qualifizierte und gebildetere Mitarbeiter dazu,*
- *genauso wie im **politischen System** die zunehmende »Inklusion« großer Bevölkerungsanteile, das heißt, die zunehmende Beteiligung größerer, gut ausgebildeter Bevölkerungskreise an politischen Prozessen.*

Die spezifischen sozialen Mechanismen dieser vier Grundsysteme – ökonomische, politische, gesellschaftlich–gemeinschaftliche und kulturelle Mechanismen – sind eng miteinander verbunden.

Anhand zweier wesentlicher Kennzeichen sind soziale Mechanismen grundsätzlich von natürlichen – etwa physikalischen oder biologischen – Mechanismen zu unterscheiden:

Konventionen beeinflussen soziale Mechanismen.

Natürliche Mechanismen sind durch Naturgesetze beeinflusst, während soziale Mechanismen von Handlungen getrieben werden, die »Konventionen« – sozialen Übereinkünften – folgen.

Diese Übereinkünfte orientieren sich explizit, manche lediglich implizit, an Gewohnheiten und an in der Vergangenheit bewährten Regeln. Manche Konventionen sind willkürlich für die Beteiligten eines Systems festgeschrieben worden, manche Konventionen werden von Mitgliedern einer Gruppe diskutiert und einvernehmlich verabschiedet.

Konventionen in einer Paarbeziehung, in einem Fußballverein, in einer Schule, in einem Orchester, in einem Produktionsbetrieb, in einer politischen Partei usw. kommen jeweils sehr unterschiedlich zustande.

Das zweite originäre Kennzeichen sozialer Mechanismen ist, dass sie verbunden mit Kommunikations–Mechanismen auftreten. Soziale Mechanis-

men brauchen für ihre Operation parallele Interaktionen, um in Beziehungen zwischen Akteuren wirksam werden zu können.
In den vier gesellschaftlichen Grundsystemen lassen sich deshalb neben spezifischen Mechanismen spezifische begleitende Kommunikations-Mechanismen beobachten – beispielsweise:

- *Mechanismen der werblichen Kommunikation im ökonomischen System,*
- *Mechanismen der juristisch-bürokratischen Kommunikation im politischen System,*
- *Mechanismen der vertrauensvoll-konsensuellen Kommunikation im Gemeinschaftssystem oder*
- *Mechanismen der diskursiv-begründenden Kommunikation im Kultursystem.*

Mechanismen in Systemen

Wir haben in den letzten Abschnitten gesehen, dass Mechanismen Prozesse in Systemen sind. Nun kommen wir auf ein weiteres wichtiges Merkmal von Mechanismen zu sprechen:

Motoren des Wandels

Mechanismen sind Prozesse in konkreten Systemen, die fähig sind, Wirkungen in diesen Systemen auszuüben – wir können dies auch so ausdrücken, dass wir sagen, *Mechanismen sind Prozesse, die in einem System als Ganzes oder in seinen Subsystemen Wandel verursachen oder steuern.*

Mechanismen stellen die Veränderbarkeit von Systemen sicher – sie sind Operationsweisen des Wandels oder der Kontrolle von Wandel.

Jedes System verfügt über mindestens einen oder mehrere Mechanismen – es gibt keine Systeme ohne Mechanismen und es gibt keine Mechanismen, die ohne Systeme operieren könnten.

Der durch Mechanismen bewirkte Wandel kann quantitativ, qualitativ oder gleichzeitig quantitativ und qualitativ stattfinden.

Der wichtigste qualitative Wandel betrifft Veränderungen in der Struktur eines Systems, wie beispielsweise die Restrukturierung einer formalen Organisation etwa eines Wirtschaftsunternehmens.

Wandlungen können das Resultat der Operation von Mechanismen sein, die Veränderungen in den Komponenten, der Struktur oder der Umgebung eines Systems bewirken. Beispielsweise kann ein Unternehmen reorganisiert werden, um eine neue Technologie einzuführen oder um neuen Marktanforderungen zu entsprechen.

Jeder größere gesellschaftliche Wandel ist durch Mechanismen biologischen, ökonomischen, politischen, gesellschaftlich–gemeinschaftlichen oder kulturellen Ursprungs bewirkt. Die dadurch herbeigeführten Veränderungen können gleichzeitig auftreten oder in Abfolge nacheinander. Große soziale Wandlungen gehen auf Kombinationen der Wirkungen von Mechanismen verschiedenster Art zurück, die parallel zueinander operieren.

Beispiele für mögliche Auslöser von Wandel sind:

- ***biologische Mechanismen:***
  periodisch auftretende Hungersnöte; Ausbruch von Pandemien (z.B. »Vogelgrippe«, »Schweinegrippe«, »Covid-19/Corona«)
- ***ökonomische Mechanismen:***
  Einführung neuer Technologien; Anpassung der Ladenöffnungszeiten in einer Gesellschaft
- ***politische Mechanismen:***
  Veränderung der Sozialgesetzgebung eines Landes; Veränderungen des Steuerrechts zugunsten bestimmter gesellschaftlicher Gruppen
- ***gesellschaftlich–gemeinschaftliche Mechanismen:***
  langfristiger demographischer Wandel; Zunahme des Anteils von Migranten an der Bevölkerung
- ***kulturelle Mechanismen:***
  Einführung neuer Studienordnungen an den Universitäten; Etablierung privater Fernseh–Sender in Konkurrenz zu staatlich finanzierten Sendeanstalten

Wirkweisen von Mechanismen

Wie wirken Mechanismen im Einzelnen?

Die Beantwortung dieser Frage ist Ziel der nächsten Abschnitte dieses Kapitels. Wir beginnen mit der Feststellung, dass sich grundsätzlich *zwei Typen kausaler Mechanismen* unterscheiden lassen:[10]

- ***Typ I** ist verbunden mit einem **Energietransfer großen Umfangs**, wie er beispielsweise in Verbrennungsmotoren oder im Rahmen körperlicher Arbeit auftritt.*

- ***Typ II** ist mit der **Versendung von auslösenden Signalen**, so genannten »Triggern« verbunden, wie sie beim Auslösen einer Online-Banküberweisung im Internet oder im Unternehmens-Alltag beim Unterschreiben der schriftlichen Entlassung eines Mitarbeiters auftreten. – Wir haben es hier mit kleinen Ursachen zu tun, die große Wirkungskraft erreichen.*

Typ I kausaler Mechanismen

Beim ersten Typ kommt es auf die Quantität der Energie an, die aufgewendet wird, wobei im zweiten Fall nur wenig Energie für eine Signalübertragung benötigt wird, um eine große Wirkungskraft zu entfalten. Die beiden Typen können also mit den Begriffen *»starker«* oder *»schwacher Energieaufwendung«* umschrieben werden.

Typ II kausaler Mechanismen

Kennzeichnend für Typ II–Prozesse ist, dass die Stärke des entsprechenden Effekts disproportional zu seinen Folgen ist, das heißt, sehr kleine Ursachen triggern einen Prozess, der mit »katastrophalen«, übergroßen Effekten enden kann – so etwa wie der Schrei in einem verschneiten Tal, der sprichwörtlich die »Lawine ins Rollen« bringt.

Diese Prozesse treten besonders im Fall unstabiler Systeme auf. Etwa in einem diktatorischen Staat, dessen Stabilität von einem starken, allerdings sterblichen »Führer« abhängig ist. In diesem Fall kann der Tod einer einzigen Person den Zusammenbruch eines ganzen Systems nach sich ziehen. Oder ein sich entwickelnder Börsenkurs eines Unternehmens, der von fortlaufend positiven Meldungen über dessen Produkte und Geschäftszahlen abhängig ist. Hier kann eine einzige negative Meldung – selbst, wenn es sich lediglich um eine Falschmeldung handelt, – den Fall des Unternehmens–Börsenwertes ins Bodenlose und eine anschließende Übernahme des Unternehmens durch einen Konkurrenten bewirken.

Wir können davon ausgehen, dass kausale Mechanismen beider Typen in allen empirischen Bereichen und auf allen Realitätsebenen auftreten. Doch Typ II scheint in sozialen Systemen besonders wichtig zu sein. Und zwar deshalb, weil soziale Systeme über Kommunikationsstrukturen verfügen, welche die Triggersignale schnell transportieren können, und soziale Systeme außerdem dazu neigen, sich häufig in wechselnden stabilen und instabilen Lagen zu befinden.

Wahrscheinlich sind alle größeren strukturellen Wandlungen in Gesellschaften durch ineinander verwobene Mechanismen beiderlei Kausalitätstypen bewirkt.

Die Wirksamkeit dieser Mechanismen wird dabei durch zufällig auftretende Ereignisse gestärkt oder geschwächt, die regelmäßig ebenfalls entscheidenden Einfluss nehmen:

- *etwa Unfälle,*
- *Umstände, etwa schlechtes Wetter,*
- *die Entdeckung neuer natürlicher Ressourcen,*
- *die Erfindung neuer Techniken oder*
- *durch Ideen, die eine Person hat, die sich gerade zur richtigen Zeit am richtigen Ort aufhält, um damit Auslöser für ein größeres Ereignis zu werden.*

Übertragen wir diese Überlegungen auf die Praxis der Kommunikationsberatung:

Mythos vom »Knalleffekt«

Es ist erfahrungsgemäß die Hoffnung vieler Klienten, dass es unter den Kommunikations-Dienstleistern außerordentlich talentierte Praktiker gibt, die insbesondere »Triggerwirkungen« auslösen können.

Sie stellen sich vor, dass besonders prominente Werbe- oder PR-Agenturen über die Fähigkeit verfügen, mithilfe einmaliger Kommunikations-Aktionen den Klienten und seine Organisation mit Signalwirkung ein für alle Mal öffentlich »ins rechte Licht« zu rücken – vielleicht mit einem besonderen Event oder durch eine besonders kreative Anzeigenkampagne.

Doch diese Hoffnung ist trügerisch. Ohne soliden und energievollen Unterbau sowie ohne Nutzung vielfältiger, sich gegenseitig ergänzender Mechanismen, ist kein langfristig wirksamer Kommunikationseffekt zu erzielen.

Kommunikations-Mechanismen können sich in ihrem »Energiebedarf« stark unterscheiden. Beispielsweise sind Mechanismen zur Wiederherstellung verloren gegangenen öffentlichen Vertrauens mit erheblichem Energiebedarf verbunden.

»Vertrauensarbeit« ist nicht durch eine Einzelaktion, mag sie noch so beeindruckend sein, abgeleistet. Ein Akteur oder eine Organisation, denen Misstrauen entgegengebracht werden, brauchen viel Energie und viel Aufwand beim Einsatz von Mechanismen, damit ihre Handlungen von der Öffentlichkeit wieder als »vertrauenserweckend« interpretiert werden.

Dazu müssen Kommunikations–Mechanismen eingesetzt werden, die nicht nur zur aufmerksamkeitsstarken Inszenierung geänderter – nunmehr vertrauenswürdiger – Wertorientierungen der Betroffenen dienen, sondern auch Mechanismen zur Bewirkung der Beziehungsaufnahme und Bildung von Netzwerken zu Partnerorganisationen in Gang bringen. Denn die Botschaften und die Neueinschätzung der augenblicklich mit Misstrauen beobachteten »Sünder« müssen von Akteuren in der Öffentlichkeit verbreitet werden, die eine solide Vertrauensposition genießen und es übernehmen, die in Misskredit stehenden Akteure zu unterstützen.

Es gibt aber tatsächlich Fälle, in denen Kommunikations–Mechanismen mit Triggerwirkung verlässliche Ergebnisse bringen. Beispiele dafür sind »Rückrufaktionen«, die mit tatkräftiger Hilfe von Massenmedien realisiert werden. Im Fall von gefährlichen Defekten an Produktserien – etwa der Automobilindustrie – kann erfahrungsgemäß bereits der Versand einer einzelnen entsprechenden Presseinformation an eine Nachrichtenagentur ausreichen, eine landesweite Warnung der betroffenen Bevölkerung über alle Medienkanäle wie Tageszeitungen, Radio und Fernsehen zu bewirken.

Doch solche Trigger–Wirkungen können nur sehr punktuell eingesetzt werden und funktionieren in Notfällen, wenn sprichwörtlich »Gefahr im Verzug« ist.

Langfristige Wirkung erfordert kontinuierliche Anstrengungen.

Langfristige Kommunikations–Wirkungen dagegen sind mit einem genauso langfristigen Einsatz von Maßnahmen unter Nutzung von Kommunikations–Mechanismen verbunden. Zwar kann die Wirkung des dabei eingesetzten Maßnahmen- bzw. Mechanismen–Pakets optimiert werden, indem möglichst effiziente, Ressourcen–sparende Maßnahmen zur Anwendung kommen. Denn häufig können vergleichbare Wirkungen bei geschickterer Mechanismen–Nutzung mit reduziertem Energieaufwand erzielt werden.

Doch grundsätzlich gilt für die Erreichung von Publizität und die Realisierung von öffentlichen Dialogen, dass ohne einen Energieaufwand in beträchtlicher Höhe keine durchschlagende Kommunikations–Wirkung zu erreichen ist.

Linear und nicht–linear wirkende Mechanismen

Der Unterscheidung der beiden Kausalitätstypen mit starkem und schwachem Energieaufwand ähnelt eine weitere Unterscheidung, die in den letzten Jahren bei der Diskussion von Kommunikations–Wirkungen in den Vordergrund getreten ist:

Lineare Wirkungen

Die große Mehrzahl wissenschaftlicher Theorien geht von *»linearen« Wirkungen* aus.[11] Die in diesen Theorien verwendeten Hauptvariablen verhalten sich typischerweise additiv, so dass eine kleine Änderung in der einen oder anderen Variablen zu einer proportionalen – weder explosiven noch implosiven – Änderung der Werte anderer Variablen führt. Einfach gesagt: Mehr einer Ursache führt zu mehr des Effekts, während weniger der Ursache zu einem kleineren Effekt führt.

Auf diese Weise entspricht die gesamte mechanische Kraft, die auf einen Körper wirkt, der Summe der vektoriellen Kräfte, die insgesamt auf den betreffenden Körper wirken:

Ein kleiner Wandel der anliegenden Kräfte bewirkt eine kleine Veränderung in der Gesamtsumme, während ein großer Wandel eine große Veränderung bewirkt.

Beispiel:

Eine Billardkugel, die vom Queue durch einen leichten Stoß, also mit wenig Energie getroffen wird, bewegt sich nur eine kurze Strecke über den Filz des Billardtisches. Wird die Kugel bei einem zweiten Stoß härter getroffen, rollt sie – dem höheren Energieaufwand entsprechend – ein Stück weiter als beim ersten Stoß.

Nicht–lineare Wirkungen

Einige wichtige naturwissenschaftliche Theorien wie Einsteins Theorie der Gravitation oder das Gesetz des Wachstums von Biopopulationen gehen von *»nicht–linearen« Wirkungen* aus. Hier spielen jeweils nicht–linear wirkende Mechanismen eine Rolle, die als Multiplizierer funktionieren und einen kleinen Energieaufwand in überproportional große Ursachen verwandeln.

Solche nicht–linearen Mechanismen können Systeme in instabile Zustände und ungeregelte Bewegungen versetzen, die diese schließlich sogar zusammenbrechen lassen.

Die Vorstellung von zunächst regulären und geordneten periodischen Wandlungszuständen, die plötzlich ungeregelt werden und einen chaotischen Zustand eines Systems bewirken, übt auf Betrachter eine große Faszination aus.

In den Sozialwissenschaften versuchen Theoretiker, solche populären »chaostheoretischen« Überlegungen in Form *nicht–linearer dynamischer Modelle sozialer Prozesse* einzubauen.

Bisher ist es jedoch noch nicht gelungen, ein präzises chaostheoretisches Modell für soziale Mechanismen zu entwickeln; es fehlt dazu an empirisch erhobenen Daten, die zu solchen Modellen passen würden. Die Sozialwissenschaften beschränken sich deshalb darauf, mit nicht–chaotischen kausalen, stochastischen oder gemischten Mechanismen sowie den korrespondierenden Verallgemeinerungen und Erklärungen zu arbeiten, die anhand von empirischen Daten tatsächlich prüfbar sind.

Chaostheorie bringt keine Lösung.

Wir sind bereits darauf gestoßen, dass manche Konzeptioner der Suggestivkraft der Chaostheorie erliegen und ihre Klienten davon zu überzeugen suchen, sie beherrschten Kommunikations–Maßnahmen, die Publizität »epidemisch« verbreiten könnten.

Stichworte sind »virale Kommunikation« oder »virales Marketing«. Entsprechend vertreten »Kreativ–Direktoren« von Werbe–Agenturen allen Ernstes die These – allerdings ohne über entsprechende empirische Belege zu verfügen –, es gäbe die Möglichkeit, nicht–linear wirkende Kommunikations–Medien so einzusetzen, dass sich Informationen über Produkte oder Dienstleistungen innerhalb kürzester Zeit wie eine »Viren–Population« von Mensch zu Mensch übertragen.

Diese »viralen« Kommunikations–Modelle sind empirisch nicht haltbar. Grund ist, dass Informationen stets einen materiellen Träger brauchen, um sich ausbreiten zu können. Ohne, dass eine Information von einem Gehirn bewusst verarbeitet und interpretiert wird, kann sie nicht wirken oder »übertragen« werden.

Virale Erkrankungen können ihre Dynamik deshalb entwickeln, weil sie wirken, ohne des bewussten Zutuns der Erkrankenden zu bedürfen.

Mechanistische Erklärungen von Kommunikations-Prozessen

Solide Erklärung von Kommunikation

Schauen wir uns nun weiter an, wie »solide« Erklärungen von Kommunikations-Prozessen funktionieren:

Die Kommunikation beispielsweise eines Wirtschaftsunternehmens erklären wir, indem wir dieses als Sozialsystem betrachten und dessen Komposition, Organisation und Umgebung untersuchen.

Wir schauen uns an, was die Unternehmens-Mitarbeiter tun, die Art und Weise, wie sie es tun, wie sie miteinander interagieren sowie mit der Umgebung und darin befindlichen Systemen kommunizieren.

Sollte etwas in der Kommunikation des Unternehmens fortgesetzt »schief laufen«, werden wir versuchen, Probleme in der Systemkomposition, der System-Struktur oder der Umgebung zu finden.

Bei unserem Erklärungsprojekt bekommen wir es mit den beiden unvermeidlichen »Seiten« der Betrachtung von Kommunikations-Mechanismen zu tun:

- *auf der einen Seite haben wir das Verhalten der einzelnen beteiligten Akteure und*
- *auf der anderen Seite das Gesamtsystem mit seinen Bestandteilen, Eigenschaften und Wirkungen zu berücksichtigen.*

Wie wir in den zurückliegenden Kapiteln in vielen Einzelheiten beobachten konnten, lassen es die Fehlgriffe sowohl des Individualismus als auch des Holismus angeraten sein, zur adäquaten Alternative der beiden, zum Systemismus zu greifen, was bedeutet, bei unseren Erklärungen stets sowohl die Individuen als auch das kollektive Ganze im Auge zu behalten.

Dahinter steckt die Einsicht, dass wir als individuelle Akteure die Gesellschaft formen, während wir gleichzeitig als Individuen von der Gesellschaft geformt werden.

Individuelles Handeln und soziale Umgebung – Handlungsinitiative und Struktur – treten immer gemeinschaftlich auf und erzeugen sich gegenseitig. Individuelles Handeln lässt sich deshalb am besten erklären und verstehen, wenn es in die »soziale Matrix« gesetzt vorgestellt wird, während die soziale Matrix am besten verstanden wird, wenn ihre individuellen Komponenten und deren gegenseitige Handlungen und Beziehungen betrachtet werden.

Ein »Individualist« neigt dazu, alles Soziale als Ergebnis des Strebens eines Individuums zu interpretieren, den Nutzen zu maximieren, den es sich vom Ausgang einer Situation erwartet. Was er damit praktiziert, bezeichnen wir als »Bottom-up«-Erklärung.

Im Gegensatz dazu versucht der Holist, jeden Aspekt individuellen Verhaltens mit Blick auf soziale Gruppen oder auf Systeme, zu denen die betreffenden Individuen gehören, zu erklären. Was er damit praktiziert, bezeichnen wir als »Top-down«-Erklärung.

Schauen wir uns diese beiden fundamentalen Erklärungs-Typen genauer an:[12]

- *Eine **Bottom-up-Erklärung** oder **mikro-soziologische Erklärung** liegt dann vor, wenn die betreffende Erklärung aus Verallgemeinerungen und Daten abgeleitet ist, die sich ausschließlich auf individuelle Komponenten des betreffenden Systems beziehen.* *Bottom-up-Erklärung*

- *Eine **Top-down-Erklärung** oder **makro-soziologische Erklärung** liegt dann vor, wenn sich die zur Erklärung herangezogenen Verallgemeinerungen und Daten exklusiv auf die Ganzheiten beziehen – soziale, natürliche oder gemischte –, die im betreffenden System vorkommen.* *Top-down-Erklärung*

Ein weiterer Erklärungstyp entsteht, wenn diese beiden Typen miteinander kombiniert werden:

- *Eine **gemischte oder mikro-makro-soziologische Erklärung** liegt dann vor, wenn einige bei der Erklärung genutzte Verallgemeinerungen und Daten sich auf individuelle Komponenten des Systems beziehen und parallel andere auf Ganzheiten einschließlich des betreffenden Systems Bezug nehmen.* *Gemischte Erklärung*

Schauen wir uns diese Erklärungsarten in der Anwendung an.

Bei Mario Bunge finden wir folgende Beispiele für diese drei Erklärungsarten:[13]

Erklärungs-Typen anhand von Beispielen

- ***Bottom-up-Erklärung:*** *»Die Gewerkschaft leitet einen Streik ein, weil ihre Mitglieder mit den Arbeitsbedingungen unzufrieden sind.« – Stillschweigende Verallgemeinerung hinter der Erklärung ist: Individuen engagieren sich in kollektiven Handlungen, um ihre individuellen Interessen zu verteidigen.*

- ***Top-down-Erklärung:*** *»Steigende Arbeitslosigkeit hält die Angestellten und Arbeiter davon ab, Gehalts- bzw. Lohnerhöhungen zu verlangen.« – Stillschweigende Verallgemeinerung hinter der Erklärung ist: Individuelles Handeln wird durch den allgemeinen Wunsch nach Teilhabe am kollektiven Ganzen bestimmt.*

- ***Gemischte Erklärung:*** *»Der populistische Parteikandidat gewann die Wahl, weil die Wähler durch die bürgerlichen Parteien desillusioniert waren (Bottom-up-Erklärung) und weil er die Unterstützung wichtiger Interessengruppen gewonnen hatte, welche die Haltungen der Wähler beeinflussten (Top-down-Erklärung).« – Stillschweigende Verallgemeinerung hinter der Erklärung: Politische Haltungen werden sowohl durch persönliche Interessen der Individuen als auch durch makrosoziale Ereignisse im betreffenden sozialen Umfeld bestimmt.*

Reine Bottom-up-Erklärungen oder reine Top-down-Erklärungen, wie sie jeweils von Individualisten oder Holisten favorisiert werden, verfügen zwar über den »Charme« der Einfachheit und Schlichtheit. Doch beide übersehen wesentliche Faktoren:

Die Individualisten übersehen regelmäßig die sozialen Zwänge, die auf den einzelnen Akteuren lasten, während die Holisten das individuelle Interesse und die individuelle Initiative von beteiligten Akteuren unterschätzen.

Wenn wir die Komplexität der sozialen Welt und der Kommunikation darin ernst nehmen, müssen uns einfache Erklärungen suspekt sein. Deshalb werden wir für die zukünftige Konzeptionslehre folgende Analyse- und Syntheseregeln übernehmen:

- *Wenn jemand versucht, ein soziales Faktum, beispielsweise einen Kommunikationsprozess, zu erklären, dann soll er:*

Der Weg zur erfolgreichen Erklärung

1. *Erklärungen des reinen Bottom-up-Typs vermeiden – also Erklärungen, die keinen Bezug zum sozialen Kontext des betreffenden Tatbestands herstellen.*

2. *Erklärungen des Top-down-Typs nur insoweit verwenden, als sie nicht mit der Annahme arbeiten, dass Individuen durch obskure, unwiderstehliche soziale Kräfte beeinflusst und bestimmt sind.*

3. *Erklärungen des gemischten Typs bevorzugen – vorausgesetzt, diese sind mit wahren oder zumindest plausiblen Prämissen verbunden, welche Mechanismen der verschiedensten Art beschreiben.*

Indem wir uns die beschriebenen Analyse- und Syntheseregeln zu eigen machen, orientieren wir uns am Vorgehen der empirischen, faktenbasierten Wissenschaften, den Tatsachenwissenschaften, die typischerweise in der »Tiefe« der Empirie nach Mechanismen suchen.

Sozialwissenschaftliche Theorien sind in diesem Sinne »Tiefentheorien« insoweit, als sie Mechanismen auf verschiedensten Ebenen sozialer Systeme postulieren.

Wie gesehen distanzieren wir uns in Zukunft von Ein-Ebenen-Theorien und arbeiten stattdessen bei unseren mechanistischen Erklärungen stets mit mehreren Betrachtungsebenen.

Reduktive Erklärungen

Ein wichtiger Begriff ist in diesem Zusammenhang der Begriff der »reduktiven Erklärung«.[14]

Eine Erklärung wird als reduktiv bezeichnet, wenn sie mit Prämissen arbeitet, die reduktive Annahmen darstellen.

Es gibt sowohl mikroreduktive als auch makroreduktive Annahmen.

Eine Erklärung des Bottom-up-Typs stellt eine mikroreduktive Annahme dar – wenn wir zum Beispiel die Struktur eines konkreten sozialen Netzwerkes aufgrund der Interessenlage betroffener Individuen erklären.

Im Gegensatz dazu ist eine Annahme in Bezug auf das Verhalten einer Systemkomponente makroreduktiv, wenn wir sie mit Bezug auf ihre Rolle im Gesamtsystem analysieren, also eine Top-down-Erklärung benutzen.

Eine Research-Strategie, die Mikroreduktionen bevorzugt, kann als »mikroreduktionistisch« bezeichnet werden. Entsprechend wird eine Research-

Strategie, die auf Makroreduktionen fokussiert, als »makroreduktionistisch« bezeichnet.

In den Sozialwissenschaften verfolgen methodologische Individualisten mikroreduktionistische Ansätze, während Holisten bzw. Kollektivisten makroreduktionistische Strategien favorisieren.

Jeder dieser beiden Ansätze enthält einen »wahren Kern«, ohne für sich genommen allerdings der »Weisheit letzter Schluss« zu sein. Die adäquate reduktive Erklärung ist eine Kombination dieser beiden Basistypen reduktiver Erklärungen. Die Kombination von Mikroreduktion und Makroreduktion ist typisch für den systemistischen Ansatz.

Systemistische Forscher erklären die Operationsweise eines Systems dadurch, dass sie dessen Mechanismen offen legen; dazu müssen sie nicht nur mikroreduktionistisch seine einzelnen Bauelemente berücksichtigen, sondern darüber hinaus auch makroreduktionistisch zeigen, wie diese Elemente zusammenarbeiten, aufeinander abgestimmt sind und wie sie zusammen die emergente Qualität des Gesamtsystems hervorbringen.

Die drei Formen reduktiver Erklärung

Individualismus	Holismus	Systemismus
mikroreduktionistische Research-Strategien und Bottom-up-Erklärungen	makroreduktionistische Research-Strategien und Top-down-Erklärungen	mikro- und makroreduktionistische Research-Strategien sowie Bottom-up und Top-down-Erklärungen
Makroebene	**Makroebene**	**Makroebene**
↑	↓	↕
Mikroebene	Mikroebene	**Mikroebene**

Modelle zur Erklärung von Kommunikations-Mechanismen

Aus systemistischer Sicht erfordert die Erklärung von Prozessen in Systemen die detaillierte Betrachtung von zumindest zwei verschiedenen Ebenen, die im Detail zu analysieren sind.

Zum einen ist die Mikroebene zu betrachten – die Ebene der Systemkomponenten etwa der beteiligten Akteure – sowie zum anderen die Makroebene – die Ebene des Gesamtsystems und seiner übergeordneten Strukturen.

Im Fall konkreter sozialer Prozesse können weitere Betrachtungsebenen relevant werden, so dass sich eine komplette systemistische Analyse als multidimensionale Untersuchung [15] von

Multidimensionale systemische Analyse

- *einem **Nano-Level** der Betrachtung von Individuen über*
- *ein **Micro-Level** der Betrachtung der persönlichen Bezugsgruppen der Individuen – Familie, Lebenspartnerschaft, Kollegenschaft usw. – über*
- *ein **Meso-Level** der Betrachtung der zentralen Bezugsgruppen der Individuen – Arbeitgeber, Ausbildungsinstitutionen, Kirchengemeinde, Nachbarschaft usw. über*
- *ein **Makro-Level** der Betrachtung des Hauptbezugsfelds der Individuen – Gemeinde, Stadt, Kommunalregierung, Firmengruppe usw. – über*
- *ein **Mega-Level** der Betrachtung des übergeordneten Bezugsfelds – internationale Konzerne, Regionen, Länder usw.*

erstreckt.

Anhand eines konkreten Beispiels verfolgen wir nun den typischen Ablauf einer mechanistischen Erklärung von sozialen Prozessen.

Beispiel einer mechanistischen Erklärung

Dieses Beispiel übernehmen wir von Mario Bunge:[16]

Wir stellen uns vor, wir hätten es mit dem Tatbestand zu tun, dass ein steigendes Einkommensniveau in Industrieländern eine Phase fallender Geburtenraten in diesen Ländern »anstößt«, den wir nun mechanistisch zu erklären haben.

Beide Phänomene – steigendes Einkommensniveau und fallende Geburtenrate – sind als soziale Tatbestände auf einer Makroebene lokalisiert.

Die Feststellung einer Verknüpfung oder Korrelation beider Sachverhalte stellt lediglich eine »kinetische« Betrachtung dar, die nur eine einzige Betrachtungsebene berücksichtigt.

Worin eine mögliche kausale Verbindung zwischen beiden bestehen könnte, ist unklar, da beide Sachverhalte eigentlich nicht zusammenpassen:

Denn, wenn die Haushalte über wachsende materielle Möglichkeiten verfügen, könnten mehr Kinder aufgezogen werden als in der Vergangenheit.

Die vorliegende Korrelation kann erklärt werden, wenn wir mit der Mikroebene eine zweite Betrachtungsebene folgendermaßen in die Analyse einbeziehen:

Makroebene	Steigendes Einkommen	→	Fallende Geburtenzahlen
	↓		↑
Mikroebene	Altersvorsorge & höhere Bildung	→	Familienplanung

Steigendes Einkommen führt bei den Individuen zu einem neuen Lebensstil. Altersvorsorge und Bildung treten in den Mittelpunkt. Das Aufziehen der Kinder wird Vernunfterwägungen unterworfen – es wird Familienplanung praktiziert, die zu fallenden Geburtenzahlen in der Gesellschaft führt.

Die hier vorgestellte tabellarische Verbindung der Betrachtung mehrerer Erklärungsebenen hat Mario Bunge zu Ehren der beiden bekannten Soziologen – dem Franzosen Raymond Boudon, dem US-Amerikaner James Samuel Coleman – als *Boudon-Coleman-Diagramm* bezeichnet.[17]

Beide Sozialwissenschaftler haben in ihrem Werk einen »methodischen Individualismus« vertreten und dabei versucht, die Wechselwirkungen zwischen individuellem Handeln und kollektiven Einflüssen zu erfassen. Beide sind in diesem Sinne als systemistische Wissenschaftler zu betrachten, denn sie haben nach dem Grundmuster argumentiert, das wir gerade kennen gelernt haben und das allgemein formuliert so aussieht:

Struktur des Boudon–Coleman–Modells

(Boudon–Coleman–Diagramm)

Makrovariable 1 (M1) → Makrovariable 2 (M2)
↓ ↑
Mikrovariable 1 (m1) → Mikrovariable 2 (m2)

Anhand dieses *Makro–mikro–Makro–*, exakt: *Makro–mikro–mikro–Makro–Modells* zeigen sich drei Phasen, die typisch sind für die Operationsweise sozialer Mechanismen. Und zwar lässt sich damit nachzeichnen, wie eine Modifikation von Strukturen oder Prozessen auf der Makroebene eines Systems ab einem Zeitpunkt das Verhalten von individuellen Handelnden auf der Mikroebene beeinflusst, was wiederum nach einer Zeit zu einem neuen Status auf der Makro–Ebene führt.

Schauen wir uns das anhand der folgenden Grafik genauer an:

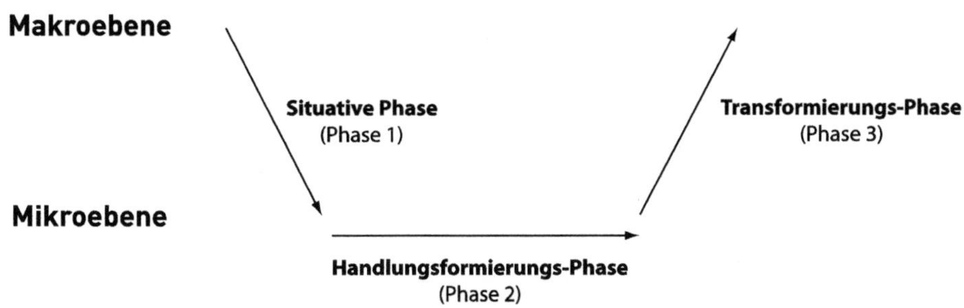

- *In einer **Phase 1** beeinflussen Makroebenen–Vorgänge und –Konditionen Individuen. Diese Phase wird als die »**Situative Phase**« bezeichnet: Ein verändertes Kollektivmerkmal wirkt sich auf ein Individualmerkmal aus – die Ausgangssituation für die nun folgenden Reaktionen auf der Ebene der interagierenden Individuen ist hergestellt.*

- *In einer **Phase 2** verarbeiten die Individuen die Auswirkungen des veränderten Kollektivmerkmals und reagieren mit geändertem zielgerichtetem Verhalten. Diese Phase wird als »**Handlungsformierungs–Phase**« bezeichnet.*

- *In einer* ***Phase 3*** *tritt als Ergebnis des Zusammenwirkens des geänderten individuellen Verhaltens auf der Makroebene ein kausal bewirktes Aggregatmerkmal auf, das bisherige soziale Prozesse und Strukturen verändert, also transformiert. Diese Phase wird als »****Transformierungs–Phase****« bezeichnet: Individuelles Verhalten zeigt auf der sozialen Ebene Wirkungen, die von den Akteuren beabsichtigt –* ***intendiert*** *– oder nicht beabsichtigt –* ***nicht-intendiert*** *– sein können.*

Mit diesem *Erklärungs–Phasen–Modell* haben wir ab jetzt ein Werkzeug zur Hand, mit dem wir bei der Entwicklung von Konzepten empirisch begründet und differenziert auf die Dynamik von Prozessen in Kommunikationssystemen eingehen können.

Ein Beispiel dazu:

Beispiel für die Anwendung des Boudon–Coleman–Modells

Wir stellen uns vor, wir bekommen ein Briefing von einem Klienten, der uns mit der Entwicklung von Maßnahmen im Bereich seiner »Internal Relations« beauftragen möchte. Kern des Briefings ist das Faktum, das die interne Kommunikation in den Projektgruppen und Abteilungen so weit zusammengebrochen ist, dass das Unternehmen Kunden nicht mehr fristgerecht mit Produkten und Dienstleistungen versorgen kann.

Einzelne Mitarbeiter haben der Geschäftsleitung in vertraulichen Gesprächen verraten, dass sich einzelne Kollegen unfair und egoistisch verhalten, was im Laufe der Zeit zu einer allgemeinen Atmosphäre des Mistrauens geführt hat.

Wie gehen wir vor?

Aufgrund der Forschungsergebnisse an der Universität Zürich, die der empirische Wirtschaftsforscher Ernst Fehr veröffentlicht hat,[18] und die wir in Kapitel 10 erörtert haben, verfügen wir über wichtiges Hintergrundwissen:

Wir wissen, dass die Annahme, alle Akteure in einem System wären stets egoistisch, ebenso falsch ist, wie die Annahme, alle Akteure würden stets faires Verhalten präferieren.

Ein Phänomen auf der Makroebene eines Unternehmenssystems, wie es der Zusammenbruch der internen Kommunikation darstellt, geht in den meisten Fällen auf die besondere Art der Interaktion zwischen eigennützigen Akteuren auf der einen und fairen Individuen auf der anderen Seite zurück.

In einer Atmosphäre der »Unfairness« werden selbst faire Akteure scheinbar unfair und egoistisch, weil sie erfahren mussten, dass sie im betreffenden Kommunikationssystem keine Fairnessziele verfolgen und realisieren können:

Sie stellten ihr kooperatives Verhalten ein, weil sie wiederholt von Eigennützigen ausgenutzt wurden, ohne diese unmittelbar sanktionieren zu können. Sie haben möglicherweise keine Gelegenheiten, die »Trittbrettfahrer« offen vor der Kollegenschaft zu kritisieren.

Dass im betroffenen Unternehmen Mitarbeiter nicht mehr kooperieren, hat bei den Beteiligten ganz offenbar unterschiedliche Gründe:

Die eigennützigen Akteure hatten nie vor, zu kooperieren, und die Fairen stellen die Kooperation ein, um sich gegen das Ausgenutztwerden durch die Eigennützigen zu schützen.

Mechanismus des »Free-Ridings«

Es hat Platz gegriffen, was wir mit Hilfe des Boudon–Coleman–Diagramms analysieren und als Mechanismus des »Free Ridings« bezeichnen können:
Es zeigt sich, dass im Unternehmen eine kleine Anzahl von Egoisten ausgereicht hat, ein kooperatives Kommunikationssystem zusammenbrechen zu lassen, weil die »Trittbrettfahrer«, die »Free Rider«, nicht unmittelbar von den betroffenen Kollegen öffentlich zur Verantwortung gezogen werden können.

Mechanismus des »Free Ridings«

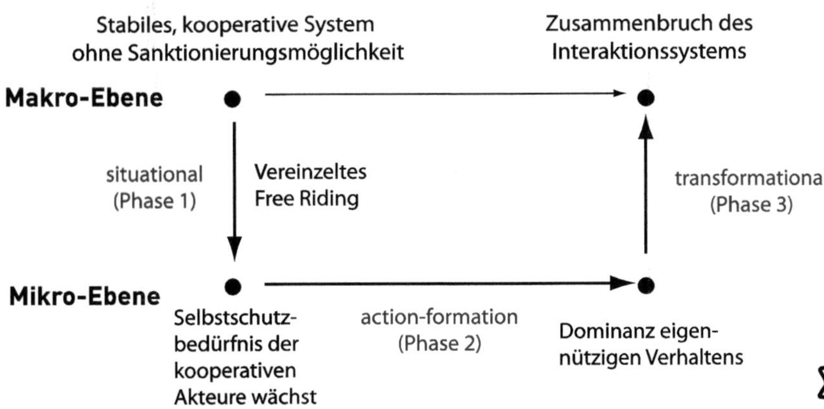

Wir wissen aber, dass eine stabile Kooperation wieder hergestellt werden kann, wenn die fairen Akteure die Möglichkeit haben, unkooperatives Verhalten zu disziplinieren, also »altruistische Bestrafung« zu praktizieren.

Mechanismus der »Strong Reciprocity«

Mit Hilfe des Boudon-Coleman-Diagramms können wir jetzt betrachten, wie der Mechanismus der »starken Reziprokität«, der »Strong Reciprocity« funktioniert, auf den wir mit Maßnahmen aufbauen können, um im Unternehmen unseres Klienten Voraussetzungen für ein gutes »Arbeitsklima« zu schaffen:

Mechanismus der »Strong Reciprocity«

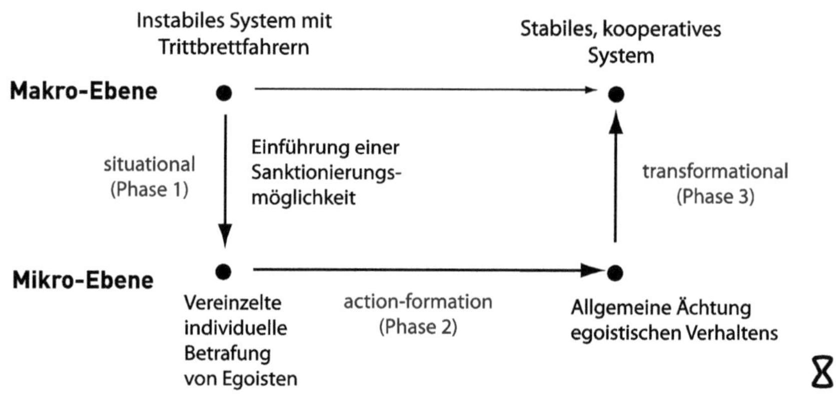

Sieben Regeln des Erklärens von Kommunikationsprozessen

Der Plan des aktuellen Kapitels ist erfüllt:

Wir haben erfahren, auf welchem Weg Kommunikationsprozesse verlässlich erklärt werden können.

Damit haben wir einen wichtigen Schritt getan, auf unserem Weg, die Konzeptionstechnik als Soziotechnologie neu zu begründen.

Erfassen von Mechanismen als Basis

Die Fähigkeit, Mechanismen zu erkennen und gezielt zu nutzen, ist die entscheidende Kompetenz unseres technologischen Ansatzes.

Für dieses Erkennen von Kommunikations–Mechanismen können wir nun einige ***methodologische Regeln*** festhalten und uns für das Weitere einprägen[19] – am Ende des Buchs werden wir diese Regeln weiter präzisieren und ausarbeiten:

- ***Regel 1:***
  Platziere jedes soziale Faktum und jeden Kommunikations–Tatbestand zu Beginn Deiner konzeptionellen Arbeit in seinen systemischen Kontext. Verorte alle relevanten Sachverhalte, indem Du Dir ein Bild von allen betroffenen Kommunikationssystemen machst.

- ***Regel 2:***
  Analysiere jedes betroffene Kommunikationssystem: Unterscheide dabei stets Komposition, Umgebung und Struktur dieser Systeme.

- ***Regel 3:***
  Untersuche die relevanten Systemebenen und zeige Beziehungen auf, die zwischen den Tatbeständen auf diesen Systemebenen herrschen.

- ***Regel 4:***
  Identifiziere dabei die Mechanismen, welche die betrachteten Systeme in Bewegung halten, diese verändern oder Wandlungen steuern.

- ***Regel 5:***
  Stelle sicher, dass die dabei angenommenen Mechanismen kompatibel sind mit Gesetzen und Normen. Setze dabei mechanistische Hypothesen und Theorien ein, die hinreichend empirisch geprüft sind. Nehme, wenn nötig, selbst Experimente vor, indem Du den einen oder anderen relevanten Parameter in den betroffenen Kommunikationssystemen veränderst und die Auswirkungen dieser Intervention beobachtest.

- ***Regel 6:***
  Ziehe mechanistische, also dynamische Hypothesen phänomenologischen Hypothesen vor. Bevorzuge grundsätzlich mechanistische Erklärungen und nutze kinematische und funktionalistische Erklärungen nur, wenn Du keine besseren Theorien zur Verfügung hast. Schließe »Schwarm«-Ansätze und »virale« Modelle« vollständig aus – Menschen verhalten sich auch in Systemen nicht wie Fisch-Schwärme und Kommunikations-Prozesse verlaufen nicht wie Krankheitsepidemien.

- ***Regel 7:***
  Untersuche im Fall von Fehlfunktionen in Systemen alle vier grundsätzlich möglichen Quellen: Komposition, Umgebung, Struktur und Mechanismen. Beteilige Dich an den »Reparaturen«, indem Du versuchst, Kommunikations-Prozesse gezielt für die Arbeit an den Fehlerauslösern in diesen vier Bereichen einzusetzen.

Abschluss

Zum Abschluss sind die Leser wieder eingeladen, das Thema des aktuellen Kapitels anhand einer Aufgabenstellung zu vertiefen:

In diesem Kapitel sind wir auf das »Impact-Modell« zu sprechen gekommen, das insbesondere in der Kommunikations-Dienstleistungsbranche stark verbreitet ist. Die Erreichung von Bekanntheit wird für das universelle Kriterium erfolgreicher Kommunikation gehalten.

Wenn Sie einmal über die Kommunikations-Projekte nachdenken, an denen Sie in den letzten Jahren beteiligt waren,

- *welche Rolle spielte dabei die Erreichung von Publizität?*
- *Haben Sie erlebt, dass Bekanntheit tatsächlich Voraussetzung für den Erfolg Ihres Projekts war?*
- *Gab es Fälle, in denen Maßnahmen eine große Bekanntheit erreichten, die dennoch keinen oder lediglich einen mäßigen Projekterfolg ermöglichten?*

- *Haben Sie Fälle erlebt, in denen die erreichte Publizität zu unerwarteten Problemen für den Auftraggeber führte?*
- *In welchen Fällen spielte Publizität bei Ihren Kommunikationsprojekten – gar keine oder lediglich eine kleine Rolle?*

Quellenhinweise und Anmerkungen

1. Bunge, Mario; *The Sociology–Philosophy Connection – with a foreword by Raymond Boudon;* New Brunswick, London 1999, S. 65

2. Basis der Überlegungen dieses Kapitels sind Studien des Autors, die er unter anderem in seiner Dissertation dokumentiert hat:

   Droste, Heinz W.; *Die methodologischen Grundlagen der soziologischen Handlungstheorie Talcott Parsons›* – Inaugural–Dissertation; Düsseldorf 1985.

   Den weiteren Horizont bildet die folgende ausgewählte Literatur zu Methodologie im allgemeinen, zur Methodologie der Sozialwissenschaften und Methodologie in Marketing und Werbung:

   - Bollnow, Otto Friedrich; *Dilthey. Eine Einführung in seine Philosophie;* Schaffhausen 1980 (4)
   - Esser, Hartmut; Klaus Klenovitz; Helmut Zehnpfennig; *Wissenschafttheorie 1. Grundlagen und Analytische Wissenschaftstheorie;* Stuttgart 1977
     Esser, Hartmut; Klaus Klenovitz; Helmut Zehnpfennig; *Wissenschaftstheorie 2. Funktionalanalyse und hermeneutisch–dialektische Ansätze;* Stuttgart 1977
   - Haller, Max; *Soziologische Theorie im systematisch–kritischen Vergleich,* Wiesbaden 2006 (1999)
   - Hempel, Carl G.; »Wissenschaftliche und historische Erklärungen«; in: Albert, Hans (Hg.); Theorie und Realität; *Ausgewählte Aufsätze zur Wissenschaftslehre der Sozialwissenschaften;* Tübingen 1972 (2); S. 237 – 261.«
   - Münch, Richard; *Gesellschaftstheorie und Ideologiekritik;* Hamburg 1973
   - Pickel, Andreas, »Systems and Mechanisms«, in: *Philosophy of the Social Sciences,* Vol. 34 No. 2, Juni 2004; S. 169–181
   - Stegmüller, Wolfgang; *Probleme und Resultate der Wissenschaftstheorie und Analytischen Philosophie. Band 1 – Wissenschaftliche Erklärung und Begründung;* Berlin/Heidelberg/New York 1969

- Vollmer, Gerhard; *Wieso können wir die Welt erkennen? Neue Beiträge zur Wissenschaftstheorie;* Stuttgart 2003
- Vollmer, Gerhard; *Wissenschaftstheorie im Einsatz. Beiträge zu einer selbstkritischen Wissenschaftsphilosophie;* Stuttgart 1993
- Weber, Max; »Über einige Kategien der verstehenden Soziologie«; in: Weber, Max; *Soziologie – Universalgeschichtliche Analysen – Politik;* Stuttgart 1973; S. 97 – 150
- Weber, Max; »Die ‹Objektivität› sozialwissenschaftlicher Erkenntnis«; in: Weber, Max; *Soziologie – Universalgeschichtliche Analysen – Politik;* Stuttgart 1973; S. 186 – 262
- Wilkens, Rainer; *Werbewirkung in der Praxis;* Essen 1994

Die Darstellung »mechanistischer Erklärung« basiert auf den Analysen Mario Bunges und zwar schwerpunktmäßig auf:

- Bunge, Mario; *Treatise on Basic Philosophy Volume 4; Ontology II (A world of Systems);* Dordrecht, Boston, London 1979; S. 118–23
- Bunge, Mario; *Treatise on Basic Philosophy Volume 5; Epistemology & Methodology I (Exploring the World);* Dordrecht, Boston, London 1983; S. 303–4
- Bunge, Mario; *Finding Philosophy in Social Science (1996)* S. 31, 110, 124, 135–65
- Bunge, Mario; *The Sociology–Philosophy Connection (1999)* S. 17–67
- Bunge, Mario; *Philosophy in Crisis (2001)* S. 117–37
- Bunge, Mario; *Emergence and Convergence. Qualitative Novelty and the Unity of Knowledge (2003),* S. 20–4, 35, 46, 74, 95, 132, 206–9, 256–9
- Bunge, Mario; *Chasing Reality. Strife over Realism;* Toronto, Buffalo, London 2006; S. 119–44
- Bunge, Mario; *Political Philosophy (2009)* S. 18–19
- Bunge, Mario; Rubén Ardila; *Philosophie der Psychologie (1990)* S. 81, 172, 179, 181, 210, 416–24
- Bunge, Mario; Martin Mahner; *Philosophische Grundlagen der Biologie (2000)* S. 37–46, 99–106

- Bunge, Mario; Martin Mahner; *Über die Natur der Dinge (2004)* S. 61, 75, 81, 95, 243–4

3. Vergleiche:
   Bunge, Mario; *The Sociology–Philosophy Connection (1999)* S. 45–67

4. Vergleiche:
   Bunge, Mario; *Finding Philosophy in Social Science (1996)* S. 137–42

5. Vergleiche:
   Bunge, Mario; *Finding Philosophy in Social Science (1996)* S. 121–6
   Bunge, Mario; *The Sociology–Philosophy Connection (1999)* S. 33–44

6. Vergleiche:
   Bunge, Mario; *The Sociology–Philosophy Connection (1999)* S. 27–31

7. Vergleiche:
   Ebenda: S. 45–7

8. Vergleiche:
   Bunge, Mario; *Finding Philosophy in Social Science (1996)* S. 142–4
   Bunge, Mario; *The Sociology–Philosophy Connection (1999)* S. 49–55
   Bunge, Mario; *Philosophy in Crisis (2001)* S. 128–131

9. Vergleiche:
   Bunge, Mario; *The Sociology–Philosophy Connection (1999)* S. 55–67

10. Vergleiche:
    Ebenda: S. 27

11. Vergleiche:
    Ebenda: S. 42–4

12. Vergleiche:

    Bunge, Mario; *Finding Philosophy in Social Science (1996)* S. 145–50

    Bunge, Mario; *Social Science under Debate (1998)* S. 72–9

    Bunge, Mario; *The Sociology–Philosophy Connection (1999)* S. 55–63

    Bunge, Mario; *Philosophy in Crisis (2001)* S. 99–116

13. Siehe:

    Bunge, Mario; *Social Science under Debate (1998)* S. 76

14. Vergleiche:

    Bunge, Mario; *The Sociology–Philosophy Connection (1999)* S. 47 –9

15. Vergleiche:

    Bunge, Mario; *Finding Philosophy in Social Science (1996)* S. 277–82

16. Vergleiche:

    Bunge, Mario; *The Sociology–Philosophy Connection (1999)* S. 62

17. Vergleiche:

    Bunge, Mario; *Social Science under Debate (1998)* S. 77

    Coleman, James S.; »Microfoundation and Macrosocial Behavior«; in: Alexander, Jeffrey C.; Bernhard Giesen; Richard Münch; Neil J. Smelser (Hg.); *The Micro–Macro Link;* Berkeley, Los Angeles, London 1987; S. 153–75

    Coleman, James S.; *Grundlagen der Sozialtheorie. Band 1 – Handlungen und Handlungssysteme;* München 1991, S. 1–29.

18. Vergleiche:

    Fehr, Ernst; Simon Gächter; »Altruistic Punishment in Humans« (2002) S. 137 – 140

19. Vergleiche:

    Bunge, Mario; The Sociology–Philosophy Connection (1999) S. 67

*»Nicht Thatsachen,
sondern die Meinungen,
welche wir
über Thatsachen haben,
entscheiden.«*
[1]
Alexander von Humboldt
zugeschriebenes
»geflügeltes Wort«

Kapitel 14

Kommunikations-Strategie:

Meinungen mithilfe von Kommunikations-Mechanismen gestalten

Soziale Systeme mithilfe von Kommunikation gestalten

Die Wirkung von Kommunikation wird erklärbar, wenn wir die Mechanismen aufdecken, die hinter Interaktions–Prozessen wirken.

Wir hatten im letzten Kapitel Gelegenheit, die Hintergründe dieser Tatsache im Einzelnen nachzuvollziehen. Damit sind wir nun gerüstet, uns an die Hauptfragestellung der Konzeptionslehre zu machen:

Wie werden Kommunikations–Maßnahmen entwickelt, mit deren Hilfe soziale Systeme gezielt gestaltet werden können?
oder – anders ausgedrückt – an die Frage:

Wie wird mit Kommunikation systematisch auf gesellschaftliche Prozesse eingewirkt, um Ziele zu erreichen?

Mit der Frage danach, wie mit Rückgriff auf Kommunikations–Maßnahmen systematisch in Sozialsystemen interveniert werden kann, sind wir bei dem Thema angelangt, dass meist als »Kommunikations–Strategie« umschrieben wird.

Nachdem wir festgestellt haben, dass in Systemen Mechanismen dafür verantwortlich sind, Wandlungen zu verursachen oder zu verhindern, müssen wir die Frage nach der Kommunikations–Strategie offenbar durch einen Rückgriff auf diese Mechanismen beantworten. Es stellen sich uns somit eine Reihe spezifischer Fragen, die auf soziale Mechanismen Bezug nehmen:

Kommunikations–Erfolg durch soziale Mechanismen

Wie können wir aufgrund von sozialen Mechanismen erfolgreiche Kommunikations–Maßnahmen entwickeln und umsetzen?

Mechanismen werden in zweierlei Hinsicht relevant:

Zum einen können Mechanismen, die von uns gewünschten Wirkungen in der Öffentlichkeit verhindern.

Wir müssen also weiter fragen:

Wie gehen wir mit Mechanismen um, die Wirkungen nach sich ziehen, die den Zielen unserer Klienten entgegenwirken und somit Hindernisse für die von uns zu planenden Maßnahmen darstellen?

Allerdings wirken Mechanismen unseren Absichten nicht ausschließlich entgegen. Wir können sie für unsere Zwecke nutzen. Um gezielten Wandel etwa von Meinungen zu bewirken, werden wir zukünftig soziale Mechanismen als Interventions–Werkzeuge einzusetzen haben.

An diesen Tatbestand knüpfen sich weitere Fragen an:

Wie können Mechanismen im Rahmen unserer Maßnahmen–Planung und –Durchführung genutzt werden? – Welche Mechanismen und welche davon ausgehenden Wirkungen kommen dafür in Frage?

Da wir uns in diesem Kapitel mit dem Thema Kommunikations–Strategie auseinandersetzen werden, haben wir uns in der Folge auf die Beantwortung dieser Fragen zu konzentrieren.

Wir werden uns bei unseren Antworten weiter auf das systemistische Paradigma stützen und uns an dessen differenzierte Perspektive halten.

Das heißt, dass wir insbesondere bei der Betrachtung sozialer Kommunikation Wirkungen auf der Ebene individueller Akteure von den Wirkungen auf der Ebene kollektiver Strukturen unterscheiden und dass wir insbesondere auf die Prozesse achten, die zwischen diesen beiden Ebenen ablaufen.

Aufgrund der Antworten, die wir uns zu finden vorgenommen haben, werden wir ein Strategiemodell entwickeln können, das wesentlich darüber hinausgeht, was im Rahmen der klassischen Konzeptionslehre heute als Strategieansatz vertreten wird.

Was hatte die bisherige Konzeptionslehre in dieser Hinsicht überhaupt zu bieten? Zur Beantwortung werden wir zunächst folgende Frage bearbeiten:

Was wurde bisher im Feld der Kommunikations–Beratung und in den Public Relations als »Strategiearbeit« definiert?

Antwort ist, dass das bisherige Strategieverständnis auf *sechs miteinander verschränkten Annahmen* basiert, die wir uns hier einmal exemplarisch ansehen und begutachten wollen:

Annahme 1: Kommunikation funktioniert nach einem Sender–Empfänger–Modell

Funktionieren Menschen wie Sendeanlagen?

Diese erste Annahme betrifft das Wesen der menschlichen Kommunikation. In der heutigen Kommunikationslehre wird in der Regel von einem einfachen Sender–Empfänger–Modell ausgegangen. Es wird angenommen, dass menschliche Kommunikation adäquat als Signalaustausch zwischen quasi–sendetechnischen Anlagen zu beschreiben ist.

Das damit vertretene Kommunikations–Modell wird durch die Unterscheidung von Sender– und Empfänger–Rollen dominiert.[2]

Konzeptioner, Klienten und deren Mitarbeiter erscheinen als Produzenten und als Versender von Botschaften, die an Empfänger gerichtet werden, an die so genannten Zielgruppen oder Dialoggruppen.

Konzeptioner veranschaulichen sich anhand der Analogie zur Sendetechnik, wie Inhalte für die Versendung an die Empfänger weiterverarbeitet werden müssen:

Die technischen Bedingungen des Versands von Signalen macht es aus dieser Sicht erforderlich, Signale in ein sendefähiges, das heißt, technisch verarbeitbares Format zu übersetzen. Deshalb werden Signale in »maschinenlesbaren« Code umgesetzt – »codiert« –, beispielsweise indem sie per Morsealphabet buchstabiert oder – moderner – indem sie »digitalisiert« werden.

An der Empfangsanlage werden die technisch übertragenen Signale wieder in verständliche Sprache rückübersetzt, also decodiert.

Entsprechend stellen sich Konzeptioner ihre Arbeit als Codierungsvorgang vor. Sie oder ihre Texter-Kollegen verwandeln die Ziele ihrer Klienten in Worte und Formulierungen, die sie dann in Form von Redemanuskripten, Pressetexten, Broschürentexten, Anzeigen usw. codieren.

Die codierten Signale gelangen im Anschluss als Reden auf Veranstaltungen, als ausgedruckte Presseinformationen, Broschüren, Anzeigenseiten in Magazinen usw. zu den Adressaten, welche die Signale beim Zuhören und Lesen rückübersetzen – »decodieren« – und so in ihr Bewusstsein aufnehmen.

Dieses Konzept menschlicher Kommunikation nach dem Sender-Empfänger-Modell ist technisch und arbeitet mit der Vorstellung von einem »technisch-mechanischen« Kommunikations-Mechanismus. Nach dieser Vorstellung besteht die »Kunst« der Kommunikation darin, Informationen möglichst direkt und störungsfrei an die Empfänger weiterzuleiten.

Annahme 2: Kommunikation = Information

Besteht Kommunikation nur aus purer Information?

Die zweite Annahme, mit der heutige Konzeptioner in der Regel arbeiten, ist die, dass »Kommunikation« gleichbedeutend mit »Information« ist.

Für sie ist die »adäquate Übertragung« von Informationen gleichbedeutend mit »adäquater Kommunikation«. Erfolgreiche Öffentlichkeitsarbeit beispielsweise für Unternehmen basiert so gesehen also auf der Kompetenz, richtig informieren zu können.[3]

In der Praxis stellt sich das so dar, dass der Konzeptioner zusammen mit dem Klienten zunächst die »passenden« Informationen aussucht. Diese Informationen werden adäquat verpackt – codiert – und an die Adressaten weitergeleitet. Die Übertragung gilt als gelungen, wenn der Empfänger die codierten Informationen decodiert und diese damit in Wirkung setzt. Erfolgreiche Kommunikation besteht nach dieser Vorstellung darin, Informationen möglichst verlustfrei zu übertragen.

Mit der verlustfreien Übertragung der Informationen scheint die »Kommunikations-Mission« des Konzeptioners bereits voll erfüllt zu sein.

Manchen Konzeptionern ist es wichtig, in diesem Zusammenhang ausdrücklich von »Dialog«-gruppen zu sprechen, an welche die Informationen gerichtet werden. Denn die Adressaten sollen sozusagen auch selber Sender von Signalen werden können. Angeregt durch den Empfang eines Signals haben sie die Option, ein Antwortsignal zurückzuschicken.

Doch ein Dialog im Sinne eines persönlichen Gesprächs ist in diesem Modell nicht möglich. Denn die »Kommunikations-Initiative« geht laut Modell grundsätzlich vom Sender aus, der Presseinformationen oder Broschüren verteilt oder Anzeigen schaltet. Der Empfänger kann zwar reagieren, er kann bei der Pressestelle eines Unternehmens anrufen, eine Hotline anrufen usw.

Aber er kann in dieser Konstellation nicht selber das Gesprächsthema vorgeben oder den Gang des »Dialogs« maßgeblich bestimmen.

Seine optionalen Beiträge dienen eher dem Konzeptioner und seinem Klienten dazu, nachzuvollziehen, ob die Versendung der codierten Informationen über die verschiedenen Informationskanäle tatsächlich funktioniert, die Signale also tatsächlich am anderen Ende bei der Zielgruppe ankommen.

Annahme 3: Informationen wirken »an sich«

Haben Informationen Wirkungskraft?

Die dritte Annahme steht in direktem Zusammenhang mit dem Modell, das den ersten beiden Annahmen zugrunde liegt:

Informationen wird eine »intrinsische« Verbreitungskraft zugeschrieben. Informationen, die von Adressaten entgegengenommen werden, sich also aufgrund der Decodierung empfangener Signale beim Empfänger »entfalten«, wirken angeblich unmittelbar beim Empfänger.

Konzeptioner begründen heute in der Regel nicht im Einzelnen,

- *warum Informationen von Zielpersonen angenommen werden,*
- *wie diese mit den Informationen umgehen und*
- *wie Informationen Einfluss auf ihre Meinungen oder ihr anschließendes Verhalten nehmen.*

Dass sich Adressaten entsprechend der vom Sender gewünschten Weise verhalten, wird von Konzeptionern stillschweigend vorausgesetzt und nicht problematisiert.

Annahme 4: Zielpersonen gehören zu Zielgruppen

Sind Individuen durch Zielgruppen repräsentiert?

Konzeptioner sehen im Rahmen dieses Sender–Empfänger–Modells ihre größte strategische »Herausforderung« darin, dass sie ihre Informationen an eine Vielzahl einzelner Individuen möglichst direkt adressieren müssen, um eine große Kommunikations–Wirkung zu erzielen.

Konzeptioner glauben das Problem, mit Massen von Einzelpersonen konfrontiert zu sein, durch die Erfindung der Theorie der so genannten »Zielgruppe« gelöst zu haben.

Individuen sind gemäß ihrer Zielgruppen–Theorie nach Merkmalen gruppiert direkt adressierbar – zum Beispiel als Zielgruppe der »Sportwagenfahrer«, »Briefmarkensammler«, »kulturinteressierten Rentner«, »konsumorientierten weiblichen Teens« usw.

Die verwendete Zielgruppen–Theorie postuliert, dass Individuen in Gruppen lokalisiert sind und dadurch für Kommunikations–Maßnahmen »gebündelt« erreichbar werden. Eine wirkungsvolle Kommunikations–Strategie besteht so gesehen darin,

- *zunächst die »Zielgruppen« ausfindig zu machen, die für die Ziele des Senders wichtig sind,*
- *und dann passend zu diesen Gruppen Informationen zu designen, zu codieren und bei der »Zielgruppe« zu platzieren.*

Diese Zielgruppen-Theorie basiert auf einer atomistisch-individualistischen Vorstellung von Kommunikation. Aus dieser Perspektive werden Informationen grundsätzlich von Individuen an andere Individuen weitergegeben. Als beste und effektivste Form der Kommunikation erscheint deshalb der direkte persönliche Austausch von Informationen. Nichts soll überzeugender sein als das direkte persönliche Gespräch.[4]

Annahme 5: Gruppen haben keine Struktur

Haben Individuen keinen Einfluss auf ihre Umgebung?

Die Zielgruppen-Theorie und der Umgang mit ihr zieht eine weitere Annahme nach sich, nämlich die, dass Zielgruppen keine Struktur haben.

Konzeptioner stellen sich vor, dass sie direkt mit Zielgruppen kommunizieren können, indem sie beispielsweise die Fahrer einer bestimmten Sportwagenmarke mit redaktionellen Meldungen und Anzeigen in einem bestimmten »Special-Interest-Magazin« ansprechen.[5]

Dass Zielgruppen Strukturen haben und soziale Systeme sind, in denen Individuen Beziehungen zueinander pflegen, die wesentlichen Einfluss auf Kommunikations- und Bewertungs-Prozesse nehmen, blenden Konzeptioner aus. Sie abstrahieren von Strukturen und damit von Beziehungseigenschaften in Gruppen und haben stattdessen vor allem Individuen im Auge, die sie in Zielgruppen lokalisiert sehen.

Annahme 6: Individuen hören auf Meinungsführer

Übernehmen Individuen Meinungen von Führern?

Die nächste typische Annahme komplettiert das Strategie-Modell der klassischen Konzeptioner. Sie arbeiten mit einer so genannten »Meinungsführer-Theorie« und nehmen damit an, dass es zwischen Personen ein Einflussgefälle gibt.[6]

Dieses Einflussgefälle soll bewirken, dass »Einflusspersonen« Informationen an »Beeinflussungspersonen« so weitergeben können, dass diese die Informationen wie vom Konzeptioner gewünscht aufnehmen und eine der Ansichten des »Meinungsführers« entsprechende Meinung annehmen.

Konzeptioner glauben in diesem Sinne an das Wirkprinzip der *»Zweistufen-Kommunikation«*:

Wenn es PR–Leuten beispielsweise nicht gelingt, die Individuen in einer Gruppe direkt anzusprechen, hoffen sie, stellvertretend direkt mit »Meinungsführern« sprechen zu können – so genannten »Meinungsmultiplikatoren« oder *»Opinion–Leaders«* – die als Verbündete nun für sie die Arbeit übernehmen und die Informationen Person–für–Person weitertragen.

Im Einzelnen stellen sie sich das so vor:

Personen, die durch ihre große Entfernung zum »Sender« nicht unmittelbar für die Informationen des Klienten erreichbar sind, werden über die Meinungsmultiplikatoren schließlich doch direkt erreicht. Konzeptioner nehmen an, dass »Opinion–Leader« wie »Relais–Stationen« als Mittlerpersonen fungieren. Die meisten PR–Leute halten heute vorzugsweise Journalisten und »Influencer« im Internet für ganz wichtige dieser *»Relais–Stationen«*.

Fazit: Die konventionelle Kommunikations–Strategie

Schauen wir uns diese Annahmen im Ganzen an. Die Strategiekonzeption der klassischen Konzeptionslehre basiert offenbar auf folgenden Annahmen:

1. *»Menschliche Kommunikation funktioniert im Wesentlichen wie eine sendetechnische Anlage.«*
2. *»Kommunikation besteht im Wesentlichen aus Informationen.«*
3. *»Informationen haben an sich Wirk– und Verbreitungskraft.«*
4. *»Personen bilden gemäß ihrer individuellen Merkmale Zielgruppen, über die sie direkt adressierbar sind.«*
5. *»Zielgruppen sind strukturlos.«*
6. *»Individuen übernehmen ihre Meinung von Meinungsführern.«*

Kommunikations–Strategie bestände so gesehen darin,

Klassische Strategielehre »in a nutshell«

- *im Sinne der Ziele eines Klienten Informationen aufzubereiten,*
- *diese an die für die Zielerreichung relevanten Personen weiterzuleiten,*
- *indem die entsprechenden Zielgruppen identifiziert werden und*
- *Meinungsführer als Verbündete für die Aufgabe gewonnen werden,*
- *die maßgeblichen Informationen in den verzweigten Gruppen an die einzelnen Individuen zu verteilen.*

Das »Thomas-Theorem«

Diesen Strategieansatz der klassischen Konzeptionslehre werden wir nun systematisch hinterfragen. Wir werden damit beginnen, dass wir ihn mit dem so genannten *»Thomas-Theorem«* konfrontieren.[7]

Das Eponym »Thomas-Theorem« stammt vom Soziologen Robert K. Merton, der damit einen Gedanken von Walter Isaac Thomas und Dorothy Swaine Thomas in deren Buch *»The Child in America«* aus dem Jahr 1928 aufgreift.[8]

Der folgenreichste Satz eines amerikanischen Soziologen

Merton verwendet den Begriff des »Theorems« dabei nicht im strengen Sinne, also nicht im Sinne eines mathematischen Lehrsatzes. Merton wollte mit dem Ausdruck »Thomas-Theorem« lediglich betonen, dass Walter Isaac Thomas, der als Begründer der sozialpsychologischen Handlungsforschung gilt, in jenem Buch zu einer Einsicht gelangt war, die er für besonders schlüssig, folgenreich und empirisch relevant hielt:

»[...] probably the single most consequential sentence ever put in print by an American sociologist [...]«[9] *– (» [...] wahrscheinlich der folgenreichste Satz, der jemals von einem amerikanischen Soziologen publiziert worden ist[...]«).*

Und zwar bezieht sich Merton auf folgenden Satz:

»[...] if men define situations as real, they are real in their consequences [...]«[10] *– (»[...] wenn Personen Situationen als wirklich definieren, sind sie in ihren Auswirkungen wirklich [...]«).*

Die Erkenntnis hinter diesem Zitat ist mit anderen Worten:

Die Interpretation einer Situation verursacht das Verhalten von Akteuren sowie deren Wahrnehmungen und ihr Denken – nicht die Dinge selbst scheinen dafür verantwortlich zu sein.

Warum hielt Merton diesen Gedanken für so ausgesprochen wichtig?

Er definierte das *Thomas-Theorem* im Zusammenhang seiner Versuche, eine soziologische Theorie dynamischer sozialer Mechanismen zu entwickeln, die sich ausdrücklich von den vorherrschend holistischen Theorieansätzen seiner Zeit abheben sollte.

In seinem weit verbreiteten Werk *»Social Theory and Social Structure«* definierte Merton soziale Mechanismen als soziale Prozesse, die wesentlichen Einfluss auf die Entwicklung sozialer Systeme nehmen.[11]

Laut Merton ist es die Hauptaufgabe der Soziologie, solche sozialen Mechanismen zu identifizieren und zu untersuchen, wie sie entstehen und wie sie im Detail operieren. Das Konzept der »sozialen Mechanismen« ist aus seiner Sicht für empirisch begründete, moderne Sozialwissenschaften ein wichtiges Basiskonzept.

Es ist das besondere Verdienst des Wissenschaftsphilosophen Mario Bunge, diese Bedeutung sozialer Mechanismen für die Sozialwissenschaften erkannt, herausausgearbeitet und methodologisch im Detail untersucht und diskutiert zu haben. – Wir haben im letzten Kapitel einige Ergebnisse seiner detailreichen Analysen kennen gelernt und für unsere Konzeptionslehre übernommen.

Mertons Verdienst ist es in diesem Zusammenhang, die Bedeutung von Mechanismen für die Sozialwissenschaften entdeckt und herausgestellt zu haben.

Dynamische soziale Mechanismen sind wesentliche Komponenten Mertons Theorien mittlerer Reichweite – und damit kommen wir wieder zurück auf das Thomas-Theorem. Denn hinter diesem Theorem steckt einer der Mechanismen, die von Merton besonders ausgiebig beschrieben wurden.

Dieser Mechanismus ist von besonders großer Bedeutung für das Verständnis der Wirkungsweise von Kommunikation. Es handelt sich hierbei um den dynamischen Prozess, den er als »*self-fulfilling-prophecy*«, als »sich selbst erfüllende Prophezeiung«, umschrieb.[12]

Der prozessuale Ablauf des betreffenden Mechanismus besteht darin, dass eine zunächst falsche Definition einer Situation Handlungen bewirkt, welche die ursprünglich falsche Definition dieser Situation nachträglich bewahrheiten.

Macht sozialer Mechanismen: Der »Banken-Crash«

Merton beschreibt die Operationsweise dieses Mechanismus am Fall eines Banken-Zusammenbruchs:

Über eine Bank ist das Gerücht in Umlauf gekommen, dieser drohe eine Insolvenz. Daraufhin reagieren einzelne Sparer spontan und heben ihre Einlagen ab. Diese Abhebungen stärken bei anderen Sparern den Glauben an die Begründetheit des Gerüchts, der Bank drohe die Insolvenz. Konsequenz ist, dass noch mehr Sparer ihre Einlagen abheben. Nach kurzer Zeit ist die Bank dann tatsächlich nicht mehr zahlungsfähig und muss Konkurs anmelden.

Der Faktor der »Situations–definition«

Die ursprünglich stabile Finanzsituation der Bank war ganz offensichtlich von einer *»Situations-Definition«* abhängig gewesen, nämlich von dem Glauben an die Verlässlichkeit der Bank und der Seriosität ihres Versprechens, eine eingegangene Zahlungsverpflichtung zu erfüllen.

Geht der Glaube an dieses Versprechen verloren, können jederzeit die Konsequenzen selbst unrealistischer Behauptungen real werden; am Ende kann sich auf diese Weise ein »falscher Prophet« als »Hellseher« feiern lassen.

Schauen wir uns diesen Mechanismus der »sich selbst erfüllenden Prophezeiung« genauer an, indem wir diesen gemäß unserem Modell sozialer Mechanismen darstellen und analysieren :

Mechanismus der »sich selbst erfüllenden Prophezeiung«

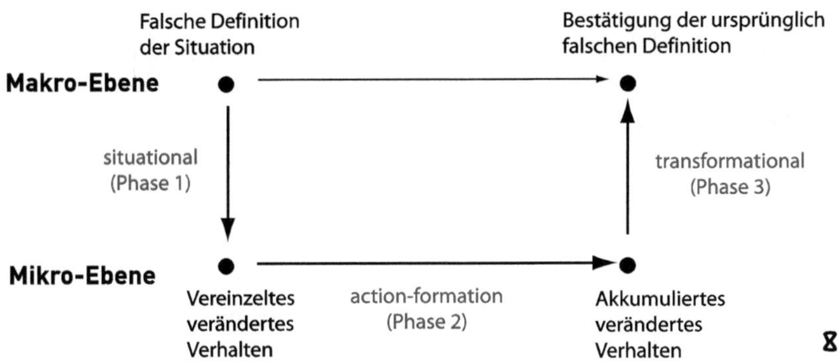

Wir haben im letzten Kapitel gesehen, dass der Prozess eines sozialen Mechanismus dadurch gekennzeichnet ist, dass auf einer Makro–Ebene *in einer ersten Phase* – der situativen Phase – eine neue Ausgangssituation hergestellt wird, die ein neues Verhalten auf der Mikro–Ebene bei den Individuen bewirkt.

In der *zweiten Phase* – der Handlungsformierungs–Phase – beginnen die Akteure, ihr Handeln zu verändern.

In der dritten Phase schließlich – der Transformierungs-Phase – wirkt das geänderte individuelle Verhalten auf die soziale Ebene, die Makro-Ebene zurück.

Im Fall der sich selbst erfüllenden Prophezeiung tritt wie gesehen in der ersten Phase eine falsche Definition der Situation auf, die in der zweiten Phase zu verändertem Verhalten führt, welches schließlich das Endresultat, die *»Bestätigung«* der ursprünglich falschen Definition, nach sich zieht.

Das heißt, die öffentliche Definition einer Situation, etwa in Form einer Prophezeiung oder Prognose, kann zum integralen Bestandteil der Situation werden und damit entscheidende Auswirkungen auf die weitere Entwicklung nehmen.

Aus Mertons Sicht ist dieser Kommunikations-Mechanismus allgemein verbreitet. Er führt beispielsweise einen Gutteil der Dynamik ethnischer und religiöser Konflikte in der US-amerikanischen Gesellschaft darauf zurück – etwa die Konflikte mit den afroamerikanischen Mitbürgern oder die Vorurteile in Bezug auf Mitbürger jüdischen Glaubens.

Menschen reagieren vor allem auf Bedeutungen und Wertungen.

Laut Mertons Thomas-Theorem reagieren Menschen offenbar nicht nur auf objektive Gegebenheiten und Informationen hierüber, sondern auch – häufig sogar hauptsächlich – auf die Bedeutungen, welche die Situationen für sie haben, in denen die betreffenden Dinge auftreten.

Als »self-fulfilling prophecy« ist das Thomas-Theorem heute zum »geflügelten Wort« geworden und hat selbst im Deutschen einen festen Platz im allgemeinen Sprachschatz bekommen. In unserer Konzeptionslehre bezeichnet das Thomas-Theorem in Zukunft eine zentrale Einsicht, denn es markiert *paradigmatisch* die Herausforderung der Kommunikations-Konzeption als Soziotechnologie. Es lässt uns nämlich die beiden entscheidenden Fragen stellen:

Wie ist eine Situations-Definition so in der Öffentlichkeit zu platzieren, dass sie sich planbar in verändertem Verhalten auswirkt?

und

Wie kann eine bereits verbreitete Definition einer Situation, etwa eine sachlich falsche, gegen eine andere, etwa eine sachlich richtige Definition, ausgewechselt werden, um planbar bestimmtes Verhalten und gesellschaftliche Entwicklungen zu bewirken?

Die Operationsweise von Meinungsbildungs–Mechanismen

Funktions-weise von Meinungs-bildungs-Mechanismen

Wie wirkt der soziale Mechanismus, auf den Merton mit dem Begriff »Thomas–Theorem« abzielt, im Detail und wie können wir ihn für unsere Kommunikations–Strategien nutzbar machen?

Einige Hinweise finden wir in dem Band, den die beiden Soziologen Peter Hedström und Richard Swedberg im Jahr 1998 unter dem Titel *»Social Mechanisms«* herausgegeben haben.[13]

Den hinter dem Thomas–Theorem steckenden Mechanismus bezeichnen die beiden als Variante des so genannten *»belief–formation mechanism«*.

Basis–Charakteristik von solchen *»Meinungsbildungs–Mechanismen«* ist ihrer Ansicht nach, dass das Verhalten einer Anzahl von Individuen anderen Akteuren den Wert oder die vermeintliche Notwendigkeit dieses Verhaltens signalisiert, was wiederum das Verhalten dieser Akteure wesentlich beeinflusst.

Es sind diese »Meinungsbildungs–Mechanismen«, deren Wirkungen wir in Zukunft als Konzeptioner unsere größte Aufmerksamkeit zu schenken haben.

Schauen wir uns die Operationsweise dieser Mechanismen anhand einiger konkreter Beispiele an:

Am ersten Beispiel, mit dem wir uns beschäftigen wollen, waren manche Leser vielleicht selbst beteiligt. Es handelt sich um einen Fall der *Durchsetzung einer technischen Innovation.*

Wir wollen dieses Beispiel nutzen, um insbesondere zu beurteilen, *welche Rolle Informationen bei der Definition der Anfangssituation eines Kommunikationsprozesses spielen*:

Fallgeschichte: Siegeszug des VHS–Systems

Anfang der 1980iger Jahre standen in den westlichen Industrienationen viele Privatleute vor dem Kauf eines Videorekorders für ihr Zuhause. In den Geschäften für Unterhaltungselektronik wurden parallel Geräte mit drei verschiedenen Videokassettensystemen angeboten.

Die für die Vermarktung in den Läden verantwortlichen Verkäufer waren ausreichend informiert und gaben bereitwillig Auskunft über die Qualität der angebotenen Technologien. – Das technisch einfachste System, mit der simpelsten technischen Umsetzung und der schlechtesten Bildqualität waren die so genannten VHS–Geräte (VHS = *»video home system«*), deren Bänder zudem die kürzeste Laufzeit hatten. Besonders schlecht war deren Wiedergabequalität, wenn der schnelle Bildsuchlauf der Video-Geräte benutzt wurde.

Die beiden Haupt-Konkurrenzsysteme waren in vielen Belangen besser und verfügten beispielsweise über Kassetten mit wesentlich längerer Laufzeit, als dies beim VHS-System der Fall war.

Diese Faktenlage war klar, und potentielle Käufer konnten sich vor Ort in den Geschäften überzeugen, dass die »Video 2000«-Systeme und »Betamax«-Systeme tatsächlich die Qualitätsführer waren.

Doch wie verhielten sich die Käufer?

Sie kauften nach kurzer Zeit mehrheitlich Geräte des technisch minderwertigeren Systems. VHS trat seinen Siegeszug an; gegen Ende der 1980er Jahre waren die anderen Systeme trotz besserer Technologie komplett vom Markt verschwunden. *Die Schulung von Verkäufern und die mediale Streuung der Informationen zu überlegenen Produkt-Features waren wirkungslos geblieben.*

Warum?

Inzwischen waren in den Städten flächendeckend Video-Verleihläden eröffnet worden, die sich auf den Verleih von Spielfilmvideos und insbesondere von so genannten »Erwachsenenvideos« verlegten. Die privaten Käufer von Videogeräten orientierten sich in der Folge nicht mehr an Produktinformationen, sondern am Erfolg desjenigen Video-Systems, das sich hier durchsetzten konnte, und das war ausgerechnet das VHS-System.

Käufer waren immun gegen sachliche Information.

Offenbar erlagen die privaten Videogeräte-Käufer einem gewissen »Nachahmungseffekt« und wurden dadurch »immun« gegen sachliche Information.

- *Was können wir aus diesem Beispiel für die Operationsweise meinungsbildender Mechanismen schließen?*
- *Führt das gleiche Verhalten einer Anzahl von Akteuren etwa stets dazu, dass die anderen sich automatisch in Mitläufer verwandeln und Verhalten nachmachen?*
- *Ist individuelles Verhalten stets kollektiv beeinflusst und die »Masse Mensch« in ihrem Kommunikationsverhalten durch Gruppenzwänge beherrscht?*
- *In diesem Zusammenhang wird vom so genannten »bandwagon effect«, dem »Mitläufer-Effekt«, gesprochen. – Ist dessen Wirkung tatsächlich so umfassend, wie dies allgemein angenommen wird?*

Schauen wir uns dazu an, was der amerikanische Soziologe Mark S. Granovetter zur Beantwortung dieser Frage beigetragen hat:[14]

Mark S. Granovetter ist uns bereits im Kapitel 9 mit seiner Theorie sozialer Netzwerke, seiner Entdeckung »schwacher Bindungen« und der »Eingebettetheit«, der »embeddedness« von Individuen in sozialen Netzwerken begegnet.

»Auf den fahrenden Zug aufspringen«: der »band–wagon effect«

Er hat sich im Rahmen seiner Forschungen auch mit *meinungsbildenden Mechanismen* beschäftigt und dabei den *»bandwagon effect«* untersucht. Er stellte unter anderem fest, dass die Entscheidungen von Individuen, eine Verhaltensweise zu übernehmen, zwar dadurch beeinflusst werden, ob andere Akteure bereits beschlossen haben, sich entsprechend zu verhalten. Allerdings ergaben seine Untersuchungen, dass Individuen dies nicht blindlings tun.

Individuen bewerten jeweils die Anzahl der Gruppenmitglieder und warten mit der Übernahme einer Handlung so lange, bis eine bestimmte »Reizschwelle« überschritten ist. Die Reizschwelle eines Individuums wird in dem Augenblick erreicht, in dem der Anteil der Mitglieder der Gruppe, welche die betreffende Verhaltensweise übernehmen, ein deutlich wahrnehmbares »Übergewicht« erreicht hat.

Dieses *»threshold–based behavior«*, dieses *»Reizschwellen–basierte Verhalten«*, erläutert Granovetter am Beispiel eines Besuchs in einer fremden Stadt:

Wenn wir uns vorstellen, wir besuchten hier gegen 19:00 Uhr ein unbekanntes Restaurant, so würden wir unsere Entscheidung, hier zu essen, davon abhängig machen, wie viele Personen bereits vor uns beschlossen haben, ihr Abendessen hier einzunehmen. Ist das Lokal kaum frequentiert, werden wir uns wahrscheinlich ein anderes Restaurant suchen. Wir schließen aufgrund der Zahl der Restaurant–Besucher auf die Qualität des Essens.

Das Verhalten anderer Personen dient uns also als Grundlage für eine Bewertung einer Situation. Wir imitieren nicht einfach das Verhalten unserer Mitmenschen, sondern nehmen anhand unserer Beobachtungen und Interaktionen mit Mitmenschen Bewertungen vor, die dann schließlich unser individuelles Verhalten leiten.

Dies ist ein weiteres Beispiel dafür, dass das menschliche Verhalten durch seine Eingebettetheit in soziale Systeme bestimmt ist. Eine Handlungssituation lässt sich adäquat dann verstehen, wenn wir das individuelle Verhalten betrachten und nachvollziehen, wie soziale Strukturen auf dieses Verhalten zurückwirken, und so schließlich als Konsequenz ein Handlungsergebnis auf einer kollektiven Ebene bewirken.

Typische Phasen des »Reizschwellen-Effekts«

Wir können Granovetters Konzept der Reizschwelle und des »threshold-based behavior« mit unserem Beispiel von den Video-Systemen, dem Fall der Durchsetzung einer neuen Technologie verbinden. Denn offenbar gab es bei der Etablierung des VHS-Systems einen entsprechenden Reizschwellen-Effekt (*siehe dazu die Grafik auf der Folgeseite*):

- *Zunächst verlief der Absatz der Videosysteme schleppend. Potenzielle Käufer besuchten Geschäfte mit Abteilungen für Unterhaltungselektronik.*
- *Da es verschiedene Systeme mit alternativen Technologien gab, konnten die Akteure sich nicht sofort entscheiden.*
- *Sie beobachteten weiter, wie sich andere Akteure verhielten und interagierten mit ihnen.*
- *Irgendwann stellten sie anhand des zunehmenden Angebots an VHS-Verleihkassetten in ihren Videotheken fest, dass der Marktanteil von VHS-Geräten stark anstieg.*
- *Damit war schließlich die Reizschwelle überwunden, die eine abschließende Beurteilung der Qualität der konkurrierenden Videosysteme und eine Kaufentscheidung bis dahin verhindert hatte.*

Somit erhalten wir folgendes Modell für die Operationsweise eines meinungsbildenden Mechanismus im Fall der Durchsetzung von technologischen Innovationen:

In einer *ersten Phase* wird eine Innovation von einer *Makro-Ebene* her den Individuen auf der *Nano-Ebene bekannt gemacht*. Die Individuen beschäftigen sich mit der Innovation und lassen sich dazu auf *erste Interaktionen* ein und diskutieren beispielsweise mit Verkaufspersonal Informationen über die angebotenen Geräte. Diese Interaktionen sind für den einzelnen Akteur noch nicht prägnant genug, um eine Kaufentscheidung zu fällen. Der Akteur braucht *weitere Interaktionen und Beobachtungen*, um die wirkende *Reizschwelle zu über-*

Durchsetzung einer Innovation: Das Makro-, Mikro-, Nano-Kommunikations-Modell

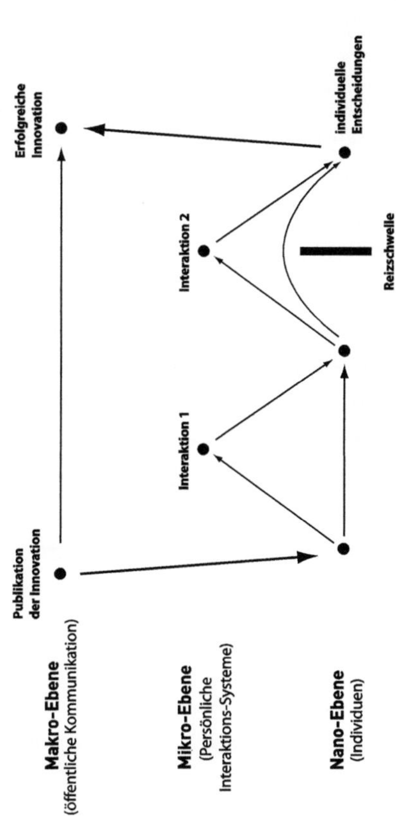

8

winden. Nach einiger Zeit nimmt er seine abschließende Bewertung vor. Auf der *Makroebene* führt *akkumuliertes individuelles Verhalten* schließlich zu einer allmählichen erfolgreichen Durchsetzung der Innovation.

Widerlegung des Wirk–Modells der klassischen Konzeptionslehre

Nun sind wir so weit, eine Zwischenbilanz vorzulegen und die Annahmen der klassischen Konzeptionslehre in Bezug auf die Entwicklung von Kommunikations–Strategien zu prüfen.

1. Das Sender–Empfänger–Modell passt nicht.

Beginnen wir mit der *ersten Annahme* und zwar mit der Behauptung, menschliche Kommunikation könnte in Analogie zur Arbeit sendetechnischer Anlagen beschrieben werden:

Es hat sich deutlich gezeigt, dass Kommunikation grundsätzlich nicht nach dem Sender–Empfänger–Modell funktioniert. Wir haben gesehen, dass ein zutreffendes Kommunikations–Modell nachzuvollziehen hat, wie Kommunikations–Inhalte von einer Makro–Ebene aus an die individuellen Adressaten der Kommunikation verteilt werden, die auf einer Nano–Ebene positioniert sind.

Individuen nehmen die vermittelten Inhalte in der Regel nicht einfach auf. Stattdessen reflektieren sie in intensiven Interaktionen in ihren sozialen Netzwerken auf einer Mikro–Ebene, um die betreffenden Inhalte dann nach einiger Zeit abschließend zu beurteilen und eine Meinung dazu zu entwickeln.

Dazu kommt, dass das Bild von Sendern und Empfängern auch deshalb nicht stimmt, weil es »Sender« als abstrakte Einheiten gar nicht gibt. Schauen wir auf die moderne Massenkommunikation: Hinter einer »Sendeanstalt« steckt kein einheitliches Ding, sondern wiederum ein hochkomplexes soziales Netzwerk, das durch eine Vielzahl unterschiedlichster Individuen – Redakteuren, Moderatoren, Ton–, Funktechnikern usw. gebildet wird.

2. Kommunikation ist weit mehr als Information.

Damit deutet sich schon an, dass auch die *zweite Annahme* in Bezug auf Kommunikations–Strategie nicht haltbar ist: Der Kommunikations–Begriff kann nicht synonym mit dem Informations–Begriff verwendet werden. Kommunikation ist kein Vorgang des Übersetzens von *senderseitigen Informationen* in *empfängerseitige Gedankeninhalte*, sondern ein komplexer Prozess, der sich parallel auf mehreren Ebenen sozialer Systeme abspielt.

Auch die *dritte Annahme*, die Behauptung, dass Informationen an sich Wirkungs- und Verbreitungskraft hätten, ist unzutreffend:

3. Informationen haben keine Wirkkraft.

Die Dynamik von Kommunikation steckt stattdessen in den Interaktionen, in denen der individuelle Akteur mit den Meinungen anderer Individuen in seinen Netzwerken konfrontiert wird und er selbst Stellung zu Themen bezieht.

Die *vierte Annahme* der klassischen Konzeptionslehre fußt auf dem Konzept der »Zielgruppe« – Individuen sollen über solche, nach Maßgabe individueller Merkmalen vorgenommenen Gruppierungen adressierbar sein:

4. Keine Kommunikation ohne Beziehungen

Auch diese Annahme hat mit der Wirklichkeit wenig zu tun. Denn Kommunikation findet in realen Systemen statt, genauer gesagt zwischen Individuen, die in wirklichen Beziehungen leben. Aufgrund von statistischen Daten künstlich gebildete Zielgruppen wie »Sportwagenfahrer«, »konsumfreudige Rentner«, »25- bis 40-jährige ledige weibliche Akademiker« usw. stellen abstrakte Konstruktionen und keine realen sozialen Tatbestände dar.

Damit ist auch der *fünften Annahme*, der Behauptung, dass Gruppen strukturlos sind, der Boden entzogen:

5. Gruppenstrukturen beeinflussen Kommunikations-Ergebnisse.

Soziale Systeme und Netzwerke, in denen Akteure leben und kommunizieren, haben empirisch untersuchbare Struktur. Beispielsweise können die darin verbreiteten Wertorientierungen – wie wir in den vorgehenden Kapiteln im Einzelnen gesehen haben – gemessen und detailliert analysiert werden.

Mit Blick auf diese ersten fünf von sechs Annahmen haben wir zu schlussfolgern, dass das Strategiemodell der Konzeptionslehre von den wirklichen Kommunikationsprozessen in einer Gesellschaft so stark abstrahiert, dass wir es als komplett *unrealistisch* beurteilen müssen.

Allerdings verbleibt noch die letzte, die sechste Annahme der heutigen Konzeptionslehre, nämlich die Behauptung der »Zweistufigkeit« von Kommunikation, zu der wir noch Stellung zu beziehen haben:

6. Ist Kommunikation zweistufig?

Stimmt es, dass Kommunikationswirkungen durch Meinungsmultiplikatoren übertragen werden, dass also »Opinion-Leaders« systematisch für die Durchsetzung von Meinungen sorgen?

Ist die Zweistufen-Kommunikations-Theorie empirisch zutreffend?

Die widerlegte »Meinungsführer«-Annahme

Die Untersuchungen von Lazarsfeld und Katz

In der klassischen Konzeptionslehre beziehen sich Autoren häufig auf den österreichisch-amerikanischen Soziologen Paul Felix Lazarsfeld, wenn sie die Zweistufen-Kommunikations-Theorie vorstellen.[15]

Aber was hat Lazarsfeld tatsächlich hierzu herausgefunden und geschrieben?

Blicken wir in die bekannte Studie, die er zusammen mit seinem israelisch-amerikanischen Kollegen Elihu Katz unter dem Titel *»Personal Influence – The Part Played by People in the Flow of Mass Communication«* im Jahr 1955 veröffentlicht hat.[16]

Die beiden Soziologen hatten die Wirkungen von Massenkommunikation betrachtet, wie sie etwa von Rundfunkstationen und Zeitungen ausgehen.

Sie stellten fest, dass zwischenmenschliche Beziehungen einen erheblichen Einfluss auf die Wirksamkeit der Massenmedien haben.

Quintessenz ihrer Veröffentlichung ist, dass das Wissen über die zwischenmenschliche Umgebung eines Menschen wesentlich ist, um nachzuvollziehen, inwieweit dieser von Massenmedien erreicht wird und wie er auf Kommunikationsinhalte reagiert.

Die individuellen Meinungen zu massenmedialen Inhalten sind aus der Sicht von Katz und Lazarsfeld ein Resultat der Meinungen und Einstellungen, die sich in der Gruppe gebildet haben, der die einzelnen Medienkonsumenten angehören. Diese Einsicht stimmt mit dem »Makro-, Mikro-, Nano-Kommunikations-Modell« überein, das wir in den letzten Abschnitten betrachtet haben.

Welche Rolle spielen dabei nun so genannte Meinungsmultiplikatoren?

Katz und Lazarsfeld stellten fest, dass es in den Gruppen, denen individuellen Mediennutzer angehören, Personen geben kann, die »Schlüsselstellungen« einnehmen und bestimmen können, ob ein bestimmtes Thema in der Gruppe in Umlauf gesetzt wird und wie dieses zu beurteilen ist.

Mit Blick auf ihre Untersuchungsergebnisse kommt in diesem Sinne so etwas wie »Meinungsführerschaft« tatsächlich vor. Doch die Forscher schränken die Bedeutung dieses Phänomens wesentlich ein:

Denn, um die kurzfristige Wirkung von Massenmedien empirisch beurteilen zu können, müssen ihrer Ansicht nach die Beziehungen einer Person in einem konkreten Fall stets systematisch untersucht und berücksichtigt werden. Es gibt für die beiden Kommunikationsforscher keinen allgemein wirksamen Meinungsführer-Effekt.

Zwar ist grundsätzlich aus ihrer Sicht festzustellen, dass im Rahmen von Massenkommunikation die Beziehungen der Gruppenmitglieder die Wirkung der Massenmedien auf Individuen bestimmen und dadurch die Dynamik dieser Kommunikation beeinflussen. Ob dabei allerdings in einer Gruppe einzelne Personen eine Führungsrolle übernehmen, ist eine empirische Frage, die nicht von vornherein beantwortbar ist.

Führungsrollen weniger relevant

Stattdessen spielen heute Führungsrollen in sozialen Netzwerken erfahrungsgemäß eine relativ untergeordnete Rolle. Heute ist das Vertreten einer »eigenen Meinung« und das Mitdiskutieren wichtig – »Nachsprecher« machen sich in einer Gruppe schnell unglaubwürdig und verlieren an Ansehen.

Außerdem gibt es kaum Personen, die bei allen Themen, die im Rahmen von Massenkommunikation auftreten, kompetent genug wären, um die Gruppe ständig mit eigenen Interpretationen und Einschätzungen so beeindrucken zu können, dass sie durchgängig als »Opinion-Leader« der Gruppe gelten könnten.

Colemans Innovationsstudie

Der amerikanische Soziologe James S. Coleman hat zum Thema Meinungsbildung in Gruppen und Netzwerken untersucht, inwieweit sich beispielsweise Ärzte an Meinungen ihrer Kollegen orientieren.[17] Anhand des Beispiels neu auf den Markt kommender Medikamente untersuchte Coleman, welche Rolle die Einschätzungen und Urteile von Kollegen bei der Durchsetzung von Innovationen spielen.

Es stellte sich heraus, dass Mediziner nur in den ersten Monaten nach Verfügbarkeit eines neuen Medikaments auf die Meinungen der Kollegen in ihrem Netzwerk achteten.

Haupteinsicht Colemans war es, dass Kollegen-Meinungen zwar wichtig sind, wenn zu Beginn einer Markteinführung Informationen über Innovationen verbreitet werden. Die Neigung der einzelnen Ärzte, Informationen und Ratschläge zu berücksichtigen, ist allerdings begrenzt. Sie achten auf die Meinungen ihrer Kollegen nur so lange, wie sie in Bezug auf die Beurteilung der neuen Droge unsicher sind.

Sobald diese Unsicherheit vorbei ist – nach einigen Monaten etwa – spielen Kollegen-Einschätzungen für die Beurteilung der Innovation kaum noch eine Rolle.

Die Meinungen anderer Gruppenmitglieder haben also – wie dieses Beispiel der Durchsetzung von Innovationen in Netzwerken zeigt – nur einen begrenzten Einfluss auf die Meinungen von individuellen Akteuren. Einen generellen »Opinion-Leader«-Effekt, auf dem wir unsere Kommunikations-Strategien aufbauen könnten, kann es also gar nicht geben.

Halten wir abschließend fest, dass auch die sechste Annahme der klassischen Konzeptionslehre, die Behauptung der Meinungsmultiplikatoren-Theorie, nicht aufrechterhalten werden kann. Kommunikations-Strategie braucht in Zukunft offenbar eine grundsätzlich andere Begründung als die, welche in der bisherigen Konzeptionslehre und ihrem Strategie-Modell verankert ist.

Institutioneller Wandel zur Änderung von Meinungen

Die »perverse Logik« sozialer Kommunikation

Mertons Gedanken rund um das Thomas-Theorem waren in diesem Kapitel bereits ein wichtiger Beitrag zur Ausrichtung unserer Strategie-Überlegungen. Sie haben uns dabei geholfen, das Ausgangsproblem klar und deutlich herauszuarbeiten. Möglicherweise stecken in Mertons Analysen zu diesem Theorem aber auch bereits Hinweise darauf, wie wir zu einem praktisch nutzbaren Strategie-Modell für unsere zukünftige Arbeit als Konzeptioner gelangen können.

Merton hatte gezeigt, welche *»perverse Logik«* von dem Tatbestand ausgeht, den er als *»sich selbsterfüllende Prophezeiung«* beschrieben hat: *»Wenn Menschen Situationen als wirklich definieren, sind diese in ihren Konsequenzen wirklich.«* Die trügerische Richtigkeit einer zu Beginn falschen Meinung bewirkt die stabile »Herrschaft des Irrtums«.

In einem Essay, den er über die Operationsweise der *»self-fulfilling prophecy«* geschrieben hat, untersucht Merton, wir die beschriebene *»perverse Logik« sozialer Kommunikation* bekämpft werden kann.[18]

Seiner Meinung nach steckt bereits in der Bewusstmachung der Mechanik hinter dem *Thomas-Theorem* der Hinweis darauf, wie der *»Teufelskreis«* der sich selbst erfüllenden Prophezeiung durchbrochen werden kann:

Die ursprüngliche Definition, die den Kreislauf des sich selbst bestätigenden Irrtums bewirkt, muss aufgelöst werden.

Wenn die ursprüngliche Annahme in Frage gestellt worden ist, diese dadurch schließlich unwirksam wird und eine neue Definition der Situation etabliert ist, wird der *»vicious circle«* durchbrochen. Die falsche Behauptung ist dann für alle Beteiligten sichtbar Lügen gestraft worden, und der falsche Glaube hört auf, die Realität zu bestimmen.

Doch wie wird eine neue »Definition der Situation« etabliert und eine bisher in Geltung befindliche Definition abgelöst?

Weder guter Wille, Informationskampagnen noch Appelle an die Moral helfen.

Merton macht deutlich, dass eine etablierte Situations–Definition nicht durch einen einfachen *Willensakt* Einzelner außer Kraft gesetzt werden kann. Hinter Meinungsbildungen stecken soziale Prozesse, die nicht ohne weiteres für Individuen erreichbar sind.

Können möglicherweise *Informationskampagnen oder Bildungsfeldzüge* helfen, neue Wahrheiten gegen die etablierten Falschheiten auszuwechseln?

Merton betont, dass falsche Ideen nicht wirkungslos werden, indem wir sie mit der *Wahrheit* konfrontieren.

Das gilt seiner Meinung nach sowohl auf der Ebene der individuellen Akteure wie auf der sozialen Ebene.

Leidet beispielsweise ein Individuum an einer paranoiden Schizophrenie, dann wird es seine Wahnvorstellungen nicht deshalb aufgeben, weil es von seinem Therapeuten darüber aufgeklärt wird, dass seine Wahrnehmungen auf Halluzinationen beruhen und empirisch völlig unbegründet sind. – Könnten Patienten von Psychologen bereits durch Konfrontation mit der Wahrheit kuriert werden, wäre der psychotherapeutische Berufsstand arbeitslos.

Entsprechend reicht auch die bloße Verbreitung von Wahrheit im sozialen Bereich – etwa in Form von Informationskampagnen – nicht aus, um in Geltung befindliche Fehlurteile zu entkräften und sich selbst erfüllende Prophezeiungen zu stoppen.

Denken wir an Mertons Beispiel von der Bank, die aufgrund eines Gerüchts insolvent wird:

Berichterstattung in Tageszeitungen zum Thema der Solidität der betroffenen Bank hätte diese nicht vor dem Konkurs retten können, als das Gerücht über deren Zahlungsunfähigkeit verbreitet war. Im Gegenteil – die mit medialem Aufwand – etwa mit Hilfe einer PR– und Anzeigenkampagne – behauptete Seriosität wäre von der Öffentlichkeit als untrüglicher Beweis der tatsächlichen Unseriosität des Bankhauses gewertet worden.

Es ist moralisch verwerflich, wenn Personen und Gruppen Unwahrheiten in die Diskussion der Öffentlichkeit hineinbringen und dadurch Schäden bei Unschuldigen bewirken. Können wir dagegen nicht mit unserem *Anstandsgefühl und moralischer Empörung* vorgehen?

Mertons Ansicht nach können moralische Überlegungen durchaus Bemühungen darum motivieren, gegen falsche Definitionen der Situation vorzugehen. Doch moralische Gefühle allein werden einen einmal in Gang gesetzten gesellschaftlichen Teufelskreis nicht zum Stillstand bringen.

Institutioneller Wandel erforderlich

Stattdessen ist seiner Meinung nach systematisch Einfluss auf die dahinter liegenden sozialen Prozesse zu nehmen. Die Strukturen des betroffenen Sozialsystems sind zu verändern. In diesem Sinn hat ein *institutioneller Wandel* stattzufinden, der die in den sozialen Beziehungen wirkenden und verfestigten Überzeugungen auflöst.

Der »Hägerstrand-Fall«

Wie findet dieser institutionelle Wandel statt, der wirkungsvoll eine bestehende Definition der Situation unwirksam macht und stattdessen eine neue Situations-Definition etabliert?

Boudon analysiert Hägerstrands Case Study.

Die gesuchte strukturwandelnde Meinungsbildung erfolgt nach Ansicht von Raymond Boudon im Rahmen eines typischen mehrphasigen sozialen Prozesses. Der französische Soziologe (*1934) hat den entsprechenden Beeinflussungsvorgang anhand einer beispielhaften Case Study in einem seiner Bücher diskutiert.[19]

Der von ihm vorgestellte Fall ist von einem weiteren Soziologen – vom Schweden Torsten Hägerstrand (*1916 – †2004) – detailliert untersucht worden.[20] Hägerstrand war Forscher auf dem Gebiet der Zeitgeographie, einem Teilbereich der Humangeographie. Er erforschte so genannte »Diffusionswellen« und entwickelte eine Stufentheorie der Diffusion von Innovationen – also der Durchsetzung von Neuheiten.

Boudon greift die betreffende Studie von Hägerstrand deshalb auf, weil sie beispielhaft für das Studium der Grundlagen sozialer Dynamik ist – insbesondere für die Analyse der »Logik« des Wandels in Kommunikationssystemen.

Wir werden anhand der von Boudon vorgelegten Betrachtung der Hägerstrand–Fallstudie beobachten, wie eine bestehende stabile Definition der Situation in Prozessphasen durch eine neue Definition ausgetauscht wird.
Boudon hält es für das Verständnis des betreffenden sozialen Mechanismus für entscheidend, dass bei der Betrachtung der Details eine systemistische Methodologie zugrunde gelegt wird:

Soziale Tatbestände wie etwa Formen von sozialem Wandel auf makrosoziologischer Ebene sind dadurch zu erklären, dass der Sozialwissenschaftler bei der Analyse von sozialen Strukturen bis zu der Ebene individueller Akteure vordringt, welche als »Komponenten« die Interdependenzsysteme bilden, die letztlich für das Auftreten von sozialer Dynamik verantwortlich sind.

Beginnen wir nun mit der Betrachtung von Hägerstrands Fall:

Landwirtschaftliche Innovation in Schweden

Torsten Hägerstrands Studie basiert auf der Untersuchung der Verbreitung einer landwirtschaftlichen Innovation in Schweden in den Jahren 1928 bis 1933.

Hägerstrand verfügte über genaue Daten zum Ausbreitungsprozess der betreffenden Innovation. Bei der Auswertung dieser Daten stellte Hägerstrand fest, dass der betreffende Diffusionsprozess zunächst sehr langsam anlief, sich erst allmählich beschleunigte und sich dann nach einer Zeit wieder verlangsamte.

In der Grafik auf der Folgeseite wird der Prozess vereinfacht dargestellt. Wir erkennen anhand einer Kurve, wie sich die Anzahl landwirtschaftlicher Betriebe *(N)*, welche die Innovation übernommen haben, in Abhängigkeit von der Zeit *(t)* im Zeitraum 1928 bis 1933 entwickelt. Die Form dieser Kurve ähnelt einem gedehnten Buchstaben S. Wir sprechen deshalb von einer »Hägerstrand–S–Kurve«, die den Ablauf des Diffusionsprozesses einer Innovation nachzeichnet.

Durch diese S–Kurve wird die Zeitdimension des Prozesses illustriert, den Hägerstrand in der Folge zu erklären versuchte.

Offenbar handelt es sich hierbei um einen Emergenzeffekt, denn der Kurvenverlauf zeichnet einen Prozess eines sozialen Systems nach, der nicht als Verhaltens–Eigenschaft von Individuen interpretiert werden kann.

Die Dynamik des betreffenden Sozialsystems rührt offenbar keineswegs vom Willen oder den Absichten der beteiligten Individuen her, die das Interdependenzsystem bilden; die einzelnen Akteure haben selbstverständlich nicht beabsichtigt, dass ihr Verhalten akkumuliert als S–förmige Struktur erscheint.

Hägerstrand S-Kurve:
Emergenzeffekt bei der Verbreitung von Innovationen

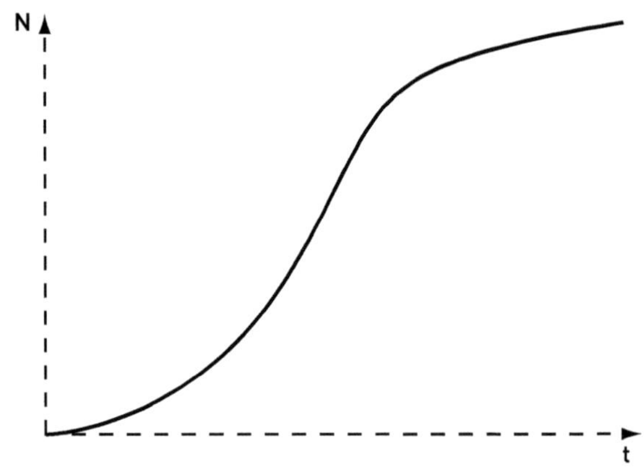

Dennoch ist es wichtig, im Auge zu behalten, dass der Prozessverlauf durch keine anderen Ursachen bewirkt wurde als durch die Entscheidungen der individuellen Akteure, die in dem betreffenden Interdependenzsystem eingebunden waren.

Details des historischen Falls

Zum besseren Verständnis des konkreten Beispiels wollen wir uns jetzt die wichtigsten Fakten des Falls ansehen, den Hägerstrand detailliert untersucht hat:

- *Die schwedische Regierung hatte beschlossen, vom Jahr 1928 an kleinen Grundbesitzern eine Subvention zu gewähren, wenn diese Wiesen umzäunten, die an Waldrändern lagen.*

- *Sie bezweckte damit, die Bauern davon zu überzeugen, den von den Vorfahren überlieferten Brauch aufzugeben, ihr Vieh während des Sommers mitten im Wald weiden zu lassen. Dieses althergebrachte Vorgehen war sehr umweltschädlich, weil junge Bäume durch das Fressverhalten des Viehs ernsthaft geschädigt wurden. Darüber hinaus war zuvor der Beweis erbracht worden, dass die Milchproduktion gesteigert werden konnte, wenn das Vieh statt im Wald auf Wiesen weidete.*

- *Es stand also eine Jahrhunderte alte Situations–Definition – »Vieh weidet sommers gut im Wald« – gegen eine neue Situations–Definition – »Vieh wird sommers am besten auf der Weide gehalten«.*

- *Die Subvention der Regierung bestand übrigens aus einem Kosten–Zuschuss, der dem Landwirten gewährt wurde, wenn er sich verpflichtete, seine Wiesen innerhalb eines bestimmten Zeitraums einzuzäunen.*

Stadien des Diffusions–prozesses

Der Diffusionsprozess, den Hägerstrand im Einzelnen beobachten konnte, war durch *zwei Hauptstadien* gekennzeichnet:

- *Im ersten Stadium der Durchsetzung der Innovation wurden die Akteure vom Staat mit Hilfe von Massenmedien – Radio, Zeitungen usw. – über die Existenz der Neuheit informiert. Bauern wurden dabei zunächst über das Bestehen und die Vorzüge der zur Diskussion stehenden Neuerung in Kenntnis gesetzt. Es zeigte sich dabei, dass es trotz großer Bemühungen, überzeugend zu wirken, aufgrund dieser Informationskampagne nur ausgesprochen selten gelang, Akteure zur Tat zu bewegen, also dazu zu bringen, ihre Weiden tatsächlich einzuzäunen.*

- *Ein zweites Stadium der Durchdringung war erforderlich, in der die Betroffenen sich über die Innovation austauschten und allmählich zu einer abschließenden Beurteilung und Entscheidung gelangten.*

Es zeigte sich, dass die Lebensumstände und die Einstellung eines Akteurs grundsätzlich passen mussten, damit er sich dem persönlichen Einfluss von Gesprächspartnern aussetzte, um mit ihnen über die Innovation zu diskutieren. Ob diese gemeinsamen Interaktionen tatsächlich dazu führten, dass der Akteur die Innovation für sich übernahm, ergab sich erst aufgrund von anschließenden individuellen Prozessen des Reflektierens und Bewertens.

In Bezug auf die Innovation und die damit verbundene neue Definition der Situation bildete sich ein typischer »Widerstand gegen Wandel«. Die Landwirte hatten mannigfaltige Gründe dafür, die gewünschte Investition in ihrem Betrieb erst einmal nicht zu tätigen:

- *Zunächst hingen sie an der bisherigen Situations-Definition und waren nicht automatisch überzeugt davon, dass die bisherige Praxis falsch war: »Eine jahrhundertealte Tradition kann nicht schlecht sein!«.*

- *Weiterhin konnten praktische Erwägungen der Innovation entgegenstehen: Manche Landwirte planten zu diesem Zeitpunkt gerade andere Investitionen.*

- *Andere planten, aus Altersgründen den Betrieb in den nächsten Jahren zu verkaufen, und waren deshalb nicht daran interessiert, noch einmal zu investieren.*

Dazu kommt, dass die individuellen Akteure nicht in der Lage waren, für ihren Betrieb eine eindeutige *Kosten-Nutzen-Bilanz der Innovation* zu erstellen.

Wegen der daraus folgenden Unsicherheit reflektierten sie ihre Entscheidung im Rahmen von Interaktionen mit Bekannten und mit Bauern, welche bereits Erfahrungen mit der Innovation hatten.

Dynamik des Diffusions-prozesses

Da sie sich außerstande fühlten, ihre Entscheidungen allein aufgrund der vorliegenden Informationslage zu bestimmen, ließen sie sich also auf eine Reihe von Gesprächen ein, um zu einer sicheren Bewertung zu kommen.

Im Endeffekt konnte Hägerstrand eine allgemeine Dynamik beobachten, die sich in der folgenden Grafik illustriert findet (*siehe Grafik auf der Folgeseite*):

- *Zu Beginn des Prozesses, wenn Hintergründe über die Neuheit publiziert werden, treten als Kommunikationsergebnisse nur sehr wenige Fälle auf, in denen die Innovation angenommen wird. In einer darauf folgenden Phase kommt es zwischen Akteuren zu Zusammenkünften und Diskussionen.*

- *Bei den individuellen Akteuren wird dadurch offenbar, dass sie jeweils ungleich ausgeprägtes Anfangsinteresse daran haben, die Innovation zu übernehmen.*

Hägerstrand S-Kurve: Diffusionsprozess und korrepondierende Interaktionsprozesse

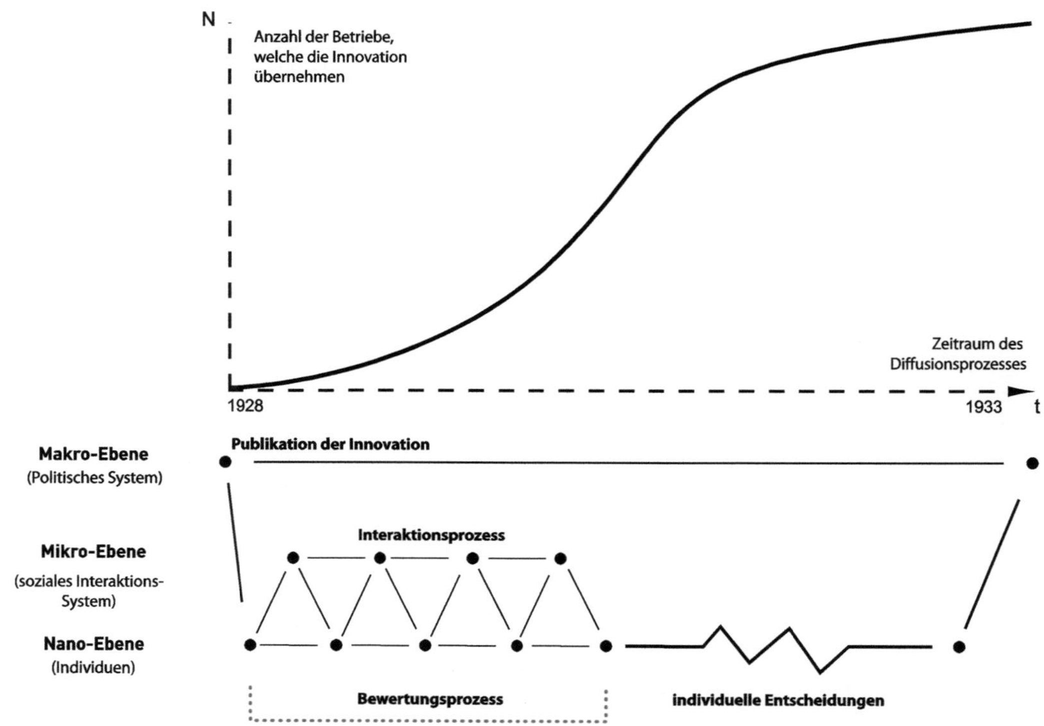

- *Es zeichnet sich ab, dass die Neigung zur Übernahme der Neuheit mit der Anzahl der Zusammenkünfte und Diskussionen wächst.*

- *Endergebnis ist, dass Akteure die Interaktionen nach einem Zeitraum abschließen, eine abschließende Bewertung vornehmen, die Innovation akzeptieren oder bewerten.*

Das Makro-, Mikro-, Nano-Kommunikations-Modell

Systeme gezielt durch Kommunikation gestalten

Die Hauptaufgabe des gegenwärtigen Kapitels ist, die Frage zu beantworten, wie Kommunikations-Maßnahmen entwickelt werden, mit deren Hilfe soziale Systeme gezielt gestaltet werden können.

Im Laufe unserer bisherigen Überlegungen haben wir gesehen, dass die Frage präziser zu fassen ist, wenn wir das *Konzept der Situations-Definition* benutzen. Es geht in diesem Kapitel also darum zu klären, wie eine Situations-Definition so in der Öffentlichkeit zu platzieren ist, dass sie sich planbar in verändertem Verhalten auswirkt.

Noch weiter präzisieren können wir die Frage, wenn wir auf das *Makro-, Mikro-, Nano-Kommunikations-Modell* zurückgreifen, auf das wir gestoßen sind, als wir die Operationsweise meinungsbildender Mechanismen untersuchten.

Wir fragen somit danach, wie die Interaktionsprozesse auf der Mikro-Ebene und der Bewertungsprozess auf der Nano-Ebene zu beeinflussen sind, um die in einem sozialen System verbreitete Definition der Situation zu gestalten.

Die Lösung heißt, wenn wir bei der Beantwortung Robert K. Mertons Anregung folgen:

Die Strukturen des betroffenen Sozialsystems sind zu verändern. Es hat ein institutioneller Wandel stattzufinden, der die in den sozialen Beziehungen wirkenden und verfestigten Überzeugungen auflöst.

Wir stellen gegen Ende dieses Kapitels noch ein paar Gedanken zu dem Makro-, Mikro-, Nano-Kommunikations-Modell an, auf das wir in diesem Kapitel gestoßen sind:

- *Dieses Modell ist offenbar der Dreh- und Angelpunkt zur Erarbeitung einer Antwort auf die Frage, wie mit Kommunikations-Maßnahmen soziale Systeme gestaltet werden können.*

- *Es ist das allgemeine, empirisch belegte Basis-Modell der sozialen Kommunikation.*

- *Aufgrund dieses Modells verfügen wir über eine realistische Alternative zu den naiven Sender-Empfänger-Modellen, die in der bisherigen Konzeptionstechnik vertreten werden.*

- *Wir legen diese Sender-Empfänger-Modelle von nun an bei Seite und ersetzen sie durch das neue Modell.*

Gehen wir gedanklich noch einmal zum Ausgangspunkt – zurück zur Definition der Situation – um uns vor dem Hintergrund unseres neuen Modells noch einmal zu vergegenwärtigen, welche Frage wir in diesem Kapitel zu beantworten hatten:

Die Basisaufgabe mit der jeder Konzeptioner in jedem Augenblick seiner Arbeit zu tun hat, kreist um diese Definition der Situation und zwar in zwei verwandten Variationen.

Strategische Basisaufgabe jedes Konzeptioners

- *Entweder geht es darum, in einer Phase der Meinungslosigkeit oder der moderaten falschen oder ungenauen Informiertheit eine Definition der Situation so zu platzieren, dass diese für die Mitglieder in einem sozialen System handlungsleitend wird.*

- *Oder es geht darum, eine unerwünschte – etwa falsche – Definition der Situation entsprechend handlungsleitend für die Angehörigen des Systems zu ändern.*

Anhand der betrachteten Studien von diversen Sozialwissenschaftlern konnten wir wichtige Erkenntnisse für unsere Fragestellung sammeln.

Die wichtigste Erkenntnis ist dabei, dass publizierte Kommunikations-Inhalte auf Zielpersonen lediglich begrenzte Wirkung haben, was die relative

Wirkungslosigkeit vieler Kommunikations-Maßnahmen

Wirkungslosigkeit vieler PR-Maßnahmen erklärt, insbesondere solche im Bereich der Presse- und Medienarbeit. Das Verschicken von vereinzelten Presseinformationen und die anschließende Veröffentlichung dieser Informationen führen erfahrungsgemäß nur zu mäßigen Ergebnissen auf Seiten der Medien-Konsumenten, etwa den Lesern einer Zeitung.

Sie führen zu maßgeblichen Veränderungen von Meinungen und entsprechenden Handlungen nur dann, wenn zufällig eine passende Handlungsbereitschaft aufgrund einer individuellen Situation bereits vorliegt.

An den Empfang des publizierten Inhalts schließen sich günstigstenfalls Kommunikationsprozesse in Interaktions-Systemen auf der Mikro-Ebene des betreffenden Sozialsystems an.

Ohne diese Prozesse in Interaktions-Systemen erfolgt kein individueller Bewertungsprozess auf Seiten der Medien-Konsumenten, auch keine Meinungsbildung und keine anschließende Aktion.

Meinungsbildung erfordert Gruppenprozesse.

Im Rahmen der Interaktionen, die sich nach einer Publikation von Inhalten anschließt, reflektieren die Akteure in Gruppen und Beziehungen – soweit sie sich angesprochen fühlen und interessieren – beispielsweise die Argumente für die Übernahme der Situations-Definition, die in den publizierten Inhalten zum Tragen kommen.

Die Akteure bearbeiten diskutierend ihre Bedenken, wobei das Ergebnis dieser Diskussion dadurch beeinflusst wird, welches Vertrauen Akteure in Gesprächspartner haben, die von positiven Erfahrungen im Zusammenhang mit der betreffenden Situations-Definition berichten und deren Übernahme empfehlen.

Bis der einzelne Akteur sich seine endgültige Meinung bildet, sind häufig eine ganze Reihe von Einzelgesprächen oder Gesprächssequenzen notwendig.

Meinungen und damit zusammenhängende Entscheidungen für bestimmte Handlungen werden offensichtlich in der Regel individuell intensiv erwogen und nicht aufgrund des Einflusses anderer Personen vom Individuum einfach nur übernommen, wie es das naive Konzept der Meinungsführerschaft suggeriert.

Bei der individuellen Entscheidung wägt der Einzelne seine persönlichen Werte, frühere Erfahrungen, individuelle Bedürfnisse und Ziele gegeneinander ab.

Erst nach einer offenbar sehr komplexen Bewertung und nach teilweise intensiven und verwickelten Kommunikations–Prozessen tritt die endgültige Meinungsbildung auf, erst dann folgen Entscheidungen und Handeln.

Das vorläufige Ergebnis unserer Suche nach einer Antwort auf die Frage nach der Durchsetzung einer Situations–Definition lautet also, dass ihre Durchsetzung durch einzelne Publikationen und einzelne PR–Informationen lediglich *angeschoben* werden kann.

Im historischen Hägerstrand–Beispiel überließ die schwedische Regierung die sich der Information anschließende »Überzeugungsarbeit« dem selbst organisierten Prozess der Interaktions–Systeme auf der Mikro–Ebene.

Somit war der Prozess der Bewertung der landwirtschaftlichen Innovation durch die einzelnen Landwirte mehr oder weniger sich selbst überlassen.

Es zeigte sich, dass die Wirksamkeit einzelner PR–Maßnahmen auf die Geneigtheit von Individuen angewiesen ist, Informationen aufzugreifen und zu diskutieren.

Maßnahmen zur Steuerung von Meinungsbildungs–Prozessen

Offenbar ist für die wirkungsvolle Umsetzung einer neuen Situations–Definition und deren langfristiger Etablierung wesentlich mehr Aktivität notwendig, als durch den Einsatz einzelner Kommunikations–Maßnahmen geleistet werden kann.

Im Weiteren geht es uns darum, herauszufinden, was das ist, das für diesen durchdringenden Erfolg notwendig ist.

Wir haben bereits erkannt, dass es dabei auf ein geplantes Vorgehen ankommt, das an unser neues Kommunikations–Modell ansetzt und gezielt Veränderungen von Meinungen und Bewertungen im Rahmen der Prozesse insbesondere auf den Mikro– und Nano–Ebenen eines Sozialsystems bewirkt.

Wenn wir Meinungsbildung gezielt beeinflussen wollen, eine neue Situations–Definition in der Öffentlichkeit etablieren wollen, dann müssen wir noch mehr darüber wissen,

- *wie der Meinungsbildungs–Mechanismus als ein auf Mikro– und Nano–Ebene verteilter Prozess abläuft,*
- *welche Teil–Mechanismen hier greifen und*
- *wie diese für die Konzeptionstechnik nutzbar gemacht werden können.*

Erst wenn wir die Operationsweisen dieser Mechanismen kennen, haben wir die Chance, Maßnahmen zu entwickeln, die den Gang der Meinungsbildung – insbesondere die parallelen Interaktions- und Bewertungsprozesse – beschleunigen und ihm Richtung auf bestimmte Entscheidungen und Handlungstendenzen geben.

Damit ist die Aufgabenstellung für die weiteren Kapitel definiert.

Abschluss

Zur Reflektion der Ergebnisse des zurückliegenden Kapitels und zur Vorbereitung des anschließenden Kapitels wird den interessierten Lesern wieder eine kleine Aufgabenstellung angeboten.

Dazu kommen wir insbesondere noch einmal auf das in der bisherigen Konzeptionslehre verbreitete Konzept der »Zielgruppe« zu sprechen.

Wie gesehen steht das Konstruieren von »Zielgruppen« im Zentrum der bisherigen Konzeptions-Arbeit – insbesondere beim Versuch der Entwicklung der heute üblichen »PR-Kommunikations-Strategien«.

Dadurch, dass dabei Maßnahmen häufig auf Gruppierungen von individuellen Personen ausgerichtet wurden, die gar keine realen Beziehungen zueinander haben, hatten die daraus abgeleiteten »Strategien« wenig Wirksamkeit.

Schauen wir uns das genauer an:

Relationen sind keine Beziehungen.

Wenn beispielsweise Personen einer bestimmten Altersgruppe als Gruppe definiert werden, wird bei der Gruppendefinition bei einer »non binding relation« angesetzt – eine Lebensalters-Relation wie »gleichaltrig« zu sein, ist eine abstrakte statistische Relation und keine menschlich-soziale Beziehung.[21]

Dieser entscheidende und wichtige Unterschied von »Relation« und »Beziehung« ist aber manchem Konzeptioner nicht bewusst.

Diese Unklarheit führt dazu, dass die mögliche Wirksamkeit von Maßnahmen nicht realistisch eingeschätzt werden kann. Aufgrund einer Relation, die nicht bindend ist, ergibt sich kein Interaktions-System und deshalb kein Interaktions-Prozess zwischen den Personen, deren Reaktion hier nach statistischen Maßstäben definiert wurde.

Zum Beispiel kommunizieren Inkontinente und Neugeborene nicht miteinander und bilden auch kein Interaktions-System, lediglich weil ein Konzeptioner sie als Gruppe der »Windelträger-Individuen« zusammengefasst hat.

Doch nun zu unserer Aufgabenstellung:

Wenn Sie vor diesem Hintergrund an die Konzeptionen und insbesondere an die Strategie–Ansätze denken, an denen Sie in den letzten Jahren beteiligt waren, welche Bedeutung hatte dabei die Definition von »Zielgruppen«?

- *Sind Ihnen Beispiele dafür bewusst, dass Relationen mit Beziehungen verwechselt wurden und Personengruppen daher nicht in der Kommunikations–Beziehung standen, wie Sie es erwartet und vorausgesetzt hatten?*

- *Woran ist Ihnen der Unterschied von »theoretischer« Zielgruppe und »lebendigem« Interaktions–System bei einem Projekt besonders bewusst geworden?*

- *Welche Vorkehrungen haben Sie möglicherweise bereits in der Vergangenheit getroffen, um Definitionen abstrakt–statistischer Relationen von realen dynamischen Menschen–Gruppierungen zu unterscheiden?*

- *Wie gelingt es Ihnen, die Diskussion von Themen und Inhalten in solchen Interaktionssystemen in Gang zu bringen?*

Quellenhinweise und Anmerkungen

1. Übernommen aus der deutschen Wikipedia-Version:
   »http://de.wikipedia.org/wiki/Thomas-Theorem«

2. Siehe beispielsweise:
   Dörrbecker, Klaus; Renée Fissenewert (2003) S. 63–8
   Fissenewert, Renée; Stephanie Schmidt (2004) S. 75–86

3. Vergleiche:

   Nickel, Volker; *Informieren muss man können,* Landsberg am Lech 1985

4. Vergleiche:
   Dörrbecker, Klaus; Renée Fissenewert (2003) S. 66

5. Vergleiche:
   Dörrbecker, Klaus; Renée Fissenewert (2003) S. 67
   Fissenewert, Renée; Stephanie Schmidt (2004) S. 77

6. Vergleiche:
   Dörrbecker, Klaus; Renée Fissenewert (2003) S. 66–8
   Fissenewert, Renée; Stephanie Schmidt (2004) S. 83–4

7. Vergleiche:
   Merton, Robert K.; »The Thomas Theorem and the Matthew Effect«; in: *Social Forces*, 74 (2), December 1995; S. 379 – 424
   Merton, Robert K.; »Die Eigendynamik gesellschaftlicher Voraussagen«; in: Topitsch, Ernst (Hg.); *Logik der Sozialwissenschaften*; Königstein/Taunus 1980 (10); S. 144–61

8. Vergleiche:
   Thomas, William Isaac; Dorothy Swaine Thomas; *The Child in America. Behavior Problems and Programs;* New York 1928

9. Vergleiche:

   Merton, Robert K.; »The Thomas Theorem and the Matthew Effect« (1995) S. 380

10. Ebenda

11. Siehe:

    Merton, Robert K.; *Soziologische Theorie und soziale Struktur;* Berlin/New York 1995; S. 50

12. Siehe:

    Merton, Robert K.; Soziologische Theorie und soziale Struktur; Berlin/New York 1995; S. 124, 399–414

    Vergleiche die alternative Übersetzung:

    Merton, Robert K.; »Die Eigendynamik gesellschaftlicher Voraussagen«; in: Topitsch, Ernst (Hg.); *Logik der Sozialwissenschaften;* Königstein/Taunus 1980 (10); S. 144–61

13. Vergleiche:

    Hedström, Peter; Richard Swedberg; »Social mechanisms: An introductory essay«; in: Hedström, Peter; Richard Swedberg (Hg.); *Social Mechanisms – An Analytical Approach to Social Theory;* Cambridge 1998; S. 1–31

14. Vergleiche:

    Granovetter, Mark S.; »Threshold Models of Collective Behavior«; in: *American Journal of Sociology,* 83, Mai 1978; S. 1420–43

    Granovetter, Mark S.; Roland Soong : »Threshold Models of Diffusion and Collective Behavior« in: *Journal of Mathematical Sociology,* November 1983; S. 165–79

    Hedström, Peter; Richard Swedberg; »Social mechanisms: An introductory essay«; in: Hedström, Peter; Richard Swedberg (Hg.); *Social Mechanisms – An Analytical Approach to Social Theory;* Cambridge 1998; S. 19–20

15. Vergleiche:

    Dörrbecker, Klaus; Renée Fissenewert (2003) S. 67

16. Katz, Elihu; Paul F. Lazarsfeld; *Persönlicher Einfluß und Meinungsbildung;* München 1962 (englischsprachige Originalausgabe 1955).

    Wie wenig eindeutig die Befunde der sogenannten Meinungsführerforschung sind, zeigen beispielsweise auch:

    Jäckel, Michael; *Medienwirkungen;* Wiesbaden 2005 (3), S. 101–32 *(»Massenkommunikation und interpersonale Kommunikation: die Meinungsführerforschung«)*

    Schenk, Michael (Hg.); *Medienwirkungsforschung;* Tübingen 1987, S. 320–69 *(»Hypothese des ‹Two–Step–Flow of Communication› und die Meinungsführerkonzeption«)*

17. Vergleiche:

    Coleman, James S.; Elihu Katz; Herbert Menzel; »The Diffusion of an Innovation among Physicans«; in: *Sociometry,* Volume 20, No. 4; S. 253–70

18. Vergleiche:

    Merton, Robert K.; *Soziologische Theorie und soziale Struktur;* Berlin/New York 1995; S. 401

19. Vergleiche:

    Boudon, Raymond; *Die Logik des gesellschaftlichen Handelns. Eine Einführung in die soziologische Denk– und Arbeitsweise;* Neuwied/Darmstadt 1980; S. 113–20

20. Hägerstrand, Torsten; "A Monte Carlo approach to diffusion"; in: *Archives européennes de Sociologie*, 6, 1965; S. 43–57.

21. Vergleiche:

    Bunge, Mario; *Finding Philosophy in Social Science (1996)* S. 274–7

Quellen und Anmerkungen

»[...] it is nevertheless clear that direct, face-to-face interaction takes place in all of these groups and there is little doubt that human interaction on a face-to-face level has at least certain formal similarities wherever we find it.«
(1)
Robert Freed Bales

Kapitel 15

Kommunikationsfunktionen:

Meinungen systematisch beeinflussen

Situations–Definitionen etablieren

Im letzten Kapitel hatten wir Gelegenheit, anhand von empirischen Belegen nachzuvollziehen, wie der Prozess der Meinungsbildung in einer Gesellschaft vonstattengeht.

Wir haben gesehen, dass eine »Definition der Situation« im Rahmen eines öffentlichen Dialogs erst dann etabliert werden kann, wenn parallel sowohl in sozialen Interaktionssystemen als auch im Bewusstsein von Individuen erfolgreich bestimmte Prozesse angestoßen werden.

Die betreffenden Interaktionssysteme haben dabei die Funktion, ein Forum für den Gedankenaustausch von Individuen zu bilden. Allerdings reichen die auf der Ebene der Interaktionssysteme ablaufenden Prozesse und wirkenden Mechanismen nicht aus, um bereits eine öffentliche Meinung zu etablieren. Hinzutreten müssen entscheidende Prozesse im Bewusstsein der Individuen. Diese bewerten Meinungen nach Diskussionen mit Anderen in den Interaktionssystemen und lassen sich erst danach so weit auf Themen ein, dass sie sich eine eigene Meinung bilden, die sich auf die »Definition der Situation« bezieht, die am Anfang etwa durch die Veröffentlichung eines Massenmediums in die Diskussion eingebracht wurde.

Situations–Definitionen etablieren

Die Aufgabe eines Konzeptioners ist es in diesem Zusammenhang, diesen Vorgang der *Bildung einer Meinung* – oder anders gesagt der *Etablierung einer Situations–Definition* – zu steuern. Er hat Maßnahmen zu entwickeln, die den gewünschten Meinungsbildungsprozess herbeiführen.

Mit Hilfe der Ergebnisse des letzten Kapitels können wir nun definieren, wo diese Maßnahmen zu wirken haben, nämlich

- *sowohl auf der Ebene der Prozesse in den Interaktionssystemen*
- *als auch parallel auf der Ebene der Individuen, die diese Interaktionssysteme als »Mitglieder« sozusagen »personell« bilden.*

Daraus folgt, dass wir, wenn wir im Detail zeigen wollen, wie Kommunikations–Maßnahmen im Sinne einer Steuerung von Meinungsbildung funktionieren, zu erklären haben, wie diese Maßnahmen parallel Prozesse in den Interaktionssystemen bewirken und Individuen beeinflussen.

Obwohl wir damit bereits wissen, wo die entscheidenden Ansatzpunkte für die Arbeit des Konzeptioners liegen – wo sie sozusagen lokalisiert sind –, haben wir noch nicht gezeigt, wie auf die hier ablaufenden Prozesse wirkungsvoll eingewirkt werden kann. Und damit sind wir beim Thema des aktuellen Kapitels:

Wir suchen nach den Mechanismen, mit deren Hilfe wir bei den Prozessen auf den Ebenen der Interaktionssysteme und der Individuen so weit intervenieren können, dass wir gezielt auf die Etablierung von Meinungen in Sozialsystemen Einfluss nehmen.

Im letzten Kapitel haben wir am Beispiel der Verbreitung einer landwirtschaftlichen Innovation verfolgt, wie die Meinungsbildung in einer Gesellschaft abläuft, wenn die ausschlaggebenden Kommunikations–Prozesse einer Selbstorganisation überlassen bleiben und eher zufällig zu einem Ergebnis führen. Unsere Aufgabe ist es zu zeigen, wie wir Prozesse nutzen können, um gezielt und geplant Meinungsbildungen herbeizuführen.

Mechanismen in Interaktionssystemen

Dazu benötigen wir vor allen Dingen ein möglichst genaues Wissen über die Operationsweisen der in den Interaktionssystemen wirkenden Mechanismen. Ohne ein Wissen über diese Mechanismen haben wir keine Möglichkeit, Einfluss auf die für die Meinungsbildung elementaren Sozialsysteme auszuüben.

Wir werden uns nun daran machen, diese Mechanismen zu suchen und zu analysieren.

Wir beginnen damit, genauer zu schauen, um welche Art Sozialsysteme es sich bei diesen Interaktionssystemen handelt und welche besonderen Kennzeichen wir bei ihnen anzunehmen haben.

Die Struktur von Interaktionssystemen

Nähern wir uns diesen *Interaktionssystemen*, die ausschlaggebend sind für die Bildung von Meinungen in Gesellschaften, und fragen uns:

Wo begegnen wir diesen Systemen?

Die Antwort ist, dass wir mit diesen kleinen Sozialsystemen eigentlich in jeder Lebenssituation zu tun haben:[2]

- *in Gruppen, die zum Zweck der Durchführung von Diskussionen gebildet werden – in Diskussionsgruppen von Betrieben in der Wirtschaft bis zu Psychotherapie–Gruppen in psychiatrischen Einrichtungen*

- *in politischen Systemen in Form politischer Ausschüsse, Gremien oder Direktorien*

- *in Gruppen, die zur Erarbeitung von Problemlösungen gebildet werden – zum Beispiel im Bereich der Wissenschaften in Form von Arbeitsgruppen an Hochschulen, in Arbeitsgruppen in allen Bereichen der Wirtschaft, in Produktionsbetrieben, in gewerblichen Betrieben, in Dienstleistungsbetrieben usw.*

- *in sozialen Systemen wie Familien, Wohngemeinschaften, Kinder–Spielgruppen, Jugendgruppen, Freundes– und Bekanntenkreisen, Sportvereinen, Musikkapellen usw.*

- *in sozialen Institutionen wie Schulen, Therapieeinrichtungen etwa Arztpraxen, Rehabilitations–Einrichtungen usw.*

Kennzeichen von »small groups«

Was ist typisch für diese Gruppen?

Die Interaktionssysteme, denen unser Augenmerk gilt, zeichnen sich offenbar dadurch aus, dass sie eine Größe von zwei bis zu zwanzig Personen umfassen, die direkt miteinander kommunizieren, sich dabei von Angesicht zu Angesicht begegnen, also eine Gruppe von Individuen bilden, die in einer »face–to–face–Beziehung« stehen.

Wir können die zu betrachtenden Gruppen, die aus Individuen gebildet werden, die in persönlicher Beziehung stehen, im Anschluss an unsere Betrachtungen aus dem letzten Kapitel aber noch wesentlich genauer kennzeichnen:

Ein wesentliches Merkmal der betreffenden Gruppen ist es, dass die darin ablaufende Kommunikation prinzipiell *ohne die Leitung eines formellen Moderators* abläuft. Das heißt, die betreffenden Interaktionsgruppen kommen zusammen, ohne dass es bei deren Bildung einen in irgendeiner Weise formell bestimmten Diskussionsleiter gibt.

Auch wenn sich im Laufe von Diskussionen in konkreten Gesprächen führende Rollen von einzelnen Personen herauskristallisieren, so stellen diese Gruppen doch zu Beginn Sozialsysteme dar, die sich zu *unmoderierten Gruppensitzungen* zusammenfinden und einen Gesprächskreis bilden, der sich einmalig oder zu einer ganzen Folge von Sitzungen trifft, um ein Thema oder eine Fragestellung zu diskutieren.

Die zu betrachtenden unmoderierten Gesprächsgruppen haben weitere charakteristische Merkmale, die sie als besonderen Typus von Sozial- und Kommunikationssystemen erscheinen lassen:

Sie stellen als *Interaktionssysteme* so genannte *»small groups«, »Kleingruppen«*, kleinste soziale Einheiten dar, in denen Kommunikationsprozesse ablaufen.

Typisch ist für diese »Miniatur-Sozialsysteme«, dass die darin ablaufenden Interaktionen im direkten Kontakt von »Angesicht zu Angesicht« erfolgen.

Dadurch ergibt sich ein weiteres, ein erstaunliches Merkmal:

Sie stellen nicht nur kleinste soziale Einheiten dar, sondern sie sind gleichzeitig auch die größten Einheiten, in denen noch so etwas wie gemeinsame persönliche Kommunikation im Rahmen von Gruppen möglich ist.

Präzisieren wir diese Spezifikationen in einer ***Definition eines Interaktionssystems***:(3)

Basisdefinition »Interaktionssystem«

»Eine Gruppe von Personen ist ein Interaktionssystem genau dann, wenn sie folgende Bedingungen erfüllt:

- *die Mitglieder kommen zu einem oder zu einer Reihe von persönlichen Treffen zusammen,*
- *in deren Ablauf sie alle direkt miteinander kommunizieren.*
- *Diese direkte Kommunikation ist dadurch gekennzeichnet, dass sie bei den Beteiligten einen so differenzierten Eindruck von den anderen Mitgliedern dieser Gruppe bewirkt, dass sie, werden sie beispielsweise später darauf angesprochen, diese Wahrnehmungen wiedergeben können, oder zumindest einen sicheren Eindruck davon haben, dass diese Personen an der betreffenden Gruppeninteraktion tatsächlich beteiligt waren.«*

Aus dieser Definition folgt, dass eine Anzahl von Personen, die irgendwo zusammentreffen, keinesfalls automatisch ein Sozialsystem nach Maßgabe des uns interessierenden Interaktionssystems bilden.[3]

Eine »Ansammlung« von Personen, die physisch während eines Ereignisses gemeinsam präsent sind, aber nicht in der Weise miteinander interagieren, dass sie differenzierte Beobachtungen in Bezug auf alle anderen Gruppenmitglieder machen, bilden keine Kleingruppe, die als Interaktionssystem zu beschreiben ist. Wahrscheinlich bilden sie auch kein Sozialsystem anderen Typs, sondern sind lediglich als zufällige Akkumulation unabhängig voneinander anwesender Individuen zu betrachten.

Ausschluss–Merkmale

Weiterhin lässt sich aus der Definition ableiten, dass eine Gruppe von Personen, die so groß und physisch so verstreut auftritt,

- *dass manche ihrer Mitglieder nur indirekt*
- *oder nur als Zugehörige einer Untergruppe miteinander interagieren*
- *oder mit anderen Gruppenmitgliedern lediglich über Vermittlungs–Personen kommunizieren*
- *oder mit anderen Gruppenmitgliedern nur durch unpersönliche Kommunikationsmedien und –kanäle interagieren, wie dies etwa in der Organisation von Wirtschaftsbetrieben oder Behörden zwischen den Angehörigen unterschiedlicher Abteilungen üblich ist,*

zu groß und zu komplex ist, um ein Interaktionssystem im Sinne unserer Definition bilden zu können. Es handelt sich stattdessen offenbar um ein komplexes Sozialsystem, das aus mehreren Subsystemen – also weiteren kleineren Systemen – zusammengesetzt ist.

Darüber hinaus fallen Personen–Ansammlungen, die eventuell zunächst als Interaktionssysteme identifiziert wurden, nachträglich aus dem Definitionsbereich heraus, wenn sich bei genauerer Untersuchung ergibt, dass ein Mitglied oder mehrere Mitglieder keine differenzierten Eindrücke von der einen oder anderen Person aus der Gruppe gewonnen haben.

In diesem Fall handelt es sich nur bei der Kerngruppe – gebildet aus den Mitgliedern, die sich wechselseitig tatsächlich differenziert wahrgenommen haben – um ein Interaktionssystem.

Nur kleine Sozialsysteme, die in diesem Sinne Interaktionssysteme sind, binden Individuen offenbar so wirkungsvoll in Dialoge ein, dass darin ablaufende Kommunikationsprozesse den Einfluss auf die Meinungen der beteiligten Individuen nehmen können, der im Blickpunkt unseres Interesses liegt.

Interaktionsforschung im »Laboratory of Social Relations« der Harvard University

Für unsere weiteren Überlegungen benötigen wir empirisch abgesichertes Wissen über die in solchen Interaktionssystemen ablaufenden Prozesse und die dabei wirkenden Mechanismen. Hierbei können wir auf gut dokumentierte Forschungsergebnisse zurückgreifen.

Es war Robert Freed Bales, dessen Arbeiten wir uns in Kapitel 11 bei der Diskussion unserer Axiologie angesehen haben, der über Jahre hinweg systematisch Kleingruppen untersucht hat, deren Merkmale unserer Definition entsprechen.

Einige Hintergrundinformationen zu den betreffenden Forschungen:

Richtungs–weisende inter–disziplinäre Forschung

Bales gehörte von den 40er Jahren des letzten Jahrhunderts dem an der Harvard University gegründeten bekannten *Harvard Department for Interdisciplinary Social Science Studies* an.[4] Für die Werke einiger der heute international bekanntesten Sozialwissenschaftler war die Arbeit im Department of Social Relations wichtiger Ausgangspunkt für besonders fruchtbare Forschungsaktivitäten, unter anderem für:

- *Gordon Allport und seine Arbeiten zu Persönlichkeit und Motivation*
- *Jerome Bruner und seine Arbeiten zur kognitiven Psychologie und narrativen Analyse*
- *Clyde und Florence Kluckhohn und ihre Arbeiten zu Wertorientierungen*
- *Alex Inkles und seine Studien über das Machtsystem der Sowjetunion*

Soziologen verbinden Bales› wissenschaftliche Arbeit vor allen Dingen mit seiner Ko–Autorenschaft bei einigen der wichtigsten Publikationen des Soziologen Talcott Parsons aus den 50er Jahren – zum Beispiel »*Working Papers in the Theory of action*« (Parsons, Bales und Shils 1953) [5] und »*Family, Socialization, and Interaction Process*« (Parsons und Bales 1955).[6]

Sie übersehen dabei allerdings, dass Bales jahrzehntelang kontinuierlich im Laboratorium des *Department of Social Relations*, dem *Laboratory of Social Relations*, empirische Untersuchungen über Kleingruppen durchgeführt hat. Diese Forschungen sind deshalb weniger in der internationalen Soziologie, sondern eher bei Sozialpsychologen und Psychologen bekannt geworden.

Als Bales beschloss, sich mit der Untersuchung von Kleingruppen – »small groups« – zu beschäftigen, wurde er von manchen seiner *Senior Professors* aus der Soziologie argwöhnisch betrachtet.[7] Diese waren Vertreter von holistischen Gesellschaftstheorien, die empirischen Vorgängen auf der Ebene kleiner Gruppen und den darin agierenden Individuen wenig Beachtung schenkten.

Dagegen war Bales davon überzeugt, dass Mechanismen von kleinen und großen Sozialsystemen in wichtigen Gesichtspunkten zusammenhängen. Er war der Ansicht, dass wir Wesentliches lernen, wenn wir uns zunächst bei der Forschungsarbeit auf die kleinen Systeme konzentrieren, deren Prozesse wir direkt untersuchen und analysieren können, um im Anschluss unser Wissen über diese Prozesse in den Zusammenhang der Dynamik großer Sozialsysteme zu stellen.

Bales› Kleingruppen-Forschung

Ungefähr fünf Jahre lang – in den Jahren zwischen 1945 und 1950 – beobachtete Bales Kleingruppen dabei, wie sie als Interaktionssysteme den Individuen den Rahmen geben, Probleme zu lösen und Entscheidungen zu treffen. Die Ergebnisse dieser Forschungen waren entscheidend für die späteren Arbeiten, die zu seinem Konzept dynamischer System-Felder und schließlich zu seinem SYMLOG-Ansatz führten, den wir in Kapitel 11 kennen gelernt haben.

Bales› Interesse galt insbesondere den Vorgängen, die auftreten, wenn eine Kleingruppe, gebildet aus Personen, die sich zunächst nicht kennen, mit einer gemeinsamen Aufgabe konfrontiert wurden, ohne über einen vorher bestimmten Leiter oder »Führer« zu verfügen und ohne dass ihnen eine Vorgehensweise oder Regeln vorgeschrieben wurden.[8]

Bales wollte diese Konstellation nutzen, um aus den Anfängen heraus zu beobachten, wie sich herausbildet, was Soziologen als *»Gruppen-Struktur«*, *»Rollen-Differenzierung«*, *»Führerschaft«* und so weiter bezeichnen.

Er wollte insbesondere

- *die Motivationen und Mechanismen hinter den verschiedenen dabei auftretenden Handlungen verstehen und*
- *die Abfolge dieser Handlungen,*
- *ihre relative Frequenz sowie*
- *die Art und Weise, in der Aktionen – »acts«– zwischen den Gruppenmitgliedern hin- und herpendeln,* untersuchen.

Bales war erfolgreich. Ihm ist es tatsächlich gelungen, das Wissen über Mechanismen hinter Gruppenprozessen zu sammeln, auf das wir für unser Projekt aufbauen können.

Bevor wir uns die betreffenden Ergebnisse aus Bales› Forschungen im Detail ansehen, wollen wir uns zumindest kurz darüber informieren, in welcher Form er seine Daten sammelte und wie der Aufbau der betreffenden Untersuchungen im *Harvard Laboratory of Social Relations* im Einzelnen aussah:

Laboratorium für soziale Beziehungen

Unserer Definition entsprechend wurden Gruppen unterschiedlicher Größe mit Aufgaben konfrontiert, die sie in einer Reihe von Zusammenkünften zu bearbeiten hatten.

Die Mitglieder der Forschungsgruppe um Bales zeichneten jeden einzelnen »Handlungs–Akt« auf und erreichten dabei eine Aufzeichnungs–Rate von ungefähr 20 »acts« pro Minute. Jeder »act« wurde unmittelbar nach seinem Auftreten kategorisiert. Dabei wurde dieser nicht nur nach Maßgabe eines Kategorienschemas interpretiert, sondern es wurde auch aufgezeichnet, zu welcher Person der »act« gehörte, an wen er sich richtete – ob er etwa an ein bestimmtes Individuum oder an die Gruppe als Ganzes adressiert wurde.

Im Laufe der Untersuchungen wurde auf diese Weise eine Beobachtungs–Methode entwickelt, die Bales als *Interaction Process Analysis (IPA)* bezeichnete. Diese Analysemethode fand in der Folge in der Kleingruppenforschung internationale Anerkennung und wurde in zahlreichen Forschungseinrichtungen genutzt und weiterentwickelt.

Wie lief nun eine typische Beobachtung eines Interaktionssystems ab?

Sehen wir uns das an:[9]

- *Zwei Beobachter saßen in einem schalldichten Raum vor einem Stimmen-Verstärker und einem »Interaction-Recorder«, mit dem die einzelnen »acts« der Probanden kontinuierlich aufgezeichnet und auf einer Endlos-Papierbahn dokumentiert wurden. – Die Anzahl der Beobachter konnte bei Interesse an speziellen Aspekten der zu beobachtenden Interaktionen auf bis zu sechs Forschern erhöht werden.*

- *Die Beobachter verfolgten die Interaktions-Gruppe im Gesprächsraum hinter Einweg-Spiegeln.*

- *In dem Beobachtungszimmer gegenüberliegenden schalldichten Raum engagierten sich die Gruppen bei der Lösung von Problemen – unter anderem einfachen Schachproblemen.*

Die Gruppenmitglieder wussten sowohl, dass die Spiegel an der einen Wand transparent waren, dass sie beobachtet wurden und dass Beobachter ihre Gespräche aufzeichneten und analysierten. Die Beobachter waren für die Probanden während der Sitzung allerdings komplett unsichtbar.

Aus den Beobachtungen und aus Gesprächen mit den Probanden ergab sich, dass das Wissen darüber, beobachtet zu werden, zwar einen gewissen Einfluss auf ihr Verhalten hatte. Die meisten akzeptierten die Spiegel schnell als Teil der gegebenen Bedingung der Gesprächssituation und beteiligten sich an den Diskussionen, als befänden sie sich in einer »normalen« Alltagssituation.

Kontrollierte Beobachtungs-Effekte

Das Faktum, beobachtet zu werden, ist den Probanden offenbar deshalb als lediglich mäßig störender Tatbestand erschienen, weil sie als Kommunikatoren grundsätzlich daran gewöhnt waren, in Gesprächssituationen von beteiligten Personen betrachtet und eingeschätzt zu werden.

Störender und Ergebnis verfälschend wäre es wahrscheinlich gewesen, wenn die Beteiligten nicht über die Beobachtung aufgeklärt gewesen wären und laufend gemutmaßt hätten, dass sich hinter den Spiegeln wie bei einer kriminalistischen Verhörsituation in einem Polizeipräsidium »verheimlichte« Beobachter verborgen hätten.

Bales› Eindruck war, dass die »Transparenz« gegenüber den Probanden – die Aufklärung über den Versuchsaufbau – zur Entspanntheit, Unbefangenheit und Normalisierung der Diskussionssituation geführt hat.

Das fließende Universum der Kommunikation

Nun tauchen wir ein in die Ergebnisse, die Bales› Untersuchungen der Prozesse sozialer Interaktionssysteme ergeben haben. Aus seiner Sicht stoßen wir damit in ein *»fließendes Universum«* vor:[10]

In den Gruppen, die aus Personen gebildet wurden, die sich vorher nicht begegnet waren und wie beschrieben ohne vorher bestimmten Führer und ohne definierte Organisation auskommen mussten, stießen vielfältige Meinungen, Wertvorstellungen, Wünsche und Zielvorstellungen unvermittelt aufeinander, was zu einem großen Durcheinander der Interaktions–Handlungen führte.

Von außen betrachtet stellte sich das »Gesprächs–Chaos« als typischer zyklischer Ablauf meist folgendermaßen dar:

Außenansicht des Interaktions–Prozesses

(1) *zunächst gab jemand zum Thema und zur lösenden Aufgabe eine Meinung ab –*

(2) *woraufhin ihm jemand widersprach –*

(3) *dann lenkte jemand anderer die Aufmerksamkeit auf die Annahmen, die als akzeptabel zu beurteilen wären, sollte die Gruppe die Vorschläge annehmen, die die Vorredner in die Diskussion eingebracht hatten, und zeigte auf, welche Tatsachen in diesem Zusammenhang darüber hinaus noch zu berücksichtigen wären –*

(4) *jemand anderer ergriff daraufhin das Wort und widersprach seinem Vorredner, um eine alternative Tatsachen–Liste vorzustellen –*

(5) *danach griff allgemeines Gezänk um sich – Positionen wurden hitzig abgesteckt und gegen »Gegner« verteidigt –*

(6) *zwischendurch meldete sich jemand zu Wort, um eine Lösung vorzuschlagen, die an die Meinung des Redners anschloss, mit dessen Beitrag die Diskussion begonnen hatte –*

(7) *diesem Vorschlag wurde in der Runde dann weder zugestimmt noch widersprochen; stattdessen machte jemand aus heiterem Himmel einen Witz, der allgemeine Heiterkeit und weitere Witze auslöste; es wurde rundum gelacht, ein allgemeines Grinsen griff um sich, wodurch die Diskussion der gestellten Aufgabe zeitweise zum Erliegen kam –*

(8) *danach ließ sich in der Gruppe ein allgemeines Aufstöhnen vernehmen, die Gruppenmitglieder richteten sich in ihren Stühlen auf, sprachen wieder ihr gemeinsames Thema an und der beschriebene Zyklus begann von Neuem.*

Kommunikation offenbar nicht »rational«

Bales und seine Forscherkollegen hielten es damals für verwegen, im Zusammenhang mit den beobachteten Abläufen in den Interaktionssystemen von rationaler Ordnung oder Zielgerichtetheit zu sprechen.

Die Kategorien, mit denen wir gemeinhin Prozesse in unserer Umgebung beschreiben, schienen ihnen nicht auszureichen, die Komplexität zu erfassen, die sich hier im Rahmen der Interdependenzen von Personen und den dabei auftretenden dynamischen Vorgängen abspielten.

Vor allen Dingen war für Bales› Forschungsgruppe zunächst nicht erkennbar, warum diese Gruppenprozesse derart ungeordnet auftraten.

Insbesondere ließ sich mit Blick auf die Aufgabe, die den Mitgliedern der beobachteten Gruppen gestellt worden war, phasenweise kaum Fortschritt oder Bemühen um Zielorientierung beobachten:

- *Ein Gutteil der Gesprächszeit verstrich, ohne dass erkennbar an Lösungen gearbeitet wurde.*

- *Zeigten sich dann einmal Ansätze eines Problem–Lösungsprozesses, wurde dieser häufig nach kurzer Zeit unterbrochen oder mit einem Mal in eine völlig andere Richtung umgeleitet.*

- *Statt mit Lösungen der Aufgaben waren die Diskussionsteilnehmer meist mit der Bewältigung emotionaler Spannung zwischen den Beteiligten beschäftigt. Ständig machten Teilnehmer den Eindruck, sich provoziert, gekränkt, von anderen unterdrückt oder sich sonst wie von den Anderen schlecht behandelt zu fühlen.*

Typische Interaktions-Probleme

Das Verhalten der Gruppe erschien vor diesem Hintergrund krisen- und defizitgetrieben statt engagiert zielorientiert. Laufend traten multiple, miteinander verschränkte Probleme auf:

- *Es gab* ***Orientierungsprobleme*** *– es fehlten Informationen, die Einzelne benötigten, um sich in der Aufgabenstellung zurechtzufinden.*

- *Es gab* ***Bewertungsprobleme*** *– Probanden wussten nicht, was sie von diskutierten Dingen zu halten und wie sie diese einzuschätzen hatten.*

- *Es gab* ***Probleme mit der Kontrolle*** *der Abläufe in der Gruppe – die Teilnehmer hatten keine einheitliche Meinung dazu, wie die Diskussion zu lenken war und welche Schritte in der Diskussion eingehalten werden sollten.*

- *Es gab* ***Probleme*** *damit,* ***gemeinsame Entscheidungen*** *zu treffen, die alle Teilnehmer akzeptieren konnten.*

- *Weiterhin gab es* ***Probleme mit dem Management der Spannung*** *zwischen den Teilnehmern, die dadurch manches Mal in offene Aggressivität umzuschlagen drohte.*

- *Dadurch gab es wiederum* ***Probleme mit der Integration der Gruppe****, also mit der Disziplin, in der Gruppe weiter gemeinsam zu diskutieren, statt sich in Untergruppen aufzuspalten oder mit der Arbeit an der gestellten Aufgabe aufzuhören.*

Nur gelegentlich traten Interaktionen auf, die als so etwas wie ein Versuch erschienen, konkrete Lösungen für die der Gruppe präsentierten Aufgabe zu finden.

Insgesamt hatten die Forscher kaum den Eindruck, dass die Mitglieder der Gruppen wirkliches Interesse an der Bewältigung ihrer Aufgaben hatten.

Akteure positionieren sich im Interaktionsprozess.

Erst als die Forscher die Daten der während der Diskussionen aufgetretenen »acts« systematisch analysierten, wurden hinter der »Oberfläche« wahrgenommener Interaktionen die Strukturen und Mechanismen des Interaktionssystems sichtbar:

Kritisches Meeting Nr. 2

So ergab sich zunächst die erstaunliche Einsicht, dass es in der Regel nicht die erste »Session« unter den Diskussionsrunden ist, in der es besonders chaotisch und turbulent zuging. Die »kritischste« Session war meist die zweite Sitzung. Die Beteiligten schienen von Anfang an Probleme damit zu haben, sich gemeinsam zu organisieren. Doch ihre schlimmsten Konflikte traten auf, wenn die Gruppe zum zweiten Mal zusammenkam.

Nach dem Überstehen der zweiten Sitzung war einer der kritischsten Augenblicke für das Bestehen des Interaktionssystems überwunden, und eine Reihe der beobachteten Gruppen waren nach Ablauf dieser Krise in der Lage, sich zu stabilisieren und weiter an der gestellten Aufgabe zu arbeiten.

Dann trat zumindest zeitweise eine Art rudimentärer Geordnetheit auf, die als gewisse Koordination angesichts deutlicher Polarisierungsbewegungen in der Gruppe wirkte.

Die Forscher beobachteten über die Sitzungen hinweg als Gesamtbild einen sich nach kurzer Zeit aufschaukelnden Krisenzustand, der abebbte, um danach in eine Phase labiler Geordnetheit überzugehen, die durch eine ständige Polarisierung von Positionen und Gegenpositionen der Gruppenmitglieder geprägt war.

Die Frage, die uns nun hier besonders interessiert, ist:

Waren auf der Nano–Ebene, der Ebene der Individuen, sowie der Mikro–Ebene, der Ebene des Interaktionssystems, sich parallel ausprägende, typische Muster und Prozesse zu erkennen?

Das war tatsächlich der Fall:

Auf der Nano–Ebene zeigte sich beispielsweise, dass die Individuen bemüht waren, ihre persönliche Stellung in der Gruppe zu finden und zu verteidigen. Anhand der erhobenen Daten ließ sich verfolgen, wie die Akteure ihre individuellen Positionen durch Interaktionen behaupteten, die Bales mit Hilfe eines Sets von drei Kategorien beschrieb. Und zwar positionierten sich die Akteure gemäß dieser Kategorien durch die Merkmale *»activity«, »task ability«* und *»likability«*.

Wir schauen uns das ein wenig genauer an:

»activity«, »task ability«, »likability«

Die Mitglieder einer Gruppe bemühen sich mehr oder weniger stark darum, durch Beteiligung an der Gruppenaktivität eine individuelle Position zu erreichen und eine individuelle Rolle zu spielen. Dieses Merkmal »activity« – »Aktivität« – einer Person war daran ablesbar, in welchem Umfang sie an den Interaktionen der Gruppe beteiligt war – also daran, für wie viele der aufgetretenen »acts« sie verantwortlich war.

Die Mitglieder erwiesen sich im Rahmen der Problemlösungsversuche darüber hinaus als unterschiedlich kompetente Gesprächspartner.

Das entsprechende Merkmal »task ability« – »Aufgaben–Bewältigungs-Kompetenz« – wurde anhand der Beurteilung der übrigen Gruppenmitglieder bestimmt. Diese wurden im Anschluss an die Sitzungen darum gebeten, per Fragebögen darüber abzustimmen, welche Individuen die besten Lösungsvorschläge in die Gruppenarbeit eingebracht hatten.

Die Gruppenmitglieder zeichneten sich weiterhin dadurch aus, dass sie von den übrigen Mitgliedern mehr oder weniger gemocht und für mehr oder weniger sympathisch gehalten wurden. Dieses Merkmal »likability« – »Sympathie« – oder »disliking« – »Antipathie« – wurde ebenfalls mit Hilfe von Fragebögen bestimmt.

Denken wir uns das Interaktionssystem, das die Gruppenmitglieder umfasst, als einen dreidimensionalen Raum, etwa als einen Würfel, so können wir uns diese drei Merkmale vorstellen, indem wir annehmen, dass sich die einzelnen Individuen im Raum mittels eines Vektoren–Trios positionieren und dadurch in der Gruppe ihre Position und Rolle bestimmen (*siehe Grafik auf der Folgeseite*):

Vektoren der Positionierung:
»activity«, »task ability« und »likability«

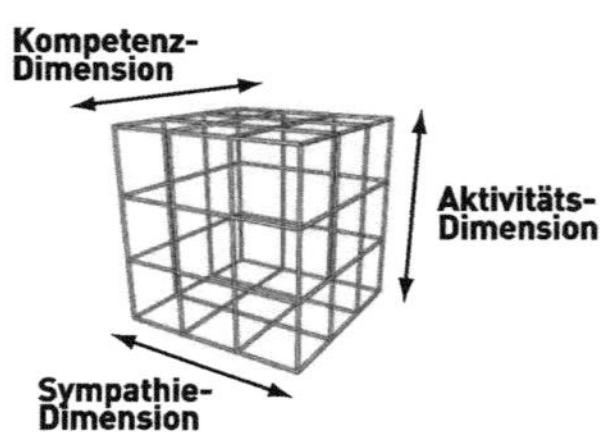

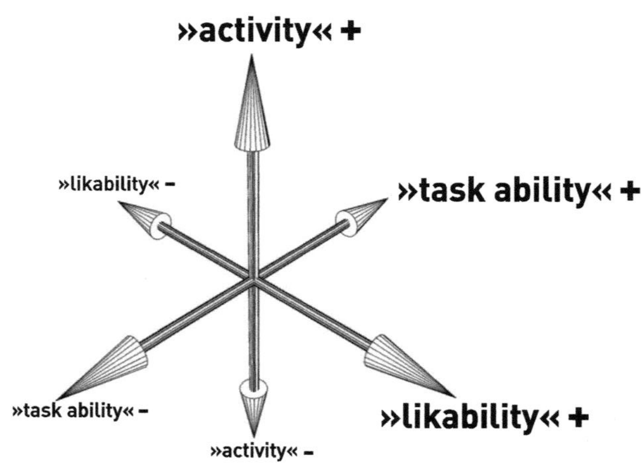

- *Sie positionieren sich in der Gruppe gegenüber den anderen Mitgliedern zum Ersten mehr oder weniger stark durch ihren Anteil an den Gruppenaktivitäten, also ihren Standpunkt in der **Aktivitäts–Dimension**.*

- *Zweitens beziehen sie gleichzeitig in der **Kompetenz–Dimension** ihre Position, indem sie sich mehr oder weniger erfolgreich mittels Problemlösungs–Vorschlägen durchsetzen.*

- *Zum Dritten positionieren sie sich in der **Sympathie–Dimension** dadurch, dass sie bei den übrigen Mitgliedern mehr oder weniger stark soziale Gefühle der Sympathie oder Antipathie erzeugen.*

»great man«
»task specialist«
»social specialist«

Aufgrund der Positionen, die Individuen in der Gruppe gegenüber den anderen Mitgliedern einnehmen können, ergaben sich laut Bales› Analysen drei typische Bewertungen und Rollen für Personen, denen der Einzelne mehr oder weniger entsprach:

Wer in allen drei Dimensionen – *»activity«, »task–ability«, »likability«* – hohe Bewertungen in der Gruppe erreichte, galt als unübersehbare, prägnante Persönlichkeit. Bales umschrieb die damit verbundene Rolle als *»great man«*. (Es ist selbstverständlich, dass auch Frauen in diesem Sinne »great men« sind!)

Wer sowohl in den Dimensionen *»acitivity«* und *»task ability«* hohe Werte erreichte aber bei der »likability« schwächer abschnitt, galt in einer Gruppe laut Bales als *»task specialist«*.

Wer dagegen in der Dimension *»likability«* besonders hohe Werte erreichte und sich bei *»activity«* und *»task ability«* weniger hervortat, bekleidete in einer Gruppe laut Bales die Rolle eines *»social specialist«*.

Bales und seine Kollegen konnten darüber hinaus weitere interessante Einsichten sammeln, die für die Ebene der Individuen einer Gruppe relevant sind:

Zum Beispiel stellte sich heraus, dass Personen die fortlaufend ihre Meinung äußern und dominant waren, ohne Feedback aus der Gruppe abzuwarten, niedrige Sympathie– und dafür hohe Antipathie–Werte erreichten.

Merkmale:	**»activity«**	**»task ability«**	**»likability«**
***Rolle*:**			
»Great Man«	**+**	**+**	**+**
»Task Specialist«	**+**	**+**	+
»Social Specialist«	+	+	**+**

Offenbar straften Gruppenmitglieder *egozentrische Dominanz* spontan ab.

Exzessive Aktivität macht unsympathisch.

Ein gesteigertes Maß an Aktivität führte zu einem parallel steigenden Maß an Antipathie, welches wiederum die Effektivität der betreffenden dominanten Person in der Gruppe reduzierte. Um diese zu verbessern, musste eine hoch-dominante Person zunächst ihren Anteil an den Gruppenaktivitäten zurücknehmen und stattdessen andere Gruppenmitglieder, die zurückhaltend waren, dazu anregen, ihre Gedanken beizutragen. So konnte sie exzessive Antipathie der Gruppe verhindern.

Ein gesteigertes Maß an Aktivität wirkte gewissermaßen *dysfunktional.*

Wie verhielt es sich in diesem Zusammenhang mit der »task ability«? Setzte sich hohe Kompetenz in einer Gruppe konfliktfrei durch?

Bales stellte fest, dass in den beobachteten Gruppen Kompetenz stets sehr unterschiedlich verteilt war und in den ersten Phasen der Gruppenfindung für die Beurteilung von Personen noch wenig Relevanz hatte. Je mehr die Gruppe allerdings auf die Entwicklung einer Lösung der gestellten Aufgabe zusteuerte, umso wichtiger wurde die Kompetenz einer Person als Beurteilungskriterium.

Allerdings erwies sich diese Kompetenz nur in beschränktem Umfang als taugliches Mittel zur Sicherung einer gehobenen Statusposition in der Gruppe. Kompetente müssen oft mit Personen aus der Gruppe konkurrieren, die ihre Macht aufgrund persönlicher Dominanz oder durch ihren Einfluss auf andere Gruppenmitglieder ausüben, um den Kompetenten aus prominenten Positionen zu drängen.

Meinungsführung relativ

Interessant ist, was Bales› Forschungsgruppe in Bezug auf das Konzept des Meinungsführers herausgefunden hat, das wir im letzten Kapitel diskutiert haben.

Stellen wir die folgende Frage und sehen uns dazu Bales› Untersuchungsergebnisse an:

Können die Personen, die in der Gruppe im Laufe der Diskussionsrunden Führungspositionen erreicht haben, ihre persönlichen Lösungsvorschläge und Meinungen gegenüber der Gruppe durchsetzen?

Beim Zustandekommen der gemeinsamen Ergebnisse der Gruppenarbeit ist der Einfluss dieser »Führer« nur ein Faktor neben anderen.

Bales stellte fest, dass keineswegs nur der Führer eine wichtige Rolle beim Ablauf des Geschehens spielt.

Es verhält sich im »Interaktions–Drama« insoweit nicht anders als im Gruppenleben von Affen, bei denen neben dem Alpha–Männchen – dem Anführer der Rotte – auch Beta–Männchen und die Gruppen–Gefährten dritten Ranges wichtige Rollen für das Zusammenleben spielen.

Konsens – Individuen beziehen Stellung

Wenn die Gruppe dann schließlich dieses »Drama« zu einem Abschluss brachte, dann einigten sich die beteiligten Individuen auf eine Lösung der zum Auftakt der Gruppenarbeit vorgelegten Aufgabe. Dies war auf der Gruppenebene, der Ebene des Interaktionssystems, das Hauptergebnis der jeweils abgelaufenen Kommunikations-Prozesse.

Konsens als Diskussions–Endpunkt

Bales stellte aber fest, dass dieser »Konsens« in Bezug auf das gemeinsame Arbeitsergebnis nicht etwa bedeutete, dass alle Gruppenmitglieder in Bezug auf ihr gemeinsames Thema einheitlich einer Meinung waren oder identische Einstellungen gegenüber ihren Diskussionsthemen gebildet hatten.

Die Individuen waren gemeinsam mit den anderen Gruppenmitgliedern zu diesem Zeitpunkt lediglich zu einem Bewertungs–Endstand gekommen. Das heißt, die einzelnen Mitglieder hatten es bis dahin geschafft, im Rahmen der gemeinsamen Diskussion eine Position gegenüber den anderen Beteiligten zu beziehen und dabei ihre Einstellungen zum Diskussionsthema mit den Einstellungen abzugleichen, die Andere geäußert hatten.

Der im Interaktionssystem erzielte Gruppenkonsens äußerte sich also auf der Ebene der Individuen vor allem darin, dass diese in diesem Sinne Stellung bezogen hatten und einen Eindruck davon gewinnen konnten, wo die anderen Personen standen und welche Haltung sie gegenüber dem Diskussionsthema bezogen.

Als Hauptergebnis der Interaktionsprozesse auf der Ebene der Individuen ergab sich damit keineswegs, dass die einzelnen Individuen am Ende alle identische Meinungen und Einstellungen angenommen hatten oder gar »gleichgeschaltet« waren.

Übereinstimmung von Meinungen unwahrscheinlich

Sondern sie hatten als Ergebnis einen mehr oder weniger differenzierten Eindruck davon gewonnen, wo sie im Unterschied zu anderen sozusagen selbst »standen« und wie sie das diskutierte Thema in ihrer eigenen Perspektive »verorteten«. Beim einen oder anderen Aspekt der diskutierten Themen mögen sie dabei festgestellt haben, dass sie mit anderen Personen in gewisser Weise übereinstimmten. Komplette Übereinstimmungen von Standpunkten – sozusagen »auf der ganzen Linie« – kommen unter erwachsenen Personen allerdings kaum vor.

Die Individuen haben sich durch die Diskussion aneinander ausgerichtet und waren sich durch die Interaktionen ihrer dahinter stehenden Positionierung bewusst geworden.

Es hat ein Prozess stattgefunden,

- *der bei einem Zustand der »Zerstreutheit« der beteiligten Akteure im Diskussionsfeld startete und*
- *schließlich zu einer dynamischen aber labilen Ordnung von Einstellungen und Vorstellungen führte.*

Das heißt nun nichts anderes als:

> *Sie haben sich im Laufe der Interaktionsprozesse in der Gruppe ihre individuelle Meinung gebildet.*

(*Siehe Grafik auf der Folgeseite.*)

Wirkung des Interaktions-Prozesses: Konsensbildung

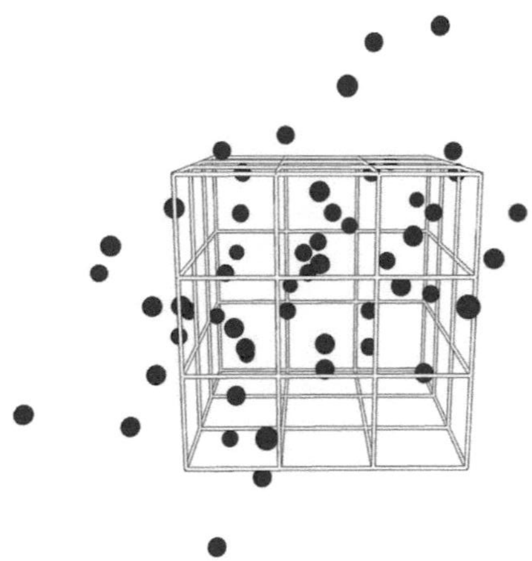

Ausgangssituation:
»Zerstreutheit« von Ansichten und Wertvorstellungen

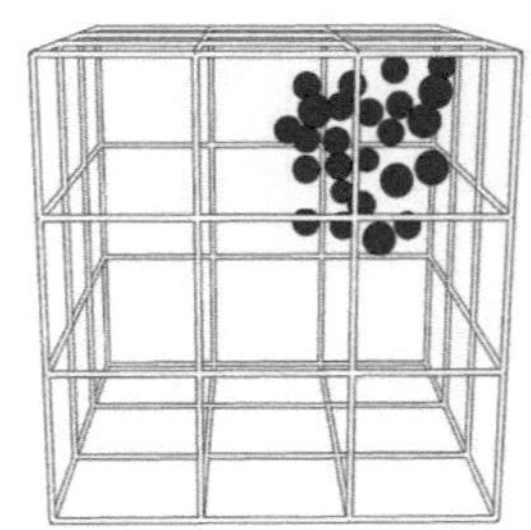

Endsituation:
Positionierung von Meinungen und Wertorientierungen

Der Konsens als Ergebnis von Diskussionen auf Gruppenebene führt auf der Ebene der Individuen zwar nicht zu einer Gleichmachung von Einstellungen und Vorstellungen, zu keiner Gedanken–Gleichschaltung, sondern zu einem gemeinschaftlichen Diskussionsstand, welcher individuelle Stellungnahmen zu Themen und schließlich individuelle Meinungsbildung ermöglicht.

An dieser Stelle sollten wir uns bewusst machen, dass diese Einsicht in den empirischen Tatbestand »Konsens«, der sich erweist als

- *als Positionierung von individuellen Akteuren*
- *in einem Feld von Ansichten und Einstellungen*
- *im Rahmen eines Interaktionssystems*,

sich stark von der naiven Konsens-Vorstellung abhebt.

Autoritärer Konsens–Begriff

Diese verbreitete, offenbar unrealistische kollektivistische Konsens–Konzeption steht im Zentrum von idealistischen Konsens–Theorien der Kommunikation. Der betreffende Begriff ist holistisch geprägt und bezeichnet eine *»Übereinstimmung von Menschen hinsichtlich einer gewissen Thematik ohne verdeckten oder offenen Widerspruch«* – eine *»Meinungs–Identität« zwischen Mitgliedern einer Gruppe«.*

Das Risiko der Diskontinuität des Diskussionsprozesses

Mit Blick auf Bales› Untersuchungsergebnisse haben wir uns in den letzten Abschnitten angesehen, wie der Meinungsbildungsprozess auf der Ebene der Individuen parallel zu den dynamischen Interaktionsprozessen auf der Gruppenebene verläuft.

Dadurch können wir theoretisch nachvollziehen, was sich in Schweden in den 20er und 30er Jahren des letzten Jahrhunderts abspielte, als sich die Regierung in dem von Torsten Hägerstrand dokumentierten Beispiel bemühte, eine Innovation in der Landwirtschaft dadurch zu initiieren, dass sie Instrumente der Massenkommunikation einsetzte.

Hier ließen sich betroffene Individuen auf einen Kommunikationsprozess in Interaktionssystemen ein, um zu einer Meinung in Bezug auf das Subventi-

onierungs–Angebot der Regierung zu kommen, die schließlich Grundlage für Entscheidungen und Handlungen werden konnte.
Die Landwirte hatten sich dabei mit anderen Personen so lange ausgetauscht, bis sie ausreichende Informationen und Eindrücke gesammelt hatten, um eine eigene Position und Bewertung zu erreichen.

Meinungs–bildung langwierig und unstabil

Dieses Beispiel aus Schweden zeigt besonders deutlich, dass der Meinungsbildungsprozess langwierig und instabil verläuft, wenn er sich selbst überlassen bleibt – insbesondere wenn die Organisation der Interaktionssysteme, die von den Akteuren gebildet werden, um die vorgelegte neue Situations–Definition zu diskutieren, ungeplant und ungesteuert verläuft.

Der von Hägerstrand beobachtete Prozess war sozusagen vollständig »unmoderiert« verlaufen. Der Erfolg der von der Regierung gewünschten Einführung der Innovation – der »Kultur« der eingezäunten Viehweiden in Waldnähe – war ungewiss und labil. Deshalb brauchte der Prozess einige Jahre, um zu Ergebnissen zu führen.

Aufgrund der von Bales dokumentierten Untersuchungen von unmoderierten Kleingruppen wissen wir, wie krisenanfällig Prozesse in Interaktionssystemen sind. Wie gesehen ist es insbesondere die zweite Gruppen–Session, die zu einem Konflikt zwischen den Diskussionspartnern zu führen pflegt, der manchmal zum Abbruch des gemeinsamen Gesprächs über das betreffende Thema führt.

Stellen wir uns Meinungsbildungsprozesse außerhalb des Labors vor, dann haben wir es mit Settings zu tun, in denen die Risiken eines Gesprächsabbruchs sogar noch wesentlich größer sind.

Die Mitglieder der Gruppen in Bales› Experimenten waren angehalten, sich so lange zu treffen, bis sie zur Lösung der gestellten Aufgaben gelangt waren, bis sozusagen ihr Diskussions–Endstand erreicht war.

Im Fall von Hägerstrand waren die Treffen aber nicht von außen motiviert – die Individuen trafen sich spontan oder sogar zufällig, um ihre Diskussion über den Regierungsvorschlag am Laufen zu halten. Die Kontinuität des Diskussionsprozesses und dessen Abschluss waren also stark gefährdet.

Was folgt aus diesen Befunden für unser Projekt?

Es ist in unserem Interesse als Kommunikations–Manager und Konzeptioner, Interaktionsprozesse zu steuern und in den Vorgang der Meinungsbildung so weit einzugreifen, dass ihr Verlauf in gewissem Umfang planbar

wird. Das setzt voraus, dass wir Maßnahmen einsetzen, welche die Labilität und Zufälligkeit überwinden, die sich im Hägerstrand–Beispiel so deutlich abzeichnen.
Wie kann der Prozess auf der Ebene der Interaktionssysteme so beeinflusst werden, dass er planbar, also in überschaubarer Zeit in eine bestimmte Richtung verläuft?

Antworten hierauf erhalten wir, wenn wir nun weiter auf Bales› Untersuchungsergebnisse aus dem Laboratorium in Harvard eingehen und uns ansehen, was er auf der Mikro–Ebene, der Ebene der Interaktionssysteme beobachtet hat.

Kommunikations–Phasen der Diskussion von Lösungen

»Drama« in vier Akten

Wesentliches Ergebnis der Auswertung der Beobachtungen und Daten, die Bales› Forschungssteam in diesem Zusammenhang gemacht hatte, war, dass das Interaktionssystem im Rahmen der Diskussionen und der Entwicklung von Lösungen typische *Kommunikations–Phasen* zu überstehen hatte:[11]

- *Die erste **Kommunikations–Phase** war dadurch charakterisiert, dass die **Aufmerksamkeit** der Gruppe zu **kontrollieren** war. Das Interesse der Mitglieder war dabei insoweit anzuregen, dass die Akteure die Aufgabenstellung aufnahmen und bereit waren, sich auf das gemeinsame Gespräch und die gemeinsame Arbeit an einer Lösung einzulassen.*

- *In der **zweiten Phase** ging es um die **Kontrolle von Dominanz**, Statuserreichung und Machtverteilung. Die Individuen versuchten ihre Macht–Position in der Gruppe abzustecken, maßen sich und ihre persönliche Durchsetzungskraft häufig in Diskussionen, um dann Zug um Zug eine umkämpfte Einfluss–Hierarchie zu bilden.*

- *In der **dritten Phase** ging es um die **Kontrolle von Unfreundlichkeit**. Es traten Anstrengungen in der Gruppe auf, gesteigert auftretende Feindseligkeiten und Aggressivität bei den Beteiligten zu kontrollieren. Dabei versuch-*

ten einige der Gruppenmitglieder, sich dem Einfluss der Gruppe zu entziehen und für sich zu bleiben. Wiederum andere Mitglieder zeigten ihren Willen, zu den anderen freundlich zu sein.

- *In der **vierten Phase** ging es um die **Kontrolle der Problemlösungs–Aktivitäten** zur Erreichung effektiver Aufgaben–Lösungen. In der Gruppe zeigten sich dabei zunehmend Bemühungen darum, nach Lösungs–Alternativen zu suchen und diese zu bewerten.*

Diese Phasen und Kontroll–Aufgaben traten in den beobachteten Gruppen durchgängig auf. Die Interaktionen konnten in den einzelnen Prozess–Abschnitten mehr oder weniger stark durch akute Probleme belastet sein. Jede Gruppe hatte in diesem Sinne ein eigenes »Konflikt–Profil«.

Der gerade skizzierte System–Prozess–Zirkel aus vier Phasen spielt als Ansatzpunkt für wirkungsvolle Interventionen in Meinungsbildungsprozessen eine wichtige Rolle. Wir werden uns deshalb diese von Bales beschriebenen vier »Kontrollfelder« genauer ansehen:[12]

Phase 1: Attention to problems and targets – Kontrolle von Aufmerksamkeit

Aufmerksamkeit erzeugen

Zu Beginn eines Interaktionsprozesses geht es zunächst darum, soweit Aufmerksamkeit und Betroffenheit bei den Beteiligten zu erzeugen, dass die Gruppe mit der Bearbeitung von Aufgaben und Themen und der Erarbeitung von Lösungen beginnen kann. Ist dies gelungen, werden von Gruppenmitgliedern erste Lösungsvorschläge geäußert und kommentiert. Es deutet sich an, in welche Richtung das gemeinsame Gespräch weitergehen könnte.

Auf der Nano–Ebene, der Ebene der Individuen, muss sich in dieser Phase herausstellen, ob die Akteure sich von der Aufgabenstellung und den damit verbundenen Themen so weit angesprochen fühlen, dass sie sich auf gemeinsame Interaktionen einlassen wollen.

Die Akteure entscheiden sich also zwischen den Alternativen »Anteilnehmen« und »Ignorieren«. Sie entscheiden, ob sie an dem folgenden Gruppenprozess Anteil nehmen wollen oder ob sie gegebenenfalls direkt aus der Gruppe ausscheiden, wenn sich ihnen die Gelegenheit dazu bietet.

Ein Grund, sich nicht an dem Prozess zu beteiligen, kann für diese Akteure darin bestehen, dass sie durch das betreffende Thema nicht genügend zum Mitmachen motiviert sind oder dass sie sich den Einflüssen der Gruppe und den Personen darin nicht aussetzen wollen.

Wenn sie sich dann doch auf die gemeinsame Gesprächssituation einlassen, versuchen sie von Beginn an, ihr Einlassen und die daraus folgenden Konsequenzen für ihre Person zu kontrollieren.

Phase 2: Struggle for dominance, status and power – Kontrolle von Machtpositionen

Position einnehmen

Die zweite Phase hat meist bereits in der zweiten Gruppenzusammenkunft ihren Höhepunkt:

In der Gruppe greifen Status–Kämpfe um sich, wenn die Akteure beginnen, ihre Machtpositionen abzustecken, und sich besonders dominante Personen in den Vordergrund zu spielen beginnen.

Die einzelnen Akteure unterscheiden sich dabei in ihrem Bemühen, durch ihren selbst gesteuerten persönlichen Einsatz bei der Teilnahme an der Kommunikation einen mehr oder weniger großen Einfluss auf die Gruppe zu nehmen. Es gibt allerdings auch Akteure, die sich in dieser Situation durch besonders passives und selbstabwertendes Verhalten hervortun.

Es breitet sich in der Gruppe eine Gespanntheit sowie ein typisches Freundlichkeits–Defizit zwischen besonders ambitionierten Teilnehmern aus.

Folge ist, dass die ersten in die Diskussionen eingebrachten Vorschläge für Problemlösungen teilweise mit aggressivem Unterton in Frage gestellt werden.

Phase 3: Struggle for friendliness – Kontrolle von Konsens

Harmonie bewahren

Wenn den Beteiligten der Negativismus ihrer Gesprächssituation, der sich in der zweiten Phase herausgebildet hat, bewusst wird, pflegt sich in den Interaktionen eine gegenläufige Entwicklung abzuzeichnen.

Für eine gewisse Zeit treten Lachen und Witzemachen in den Vordergrund der Gruppen–Aktivität.

Wenn hierdurch erfolgreich die vorher ausgeprägte Unfreundlichkeit aufgelöst wird, breitet sich eine allgemeine Atmosphäre der Freundlichkeit aus. Manche Gruppenmitglieder stützen diesen Trend durch besonders partnerschaftliche Interaktionen; andere Akteure tun sich demgegenüber durch eher selbstschützendes Verhalten hervor.

Die betonte Freundlichkeit und Konzentration auf die gemeinsame Stimmungslage hat neben der Kontrolle von Spannungen zwei weitere Konsequenzen:

- *Das Ausbreiten freundschaftlicher Interaktionen lenkt die Gruppe mehr oder weniger stark von ihrer Konzentration auf die Aufgabenbewältigung ab.*

- *Außerdem führt eine starke Kultivierung von Freundlichkeit zur Abschwächung von Status–Unterschieden, wodurch dominante Gruppenmitglieder ihre vorher erstrittene Kontrolle über die Gruppenentwicklung teilweise wieder einbüßen.*

Phase 4: Struggle for acceptable solutions – Kontrolle von Lösungen

Entscheidung erreichen

Nach einiger Zeit gerät die Aufgabe wieder in den Fokus der Aufmerksamkeit der Gruppe.

Die Anstrengungen zur Lösung der gemeinsamen Aufgabe steigern sich. Dabei werden bisher eingebrachte Vorschläge gemeinsam auf ihre Erfolgsaussichten geprüft und bewertet. Die Teilnehmer gleichen dabei ihre Standards, Bewertungskriterien, Erfahrungen, ihre Theorien und Werte ab.

Die einzelnen Akteure unterscheiden sich hierbei darin, inwieweit sie sich diszipliniert zielorientiert verhalten oder eher emotional reagieren und intuitiven Einfällen Raum geben wollen.

Am Ende schließt die Gruppe ihre Arbeit an Lösungsvorschlägen ab; die Beteiligten haben sich ihre Meinung gebildet und nehmen individuelle Bewertungen der Ergebnisse der Gruppenarbeit vor.

Der Prozess der Meinungsbildung auf zwei Ebenen

Der Prozess der Meinungsbildung läuft auf zwei Ebenen parallel ab. Auf diesen beiden Ebenen wirken jeweils spezifische Mechanismen, die den Ablauf der dem Prozess zugrunde liegenden Interaktionen bestimmen:

Auf der Ebene der Individuen haben wir anhand der Beschreibung der vier Phasen der Meinungsbildung verfolgt, wie sich die einzelnen Akteure in den Interaktionsprozess hineinbegeben, um zu einer individuellen Beurteilung einer neuen Situations–Definition zu kommen, und wie sie sich dabei im Interaktionssystem orientieren und einen eigenen Standpunkt einnehmen.

Individuen kontrollieren ihre Situation.

Die Akteure sind während des Prozesses kontinuierlich darum bemüht, ihre individuelle Situation zu kontrollieren,

- *um ausreichend Informationen über das diskutierte Thema und dessen Hintergründe zu erhalten,*
- *um einen Einklang der eigenen Ziele und Bedürfnisse mit den Entwicklungen in der Gruppe herzustellen,*
- *um einen Konsens mit anderen Gruppenmitgliedern zu erzielen, der ihnen positive soziale Gefühle und die Gewissheit verschafft, in der Gruppendiskussion keine Gefährdung ihres Selbst zu riskieren,*
- *um die Sicherheit zu erreichen, zu einer Einschätzung des diskutierten Themas zu kommen, die so tragfähig ist, dass daran möglichst risikolos zukünftiges Handeln orientiert werden kann.*

In unserem Anthropologie–Kapitel (Kapitel 10) haben wir die Grundstruktur der individuellen Bedürfnisse von Akteuren betrachtet. Mit Rückgriff auf die Übersichtsgrafik, die wir dort entwickelt haben, können wir uns die Aspekte des Meinungsbildungsprozesses veranschaulichen und dessen Phasen in Verbindung mit den dabei berührten individuellen Grundbedürfnissen betrachten (*siehe Grafik auf der Folgeseite*):

Individuelle Orientierungen in den Phasen des Meinungsbildungs-Prozesses

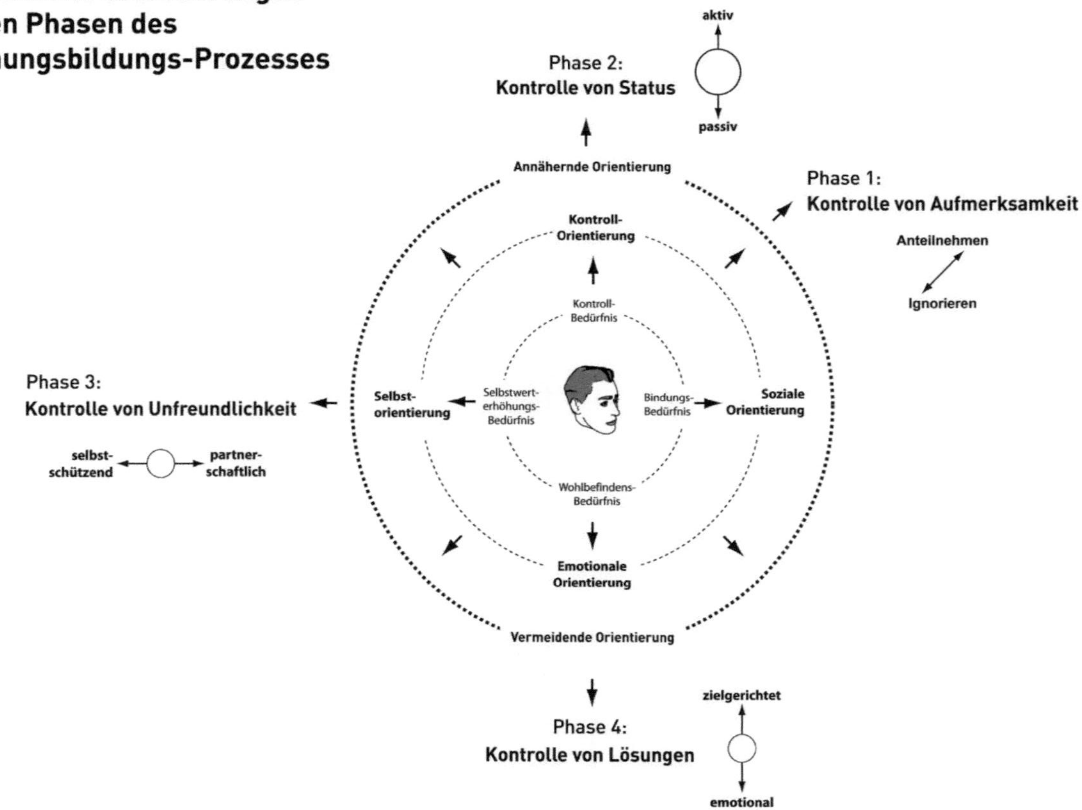

8

1. Anteilnehmen versus Ignorieren

Befindet sich ein Akteur in einer bestimmten Lebenssituation und in einem bestimmten sozialen System, dann entscheidet er aufgrund seiner Vorerfahrungen, Interessen und Bedürfnisse, ob ein Thema, das in der betreffenden Gruppe aufkommt, für ihn Relevanz hat *(Phase 1)*. Er entscheidet sich daran anknüpfend, ob er an der folgenden Diskussion teilnimmt oder ob er diese ignorieren will *(Anteilnehmen versus Ignorieren)*.

Hat er sich zur Teilnahme an der Diskussion entschlossen, wird er Teil des sich nun konstituierenden Interaktionssystems, das nach einiger Zeit seines Bestehens in die Phase des Kampfs um Status *(Phase 2)* eintritt.

2. aktiv versus passiv

Hier werden die Fähigkeit und das Interesse des Individuums daran auf die Probe gestellt, sich in der Gruppe bei der Diskussion gegenüber anderen Gruppenmitgliedern durchzusetzen oder stattdessen einem Kräftemessen eher auszuweichen. Dabei werden bei ihm grundlegende Vorerfahrungen und Motivationen aktiviert, die sich in mehr annähernden Orientierungen oder vermeidenden Orientierungen äußern können:

Der Akteur nimmt also entweder eher aktiv an den Prozessen in der Gruppe teil oder zeigt eher passive Verhaltensweisen *(aktiv versus passiv)* – ist also entweder dominant in seinem Interaktionsverhalten oder zurückhaltend und Konfrontationen ausweichend.

3. selbstschützend versus partnerschaftlich

In der sich an diese spannungsreiche Periode des Kräftemessens anschließenden Phase der Kontrolle von Unfreundlichkeit *(Phase 3)* erweist sich, ob der Akteur in der betreffenden Gruppensituation eher sozialorientiert oder selbstorientiert auftritt *(selbstschützend versus partnerschaftlich)*:

- *Entweder sind sein Bindungsbedürfnis und seine Sozialkompetenz so groß, dass er maßgeblich an der Kontrolle der Aggressivität in der Gruppe Anteil nimmt.*

- *Oder er meidet sozialorientiertes Eingreifen in die gespannte Situation, weil er zu selbstorientiert ist – möglicherweise aus Angst vor einem Selbstwertgefühl-Verlust –, um sich spontan bei der Verbesserung der unfreundlichen Stimmung in der Gruppe engagieren zu können.*

In der nächsten Phase, der Phase der Kontrolle von Lösungen *(Phase 4)* erweist sich, wie stark die Prozesse im Interaktionssystem das Kontroll–Bedürfnis von Akteuren ansprechen und sie bereit sind, mit »Vernunft« und Disziplin an Lösungen zu arbeiten und in der Gruppe diskutierte Vorschläge zu bewerten *(zielgerichtet versus emotional)*. Ist ein Akteur dagegen wenig kontrollorientiert, reagiert er mehr emotional und bewertet Lösungen nach Maßgabe seiner Intuition oder gemäß seiner »Lust und Laune«.

4. zielgerichtet versus emotional

Komplementär zu den Mechanismen, die auf der Ebene der Individuen ablaufen, operieren Mechanismen während des Meinungsbildungsprozesses auf der kollektiven Ebene.

Hier entfaltet das Interaktionssystem seine Wirkungskraft:

- *Es bewirkt ein mehr oder weniger stabiles Gleichgewicht der teils gegenläufigen und komplementären Positionen der beteiligten Akteure.*

- *Es erweist sich während des Ablaufs der Kommunikations–Prozesse als mehr oder weniger effektive Struktur mit Blick auf die Entwicklung von Lösungen.*

Während der vier Prozess–Phasen wirkt das Interaktionssystem als Orientierungsraum, in dem sich seine Struktur – gebildet aus Individuen, ihren Beziehungen und ihren unifizierten und polarisierten Orientierungen – ausprägt, in der sich Positionen und Rollen sowie Status–Positionen herausbilden, indem sich die Akteure

- *über ihre Aktivität oder Passivität*

- *ihr Sympathisch– oder Unsympathisch–Erscheinen*

- *ihre Problemlösungs–Kompetenz oder ihre Impulsivität und spontane Emotionalität*

positionieren.

Wie können wir uns diese Vorgänge illustriert vorstellen?

Phasen des Interaktionsprozesses bei der Diffusion von Innovationen

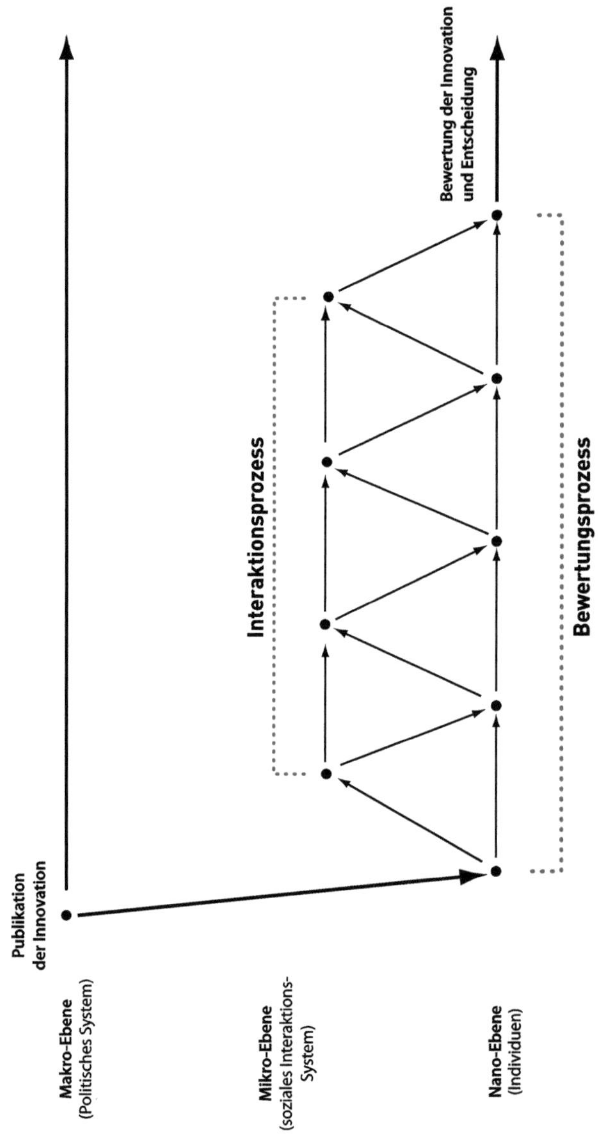

Im vorherigen Kapitel hatten wir anhand einer Übersichtsgrafik zur Hägerstrand–Studie betrachtet, wie ein Kommunikations–Impuls von der Makro–Ebene des politischen Systems als Anstoß für parallele Interaktionen auf der Mikro–Ebene der sozialen Interaktionssysteme und der Nano–Ebene der Individuen wirkt (*siehe Grafik auf der vorhergehenden Seite*).

Nun können wir diese Grafik präzisieren und illustrieren, wie der in Phasen strukturierte Prozess der Diffusion einer Innovation parallel auf Mikro– und Nano–Ebene abläuft (*siehe Grafik auf der Folgeseite*):

Diffusion von Innovationen auf zwei Ebenen

- ***Phase 1:** Nachdem der Impuls des politischen Systems in Form von Beiträgen in den Massenmedien auf den Weg gebracht wurde, reagieren Individuen mit Anteilnahme oder mit Ignoranz. Die interessierten Akteure lassen sich auf eine Diskussion der Innovation ein, wenn in Gesprächen mit Anderen ihr Interesse gewonnen wurde.*

- ***Phase 2:** Kommt eine weitere Diskussion des Innovations–Themas zustande, aktivieren Individuen aktive oder passive Haltungen, mit denen sie in Gesprächen in den Kampf um Positionen und Status eintreten.*

- ***Phase 3:** Geht das Gespräch weiter, ergibt sich aufgrund der sozialen Orientierung der Individuen, welche Rolle sie spielen, wenn Spannungen in der Diskussionsgruppe abzubauen sind und eine gemeinsame Basis zur Fortführung der Gespräche gefunden werden muss.*

- ***Phase 4:** Je nachdem, wie zielgerichtet oder emotional Individuen orientiert sind, ergibt sich, welche Positionen sie einnehmen, wenn die Umsetzungsmöglichkeiten der Innovation im Detail diskutiert und bewertet werden und damit der Kampf um Lösungen begonnen hat.*

- ***Am Ende des Prozesses** sind Individuen für sich zu einer abschließenden Bewertung der Innovation gelangt und treffen ihre Entscheidung für oder gegen die Inanspruchnahme der staatlichen Subventionierung der Einzäunung ihrer Rinder.*

Vier Prozess-Phasen der Diffusion von Innovationen

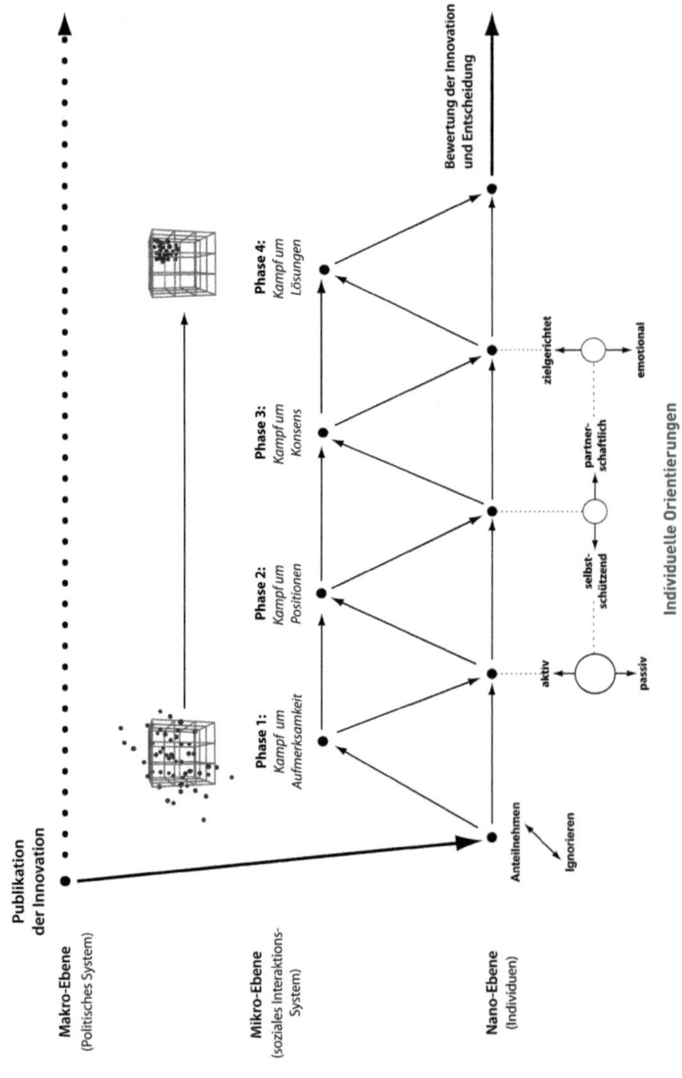

Die Moderation von Interaktionsprozessen

Mehrdimensionalen Prozess gestalten

Aufgabe des gegenwärtigen Kapitels ist es, zu zeigen, wie mit Kommunikationsmaßnahmen gezielt auf den oben beschriebenen mehrdimensionalen Prozess der Meinungsbildung Einfluss genommen werden kann.

Nun, nachdem wir uns dessen Hintergründe vergegenwärtigt haben und Forschungsergebnisse aus der Kleingruppen–Forschung dazu auswerten konnten, sind wir so weit, abzuleiten, wie eine entsprechende Steuerung der betreffenden Interaktionen möglich ist:

Die Lösung unserer Aufgabe besteht darin, den ungezielt und selbstorganisiert ablaufenden Prozess möglichst wirkungsvoll zu moderieren und ihm dadurch Richtung zu geben.

Was bedeutet das?

Im Wesentlichen ist diese Lösung durch Bewältigung von vier Aufgabenstellungen zu erreichen:

Statt den Ablauf der Interaktionen sich selbst zu überlassen, sind zugeschnitten auf die *vier Phasen der Meinungsbildung* Maßnahmenpakete zu entwerfen und umzusetzen, welche die folgenden Aufgaben lösen:

Aufgabe 1: Beachtung erreichen

1. Informieren

Um eine Situations–Definition so in der Öffentlichkeit zu platzieren, dass sie sich planbar in verändertem Verhalten auswirkt, ist bei den relevanten Personen nachweisbar Aufmerksamkeit zu erzeugen.

Zu dem betreffenden Thema sind an die jeweiligen Individuen verständliche Informationen so erfolgreich zu vermitteln, dass sie sich von dem neuen Thema angesprochen fühlen und aufmerksam werden.

Es sind hierzu gezielt Kommunikations–Maßnahmen einzusetzen, die insbesondere *instrumentelle Qualität* haben, also schnell Neuigkeiten in Form von Nachrichten und Kurzinformationen über möglichst umfassende Verteiler weiterleiten und dabei hohe Beachtungswerte erzielen.

Das Risiko, dass Teile der anzusprechenden Bevölkerung von der neuen Situations–Definition nichts erfahren, ist durch eine umfassende Nutzung von parallel arbeitenden Kommunikationskanälen weitestgehend auszuschließen.

Es gilt den Kampf um die Aufmerksamkeit der betreffenden Individuen durch den Einsatz *instrumenteller Kommunikation* zu gewinnen.

Aufgabe 2: Engagement herausfordern

2. Konfrontieren

Den anzusprechenden Individuen ist zu vermitteln, welche Relevanz die neue Situations–Definition für deren Bedürfnisse und Ziele hat.

Es ist durch Maßnahmen Betroffenheit bei den Akteuren so weit herzustellen, dass sie das Thema unmittelbar mit ihren eigenen Wünschen und Motiven in Verbindung bringen. Sie sollen also in die Lage versetzt werden, das neue Thema mit Blick auf ihre eigene persönliche Bedürfnis–Hierarchie einzuordnen. Dazu ist die neue Situations–Definition unter anderem gezielt mit konkurrierenden Definitionen zu konfrontieren.

Zur Lösung dieser Aufgabe sind Maßnahmen werbender Kommunikation einzusetzen, welche die Bedürfnisse der Individuen ansprechen und die neue Situations–Definition klar gegenüber bisher geltenden Standpunkten positionieren. Es ist mit Hilfe *werbender Kommunikation* der Kampf um Positionen zu begleiten, indem das Engagement der Individuen mobilisiert wird, eine Haltung zu dem neuen Thema zu entwickeln.

Aufgabe 3: Kooperation anregen

3. Kooperieren

Betroffene Individuen benötigen positiven Rückhalt bei Gesprächspartnern in ihrem Umfeld, um Vertrauen in die Seriosität der neuen Situations–Definition zu gewinnen.

Als Grundlage für die Diskussion des neuen Themas ist Gemeinsamkeit zu erzeugen, indem Netzwerke geschaffen und mobilisiert werden, in denen sich die anzusprechenden Akteure austauschen und bei der Diskussion der neuen Situations–Definition gegenseitig begleiten können.

Es sind sozusagen Maßnahmen der *konsentiven Kommunikation* einzusetzen, das heißt, es sind Kooperationen anzuregen und Foren des Austauschs zu schaffen, in denen der Kampf um den Abbau von Spannungen rund um die neue Situations–Definition geführt werden kann.

Aufgabe 4: Begründen

Mit Hilfe *diskursiv–rationaler Kommunikation* ist den Individuen zu vermitteln, inwieweit die neue Situations–Definition Lösungen für die Bewältigung wichtiger Aufgaben liefert. *4. Legitimieren*

Es ist aufgrund gültiger Standards zu belegen, wie diese Lösungen begründet und legitimiert sind. Sie sind dazu mit Blick auf konkurrierende Lösungen zu verteidigen. Auch sind gegebenenfalls bestehende Missverständnisse in Bezug auf die neue Situations–Definition aufzuklären und zu beheben.

Es ist sozusagen öffentlichkeitswirksam *diskursive Rationalität* einzusetzen, um beim Kampf um Lösungen, die Vorzüge der neuen Situations–Definition zu begründen.

Erfüllung der wesentlichen Kommunikationsfunktionen

Wer eine Situations–Definition bei einer Gruppe von Personen durch Kommunikations–Maßnahmen umsetzen und dazu gezielt Meinungsbildungsprozesse steuern möchte, hat die beschriebenen Aufgaben zu erfüllen und damit offenbar einen Grundkatalog von Kommunikationsfunktionen »abzudecken« *(siehe Grafik auf der Folgeseite)*:

- *er hat beim **Kampf um Aufmerksamkeit** die Funktion »**Beachtung erreichen**«*
- *beim **Kampf um Positionen** die Funktion »**Engagement herausfordern**«*
- *beim **Kampf um Konsens** die Funktion »**Kooperation anregen**«*
- *und beim **Kampf um Lösungen** die Funktion »**Begründen**«*

zu erfüllen.

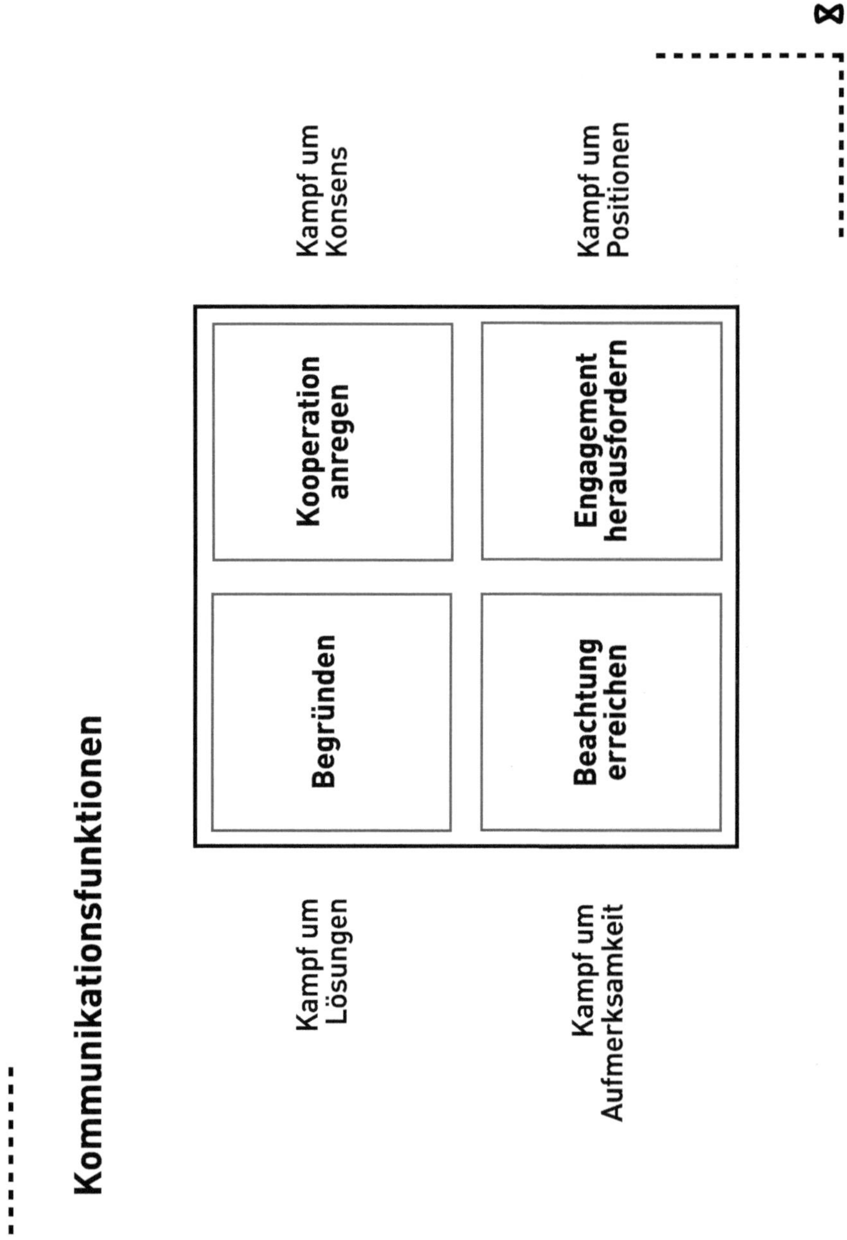
Kommunikationsfunktionen
Kampf um Konsens
Kampf um Positionen
Kooperation anregen
Engagement herausfordern
Begründen
Beachtung erreichen
Kampf um Lösungen
Kampf um Aufmerksamkeit

Kommunikations–funktionen bedienen

Wenn wir uns das »Bedienen« von Kommunikationsfunktionen im Kontext der verschiedenen gesellschaftlichen Systemebenen vorstellen, dann ergibt sich folgendes Bild (*siehe Grafik auf der Folgeseite*):

- *Geht die Initiative der Durchsetzung einer neuen Situations-Definition von einer Makroebene aus, dann reicht für den Erfolg dieser Initiative nicht eine einzelne Maßnahme zum Start des Meinungsbildungsprozesses hin.*

- *Von der Makroebene aus sind deshalb zusätzlich Maßnahmen zu ergreifen, welche die vier skizzierten Funktionen erfüllen:*

- *Zur Abdeckung der Funktion »Beachtung erreichen« sind aufmerksamkeitsstarke Informationen an die anzusprechenden Individuen zu bringen, die diese tatsächlich registrieren und mit Interesse aufnehmen – dazu sind Maßnahmen instrumenteller Kommunikation einzusetzen.*

- *Zur Abdeckung der Funktion »Engagement herausfordern« sind Maßnahmen werbender Kommunikation einzusetzen, welche die Bedürfnisse und Motivlage der Individuen so weit ansprechen, dass diese motiviert werden, sich mit der neuen Situations–Definition aktiv auseinanderzusetzen.*

- *Zur Abdeckung der Funktion »Kooperation anregen« sind durch Maßnahmen konsentiver Kommunikation Netzwerke von Individuen zu mobilisieren, in denen die betroffenen Personen Diskussionspartner finden, mit denen sie die neue Situations–Definition vertrauensvoll diskutieren können.*

- *Zur Abdeckung der Funktion »Begründen« sind durch Maßnahmen diskursiv–rationaler Kommunikation Belege für die Lösungs–Qualitäten der neuen Situations–Definition so lange öffentlich zu »inszenieren«, bis die anzusprechenden Individuen deren Hintergrund ausreichend verstehen und begründet finden.*

Systemebenen und Kommunikationsfunktionen

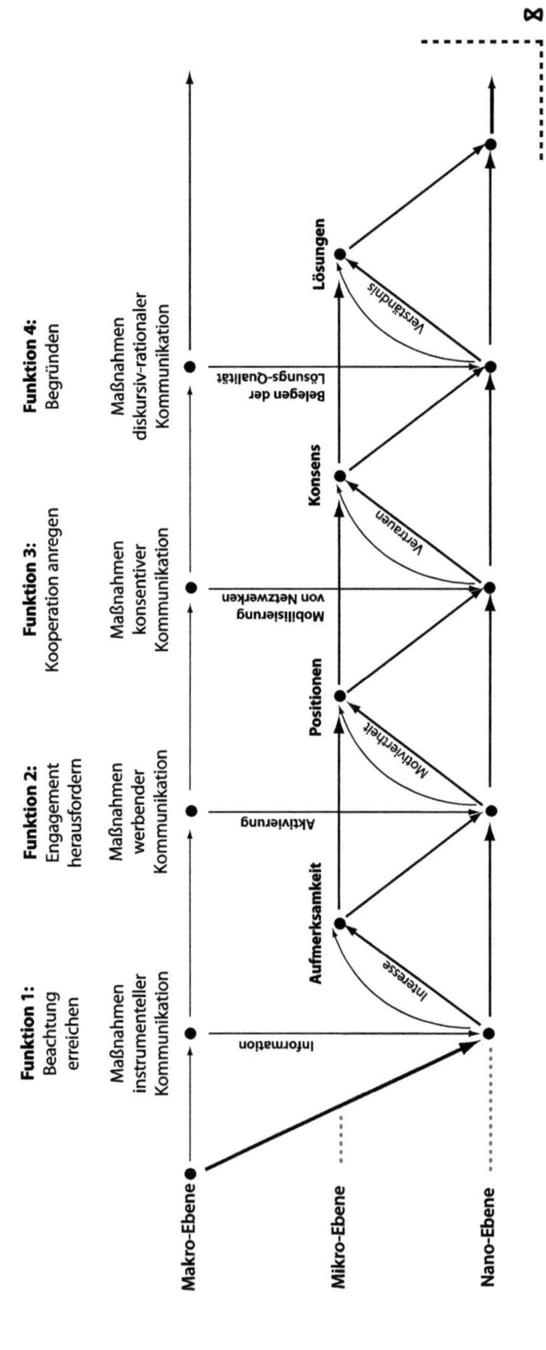

Denken wir uns nun konkrete Maßnahmen und Operationen, mit denen wir diese Kommunikationsfunktionen erfüllen, dann wird uns schnell deutlich, dass diese stets jeweils weitere wichtige Aspekte haben, die zu berücksichtigen sind.

Das Bedienen jeder einzelnen Funktion ist mit weiteren typischen Aufgaben verbunden. Grundsätzlich gilt für jede Maßnahme – ganz unabhängig, auf welche Funktion sie sich beziehen mag, ob es also um

- *die Bemühung um Aufmerksamkeit geht*
- *oder darum geht, das Engagement von Akteuren herauszufordern,*
- *oder darum, Kooperationen mit Gleichgesinnten anzuregen,*
- *oder darum, Begründungen zu geben und abrufbar zu machen, –,*

dass es die folgenden Aspekte sind, die für die erfolgreiche Funktionserfüllung vorauszusetzen sind: *Funktions-erfüllung*

a. *es ist Interesse zu erreichen, indem im ausreichenden Maß* ***Signalwirkung*** *erzielt wird*

b. *es sind bei den angesprochenen Personen, deren* ***Bedürfnisse*** *zu* ***aktivieren,*** *indem ihnen vermittelt wird, dass es sich beim Gegenstand der Maßnahme um eine für ihre Ziele und Motive wichtige Angelegenheit handelt*

c. *es sind* ***soziale Netzwerke*** *zur positiven Verstärkung der zu vermittelnden Botschaften zu nutzen*

d. *die Akteure sind von der* ***Begründetheit*** *der vermittelten Inhalte zu überzeugen*

Schauen wir uns das anhand einer grafischen Übersicht Funktion für Funktion an :

Kommunikationsfunktionen im Detail

Diskursiv-rationale Kommunikation	Moralisch-ethische Legitimation gemäß Grundprinzipien (Enjoy life and help live!)	Lösungen anhand legitimer Standards mit Experten diskutieren	Gemeinsame Grundpositionen inszenieren	Dialoge und Meinungsaustausch organisieren	**Konsentive Kommunikation**
Begründen – Werthaltungen, Standpunkte und Lösungen begründen	Lösungsansätze bei Zielpersonen bekanntmachen	Lösungen erklären und verständlich vermitteln	Kontakt zu potenziellen Kooperationspartnern aufnehmen	Solidarität und Einverständnis mit Kooperationspartnern bekunden	**Kooperation anregen** – Vertrauen erzeugen und managen
Aktuelle Inhalte effizient an Zielpersonen übertragen – **Beachtung erreichen**	Informations-Quellen und Expertise mobilisieren	Aufbau und Nutzung von Kommunikationskanälen - Übermittlungsprobleme überwinden	Position verteidigen - Gegenangriffe abwehren	Diskussionen zur Durchsetzung der Position nutzen	Postion im Meinungsmarkt gegen Konkurrenz durchsetzen – **Engagement herausfordern**
Instrumentelle Kommunikation	Aktualität anzeigen - Bekanntheit erzeugen	Thema auf Zielgruppen-Interessen spezifiziert lancieren	Nutzen und Bedürfnisbefriedungs-Potenzial publik machen	Zur Entscheidung auffordern	**Werbende Kommunikation**

Kommunikationsfunktion 1: Beachtung erreichen

Beachtung erreichen

Die Aufgabe in diesem Feld besteht darin, aktuelle Inhalte und Themen effizient an Zielpersonen weiterzuleiten und ihnen zu Bewusstsein zu bringen. Mittels gezieltem und dosiertem Einsatz von Kommunikationsmedien sind möglichst viele entsprechende Kontakte zu Individuen zu realisieren.

Es geht bei der Ansprache von Personen hierbei nicht um umfassende Erläuterungen oder eine tiefgehende Diskussion der Hintergründe. Stattdessen sind möglichst knapp gefasste Fakten über Kommunikationskanäle an die Akteure zu leiten.

Dabei sind folgende Aspekte zu berücksichtigen:

a. Signalwirkung: Aktualität anzeigen – Bekanntheit erzeugen

Die neue Situations–Definition ist in Form aktueller Meldungen an eine möglichst große Zahl der Mitglieder betroffener Gruppen und Individuen weiterzuleiten. Es ist sicherzustellen, dass die knapp formulierte und schnell erfassbare »Neuigkeit« im anzusprechenden Segment der Gesellschaft breite Bekanntheit erfährt.

b. Aktivierungs–Wirkung: Thema auf Zielpersonen–Interessen spezifiziert lancieren

Die betreffenden aktuellen Inhalte sind dadurch schnell erfassbar zu machen, dass bei ihrer Ausgestaltung und Formulierung möglichst präzise auf die Informations–Gewinnungs–Gewohnheiten der betreffenden Gruppen und Einzelpersonen eingegangen wird. Formulierungen müssen im Stil beispielsweise fachspezifisch sein, wenn Mitglieder von Berufsgruppen angesprochen werden. Sind unterschiedliche Berufsgruppen oder andere soziale Gruppierungen anzusprechen, ist die aktuelle Nachricht in entsprechende »Fachsprachen« oder soziale »Jargons« zu übersetzen.

c. Netzwerk-Nutzung: Aufbau und Nutzung von Kommunikationskanälen

Für die Verteilung der aktuellen Inhalte sind Kanäle zu nutzen, die über direkte Verbindungen zu den relevanten Gruppen und deren Mitgliedern verfügen.

Sind solche Kanäle nicht in ausreichender Form vorhanden, müssen diese gegebenenfalls ausgebaut oder völlig neu errichtet werden. Fortlaufend ist zu prüfen, ob der Informationsfluss durch diese Kanäle ausreichend gesichert ist. Probleme mit Fehlfunktionen der Kanäle sind kurzfristig zu beheben. Sollten Informationen dennoch nicht an die Zielpersonen durchdringen, sind kurzfristig über andere Kanäle Nachfassaktionen durchzuführen, um Informations-Details in Zusatzmeldungen an die Zielpersonen zu verteilen.

d. Begründungs-Wirkung: Informations-Quellen und Expertise mobilisieren

Für die Gewinnung aktueller Inhalte ist wesentlich, dass während der Informierungsphase und während gegebenenfalls notwendig werdender Nachfassphasen laufend auf verlässliche Informations-Quellen und fachliche Expertise zurückgegriffen werden kann. Ohne Zugriff auf schnell offiziell bestätigte und für die Veröffentlichung freigegebene Antworten und Zusatzinformationen kann auf die häufig auftretenden Nachfragen aus den anzusprechenden Gruppen nicht schnell genug reagiert werden.

Kommunikationsfunktion 2: Engagement herausfordern

Engagement herausfordern

Die Aufgabe in diesem Feld besteht darin, möglichst wirkungsvoll an die Bedürfnispositionen der anzusprechenden Personen anzuknüpfen. Den betreffenden Individuen soll deutlich der Nutzen präsent werden, den die Realisierung der neuen Situations-Definition für sie mit sich bringt.
Die mit der Situations-Definition vertretene Position im Meinungsmarkt ist dazu insbesondere gegenüber Konkurrenzpositionen im Meinungsmarkt deutlich zu positionieren.

Bei der hierzu einzusetzenden werbenden Kommunikation geht es um einen möglichst hohen Grad an Effektivität der eingesetzten Maßnahmen. Die anzusprechenden Personen sind zu einem möglichst großen Engagement für die neue Situations-Definition zu bewegen, auch wenn dies Maßnahmen mit hohem Kraftaufwand und materieller Investition nötig macht.

Im Einzelnen sind folgende Aspekte zu berücksichtigen:

a. Signalwirkung:
Nutzen und Bedürfnisbefriedigungs-Potenzial publik machen

Der mögliche Nutzen und das Bedürfnisbefriedigungs-Potenzial hinter der neuen Situations-Definition sind laufend aktualisiert und mit Hinweis auf ständig neue entsprechende Aspekte publik zu machen. Es geht hierbei zuvorderst um möglichst eindrucksvolle Darstellungen der betreffenden Nutzenpositionen. Dabei sind der besondere ästhetische Geschmack und die emotionale Verfasstheit der betreffenden Individuen gezielt anzusprechen.

b. Aktivierungs-Wirkung:
Zur Entscheidung auffordern

Mit Hilfe werbender Kommunikation sind die anzusprechenden Individuen aufzufordern, Schritte zu ergreifen, sich intensiv mit der Situations-Definition auseinanderzusetzen. Plakativ ist zu vermitteln, dass durch diese neue Definition typische Zielvorstellungen von Akteuren bedient werden. Es ist nachfühlbar zu machen, wie hoch das Befriedigungspotenzial der mit der Situations-Definition verbundenen Lösungen ist, wenn sich der angesprochene Akteur schnell mit der Definition auseinandersetzt und ihr entsprechend agiert.

c. Netzwerk-Nutzung:
Diskussionen zur Durchsetzung der Position nutzen

Diskussions-Plattformen vielfältiger Art sind zu nutzen, um die neue Situations-Definition mit bisher vertretenen Positionen zu konfrontieren. Dabei soll die besondere Qualität der neuen Haltung hinter dieser Situations-Definition deutlich herausgearbeitet werden. Es sollte für die Betrachter klar werden, für welche Wertpositionen der neue Ansatz steht und welche Kompetenzen und Handlungsmöglichkeiten dieser für sich in Anspruch nimmt.

d. Begründungs-Wirkung: Position verteidigen – Gegenangriffe abwehren

Neu auf den Meinungsmarkt gebrachte Positionen werden in der Regel spontan durch Diskussionsgegner von bisher dominierenden Positionen aus angegriffen. Zur Verteidigung einer neuen Situations-Definition sind diese Angriffe zu antizipieren und ohne Zögern zu beantworten. Dabei kommt es weniger auf argumentative Begründetheit, sondern auf Originalität und Souveränität der Beantwortungs-Strategie an. Detail-Diskussionen und der Austausch von Argumenten zur Begründung der neuen Situations-Definition folgen zu anderen Gelegenheiten und in anderen Kommunikations-Feldern.

Kommunikationsfunktion 3: Kooperation anregen

Kooperation anregen

Die Aufgabe in diesem Feld besteht darin, Netzwerke zu bilden, in denen sich die angesprochenen Personen über die zu verbreitende Situations-Definition austauschen können, um möglicherweise bestehende Bedenken oder durch die Definition ausgelöste Gefühle zum Ausdruck zu bringen.

Konsentive Kommunikation ist zu nutzen, um Kooperationspartnerschaften mit Gruppen von Akteuren zu schließen, deren Ziele mit der neuen Situations-Definition harmonisieren. Hierbei geht es um den Austausch gegenseitiger Zustimmung und gegenseitiges Akzeptieren von Wertpositionen. Gegenseitiges Vertrauen ist aufzubauen. Deshalb sind die einzusetzenden Maßnahmen geprägt durch persönliches Engagement und durch emotional gefärbte und direkte Dialoge.

Im Einzelnen sind hier folgende Aspekte zu berücksichtigen:

a. Signalwirkung: Kontakt zu potenziellen Kooperationspartnern aufnehmen

Es sind passende Kooperationspartner ausfindig zu machen, die Meinungen und Werthaltungen vertreten, die komplementär zu der neuen Situations-Definition sind. Mit den betroffenen Personen und ihren Organisationen ist Kontakt herzustellen.

b. Aktivierungs-Wirkung: Solidarität und Einverständnis mit Kooperationspartnern bekunden

Mit den ermittelten möglichen Kooperationspartnern ist ein Dialog und Gedankenaustausch herzustellen. Gegenstand dieses Austauschs ist die gemeinsame und geteilte Haltung bei wichtigen Meinungspositionen, Wert- und Zielvorstellungen. Für wichtige Projekte und Themen der Kooperationspartner wird Hilfestellung sowie solidarische Unterstützung etwa in Form öffentlicher Zustimmungs-Bekundungen angeboten.

c. Netzwerk-Nutzung: Dialoge und Meinungsaustausch organisieren

Die Kommunikations-Plattformen und Foren der Kooperationspartner werden eingesetzt, um deren Nutzern die Möglichkeit zu geben, sich untereinander vertrauensvoll über die neue Situations-Definition auszutauschen. Im Fall von Missverständnissen oder Informations-Defiziten in Bezug auf die Hintergründe der zu vermittelnden Situations-Definition werden diese Foren genutzt, um auf das Verständnis von Zielgruppen abgestimmte und persönlich gefärbte Detailinformationen weiterzugeben.

d. Begründungs-Wirkung: Gemeinsame Grundpositionen inszenieren

Gemeinsam mit Kooperationspartnern werden Gelegenheiten wie etwa gemeinsame Veranstaltungen genutzt, um gemeinsame Haltungen in der Öffentlichkeit zu inszenieren. Ziel ist es, mittels der Organisation der Kooperationspartner mit nahe stehenden Personengruppen in Kontakt zu kommen und Dialoge über grundlegende Wertorientierungen und Zielvorstellungen zu führen.

Kommunikationsfunktion 4: Begründen

Begründen Die Aufgabe in diesem Feld besteht darin, die mit der neuen Situations-Definition verbundenen Lösungsansätze zu begründen, deren Hintergründe zu erklären und Argumente zu vermitteln. Die Lösungsansätze sind dazu mit akzeptierten Standards zu konfrontieren. Das heißt unter anderem, es ist zu zeigen, dass die vertretenen Positionen formal korrekt und mit Hilfe prüfbaren Wissens empirisch begründet und mit Blick auf empirisch-wissenschaftliche Kriterien vertretbar sind.

Weiterhin ist es wesentlich zu zeigen, auf welchen Werthaltungen die vertretenen Positionen und Lösungsansätze basieren. Diese Werthaltungen sind moralisch-ethisch zu diskutieren und zu legitimieren.

a. Signalwirkung: Lösungsansätze bei Zielpersonen inszenieren

Die mit der neuen Situations-Definition verbundene Lösung sozialer, technischer oder praktischer Probleme ist öffentlichkeitswirksam bei den betroffenen Personen vorzuführen. Dazu sind die sachlichen Zusammenhänge, die zum Funktionieren der Lösung beitragen, möglichst eindrucksvoll und einprägsam zu illustrieren.

b. Aktivierungs-Wirkung: Lösungen erklären und verständlich vermitteln

Auf die jeweiligen anzusprechenden Personen und Gruppen zugeschnitten sind die betreffenden Lösungen zu erklären sowie deren Problemlösungs-Eignung plausibel zu machen. Für die Vertreter unterschiedlicher Gruppen, zum Beispiel Gruppen mit besonderem fachlichem Hintergrund, ist das »Lösungs-Paradigma« hinter der neuen Situations-Definition verständlich darzustellen.

c. Netzwerk-Nutzung: Lösungen anhand legitimer Standards mit Experten diskutieren

Verbindungen zu Experten und zu deren Organisationen sind zu nutzen, um die neuen Lösungen öffentlichkeitswirksam zu diskutieren. Die öffentliche Prüfung der Situations-Definition durch allgemein anerkannte Fachleute und die Unterwerfung unter deren Standards ist ein wichtiger Weg, allgemeine Akzeptanz für eine neue Situations-Definition zu erreichen.

d. Begründungs-Wirkung: Moralisch-ethische Legitimation gemäß Grundprinzipien

Grundlegend für den Erfolg einer neuen Situations-Definition ist, dass sie moralisch-ethisch legitimierbar ist. Diese Legitimiertheit ist verständlich und überzeugend in der Öffentlichkeit per diskursiv-rationaler Kommunikation darzustellen. Je höher sich der dabei belegte soziale Wert von Lösungen für die Bevölkerung erweist, desto größer ist die Motivation von Individuen sich aus starken altruistischen Motiven für eine Situations-Definition und für die damit verbundenen Lösungen einzusetzen.

Rationale Planung von Kommunikations–Maßnahmen

Wir kommen zum Abschluss des gegenwärtigen Kapitels und fragen uns hier noch einmal:

Eine Situations–Definition platzieren

- *Wie ist eine Situations–Definition in der Öffentlichkeit zu platzieren, damit diese sich planbar in verändertem Verhalten von Akteuren auswirkt?*
- *Wie lässt sich beispielsweise der durch eine »self–fulfilling–prophecy« ausgelöste Teufelskreis durchbrechen, um Raum für die Verbreitung einer neuen Definition der Situation zu schaffen?*
- *Wie sind Kommunikations–Maßnahmen einzusetzen, um dafür im Sinne von Robert K. Merton gesellschaftliche Institutionen und Strukturen zu verändern?*

Für eine erfolgreiche Beeinflussung von Meinungsbildungsprozessen ist es notwendig, einen Komplex von Kommunikationsfunktionen zu erfüllen:

Die Erfüllung der betreffenden Funktionen stellt sicher, dass die für die Etablierung einer neuen Situations–Definition notwendigen Prozesse auf verschiedenen Systemebenen ablaufen und dazu notwenige Mechanismen ihre Wirkungen entfalten. Auf diese Weise wird eine ansonsten höchst labile Meinungsbildung »moderiert«.

Dabei kann meist jede einzelne der durch die beschriebenen Funktionen definierten Aufgaben durch unterschiedliche Maßnahmen und die Nutzung unterschiedlicher Mechanismen gelöst werden.

Wesentlich ist allerdings, dass die in Gang gesetzten Mechanismen die dazu erforderlichen Wirkungen tatsächlich auf die relevanten Strukturen einer Gesellschaft ausüben.

Um dies zu gewährleisten, haben Maßnahmen die systemische Natur der gesellschaftlichen Kommunikation zu berücksichtigen. Das bedeutet, im Einzelnen muss nachvollziehbar und schließlich empirisch belegbar sein,

- *wie auf der Ebene individueller Akteure Einfluss auf Strukturen genommen wird, das heißt, wie sich beispielsweise Wertorientierungen der involvierten Individuen wandeln*

- *wie Veränderungen in sozialen Interaktionssystemen und deren Strukturen bewirkt werden, das heißt, wie sich beispielsweise die Positionierungen betroffener Akteure verändern und dadurch Einfluss auf deren Verhalten und Beziehungsmuster ausgeübt wird*

Treten die notwendigen Struktur–Veränderungen nicht auf, haben Konzeptioner, die für die Entwicklung von Kommunikations–Maßnahmen verantwortlich sind, flexibel zu reagieren. Sie haben etwa zu beurteilen,

- *ob Interventionen intensiviert werden müssen, um Wirkungen zu verstärken,*

- *oder ob alternative Maßnahmen ergriffen werden müssen, um notwendige und möglicherweise ausbleibende Wirkungen doch noch zu erzielen.*

Die Veränderlichkeit der Gesellschaft als Hintergrund für Maßnahmen macht es grundsätzlich erforderlich, diese Flexibilität laufend auszuüben; ständig ist zu erwarten, dass bei der Steuerung von Maßnahmen »nachgeregelt« werden muss.

Je besser die beschriebene flexible Erfüllung der Kommunikationsfunktionen erreicht wird, um so höher ist die Wahrscheinlichkeit, dass eine Kommunikations–Kampagne die typische Zufälligkeit und Labilität verliert, die wir anhand Torsten Hägerstands Studie über einen unmoderierten Meinungsbildungsprozess in Schweden analysiert haben.

Vier Kontrollfelder

Voraussetzung dafür ist, dass die durch die Kommunikationsfunktionen definierten vier »Kontrollfelder« des Prozesses möglichst erfolgreich bearbeitet werden. Wird das eine oder andere dieser Felder vernachlässigt, kann der Erfolg des gesamten Meinungsbildungsprozesses gefährdet sein.

In diesem Zusammenhang wollen wir uns bereits einige grundlegende Gedanken zur Planung der Durchführung von Kommunikationsmaßnahmen machen, die gemäß dieses Funktionen–Konzepts herzuleiten sind, bevor wir uns im nächsten Kapitel ausgiebig dieser Thematik zuwenden werden:

Der zu moderierende Meinungsbildungsprozess läuft in der Regel auf verschiedensten System–Ebenen und in weit in der Gesellschaft verteilten Interaktionssystemen und unter Einbezug zahlreicher Individuen parallel ab.

Der Prozess setzt sich deshalb aus vielen einzelnen Interaktionen und Teilprozessen zusammen, die jeweils mit ganz unterschiedlicher Dynamik und Geschwindigkeit arbeiten.

Steuerung von Kampagnen

Eine Kommunikations–Kampagne kann unter diesen Voraussetzungen offenbar kaum erfolgreich sein, wenn die verschiedenen Kommunikationsfunktionen

- *Aufmerksamkeit erreichen*
- *Bedürfnisse adressieren*
- *Vertrauen durch die Nutzung von Netzwerken erzielen*
- *von Legitimität überzeugen*

nicht bereits beim Start der ersten Kommunikations–Aktivitäten möglichst komplett und umfassend erfüllt werden.

Die betreffenden Aufgabenfelder sind von Beginn an als Einheit zu kontrollieren, auch wenn die Aufmerksamkeit der anzusprechenden Individuen und ihre Aktivitäten in Interaktionssystemen erst nach und nach schrittweise durch die einzelnen Phasen des Meinungsbildungsprozesses gehen.

In jedem betroffenen Interaktionssystem erfolgen diese Phasen in anderem Rhythmus, benötigen unterschiedliche Aufmerksamkeit und Bearbeitungszeit. Die erfolgreiche Moderation dieser in der Gesellschaft weitverteilten und verzweigten Interaktionen setzt deshalb voraus, dass möglichst kontinuierlich und sich überlappend Kommunikations–Mechanismen wirken, um die laufende Information und Aktivierung von Individuen sowie die Mobilisierung von Netzwerken und Legitimierungs–Instanzen sicherzustellen.

Konzeptioner haben mit Hilfe ihrer Maßnahmen also den Aufbau eines komplexen Netzwerk–Systems sich überschneidender Kommunikations–Vorgänge zu entwerfen (*siehe Grafik auf der Folgeseite*).

Mit Blick auf diese Netz–Struktur können wir für dieses Kapitel unser Fazit ziehen:

8

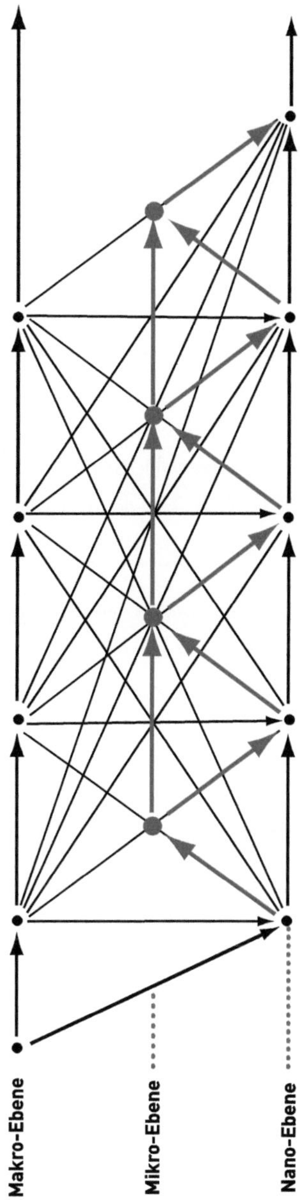

Vernetzung von Interaktions-Prozessen

Wir haben herausgefunden, dass wir uns wegen der systemischen Struktur von Interaktionen in Gesellschaften an einem Modell vernetzter, anhand von Funktionen definierter Aufgaben zu orientieren haben, wenn wir erfolgreich Einfluss auf Meinungsbildungen nehmen wollen.
Blicken wir an dieser Stelle aber noch einmal zurück auf das Strategiemodell der klassischen Konzeptionslehre, dessen Hintergründe wir im letzten Kapitel analysiert haben:

Abschied vom klassischen Strategie-modell

Dieses Modell verfügt über keine realistische Theorie der menschlichen Kommunikation. Stattdessen arbeitet es mit der technischen Sender–Empfänger–Metapher.

Die leidigen Konsequenzen dieses abstrakten Modells kennt jeder, der in der Praxis hiermit zu arbeiten hatte:

- *die an dieses Modell anknüpfenden Maßnahmen wirken sich zu punktuell aus, um mehr als mäßigen Einfluss auf Meinungsbildungen nach sich zu ziehen*

- *da das Modell zu wenig Wissen darüber erschließt, wie Kommunikation in einer Gesellschaft tatsächlich funktioniert, ziehen daran anknüpfende Maßnahmen häufig ungeplante Reaktionen und Probleme nach sich*

- *Personengruppen, die laut diesem Modell als bevorzugte »Meinungs–Multiplikatoren« betrachtet werden und ständig im Mittelpunkt von Maßnahmen stehen – denken wir an »PR–geschädigte« Journalisten –, haben wenig Sympathie für das Anliegen von Konzeptionern, als kostenfreie »Kommunikations–Instrumente« (»Relais–Stationen«) in eine Kampagne eingeplant zu sein. Sie weigern sich deshalb allzu oft, die ihnen zugeschriebene »Opinion Leader«–Rolle zu spielen.*

- *Klienten reagieren verunsichert, wenn von Kommunikations–Beratern prophezeite »Kommunikations–Erfolge« sich am Ende als nicht erreichbar erweisen – trotz eines so »logischen« Sender–Empfänger–Modells, das Maßnahmen und deren Kommunikations–Wirkungen allzu einfach »planbar« erscheinen lassen.*

Abschluss

Zum Vertiefen der Analysen und Überlegungen des nun abgeschlossenen Kapitels folgt nun wie gewohnt eine Aufgabenstellung zur Bearbeitung durch die Leser:

Im anschließenden Kapitel werden wir uns den Werkzeugen zuwenden, die zur Verfügung stehen, um konkrete Kommunikations–Konzeptionen nach Maßgabe des systemischen Konzepts zu entwickeln, das wir in diesem Buch Kapitel für Kapitel entwickelt haben.

Bevor wir uns ansehen, mit welchen typischen Maßnahmen die vier gerade diskutierten Kommunikationsfunktionen erfüllt werden können, um gezielt in Meinungsbildungen zu intervenieren, hierzu bereits ein paar ausgewählte Fragen:

- *Wenn Sie auf die Projekte schauen, an denen Sie in der letzten Zeit beteiligt waren, was fällt Ihnen dabei mit Blick auf die definierten Funktionsfelder »Beachtung erreichen«, »Engagement herausfordern«, »Kooperation anregen« und »Begründen« auf?*

- *In welchen dieser Felder lagen die Erwartungen Ihrer Klienten schwerpunktmäßig? Erwarteten sie, dass Sie und Ihre Kollegen eher informieren, Positionen gegen Konkurrenz durchsetzen, Netzwerke gestalten oder Standpunkte begründen?*

- *Haben Sie in diesen Feldern Schwerpunkte oder planen Sie heute bereits komplexe Maßnahmen zur parallelen Bearbeitung von Funktionsfeldern?*

- *Welche Instrumentarien setzen Sie ein, um die Wirkungen Ihrer Maßnahmen in den verschiedenen Feldern zu überwachen und zu kontrollieren?*

- *Wie steuern Sie gegebenenfalls nach, wenn notwendige Wirkungen ausbleiben oder ungeplante und störende Effekte auftreten, die Ihre Projektziele zu gefährden drohen?*

Quellenhinweise und Anmerkungen

1. Bales, Robert Freed; *Interaction Process Analysis. A Method for the Study of Small Groups;* Chicago/London, Neudruck 1976 (1950); S. I

2. Vergleiche:
   Ebenda: S. 30–84

3. Vergleiche:
   Ebenda: S. 33

4. Vergleiche:
   Bales, Robert Freed; *Social Interaction Systems (2001)* S. 155–82, 331–9

5. Parsons, Talcott; Robert F. Bales; Edward A. Shils; *Working Papers in the Theory of Action;* New York/London 1953

6. Parsons, Talcott; Robert F. Bales; James Olds; Morris Zelditch; Philip E. Slater; *Family, Socialization, and Interaction Process;* New York 1955

7. Vergleiche:
   Bales, Robert Freed; *Social Interaction Systems (2001)* S. 158

8. Vergleiche:
   Ebenda: S. 159

9. Vergleiche:
   Bales, Robert Freed; *Interaction Process Analysis (1950)* S. 1–29

10. Vergleiche:
    Bales, Robert Freed; *Social Interaction Systems (2001)* S. 159–82
    Bales, Robert Freed; *Interaction Process Analysis (1950)* S. 116–76

11. Vergleiche:
    Bales, Robert Freed; *Social Interaction Systems (2001)* S. 176–7

12. Vergleiche:
    Ebenda: 171–6

»We cannot know the future,
but we can shape it at least in part:
this is what intelligent management
and politics are all about.«
(1)
Mario Bunge

Kapitel 16

Konzeptions-Werkzeuge:

Wirkungsvolle Maßnahmen entwickeln, planen und einsetzen

Wir definieren »Kommunikations-Konzeption«.

An die Ergebnisse des letzten Kapitels knüpfen wir sofort wieder an und fragen uns, wie wir vor dem Hintergrund unseres erarbeiteten Wissens nun daran gehen können, möglichst planvoll und effektiv öffentlich vertretene Meinungen in einer Gesellschaft zu gestalten.

Wir haben gesehen, dass dazu differenziert auf Sozialsysteme einzuwirken ist, wobei eine Reihe von Kommunikationsfunktionen zu erfüllen sind:

Übersicht Kommunikationsfunktionen

- *es sind Kommunikationskanäle zu nutzen, um bei Personen Beachtung zu finden*
- *es sind Plattformen zu nutzen, um deutlich wahrnehmbar Position gegen Meinungs-Konkurrenz zu beziehen*
- *es sind Netzwerke aufzubauen und einzusetzen, um für einen vertrauensvollen Meinungsaustausch zu sorgen*
- *es sind Diskurse anzuregen und zu nutzen, um die eigene Position möglichst überzeugend zu begründen*

Um dies alles synchronisiert und in ausreichendem Maße zu erreichen, sind Sozialsysteme planvoll zu verändern.

Wie haben wir dabei vorzugehen?

Im konkreten Fall ist unser Ausgangspunkt ein Auftrag eines Klienten.

Diesem Klienten geht es bei seinem Auftrag an uns darum, eines seiner Bedürfnisse zu befriedigen, das er im Zusammenhang mit der Verfolgung etwa von unternehmerischen Zielen hat.

Bevor wir uns im Detail weiter an die Beantwortung unserer Frage machen, wollen wir an einem wichtigen Punkt für definitorische Klarheit sorgen. Nach unseren intensiven Vorüberlegungen sind wir nämlich jetzt in der Lage, den Begriff der *»Kommunikations-Konzeption«* klar zu definieren:

»Kommunikations–Konzeption bezeichnet die rationale Planung von Maßnahmen, die dazu dienen, die legitimen Interessen eines Klienten im laufenden Prozess der gesellschaftlichen Meinungsbildung mit legitimen Mitteln durchzusetzen.«

Definition Konzeption

Diese Definition ist wesentlicher Hintergrund für unsere folgenden Überlegungen.

Weiter zur Beantwortung unserer Frage:

Konzeptioner übernehmen mit dem Auftrag zur Konzeptions–Entwicklung von ihrem Klienten eine anspruchsvolle Aufgabe, die hohe Anforderungen an ihre Kompetenz und insbesondere an die Durchsetzungskraft der von ihnen zu entwickelnden Maßnahmen mit sich bringt. Denn sie haben es mit einer schwierigen Ausgangssituation zu tun:

Sie sind mit einer Öffentlichkeit konfrontiert, die durchgängig bereits von einflussreichen Akteuren beherrscht ist, die das »Meinungsfeld« umfassend bearbeitet und gemäß ihrer eigenen Interessen gestaltet haben. Überall in der Gesellschaft haben sich »Meinungs–Platzhirsche« ihren Raum genommen, so dass sich Konzeptioner zu Beginn ihrer Arbeit an einer neuen Aufgabenstellung wie der biblische »David« fühlen müssen, der sich scheinbar machtlos einem »Riesen« und meist sogar einer ganzen Gruppe von »Goliaths« gegenüber sieht.

In dieser Konstellation spielen diejenigen Massenmedien eine wesentliche Rolle, derer sich die Meinungs–beherrschenden Akteure umfangreich zur Bearbeitung der Öffentlichkeit bedienen.

Im Einzelnen muss ein Konzeptioner davon ausgehen, dass die Ausgangssituation sich folgendermaßen darstellt:

- *der Informationsfluss in Kommunikationskanälen, die in Form verschiedenster Medien zu den wichtigen Personengruppen ausgelegt sind, ist durch Inhalte anderer Wirtschaftsunternehmen und Akteure bereits ins Stocken geraten*

- *entsprechend sind die Zugänge zu den werblichen Plattformen großflächig blockiert, die genutzt werden könnten, um neue Meinungs–Positionen für die öffentliche Diskussion sichtbar zu machen*

- *Netzwerke sind durch etablierte »Player« in Beschlag genommen und dadurch für neu hinzukommende Interessenten schwer erreichbar*

- *die Diskurs-Ressourcen anerkannter kultureller Institutionen wie Universitäten, Hochschulen, Forschungsinstitute usw. sind schwer erreichbar und nicht frei verfügbar*

Wer angesichts dieser Ausgangssituation glaubt, das Wesen der Öffentlichkeit und der sie herstellenden Medien bestände darin, laufend nach neuen in der Gesellschaft aufkommenden Meinungen zu suchen, um sie aufzugreifen und zu Themen zu verarbeiten, verkennt – wie wir noch im Einzelnen sehen werden – die Mechanismen, welche die Meinungsbildungsprozesse in einer Gesellschaft bestimmen. Konzeptioner können nicht darauf hoffen, dass die Botschaften ihrer Klienten allein schon wegen ihrer Aktualität Verbreitungskraft in der Öffentlichkeit hätten.

Hoher Ressourcen-Aufwand

Wer als Konzeptioner eine neue Meinung, also eine neue Situations-Definition in der Öffentlichkeit etablieren will, muss stattdessen von vornherein mit einem hohen Ressourcen-Aufwand kalkulieren und insbesondere umfangreich fachliche Kompetenzen, empirisches Wissen sowie bewährte Erfahrung im Umgang mit Kommunikationsprozessen einsetzen. Nur so hat er eine Chance, die Anliegen seines Klienten in relevanten Interaktionssystemen durchzusetzen und dadurch zu den darin eingebetteten Individuen durchzudringen.

Die Chancen eines Konzeptioners bestehen allgemein betrachtet darin, Maßnahmen zu entwickeln, die sich als wirkungsvolle Interventionen in Sozialsystemen erweisen. Die Entwicklung solcher wirkungsvollen Interventionen setzt voraus, dass er systematisch verlässliches Wissen einsetzt und relevante Mechanismen ausfindig macht, an die er bei seiner Konzeptions-Entwicklung anknüpfen kann.

Um zu diesem verlässlichen Wissen zu kommen, kann er eine Reihe von Werkzeugen einsetzen, die wir uns in diesem Kapitel nach und nach ansehen wollen. In groben Zügen besteht dieses Instrumentarium aus

- *einer Analyse der für die Bearbeitung des jeweiligen Auftrags relevanten Interaktionssysteme und Sozialsysteme sowie eine Untersuchung von deren Strukturen und Komponenten und der darin wirkenden Mechanismen*

- *der Analyse der Organisation des Klientensystems und seiner Voraussetzungen, sich mit den eigenen Interessen im Meinungsmarkt erfolgreich durchzusetzen*

Nach Anwendung dieser Analyse–Werkzeuge zeichnet sich im Einzelnen beispielsweise ab

Ergebnis Kommunikations–Analyse

- *welche Kommunikations–Fertigkeiten bei den Mitarbeitern des Klienten fortzuentwickeln und in Stellung zu bringen sind*

- *welche Strukturen in der Organisation des Klientensystems zu optimieren sind, bevor einzelne Kommunikations–Maßnahmen entwickelt und realisiert werden können*

- *wie Erfolg versprechende Kommunikations–Maßnahmen im Einzelnen aussehen und wie sie umzusetzen sind*

- *wie das Klientensystem und die darin aktiven Personen während der Umsetzung der Kommunikations–Maßnahmen kontinuierlich zu begleiten und zu beraten sind*

Der gesellschaftliche Meinungsbildungsprozess

Der gesellschaftsweite Meinungsbildungsprozess[2] ist beherrscht durch große »Player« –

- *durch große Konzerne, beispielsweise internationale Anbieter von Konsumprodukten und deren Tochtergesellschaften,*
- *durch große Handelsunternehmen,*
- *aber auch durch Industrien und Wirtschaftszweige wie die Energiewirtschaft oder*

- *durch die Automobilindustrie,*
- *die Banken– und Kreditwirtschaft,*
- *durch die Versicherungswirtschaft,*
- *die Pharmaindustrie*
- *und insbesondere durch die Medienwirtschaft selber, die den anderen Playern wichtige Hilfsmittel zur Durchsetzung ihrer Interessen und Meinungs–Positionen zur Verfügung stellt.*

In diesem Zusammenhang wollen wir aber auch weitere Player wie politische Parteien und andere Organisationen, die politische Interessen verfolgen, nicht vergessen – wie etwa staatliche Organisationen, Interessen–Verbände wie beispielsweise Gewerkschaften und Arbeitgeber–Vereinigungen, aber auch weltanschauliche Vereinigungen wie christliche Kirchen und nicht–christliche religiöse Vereinigungen usw.

Mechanismen der Massen–medien

Die Öffentlichkeit, das Konglomerat der Bürger, welche die Berichterstattung der Medien mehr oder weniger aufmerksam verfolgen, wird in seiner Meinungsbildung durch die »Bearbeitung« systematisch kombinierter Massenmedien bestimmt, die sich in westlichen Gesellschaften jeweils im Besitz einiger weniger Konzerne befinden. Diese Konzerne haben die Macht, Gesellschafts–weit Themen auszuwählen, zu gestalten über ihre Kanäle zu verbreiten und dadurch das Denken großer Teile der Bevölkerung zu prägen.

Schauen wir uns die Mechanismen, die rund um die großen Medienkonzerne ablaufen, genauer an:

Medienkonzerne nutzen die sich ihnen bietende Macht zur wirkungsvollen Definition der gesellschaftlichen Situation zur Wahrung ihrer eigenen wirtschaftlichen Interessen. Im Zuge dieser Interessenwahrung bieten sie anderen wirtschaftlich potenten Unternehmen sowie potenten Verbänden und Institutionen ein ganzes Arsenal an Meinungsgestaltungs–Instrumenten.

Unternehmen mit Wirtschaftsmacht erhalten durch die konsequente Nutzung dieser Instrumente vielfältige Möglichkeiten, um sich die Erfüllung wesentlicher Kommunikationsfunktionen sozusagen »einzukaufen«, im Einzelnen:

- *die Schaffung von Aufmerksamkeit für Anliegen, Produktangebote usw. durch das »Mieten« der durch die Medien angebotenen Kanäle zur Bevölkerung,*

- *die deutlich sichtbare Präsentation der eigenen Position gegenüber der Konkurrenz durch Einkauf von Werberaum in weit streuenden Medien.*

- *Sie greifen auf die von den Medien aufgebauten Netzwerke zu Personen in Organisationen, Branchen, Bevölkerungskreisen zurück, um von diesen »Vertrauens–Beziehungen« zu profitieren.*

- *Durch die Nutzung des Zugangs, den Medien exklusiv in bestimmte kulturelle Systeme haben – etwa durch Kontakt zu Intellektuellen, Wissenschaftlern, Künstlern usw. –, eröffnet sich ihnen eine Fülle an Gelegenheiten, ihre Anliegen eindrucksvoll mit großer Wirksamkeit öffentlich zu verteidigen.*

Meinungsmacht großer Player

Ein Konzeptioner ist auf diese Weise mit einer Gesellschafts–weiten öffentlichen Meinung konfrontiert, die durch etablierte »Player« mit großer Präsenz in den Massenmedien beherrscht ist.

Kann er hier überhaupt im Interesse seines Klienten Themen platzieren?

Die Bedingungen dafür sind schwierig. Aber es gibt durchaus Möglichkeiten und Erfolgsaussichten für gezieltes und planvolles Vorgehen.

Im ersten Kapitel hatten wir bereits gesehen, dass die Massenmedien heute zwar eine große Meinungsmacht erreicht haben. Allerdings zeigen beispielsweise aktuelle Entwicklungen, die mit der Ausbreitung des Internets zu tun haben, dass es stets möglich ist, Netzwerke und eigene Interaktionssysteme zu gestalten, um etablierte Meinungen zu bearbeiten.

Allerdings erfordert erfolgreiches Vorgehen ein präzises Wissen über die Strukturen und die Prozesse, die in relevanten Interaktionssystemen ablaufen.

Je mehr der Konzeptioner beispielsweise über die Interaktionssysteme weiß, in die sein Klient eingebunden ist, um so besser kann er Maßnahmen entwickeln, die sich diese Systeme zunutze machen, um mit Zielpersonen ins Gespräch zu kommen und diese zur Meinungsbildung anzuregen.

Auch hat er genau zu analysieren, welche Bedeutung die Vorgehensweisen der einzelnen Medien und Medienkonzerne für seine Interventionen haben.

Er hat zu ermitteln, inwieweit diese Medien die erfolgreiche Umsetzung seiner Maßnahmen gefährden können und inwieweit er selber Meinungsbeeinflussungs-Möglichkeiten nutzen will, die Massenmedien ihm und seinem Klienten bieten.

Um dies im Einzelnen beurteilen zu können, muss der Konzeptioner sich zunächst einmal grundsätzlich vergegenwärtigen, durch welche Mechanismen die Massenmedien ihre beherrschende Rolle im Feld der Meinungsbildung erreichen, wie sie also ihren Einfluss auf die Öffentlichkeit erzielen.

Mechanismen der Medienmacht

Um diese Mechanismen zu verstehen, ist es notwendig, dass wir uns zunächst einmal mit dem Geschäftsmodell beschäftigen, das hinter dem »Betrieb« von Massenmedien steht.

Mancher Leser wird nun vielleicht stutzen:

Wieso Geschäftsmodell?

Medien sollen doch vor allem als neutrale und objektive Berichterstatter Informationen aufbereiten und präsentieren!

Dieser Vorstellung ist entgegenzuhalten, dass hinter Massenmedien bedeutende Wirtschaftsunternehmen stehen, die vor allem nach Wirtschaftlichkeit und Gewinn streben. Diese Einsicht ist der Schlüssel zum Verständnis der Prozesse, die sich rund um Medienunternehmen abspielen.

Nun also zum Geschäftsmodell der Massenmedien:

Verkauf von Aufmerksamkeit

Grundlegende Erkenntnis ist, dass dieses Geschäftsmodell nicht in erster Linie aus der Produktion von Medien besteht, wie dies von Seiten des durchschnittlichen Medienkonsumenten angenommen wird. Medienkonzerne »verkaufen« ihrer Kundschaft stattdessen vor allen Dingen die Aufmerksamkeit von Medienkonsumenten.

Um an dieser Stelle Verwirrungen zu vermeiden und um zu klaren Begriffen zu kommen, wollen wir – bevor wir in weitere Einzelheiten gehen – die »Medienkonsumenten« und die »Medienkunden« streng auseinander halten:

Leser von Zeitungen und Zeitschriften, Zuhörer von Radiosendungen und die Zuschauer von TV-Sendungen sind Medienkonsumenten, Mediennutzer oder so genannte »User«.

Kunden von Medien-konzernen

Die »Kunden« von Medienkonzernen sind wie gesehen vor allen Dingen große Wirtschaftsunternehmen, Wirtschaftsverbände, politische Institutionen usw.

Die Unterscheidung zwischen den »Usern« von Medien auf der einen Seite und den »Kunden« der Medienunternehmen auf der anderen Seite ist wesentlich, um klären zu können, worauf die »Operationsweise« der Massenmedien basiert.

Diesen Tatbestand im Hinterkopf schauen wir uns das Wirkungsmodell der Massenkommunikation genauer an:

Medienkonzerne sind Großunternehmen, die Produkte verkaufen. Verbreitet ist die Vorstellung, hierbei handelte es sich beispielsweise um »Gedrucktes« – ein Medienkonzern verkaufe etwa über seine Verlage Zeitungen und Zeitschriften. Dies ist eine irreführende Sprechweise.

Medienkonzerne verdienen gar nicht ihr Geld damit, dass sie Zeitungen an »User« verkaufen. Der Verkauf von Zeitungsexemplaren ist angesichts seit Jahren zurückgehender Käuferzahlen eher ein Verlustgeschäft. Ihre User verhelfen Medien nicht zu dem Profit, den Medienunternehmen anstreben und auch tatsächlich erreichen. Die Preise für das Exemplar einer Tageszeitung oder für das Exemplar einer Illustrierten können heute als eine Art »Schutzgebühr« mit weitgehend »symbolischem« Charakter betrachtet werden. Schließlich »verschenken« die Herausgeber von Tageszeitungen und auch der übrigen Printmedien viele ihrer Beiträge gratis im Internet.

Medienkonzerne geht es nicht um die Umsätze, die sie mit den besagten Usern und dem Verkauf der von ihnen aufbereiteten Inhalte machen, sondern es geht um das Geschäft, das sie mit ihren »tatsächlichen« Kunden machen, den Kunden, die ihre Medien für Werbe- und PR-Zwecke nutzen und dafür hohe Preise bezahlen können.

Kein Massenmedium kann heute wirtschaftlichen Bestand haben, wenn es nicht seinen eigentlichen Verdienst aus den Werbe- und Public Relations-Etats großer »Player« bezieht, die »Anzeigenraum« (z B. für Werbung) und »redaktionellen Raum« (z. B. für Public Relations) in Printmedien sowie Sendezeiten in elektronischen Medien einkaufen. [3]

Der bekannte amerikanische Sprachphilosoph und Medienkritiker Noam Chomsky hat diesen Tatbestand recht anschaulich bezeichnet, indem er schreibt, dass die Medienkonsumenten, die User, das eigentliche »Produkt« darstellen, das die Medienkonzerne an ihre Kunden »verkaufen«.[4]

Nun – es sind nicht eigentlich die Medienkonsumenten, welche Medienkonzerne an ihre Kunden verkaufen. Genau betrachtet ist es ihre Beziehung zu den Usern, die Medienkonzerne entgeltlich zur Verfügung stellen – sie »vermieten« diese sozusagen an ihre Kunden.

Schauen wir uns diesen Sachverhalt genauer an:

Aufbau einer Leserschaft

Durch die Herausgabe von Printmedien bauen Medienkonzerne eine Leserschaft und entsprechend durch die Etablierung von Radiosendern und Fernsehsendern eine Hörerschaft bzw. eine Zuschauerschaft auf.

Dazu Beispiele:

Durch die Herausgabe von »Elitemedien« wie überregionale Tageszeitungen und Wirtschaftsmagazine binden sie Individuen aus möglichst privilegierten Schichten, die etwa in Unternehmen Investitions-Entscheidungen treffen oder zumindest an solchen Entscheidungen beteiligt sind, in ein »verwertbares« Interaktions-Netz ein. Und mit Hilfe von Boulevard-Zeitungen vernetzen Medienunternehmen eine möglichst breite Bevölkerungsschicht mit gut kalkulierbaren Konsumgewohnheiten in ein handhabbares System.

Medienkonzerne schaffen durch die Herausgabe von Medien und durch deren aktiven Betrieb Kommunikationssysteme, deren Komponenten zunächst aus dem Aggregat von Personen bestehen, die diese Medien nutzen.

Durch gezielte Aktivitäten, wie etwa das Einführen von Leserbrief-Aktionen, User-Foren im Internet, Events für die Medienkonsumenten usw. werden aus Leserschaften, Hörer- und Zuschauerschaften gezielt Sozialsysteme geformt, deren Aufbau für die »Vermietung« an Kunden zugeschnitten und gestaltet werden kann. Dazu werden in den betreffenden Medien »vermietbare« Bereiche – Rubriken, Senderäume usw. – herausgearbeitet, die leicht aufteilbar sind und so parzelliert Kunden zur Nutzung angeboten und überlassen werden können.

In Printmedien sind in diesem Zusammenhang unter anderem Anzeigenräume, redaktionelle Räume für PR-Meldungen und PR-Beiträge (Produktneuheiten, Unternehmensnachrichten usw.) zu nennen. Printmedien bieten aber auch Möglichkeiten an, Werbematerialien der Kunden beizulegen oder im Innenteil auf Seiten »beizukleben«. Es gibt weiterhin regelmäßig so genannte Sonderthemenseiten, die thematisch gebündelt Zusatzraum für Anzeigen und für PR-Beiträge bieten.

Um den Kunden die Möglichkeit zu geben, ihre Anmietung von Raum längerfristig zu planen, veröffentlichen die zu den Medienkonzernen gehörenden Verlage so genannte »Mediadaten«, in denen die Jahresplanung für Schwerpunkt– und Sonderthemen bekannt gegeben werden. So können Kunden Räume für die Unterbringung ihrer PR–Beiträge frühzeitig buchen und parallel in der gleichen Ausgabe oder in einer Ausgabe davor oder danach zu geplanten redaktionellen Artikeln passende Anzeigenschaltungen planen.

Elektronische Medien funktionieren technisch gesehen anders als Printmedien. Das Prinzip der Vermietung von Räumen findet sich hier aber genauso. So bieten Radio– und TV–Sender Sendeplätze, Sendezeiten für Werbespots und für PR–Beiträge.

Aufbau paralleler Internet–präsenzen

Heute ist es darüber hinaus üblich, dass parallel zur Herausgabe dieser Medien Internet–Sites aufgebaut werden, welche die Themen oder Beiträge aus den jeweiligen Printmedien und elektronischen Medien aufgreifen. Hiermit nutzen die Medienkonzerne online weitere Möglichkeiten der Vermietung von Räumen etwa in Form von Werbebannern, Platzierung von digitalisierten Werbespots und PR–Beiträgen usw.

Der Wert eines einzelnen Mediums hängt nun im Detail von der Qualität des Sozialsystems ab, das jeweils aus deren Leser–, Hörer– oder Zuschauerschaft gebildet wird.

Medienkonzerne vermarkten ihre Produkte Kunden gegenüber, indem sie auf das Einflusspotential verweisen, das einzelne Medien jeweils auf die Meinung von bestimmten gesellschaftlichen Gruppen haben.

Im Fall von Printmedien versuchen Medienanbieter deshalb zu belegen, dass diese besonders erfolgreich die Aufmerksamkeit potenter Leserschaften »binden«. Zum Nachweis der entsprechenden »Bindekraft« werden von den Konzernen »Leser–Planungsdaten« als Verkaufshilfen der Werbe– und PR–Räume der von ihnen herausgegebenen Zeitungen, Zeitschriften, Illustrierten usw. vorgelegt.

Besonders wichtig sind in diesem Zusammenhang Zahlen, die belegen sollen, dass eine möglichst große Zahl von Usern die betreffenden Medien abonniert haben. Ein großer Abonnement–Anteil an der Leserschaft belegt scheinbar die Fähigkeit eines Mediums, Personen langfristig zu binden. Um vor diesem Hintergrund Abonnentenzahlen möglichst hoch zu halten, »investieren« Verlage gerne in ihre Konsumenten:

Für das Abschließen von langfristigen Abonnements werden Lesern Preisnachlässe und attraktive Geschenke angeboten. Abonnentenzahlen werden auf diese Weise künstlich hochgehalten.

Kunden von Medienkonzernen tun offensichtlich gut daran, kritisch die wirkliche Bindekraft und damit den tatsächlichen »Marktwert« der Medien genau zu prüfen, in denen sie größere Räume anzumieten planen.

Verlage müssen heute Einiges tun, um laufend die für ihre Kunden attraktiven User zu binden. Die »Blattmacher« sprechen in diesem Zusammenhang übrigens tatsächlich davon, dass sie wirkungsvoll »Leser-Blatt-Bindung« erzeugen müssen. Dazu reichen interessante oder exklusive Informationen längst nicht aus.

Zur Bindung von Leserschaft wird deshalb immer stärker auf Incentives gesetzt, welche die »User-Gemeinde« binden sollen. – Medien nutzen dazu Geld- oder Sachprämien, die in Form von Gewinnen bei Rätseln und Mitmachspielen für Leser ausgeschüttet werden. Oder sie veranstalten attraktive Veranstaltungen, an denen Leser als »VIP-Gäste« teilnehmen können usw.

Gepflegte Einschalt-quoten

Genauso wie die Medienkonzerne für ihre Printmedien eine Leserschaft aufbauen und »betreiben« müssen, um sie für die »Vermietung« an Kunden in »Schuss« zu halten, müssen sie für die Attraktivität ihrer elektronischen Medien sorgen. Was bei den Printmedien die Leserzahlen sind, sind hier die Einschaltquoten.

Schauen wir uns das einmal am Beispiel der Fernseh-Sender an:

Zur Bindung von Usern werden spezielle »Sende-Formate« entwickelt.

Im Interesse der Kunden, die verlässlichen Zugriff auf das Zuschauer-Netzwerk brauchen, sollen die User möglichst kontinuierlich, Woche für Woche, – noch besser – Tag für Tag vielstündig vor die Empfangsgeräte gezogen werden. Dazu dienen heute nicht nur Serien, die bereits seit Jahrzehnten erfolgreich funktionieren, sondern heute insbesondere »Daily Soaps« – die täglichen Seifenopern – mit großer Zugkraft bei einem konsumfreudigen Publikum.

In den letzten Jahren sind darüber hinaus »Casting Shows« besonders erfolgreich geworden, die ein Millionenpublikum binden und für kontinuierlichen landesweiten Diskussionsstoff sorgen. Zu besten Sendezeiten wird damit stundenlange »Dauerwerbung und Dauer-PR« meist für Markenprodukte realisiert und gleichzeitig bei unbedarften Medien-Konsumenten der Eindruck spannender Unterhaltung erzeugt.

Firewalls und Kommunikations-Blasen

Der wirtschaftliche Erfolg von Medienkonzernen, die häufig international operieren, zeigt, wie erfolgreich das beschriebene Geschäftsmodell hinter dem Betrieb von Massenmedien ist.

Basis dieses Erfolgs ist die Fähigkeit dieser Unternehmen, Instrumentarien anzubieten, mit deren Hilfe umfassend Meinungen gestaltet werden und in einer Gesellschaft fast beliebig Situations-Definitionen in Umlauf gebracht werden können.

Medienwissenschaftler stellen fest, dass der einzelne Bürger heute sein Wissen nur noch zu ca. 20 Prozent aus eigenen Erfahrungen, aus eigenen Betrachtungen, aus eigenem Nachdenken oder eigenen Recherchen bezieht. Die restlichen 80 Prozent werden ihm durchschnittlich durch Internet, Presse, Hörfunk und Fernsehen zugetragen. Was hier nicht Gegenstand wird, ist in der breiten Öffentlichkeit offenbar kaum präsent.[5]

Paradoxe Situation der Öffentlichkeit

Was bedeutet diese Situation für unsere Arbeit als Konzeptionstechniker?

Zur Bewertung sollten wir uns klar machen, wie paradox die Situation der Öffentlichkeit in einer modernen »Mediengesellschaft« ist:

In den Verfassungen demokratischer Gesellschaften ist festgelegt, dass Massenmedien die Funktion haben, unparteiisch, vollständig und sachlich zu informieren, damit Staatsbürger in die Lage versetzt werden, mit kritischem Bewusstsein das öffentliche Geschehen zu verfolgen.[6]

Dieser »Verfassungsauftrag« steht in direktem Widerspruch zum beschriebenen realen Geschäftsmodell der Medienkonzerne.

Dennoch hat dieses ständige öffentliche »Bekenntnis« zur verfassungsmäßigen Berufenheit der Medien eine wichtige Funktion. Der Verweis auf ihre Demokratie-stützende »Mission« vermittelt den Mediennutzern, den Usern und Bürgern den Eindruck, in Presse, Funk und Fernsehen würde ihm ein objektives »Abbild« der gesellschaftlichen Realität geboten. Zwar sind sich User darüber im Klaren, dass diese Medien vollgeladen sind mit Werbe- und PR-Botschaften – ihnen wird aber laufend suggeriert, es herrsche eine strikte Trennung zwischen »redaktionellen Inhalten« auf der einen Seite und den von Medienkunden eingekauften Räumen in Form von Anzeigenseiten, Werbespots usw. auf der anderen Seite.

Medienmacher bemühen in diesem Zusammenhang die Vorstellung, dass es eine mächtige »Firewall« gibt zwischen unparteiischen journalistischen Inhalten und den Inhalten, die von Werbe- und PR-Kunden in die Gestaltung von Medien eingehen.

Wie belastbar ist diese »Firewall«?

Schauen wir uns dazu doch einmal an, wie aktuelle Inhalte von Redaktionen produziert und in einer Gesellschaft verbreitet werden.

Eine vereinfachende aber dennoch treffende Beschreibung dazu finden wir beim Medienkritiker Noam Chomsky:[7]

Einfluss-Hierarchie der Massenmedien

Chomsky ist aufgefallen, dass es im Medienbereich eine deutliche Einfluss-Hierarchie gibt. Es gibt in einer Gesellschaft »Elitemedien«, welche Trends bestimmen und welche dadurch über die größten Chancen verfügen, den thematischen Rahmen abzustecken, an den sich die anderen Medien halten.

Es sind dabei oft die großen etablierten Tageszeitungen, Wirtschaftszeitungen und Nachrichtenmagazine, die mit ihren aktuellen Stories die Schlagzeilen aller anderen Medien – meist auch der elektronischen Medien – bestimmen.

Diese Elitemedien zielen mit ihren Inhalten häufig auf privilegierte Bevölkerungskreise – auf die Leute mit höherem Einkommen und besserer Ausbildung.

Die Elitemedien stecken den inhaltlichen Rahmen ab, in dem sich die Berichterstattung anderer Medien bewegt. An ihnen wird sich orientiert. Und zwar funktioniert das so, dass die Redakteure der weniger einflussreichen Medien täglich zuerst auf die Schlagzeilen der meinungsführenden Tageszeitungen und Nachrichtenmagazine schauen, bevor sie mit ihrer eigenen Arbeit beginnen. Sie gehen davon aus, dass die Elitemedien die Trends kennen und vorgeben, auf welche die User besonders »anspringen«. Um diese nicht zu verpassen, übernehmen sie spontan deren aktuelle Themenauswahl.

Mit welchen redaktionellen Ergebnissen können wir landesweit angesichts dieser Konstellation rechnen, wenn wir uns noch einmal vergegenwärtigen, dass die Elitemedien von großen Medienkonzernen herausgegeben werden, die das beschriebene profitable Geschäftsmodell mit Blick auf ihre Werbe- und PR-Kunden verfolgen?

Die Auswahl dessen, was bei den konkreten Inhalten zum Tragen kommt und die Art, wie es verarbeitet wird, ist weitestgehend damit abgestimmt, was im Interesse der großen Kunden der Medienkonzerne liegt.[8]

Sollte dies dennoch einmal nicht der Fall sein, drohen große Kunden erfahrungsgemäß damit, ihre Anzeigen- und Schaltvolumen zurück zu ziehen. Was den Interessen großer Kunden entgegenläuft, kann so in einer Mediengesellschaft kaum thematisiert werden. Das ist insbesondere deshalb der Fall, weil die »kundenfreundliche« Themenauswahl und Themenbehandlung der Elitemedien von den meisten anderen Medien wie gesehen übernommen wird.

Kunden-Unmut ist »geschäftsschädigend«.

Medienkonzernen drohen große geschäftliche Einbußen, wenn sie den Unmut ihrer Klientel heraufbeschwören. Sie sind deshalb bemüht, die redaktionellen Inhalte ihrer Medien so zu gestalten, dass solche Geschäftsrisiken vermieden werden. Personal, das diesem Risiko-Management nicht entspricht, wird aus den Redaktionen entfernt.

Fazit: Massenmedien produzieren blinde Blasen.

Unser Fazit an dieser Stelle ist, dass keine Rede davon sein kann, dass es zwischen journalistischer Arbeit und den wirtschaftlichen Interessen von Medien tatsächlich eine stabile »Firewall« gibt.

Grundsätzlich sind Medienkonzerne bemüht, kundenseitige Kritik an ihren Medien und ihren Geschäften zu vermeiden. Unter dieser Voraussetzung können Medien die gesellschaftliche Wirklichkeit nicht im wörtlichen Sinne »realistisch« darstellen oder »spiegeln«. Sie bieten stattdessen ihren Kunden einen Raum für Inszenierungen, eine Art Bühne, auf der sie für ihr Publikum Dinge zeigen, die nur noch aspektweise und in Grundmotiven mit der Realität in der Gesellschaft übereinstimmen.

Was bedeutet das für unsere Arbeit als Konzeptioner?

Schauen wir auf die folgende Abbildung – hier sind stilisiert Häuserfronten und Straßenzüge dargestellt. Nehmen wir das einmal als Symbol für Dinge, die es in einer Gesellschaft gibt.

Diese Dinge kann die Mehrheit der Bürger und Medienkonsumenten nicht selber untersuchen und eigenes Wissen darüber erlangen.

Blasen statt Realität

Sie »erfahren« darüber aus Darstellungen in Presse, Funk und Fernsehen, in deren Kommunikationssysteme sie als Leser, Zuhörer und Zuschauer eingebunden sind. Die Details der Realität dagegen, selbst ihre Konturen, sind für sie nicht klar. Redaktionen haben »Blasen« produziert, in denen Meinungen und Einstellungen über die realen Dinge verbreitet werden.

Die Geschehnisse der Außenwelt spiegeln sich in diesen Blasen lediglich schemenhaft.

Das ist die Ausgangssituation der Arbeit eines Konzeptioners: *eine von Massenmedien produzierte »Blasenstruktur« – gebildet aus Meinungen, die weitgehend losgelöst sind von den tatsächlichen Gegebenheiten der Wirklichkeit.*

Blasenstruktur verzerrt Meinungen.

Angesichts dieser Struktur dennoch im Interesse von Klienten erfolgreich Wissen in der Bevölkerung zu verbreiten, ist offenbar die Herausforderung, an der sich die Wirksamkeit unserer neuen Konzeptionstechnik zu erweisen hat.

Zunächst können wir anhand des Blicks auf die »Blasenstruktur« der Medienöffentlichkeit ein paar wichtige Einblicke gewinnen:

- *da unsere Klienten in der Regel nicht zu den großen Playern gehören, die ihr Bild in der Öffentlichkeit ihren eigenen Wünschen gemäß in den Vordergrund bringen, tauchen ihre Anliegen im Augenblick in den Blasen gar nicht auf*
- *als unsere Aufgabe erscheint es also, so weit auf die beschriebenen medialen »Kommunikations–Blasen« einzuwirken, dass Klienten–Themen und Inhalte wahrnehmbar werden*
- *weitere Aufgabe ist es, alternative Netzwerke zu gestalten und zu nutzen, um im Interesse unserer Klienten Situations–Definitionen bei Zielpersonen durchzusetzen*

- *der häufig von PR-Leuten praktizierte, automatisierte Versand von Informationen an Redaktionen, erscheint mit Blick auf die Mechanismen der Medienöffentlichkeit nicht nur als naiv, sondern auch als gefährlich: Wer nicht genau analysiert hat, welchen Einflüssen Medien im Zusammenhang mit der Berichterstattung zu einem Thema ausgesetzt sind, kann nicht absehen, welche Wirkungen bestimmte inhaltliche Anstöße bei Redaktionen auslösen. Ohne gründliche Recherchen drohen die Anliegen von Klienten der Willkür der Interessen von Medienunternehmen und deren Kunden ausgesetzt zu werden.*

Basisanalyse – Startpunkt der Kommunikations-Konzeption

Gewinnung von Definitionsmacht

Mit Blick auf die in diesem Kapitel beschriebene Ausgangssituation können wir sagen, dass es unsere Aufgabe als Konzeptioner ist, im Interesse des Klienten eigene Definitionsmacht zu gewinnen.

Der Weg dahin ist in zwei wesentlichen Schritten zu bewältigen:

- *Zunächst haben wir relevantes Wissen über das Feld zu ermitteln, in dem wir unsere Maßnahmen platzieren und*
- *wir haben zweitens Pläne dafür zu entwickeln, mit welchen in diesem Feld verfügbaren Mechanismen wir die von uns gewünschte Kommunikationswirkung erzielen können.*

Noch einmal erinnern wir uns an unsere Grundfrage:

Wie werden Kommunikationswirkungen erzielt?

Antwort:

Indem wir Sozialsysteme, insbesondere Interaktionssysteme, aufbauen, modifizieren, weiterentwickeln, umbauen oder abbauen.

Obwohl wir als Soziotechnologen schwerpunktmäßig Kommunikationsprozesse bearbeiten, sind die Ziele unserer Maßnahmen nicht automatisch auf Kommunikations-Ziele beschränkt.

Zwar kann das uns vorgegebene Ziel sein, bestimmte Kommunikationsprozesse in einer Gesellschaft zu beeinflussen. Wir können aber auch im Auftrag von Klienten daran arbeiten, durch Kommunikations-Maßnahmen Systeme zu bearbeiten, die selber keine Kommunikationssysteme sind.

Wir können aufgerufen sein, gezielt auf

- *ökonomische Systeme, wie beispielsweise Unternehmen*
- *politische Systeme, wie Interessenverbände*
- *soziale Systeme, wie Familien*
- *kulturelle Systeme, wie Universitäten usw.*

einzuwirken.

Prinzipiell kann aber jedes gesellschaftliche Subsystem durch Kommunikations–Maßnahmen gezielt bearbeitet werden.

Wie gerade angesprochen, ist das relevante Wissen über das Feld, in dem wir mit unseren Maßnahmen zu arbeiten haben, von ausschlaggebender Bedeutung.

Diesem gilt unser *erster Hauptarbeits–Schritt.*

Arbeitsschritt Nr. 1

Eines der Grundprinzipien unserer Arbeit als Soziotechnologen ist die Erstellung einer Basisanalyse unseres Arbeitsfeldes, die folgende Grundcharakteristiken hat:

- *die »Gestalt« des Sozialsystems des Auftraggebers ist durch diese Analyse herauszuarbeiten*
- *das heißt, dass die im Klientensystem verankerten Kommunikations–Kompetenzen zu prüfen und zu bewerten sind*
- *dabei sind insbesondere Potenziale und Entwicklungsmöglichkeiten zu untersuchen*
- *mit Blick auf die Vernetzung des Klientensystems in die Gesamtgesellschaft ist zu erfassen, welche grundsätzlichen Kommunikations–Anforderungen Wirtschaftssysteme, politische Systeme, Gemeinschaftssysteme und kulturelle Systeme an die Organisation des Klienten stellen*
- *entsprechend sind die Anforderungen der Systeme aus der direkten Umgebung des Klientensystems zu analysieren, zu denen der Klient laufende und wichtige Kontakte unterhält*

- *dabei ist zu untersuchen und zu bewerten,*
    - *welche Strukturen sich im Klientensystem gebildet haben, um diesen Anforderungen gerecht zu werden*
    - *und wie sich verantwortliche Personen im Klientensystem auf Kommunikations-Aufgaben einstellen und diese bewältigen*
- *es ist im Detail zu beobachten, wie sich das Klientensystem bei Problemen oder in konfliktreichen Entscheidungssituationen gegenüber den Umgebungssystemen verhält:*
    - *Welche Aktionen und Reaktionen treten in solchen Situationen auf, die als Annäherung an das Umfeld oder als ein Eingehen auf Anfragen aus dem Umfeld gewertet werden können?*
    - *Welche Aktionen und Reaktionen treten auf, die eher als Vermeidung von Kommunikation mit wichtigen Umgebungssystemen gewertet werden müssen?*

Solide Erfassung der Ausgangs-situation

Ohne die Durchführung dieser Basisanalyse und ohne solides Erfassen der Ausgangsbedingungen im Klientensystem und seinen Beziehungsstrukturen nach Innen und Außen ist keine erfolgreiche Arbeit an Kommunikationsprojekten denkbar. Ohne die entsprechende Vorarbeit ist ein Scheitern von Maßnahmen wahrscheinlich.
Offenbar basiert die Kreativität des vom Konzeptioner vorgelegten Maßnahmenkonzepts im Wesentlichen auf dieser Basisanalyse.

Das mag manchem Leser zunächst als unplausibel erscheinen. Denn, wo soll die für die Ansprache von Zielpersonen notwendige Kreativität herkommen, wenn wir uns an der umfassenden Erarbeitung dieses Grunddatenbestands »abarbeiten«? Kommt Kreativität nicht durch Intuition zu Stande? Ist dafür nicht eher das »Gefühl« zuständig, das wir für Klient und Situation entwickeln?

Genau das ist aber nicht der Fall, denn ohne Analyse müssten Maßnahmen-Konzepte aus der »Luft« gegriffen werden. Konzeptionstechnik würde damit zu einem »Stochern im Nebel« und Kommunikations-Erfolg zu einem nicht-kalkulierbaren »Zufallsergebnis«.

Überhaupt ist es so, dass die Erarbeitung einer soliden Wissensbasis durchaus keine Blockade für das kreative Nachdenken über Lösungswege mit sich bringt.

Im Gegenteil:

Je besser wir die Hintergründe kennen, um so besser können wir Mechanismen ausfindig machen, die für wirkungsvolle Maßnahmen-Ansätze tragfähig sind. Ohne solide Analyse würden uns diese Mechanismen verborgen bleiben.

Analyse von Mikro-Makro-Beziehungen

Grundprinzipien der Analyse

Bevor wir uns die wesentlichsten Analyse-Werkzeuge näher ansehen, ein paar Gedanken zu den Grundprinzipien unserer Analyse:[9]

Es geht uns bei unseren Betrachtungen des Feldes, in dem wir unsere Maßnahmen zu platzieren haben, unter anderem darum, keine wesentlichen Strukturen zu übersehen.

Die Strukturen, die für uns besonders wichtig sind, sind Beziehungen.

Wir haben in den letzten Kapiteln gesehen, dass die entscheidenden Beziehungen, also die Beziehungen, aufgrund derer Kommunikations-Mechanismen operieren, häufig Relationen zwischen Systemkomponenten auf unterschiedlichen Systemebenen sind – etwa zwischen der Nano-Ebene der Individuen und der Mikro-Ebene der Interaktionssysteme, in denen die einzelnen Akteure eingebunden sind. Wenn wir Interaktionsprozesse untersuchen, haben wir also offenbar häufig solche und ähnliche Mikro-Makro-Beziehungen zu betrachten.

Gehen wir hierzu in einige Details:

Das Feld, in das wir unsere Maßnahmen platzieren, ist Teil der systemisch strukturierten Realität und ist deshalb hierarchisch in verschiedenste Mikro-Makro-Ebenen gegliedert.

Wir haben uns zu Beginn einer Analyse stets nicht nur zu fragen, welche Bezugspunkte unsere jeweiligen Untersuchungen haben, ob wir etwa Wirtschaftsbeziehungen oder politische Beziehungen betrachten müssen. Wir haben vor allem auch zu entscheiden, auf welchen Ebenen unsere Analysen ansetzen sollen, ob wir, wenn wir uns die Organisation unseres Klienten »vornehmen«, Individuen, bestimmte Gruppen, übergeordnete Systeme, Subsysteme oder auch die Gesamtgesellschaft in den Fokus nehmen wollen.

Organisationsebenen im Blickpunkt

Es gibt unterschiedlichste Ebenen der Organisation von Systemen, woraus folgt, dass es keine von den Zielen des Untersuchenden losgelöste, absolut angemessene Ebene der Analyse gibt. Jede Betrachtungseinheit und jedes Betrachtungsobjekt ist jeweils in Systeme höherer Ordnung eingebettet.

Wir können deshalb meist einen konkreten Sachverhalt nicht beschreiben, ohne einen weiteren Tatbestand auf der höheren Ebene mit zu berücksichtigen. Unsere Analyse wird sich deshalb in der Regel auf alles beziehen müssen: Auf das zentrale Objekt unserer Betrachtung, die Umgebung und die Peripherie dieses Objekts sowie die Dinge auf höheren Ebenen, die Einfluss nehmen.

Wenn wir beispielsweise die Aussage hören, *»Die Hauptaufgabe des PR–Managers ist die Realisierung der Unternehmenskommunikation.«*, dann ist der PR–Manager zwar der zentrale Bezugspunkt unserer Betrachtung, für den angesprochenen Tatbestand ist es aber wesentlich zu analysieren, in welchen Bezugssystemen und zwischen welchen Ebenen der PR–Mann des Unternehmens eingebettet ist – wie er beispielsweise in die Mitarbeiterschaft integriert, wie sein Beziehungssystem »nach oben« zum Management ausgestaltet ist, welche Beziehungen er in die Nachbarschaft des Firmenstandortes hat, etwa zu den Zeitungsredaktionen, die hier ihre Büros unterhalten usw.

Die einfachste Unterscheidung, die wir zwischen Ebenen machen können, ist die zwischen einer Mikro–Ebene – wie sie etwa durch Individuen in einem Bereich gebildet wird – und einer Makro–Ebene – wie sie etwa durch die Gruppe gebildet wird, der diese Individuen angehören.

Je nachdem, welche Fragestellung wir verfolgen, können wir im Rahmen einer Analyse Systeme als Einheiten betrachten oder sie weiter in Subsysteme oder Komponenten zergliedern.

Zum Beispiel sind Personen aus psychologischer Sicht komplexe Systeme, die sich weiter in Bedürfnissysteme, kognitive Systeme usw. zergliedert betrachten lassen. Sozialwissenschaftler jedoch betrachten sie, als wären sie Einheiten. Entsprechend sind Wirtschaftsunternehmen Systeme, für deren Subsysteme und Strukturen sich Organisations–Soziologen besonders inter–

essieren. Volkswirte und Politologen dagegen betrachten Wirtschaftsunternehmen als Einheiten.

Drei Tische–Paradoxon

Mario Bunge hat diesen Aspekt der System–Analyse anhand des »Drei Tische–Paradoxons« deutlich gemacht:(10)

Was ist der wirkliche Tisch?

Der Tisch der Alltagserfahrung, so wie er vor uns steht und als Ablagefläche für dieses Buch dient? Oder ist es der Tisch aus der Betrachtungsperspektive des Schreiners? Oder ist es stattdessen der Tisch aus naturwissenschaftlicher Sichtweise?

Aus *Makro–Sicht* ist der Tisch offenbar ein funktionales Möbelstück. Aus *Meso–Sicht* ist er ein Werkstück, das aus verleimten Holzteilen besteht, deren Holzfasern hierin jeweils unterschiedlich ausgerichtet sind. Aus *Mikro–Sicht* ist er ein physisches Objekt, das aus Atomen aufgebaut ist.

Offenbar ist es so, dass eine adäquate Analyse jeweils auf eine reale Organisations–Ebene oder System–Ebene fokussiert. Welche Ebene das konkret ist, hängt vom jeweiligen Erkenntnisinteresse der analysierenden Person ab.

Jede Ebene ist offenbar gleichermaßen real, doch zeigen sich auf jeder der Ebenen besondere Eigenschaften des betrachteten Objekts.

Wenn wir uns nun unser eigenes Arbeitsfeld ansehen, dann fällt auf, dass wir anders als etwa der Schreiner, nicht nur eine einzige Ebene unseres Objekts ansehen können, sondern dass es in der Regel mindestens zwei Ebenen gibt, die relevant sind, um Kommunikations–Mechanismen zu verstehen.

Es können auch Fälle auftreten, in denen wir Systembeziehungen auf viel mehr als auf zwei Ebenen betrachten müssen. So haben wir in den vorausgegangenen Kapiteln den Mechanismus der Meinungsbildung in einer Gesellschaft auf drei wesentlichen Ebenen diskutiert.

Es können aber noch mehr Ebenen relevant werden.

Um das genauer zu betrachten, differenzieren wir hier beispielhaft Prozesse in einer Gesellschaft auf sechs Ebenen, die durchaus im einen oder anderen Fall für uns wichtig sein können:(11)

Gesellschaftliche Ebenenstruktur

- ***nano (»Zwerg«)-Ebene*** *– der zentrale Bezugspunkt auf dieser Ebene ist das* ***Bedürfnissystem von Individuen*** *– relevante Aspekte können zum Beispiel sein: persönliche Wertorientierungen; individuelle Bedürfnisse*

- ***mikro (»klein«)-Ebene*** *– der zentrale Bezugspunkt ist das* ***Individuum*** *– relevante Aspekte können sein: Geschlecht; sexuelle Orientierung; Alter; soziale Herkunft; Bildung; berufliche Stellung; Einkommen; sozialer Status usw.*

- ***meso (»mittel«)-Ebene*** *– Bezugsgruppen sind hier* ***kleine oder primäre Sozialsysteme****, in das Individuen integriert sind: die Familie, die Fußballmannschaft, die Clique, das Team am Arbeitsplatz usw. – relevante Aspekte können sein: Einkommen und Bildungsgrad der Gruppenmitglieder; die Mechanismen der Gruppenbildung; die Motivation, an gemeinsamen Zielen zu arbeiten usw.*

- ***makro (»weit«)-Ebene*** *– Bezugsgruppen sind hier* ***mittelgroße Systeme****: der Stamm, der Klan, das mittelständische Unternehmen, die Schule, die Kirchengemeinde, die Dorfgemeinschaft usw. – relevante Aspekte können sein: die Sozialstruktur, der Wettbewerb oder die Kooperation mit ähnlichen Sozialsystemen; die Beziehung zur natürlichen Umwelt und zum sozialen Umfeld*

- ***mega (»groß«)-Ebene*** *– Bezugsgruppen sind hier* ***große Sozialsysteme****: die Gemeinde, die Stadt, die Firmengruppe usw. – relevante Aspekte können sein: die Bindekräfte und die Stabilität des Systems; Abspaltungen und Fusionen; Auswirkungen von technischen Innovationen; das Aufrechterhalten von Sozialleistungen usw.*

- ***meta (»über«)-Ebene*** *– Bezugssystem sind hier die übergroßen Systeme und* ***Supersysteme****: der internationale Konzern, die Region, das Land, die Nation, die globalisierte Welt – relevante Aspekte können sein: Erhaltung oder Reformierung sozialer Ordnungen; Globalisierung der Ökonomien; Stabilität internationaler Beziehungen; globaler Umweltschutz, Weltfrieden*

Die Betrachtung und Analyse der Ebenen, in denen wir mit unseren zu planenden Maßnahmen operieren, sowie der korrespondierenden Systemebenen bringt uns wichtige Einblicke, die allerdings für unsere Arbeit noch nicht zureichend sind. Wir orientieren uns bei unserer Basisanalyse nämlich an dem ZUSM-Modell, das wir im Rahmen unserer methodologischen Überlegungen kennen gelernt haben:[12]

Basisanalyse gemäß ZUSM-Modell

- *Wir analysieren also zum Beispiel die **Zusammensetzung (Z) des Klientensystems** – also seine realen Komponenten bestehend aus Mitarbeitern in verschiedenen Abteilungen wie Produktion, Öffentlichkeitsarbeit, Management usw. –,*

- ***seine Umgebung (U)** – also die Umgebungssysteme wie Kundenunternehmen, Zulieferbetriebe, Gemeinde am Firmenstandort, Zeitungs- und Fernsehredaktionen usw. –,*

- ***seine Strukturen (S)** – also die Beziehungen, die für seine Verfasstheit wesentlich sind wie Mitarbeiterbeziehungen, Arbeitsverträge, Kontrakte mit Kunden, Lieferverträge, Nachbarschaftsbeziehungen, Beziehungen zu Journalisten usw. –,*

- *sowie insbesondere **seine Mechanismen (M)** – also Herstellungsverfahren, Vertriebs- und Werbemethoden, Mitarbeiter-Motivation, Informationsaustausch mit der Nachbarschaft, Meinungsaustausch mit den Redaktionen usw. –.*

Das Wissen über die wirkenden Mechanismen und ihre Auswirkungen ist besonders wichtig, da wir diese Wirkungen nutzen können, um daran mit unseren Maßnahmen anzuknüpfen.

Um die relevanten Mechanismen ausfindig zu machen, müssen wir nach erfolgreicher Mikro-Makro-Analyse der Systemebenen daran gehen, auch die Beziehungen zwischen Objekten und die dabei auftretenden Mechanismen auf den verschiedenen Systemebenen möglichst verlässlich zu ermitteln.

In den vorhergehenden Kapiteln haben wir im Einzelnen gesehen, wie die Untersuchung von Meinungsbildungsprozessen mit Hilfe der Analyse der Austauschprozesse auf relevanten Systemebenen durchgeführt wird. Es gehört zum Handwerkszeug jedes Konzeptioners, solche Analysen selbständig bei jedem neuen Projekt vorzunehmen und dadurch festzustellen, welche wesentlichen Beziehungen zwischen Objekten in Systemen und auf Systemebenen bestehen und welche Mechanismen dabei Kommunikationsprozesse beeinflussen.

Schauen wir uns dazu ein paar hilfreiche Schemata an, mit denen wir dabei arbeiten können:[13]

m–M-Verknüpfung – Akteur–Struktur–Beziehung

Struktur-Typ 1: *»m–M«*

Wir gehen bei diesem Schema von der Vorstellung aus, dass es auf zwei Ebenen jeweils Mechanismen gibt, die aufeinander einwirken:

Es gibt einen Mechanismus »M« (»groß M«) auf einer übergeordneten Systemebene und einen Mechanismus »m« (»klein M«) auf der darunter liegenden Systemebene. Als Beispiel soll dazu der Sachverhalt dienen, dass einzelne Individuen durch ihr Kommunikationsverhalten – also durch »m« – in der Gruppe Verhaltensweisen – also »M« – auslösen.

Wir können also sagen, es tritt hier eine Akteur–Struktur–Beziehung der Form »m–M« auf. »m–M« stellt die Kurzform für die Behauptung dar, dass eine oder mehrere Komponenten auf der niedrigeren Ebene auf die Weise »m« agieren und dass dadurch die Operationsweisen eines oder mehrerer Komponenten auf der darüber liegenden Systemebene zur Verhaltensweise »M« hin verändert werden. Beispiele dieses Verbindungs–Typs:

- *Bürger in der Nähe einer chemischen Produktionsanlage beklagen sich in Form von Leserbriefen an die regionale Tageszeitung wegen Geruchsbelästigung (m), woraufhin das betroffene Produktionsverfahren nach einiger Zeit von den Behörden verboten wird (M).*

- *Hinweise in Blogs einzelner Internet–Surfer (m) bewirken, dass unzutreffende Informationen auf der Internet–Site einer staatlichen Behörde von einem Fernseh–Sender aufgegriffen werden, der einen kritischen Beitrag und eine Richtigstellung im Abendprogramm veröffentlicht, die zu einer Welle der Berichterstattung in anderen Medien führt (M).*

M–m–Verknüpfung – Struktur–Akteur–Beziehung

Struktur–Typ 2: *»M–m«*

Es gibt nicht nur Akteur–Struktur–Beziehungen, sondern die Wirkungen können auch andersherum ablaufen:

Es kann also das Verhalten »M« von Komponenten auf einer höheren Ebene auf einer niedrigeren Ebene Verhaltensweisen »m« bewirken, die ohne diesen Ebenen–Austausch nicht auftreten würden.

Beispiele für die M–m–Verknüpfung sind:

- *Durch die systematische Verbreitung bestimmter Meinungen zu politischen Themen (M) werden das Kommunikationsverhalten und schließlich auch die Lebensumstände von Individuen beeinflusst (m).*

- *Durch die landesweite Zurverfügungstellung von Computern und Internetzugängen zur Jobsuche in Arbeitsämtern (M) werden freie Stellen in der Industrie schnell besetzt (m).*

- *Das flächendeckende Angebot erotischer Inhalte im Internet (M) führt dazu, dass ständig weniger einzelgängerische Herren die Erotik–Kinos in den Städten besuchen (m).*

m–M–m–Verknüpfung – Akteur–Struktur–Akteur–Beziehung

Struktur–Typ 3: *»m–M–m«*

Austauschprozesse sind meist noch wesentlich komplexer. Akteursverhalten kann Prozesse auf der Strukturebene bewirken, die wiederum Auswirkungen auf das Verhalten der Akteure haben.

Beispiele für solche m–M–m–Verknüpfungen sind:

- *Ein beliebter politischer Führer engagiert sich für eine neue Sozialgesetzgebung (m), was zu einer gewissen Erhöhung der Sozialleistungen seines Landes führt (M), woraufhin die Lebensqualität der Individuen in breiten Bevölkerungskreisen verbessert und ihr Konsumverhalten stimuliert wird (m).*

- *Der Chefredakteur eines großen Nachrichtenmagazins ärgert sich über den Bau von Windkraftanlagen in der Nähe seiner Villa am Meer (m). Er lässt daraufhin seine Redakteure eine Artikelserie über die »Umweltschädlichkeit« von Windturbinen schreiben. Diese Artikelserie erzielt ein großes Echo bei anderen Medien und führt zu Fernsehreportagen zu besten Sendezeiten am Abend (M). An verschiedenen geplanten Standorten für Windkraftanlagen protestieren Bürger daraufhin gegen die Pläne für neue Windparks (m).*

M-m-M-Verknüpfung – Struktur-Akteur-Struktur-Beziehung

Struktur-Typ 4: *»M-m-M«*

Entsprechend treten Mechanismen »M« auf Strukturebenen auf, die sich auf der Ebene der Akteure in neues Verhalten »m« auswirken, das wiederum andere Mechanismen »M« auf der Strukturebene bewirkt.

Beispiele für solche M-m-M-Verknüpfungen sind:

- *Der Lebensstandard in einem Land wächst (M), was dazu führt, dass Ehepaare weniger Kinder haben und Familien weniger Wohnraum benötigen (m). Diese Entwicklung führt landesweit zu einem Rückgang des Eigenheimbaus, welcher zuvor ein wichtiges Geschäftsfeld in vielen Regionen des Landes war, wodurch das landesweite wirtschaftliche Wachstum abgebremst wird (M).*

- *Die Verfügbarkeit von schnellen Internetverbindungen wächst, woraufhin Tageszeitungen viele ihrer Artikel auf ihrer Internet-Site veröffentlichen (M). Haushalte nutzen diese Informationsangebote im Internet und kündigen ihre Zeitungsabonnements (m). Die Zeitungsverlage verlieren zunehmend an Lesern, woraufhin auch die Werbeeinnahmen einbrechen (M).*

Integrierte Top-down- und Bottom-up-Strategie

Anhand dieser verschiedenen Verknüpfungs-Variationen können wir uns ein weiteres Prinzip unserer Basisanalyse vergegenwärtigen:[14]

Die im Vorhergehenden dargestellten Typen der Verknüpfung von Verbindungen auf unterschiedlichen Systemebenen sind theoretische Konstrukte und in diesem Sinne so etwas wie konstruierte Muster von Beziehungen, die uns in der Realität begegnen können.

Diese Beziehungen können einmal dadurch geprägt sein, dass sozusagen Einflüsse von »oben« auf Dinge »unten« einwirken oder umgekehrt, dass Prozesse, die »unten« ablaufen, Dinge auf der Ebene »oben« beeinflussen.

Das heißt, unsere Analyse scheint im einen Fall am besten an einer »Top-down-Strategie« und dann wiederum am besten an einer »Bottom up-Strategie« orientiert zu sein. In anderen Fällen scheint es am besten zu sein, die zu beobachtenden Beziehungsmuster mit Hilfe einer gemischten Analyse-Strategie zu betrachten.

Auch wenn Vorgänge in unserem Beobachtungsfeld eine gewisse Richtung – also von unten nach oben oder umgekehrt – haben, so sollten wir doch grundsätzlich bei unserer empirischen Basisanalyse stets in beide Richtungen schauen. Das heißt, die richtige Vorgehensweise ist die gemischte Strategie.

Wenn wir die Funktion und Rolle von Individuen in Interaktionsprozessen betrachten, so sollten wir stets berücksichtigen, welche Rolle ihre Kommunikation auf der Ebene des Systems, etwa der Ebene der Gruppe hat, der sie angehören. Und wir sollten stets betrachten, welche Wirkungen die Prozesse in Interaktionssystemen auf die Individuen haben, die als eingebettete Akteure in diesen Systemen miteinander kommunizieren. Erst diese gemischte Betrachtungsstrategie liefert uns »das ganze Bild«, mit dem wir arbeiten können.

Bottom-up und Top-down kombinieren

Weder Makro-Mikro – oder Top-down – noch Mikro-Makro – oder Bottom-up – also weder die eine noch die andere Form der Reduktion ist alleine ausreichend, um die Fakten in einem Kommunikations-Feld adäquat zu erklären. Zukünftig ist unsere Analyse-Lösung also die Kombination von Makro- und Mikroreduktion.

Die Kombination der beiden entsprechenden Analyse-Strategien ist offenbar notwendig, weil Kommunikationssysteme Ganzheiten sind, die aus interagierenden Komponenten zusammengesetzt sind, deren Verhalten nur erklärt werden kann, wenn wir deren Beziehungen untereinander und ihren jeweiligen Beitrag zum Bestand und zur Strukturierung des Ganzen erkennen.

Integrierter systemischer Approach

Indem wir als Konzeptioner in Zukunft einen systemischen Approach verfolgen, werden wir unsere Arbeit an Maßnahmenkonzepten damit beginnen, dass wir die Ausgangssituation auf einer ganzen Anzahl von Systemebenen analysieren.

Dadurch grenzen wir uns von einem sektoralen Approach ab, der die Umstände der Kommunikation eines Klienten nur in dessen direkter Umgebung betrachtet. Als Systemisten werden wir systematisch das ganze Umfeld und darin auftretende Faktoren betrachten.

Außerdem werden wir uns von typischen atomistischen Ansätzen abheben, die den Einfluss von Strukturen unterschätzen und ausblenden. Wir werden ausdrücklich die Strukturen der relevanten Systeme berücksichtigen.

Kommunikationsprozess–Analyse

Darüber hinaus werden wir anders vorgehen als die meisten heutigen Konzeptioner, die einen typischen holistischen Ansatz verfolgen und dabei die inneren Prozesse und Mechanismen ausblenden, die in Kommunikationssystemen wirken und Prozessen rund um das Klientensystem ihre charakteristische Dynamik geben.

Dabei werden wir eine grundlegende, in typische Schritte aufgeteilte Vorgehensweise nutzen, die nicht als »Patentrezept«, sondern als strukturierte Beschreibung von Vorgehensweisen zu interpretieren ist, die im konkreten Fall angepasst auf die Gegebenheiten zuzuschneiden sind.

Die Skizze dieser Vorgehensweise werden wir uns nun ansehen und anhand von einigen Illustrationen diskutieren.

Unsere *Kommunikationsprozess–Analyse* gliedert sich in *vier Hauptbereiche*:

- *Im **ersten Schritt** wird die Position des betreffenden Klientensystems in der Gesellschaft verortet, wobei charakteristische und wichtige Beziehungen zu Subsystemen betrachtet werden **(Meta–Analyse)**.*

- *Im **zweiten Schritt** wird diese Analyse exogener Strukturen des Klientensystems fortgeführt, indem die Beziehungen im direkten Umfeld betrachtet und bewertet werden **(Meso–Analyse)**.*

- *Im **dritten Schritt** steht die Betrachtung der exogenen Strukturen eher im Hintergrund, während nun die Strukturen innerhalb des Klientensystems Beachtung finden, die im Rahmen der Kommunikation mit der Außenwelt entscheidende Bedeutung haben **(Mikro–Analyse)**.*

- *Im **vierten Schritt** der Analyse tritt mehr und mehr die Analyse von Prozessen und Mechanismen des Klientensystems in den Mittelpunkt, die bei der Durchführung von Kommunikations–Maßnahmen und der Umsetzung von Maßnahmen–Plänen wichtige Rollen spielen **(Prozess–Analyse)**. Es tritt in den Blick, welche Maßnahmen vom Klienten in der Vergangenheit eingesetzt wurden und welche Wirkungen er damit durchschnittlich erzielen konnte.*

Schauen wir uns diese Analyse–Stufen anhand von ausgesuchten Einzelheiten an:

1. Meta–Analyse – Beziehungen im gesellschaftlichen Raum

Analyse–Stufe 1

Im *ersten Schritt* wird das Klientensystem im Umfeld der Gesellschaft betrachtet, in das es platziert ist. Dadurch wird schnell deutlich, aus welcher Perspektive seine Kommunikation zu betrachten und zu bewerten ist.

Dazu vergegenwärtigen wir uns erst einmal, welche gesellschaftlichen Subsysteme wir bei unserer Arbeit zu betrachten haben. Erfahrungsgemäß positioniert sich jedes Klientensystem schwerpunktmäßig in einem der vier elementaren Subsysteme – Wirtschaftssystem, Politisches System, Gemeinschaftssystem oder Kultursystem –, wobei es jeweils eine individuelle und charakteristische Position im gesellschaftlichen Raum einnimmt.

Wir stellen uns die gesellschaftliche Grundstruktur in etwa folgendermaßen vor:

Subsysteme der Gesellschaft

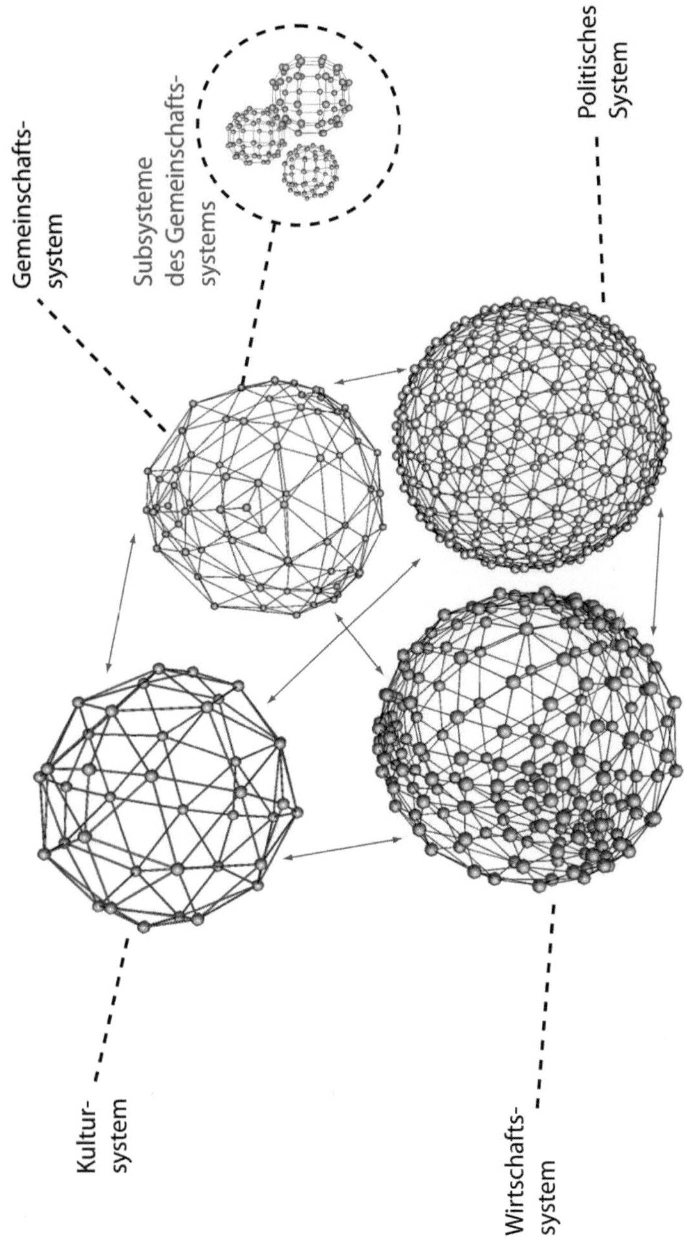

Zwischen den gesellschaftlichen Subsystemen laufen verschiedenste Austausch–Prozesse ab, die für die Position des Klientensystems relevant sind und dieses System auf verschiedenste Weise einbeziehen können. Klientensysteme sind meist in eine Vielzahl dieser Prozesse involviert.

Eine Übersicht über wichtige Austausch–Prozesse stellen wir uns vereinfacht folgendermaßen vor:

Austausch-Prozesse der gesellschaftlichen Subsysteme

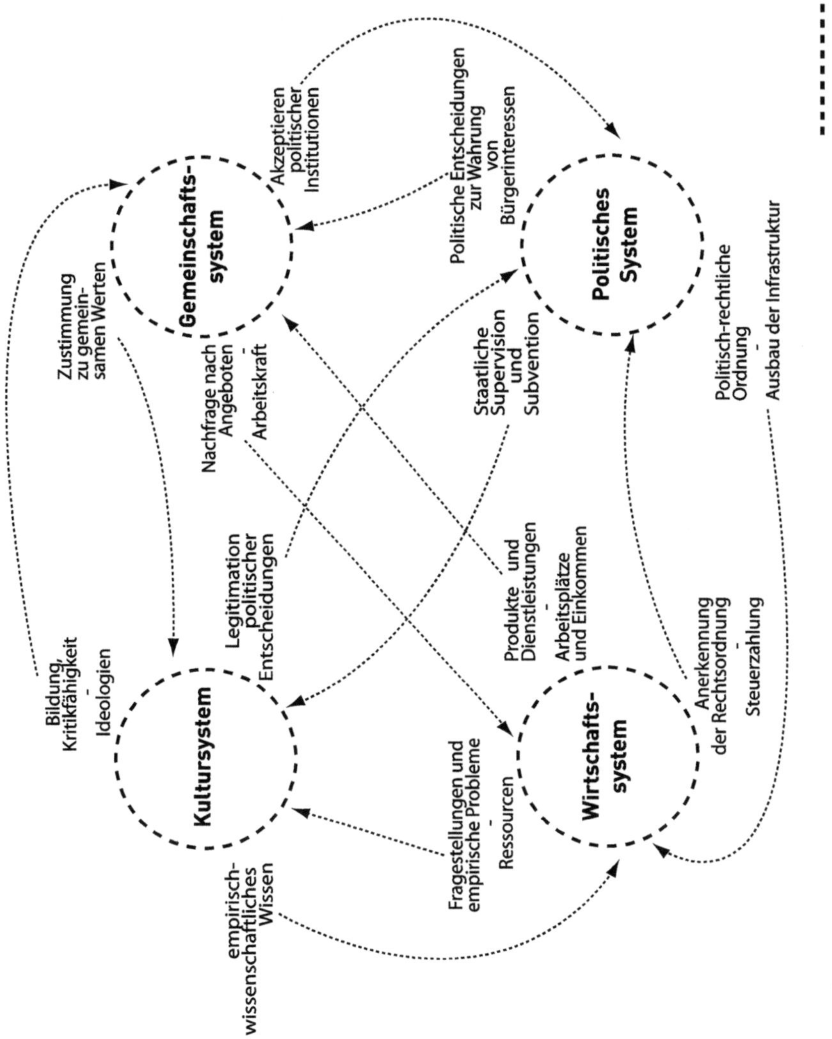

8

Das Klientensystem ist durch seine Komponenten und durch seine Beziehungen vielfältig in gesellschaftliche Strukturen eingebunden.

Jedes Klientensystem hat auf individuelle Weise Beziehungen zum Wirtschaftssystem, zum Politischen System, zum Gemeinschaftssystem und zum Kultursystem:

8

Klientensystem im Umfeld der Gesellschaft

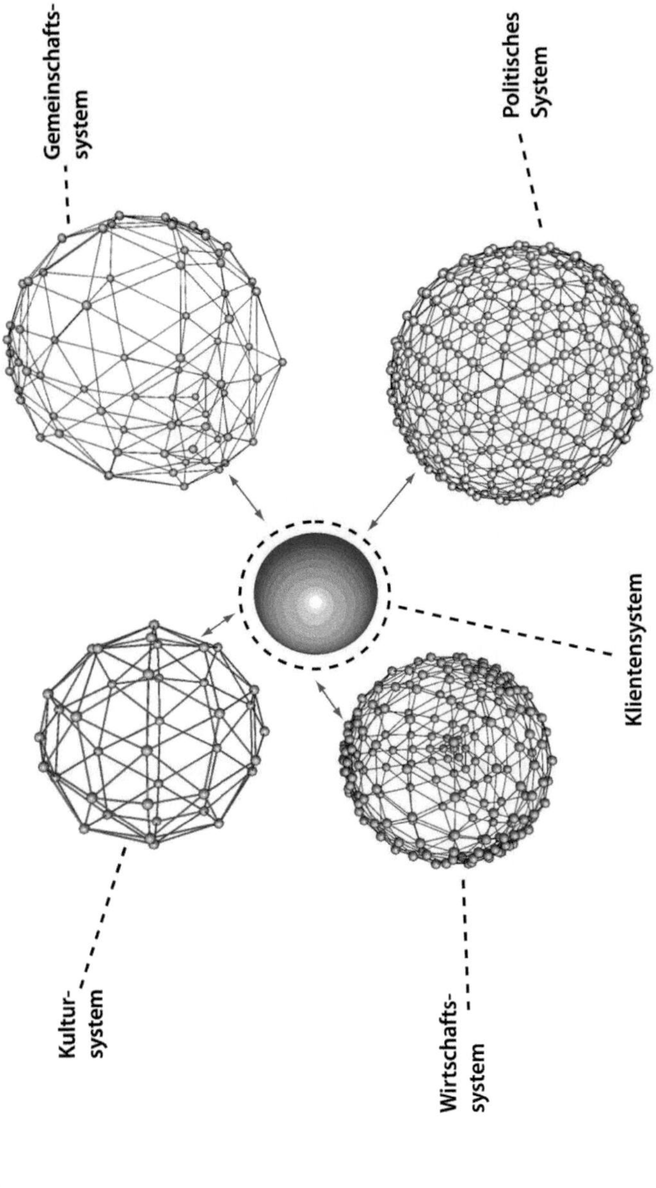

Ist das Klientensystem ein Unternehmen,

- *so ist es durch Angebots- und Nachfrage-Mechanismen mit dem Wirtschaftssystem verbunden.*

- *wird es in Beziehungen zum Politischen System und in dessen Prozesse eingebunden. – Dazu ein paar Beispiele: Politik stellt Infrastruktur zur Verfügung, sorgt unter anderem für die Durchsetzung von Recht und gewährleistet staatliche Ordnung. Auf der anderen Seite zieht der Staat auf verschiedenste Weise Steuergelder beim Unternehmenssystem ein, die zur Finanzierung der politischen Leistungen und staatlichen Funktionen benötigt werden.*

- *nutzt es Kommunikations-Maßnahmen, um sich Mitgliedern von gesellschaftlichen Gruppen zu präsentieren, und erhält dadurch ein gewisses Maß an Beachtung in öffentlichen Interaktionsprozessen.*

- *tauscht es sich mit dem Kultursystem aus, indem es beispielsweise Forschungs-Wissen für das eigene Unternehmen nutzbar macht und dafür Projekte in Forschungsinstituten durch Übernahme von Projektkosten fördert.*

Jedes individuelle Klientensystem entwickelt auf diese oder andere Weise eigene Beziehungsstrukturen in die Gesellschaft und ihre Teilsysteme:

Die Klienten-Organisation prägt auf diese Weise ein ganz individuelles Beziehungsprofil aus, das wir im Einzelnen zu untersuchen und zu bewerten haben. Wir können bereits auf dieser Betrachtungsebene nach Spannungen, Problemen und Aufgaben suchen, an die wir mit den von uns zu entwickelnden Kommunikations-Maßnahmen anzusetzen haben.

Unternehmens-System im Austausch mit dem gesellschaftlichen Umfeld

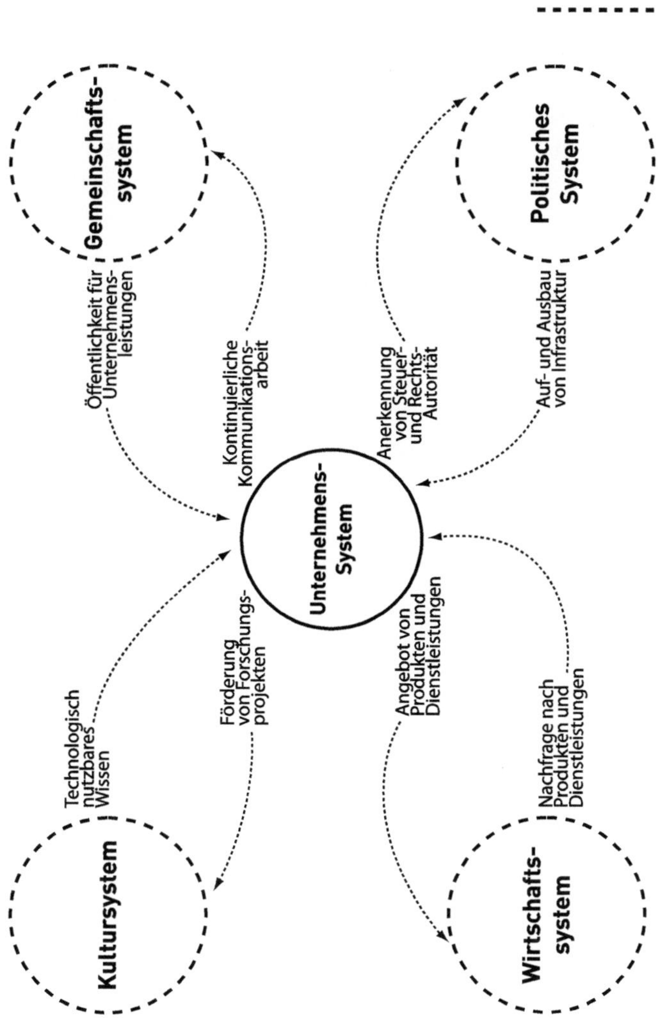

2. Makro-Analyse und der Austausch des Klientensystems mit seiner Umgebung

Analyse-Stufe 2

Im *nächsten Schritt* betrachten wir das Klientensystem im laufenden Austausch mit seiner Umgebung. Wir stellen im Einzelnen fest, wie es mit Systemen in seiner Umgebung interagiert und welche Strukturen eine Rolle spielen, wenn das Klientensystem diese externe Kommunikation praktiziert.

Unter anderem untersuchen wir die Netzwerk-Anbindungen, die das Klientensystem zu Umgebungssystemen nutzt:

8

Klientensystem im Austausch mit seiner Umgebung

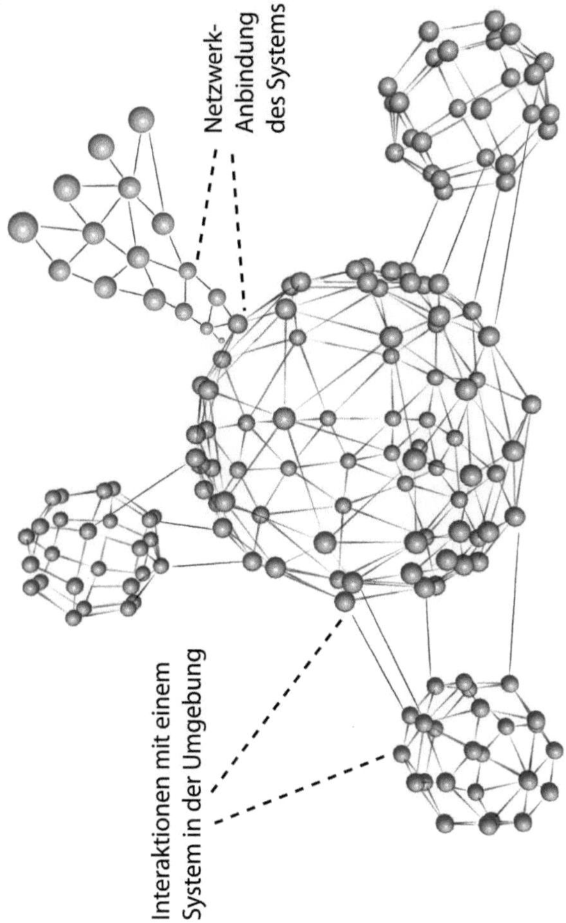

Um herauszubekommen, inwieweit gegebenenfalls Beziehungen nach außen durch Kommunikations-Maßnahmen zu begleiten sind, bewerten wir die Kontaktstellen des Klientensystems nach außen und die Verbindungen dieser Schnittstellen zurück in das Innere des Systems also in seine endogene Struktur:

Struktur des Klientensystems

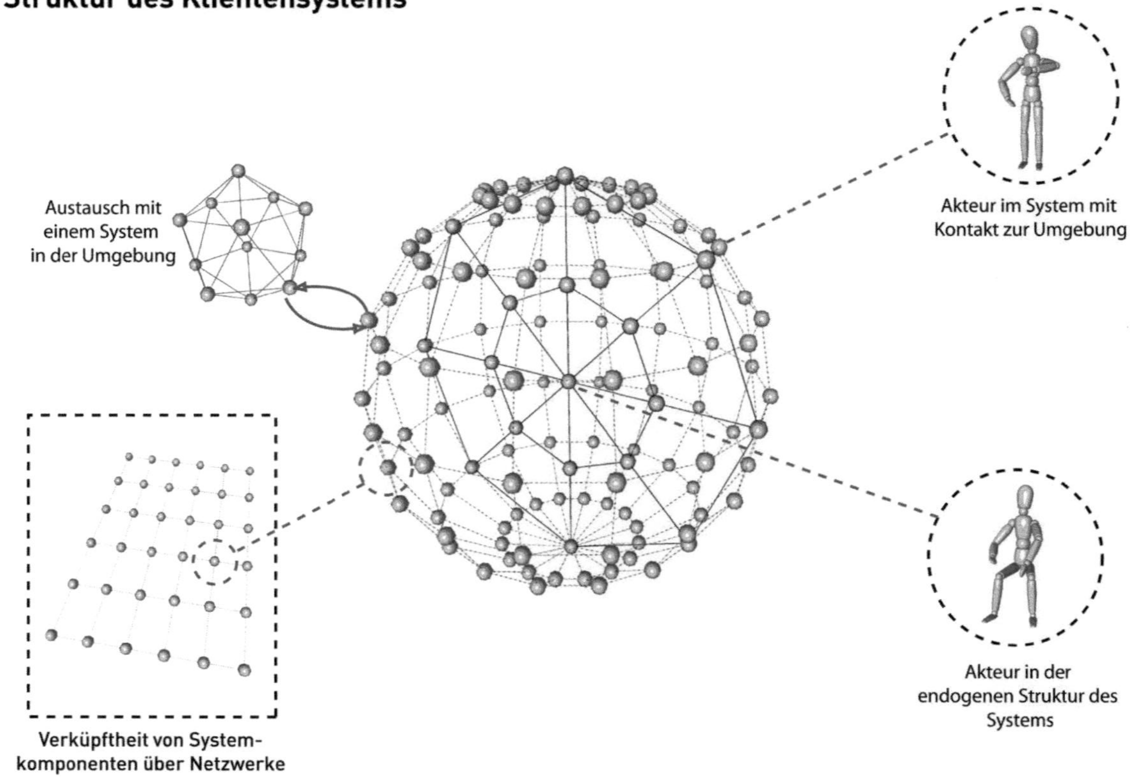

Nach den Strukturen, die das Klientensystem ausgeprägt hat, um mit der Außenwelt zu interagieren, analysieren wir die Prozesse des Systems, die dabei auftreten. Insbesondere schauen wir auf die Mechanismen, die eine Rolle spielen.

Im Fall von Unternehmens-Systemen betrachten wir beispielsweise:

- *mit Hilfe welcher Austausch-Prozesse das Klientensystem Unternehmens-Ressourcen auf Absatzmärkten platziert*
- *wie das Klientensystem wirtschaftlichen und politischen Einfluss einsetzt, um seine Unternehmens-Strategie zu verwirklichen*
- *wie das Klientensystem seine Unternehmens-Organisation einsetzt, um Netzwerke zu Kunden, Branchen und Dialoggruppen aufzubauen*
- *wie das Klientensystem seine Unternehmens-Kultur fortentwickelt, um Know-how und Kompetenz auf- und auszubauen*

Wir suchen im Anschluss nach möglichen Spannungen, Interaktions-Problemen und Möglichkeiten der Verbesserung insbesondere von Kommunikationsprozessen.

Prozesse eines Unternehmens im Austausch mit seiner Umgebung

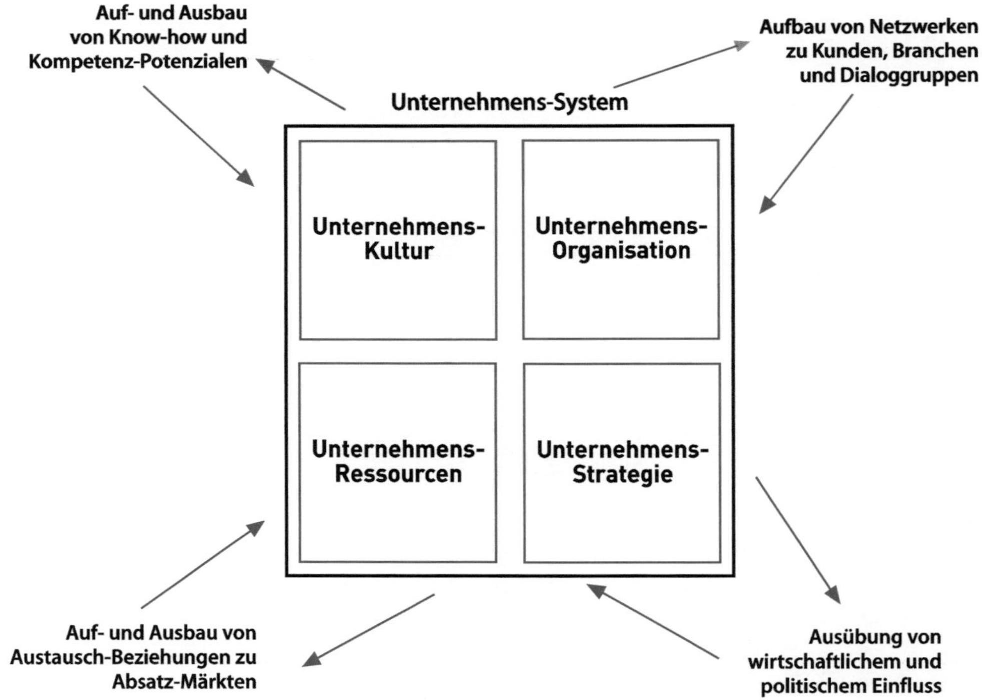

8

3. Mikro–Analyse der Struktur–Akteur–Beziehung im Klientensystem

Analyse–Stufe 3

Im *nächsten Schritt* richten wir unsere Aufmerksamkeit auf die innere Struktur des Klientensystems und bewerten, inwieweit diese endogenen Merkmale Kommunikations–Kompetenz unterstützen und für zukünftige Anforderungen ausbaufähig sind.

Dazu haben wir insbesondere die Gruppe von Akteuren zu betrachten, die jeweils für die Realisierung von Kommunikation mit der Außenwelt verantwortlich ist.

Wir haben zu prüfen, ob ein effektives Team zur Steuerung der Austausch–Prozesse mit Systemen in der Umgebung gebildet wurde. Insbesondere ist festzustellen, wie sich Druck und Stress auf die Struktur dieses Subsystems des Klientensystems auswirken:

- *ob es arbeitsfähig bleibt*
- *ob es beschleunigt arbeitet*
- *ob es dabei fehleranfällig wird oder sogar gestört wird*

Um dieses Wissen über das Kommunikations–Team im Klientensystem zu erhalten, untersuchen wir dessen Struktur. Eine Möglichkeit dies zu tun, besteht darin, die Wert–Orientierungen der beteiligten Akteure zu ermitteln. Unter Zuhilfenahme des Instrumentariums, das Robert Freed Bales herausgearbeitet hat, stellen wir uns dazu den Wertehorizont des Teams folgendermaßen vor:

Wertehorizont des Teams

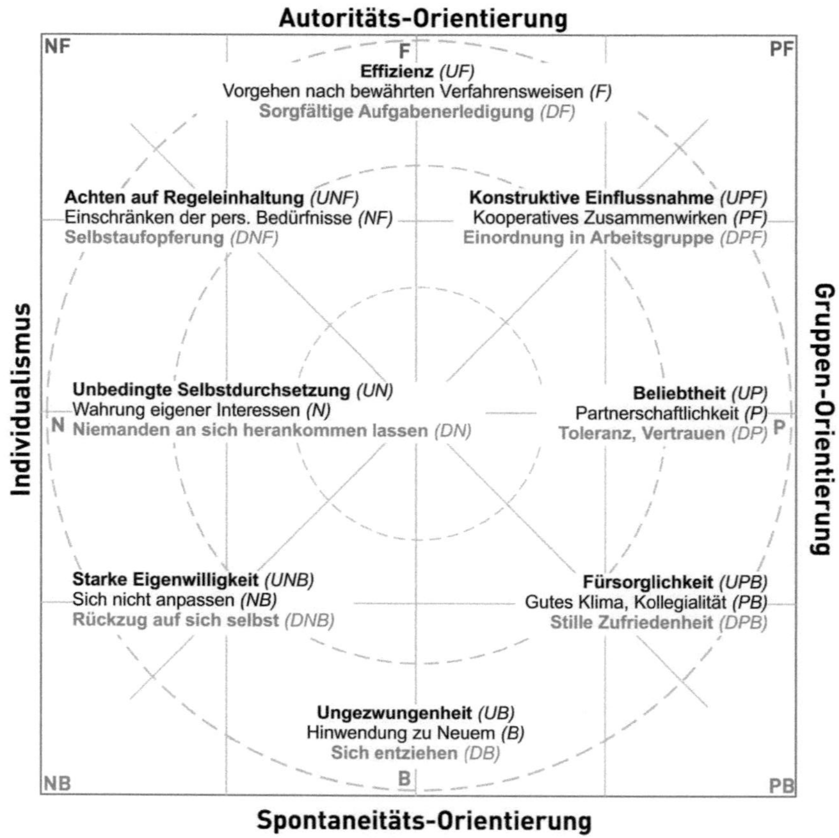

Anordnung der Orientierungen im Werteraum:

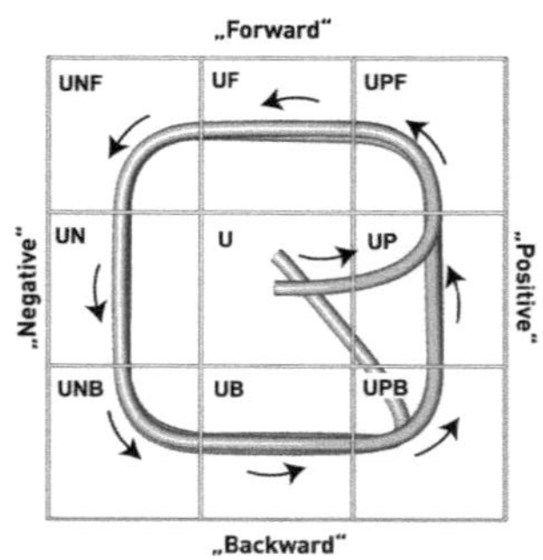

8

Legen wir als Vergleichsmessung das von Bales ermittelte Profil des »effektiven Teams« zugrunde, können wir aufgrund von gezielten Beobachtungen und von einigen Workshops inklusive Befragungen der Team–Mitglieder der betreffenden Arbeitsgruppe recht schnell feststellen, wo das Team Stärken und Schwächen in der Zusammenarbeit hat. – Die Beschreibung der Hintergründe der entsprechenden Anwendung des auf Bales zurückgehenden SYMLOG-Modells finden sich in : »Heinz W. Droste; *AGIL - Kommunikation als kreativer Prozess*« im Kapitel *»Die kreative Methode komplett beherrschen«*.(15)

Unser Bewertungs–Maßstab – das Orientierungs–Profil des effektiven Teams – sieht folgendermaßen aus:(16)

Profil des effektiven Teams

Erläuterung:

Häufigkeit des Auftretens
des entsprechenden wertrientierten Verhaltens

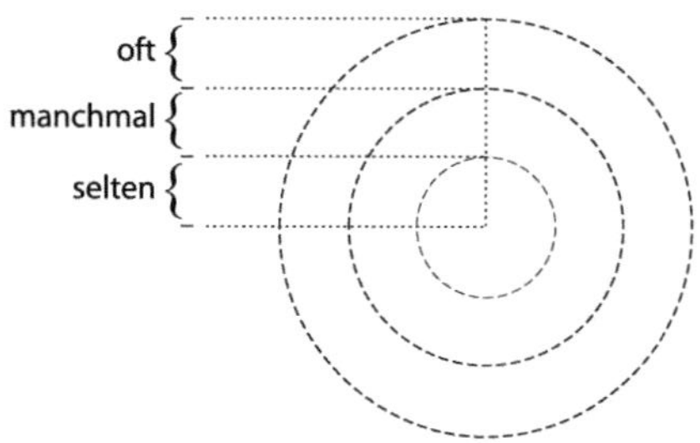

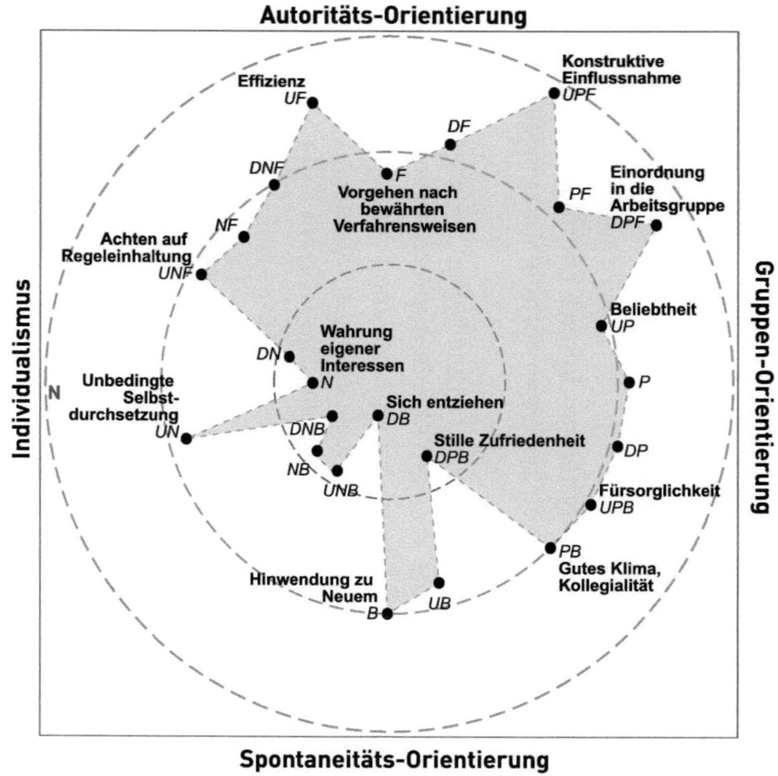

Neben der Untersuchung des Kommunikations–Teams ist darüber hinaus zu betrachten, inwieweit die Organisation des Klientensystems spezifische Strukturen entwickelt hat, die geeignet sind, Kommunikationsprozesse zu tragen. Strukturen des Klientensystems – beispielsweise Mitarbeiter–Beziehungen, Befehls–Hierarchien usw. – können solche Prozesse unterstützen, aber häufig auch behindern.

In manchen Klientensystemen führen Kommunikationsprozesse, die durch Kontakte zu externen Systemen auftreten, zu vielfältigen Irritationen und Spannungen.

Wir können anhand von vier beispielhaften Syndromen darstellen, wie solche Strukturdefizite in einem Klientensystem wirken[17] – eine Detailbeschreibung dieser Syndrome nebst Anleitung für eine Analyse des eigenen Unternehmens findet sich in »Heinz W. Droste; *Kommunikations-Strategie*« im Kapitel *»Praxisprojekt 3: Kommunikation modellieren«*:[18]

- *Strukturen des Klientensystems können eine Überbetonung von Informations–Bedürfnissen begünstigen, wodurch sich **Informations–Overloads** ausprägen*

Informations-Overload-Syndrom

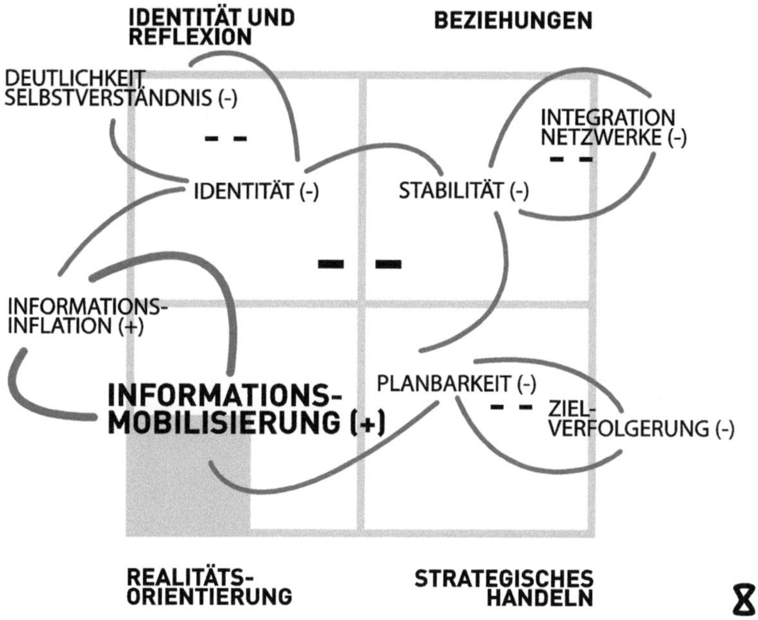

- *die Strukturen eines Klientensystems können eine Überbetonung von Zielfixierungen bewirken, wodurch sich ein **Scheuklappen–Syndrom** ausprägt*

Scheuklappen-Syndrom

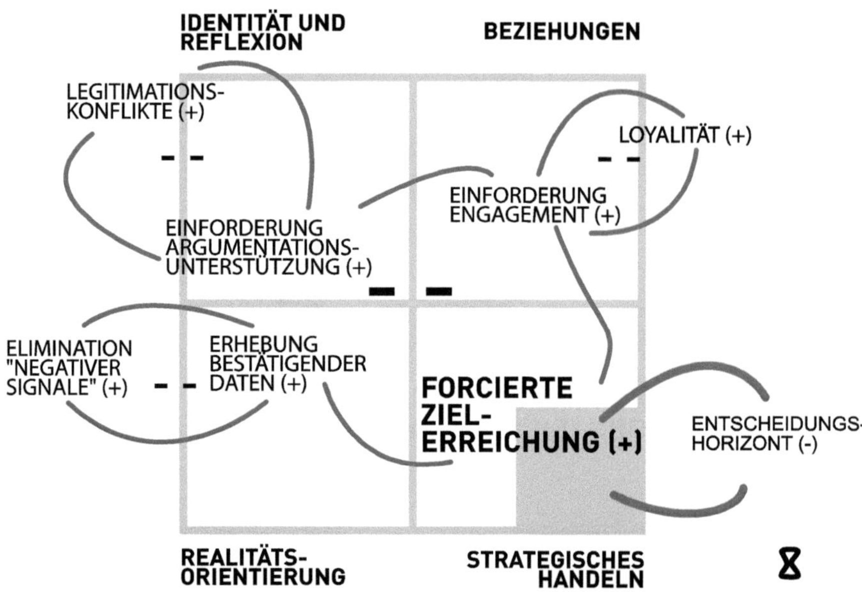

- *die Strukturen eines Klientensystems können eine Überbetonung von Konsens und Kooperationsverpflichtungen bewirken, wodurch sich ein* ***Erstarrungs–Syndrom*** *ausprägt*

Erstarrungs-Syndrom

- *die Strukturen eines Klientensystems können eine dauernde Stimulierung von Diskussionen bewirken, wodurch sich ein* ***Dauer–Diskurs–Syndrom*** *ausprägt*

Dauer-Diskurs-Syndrom

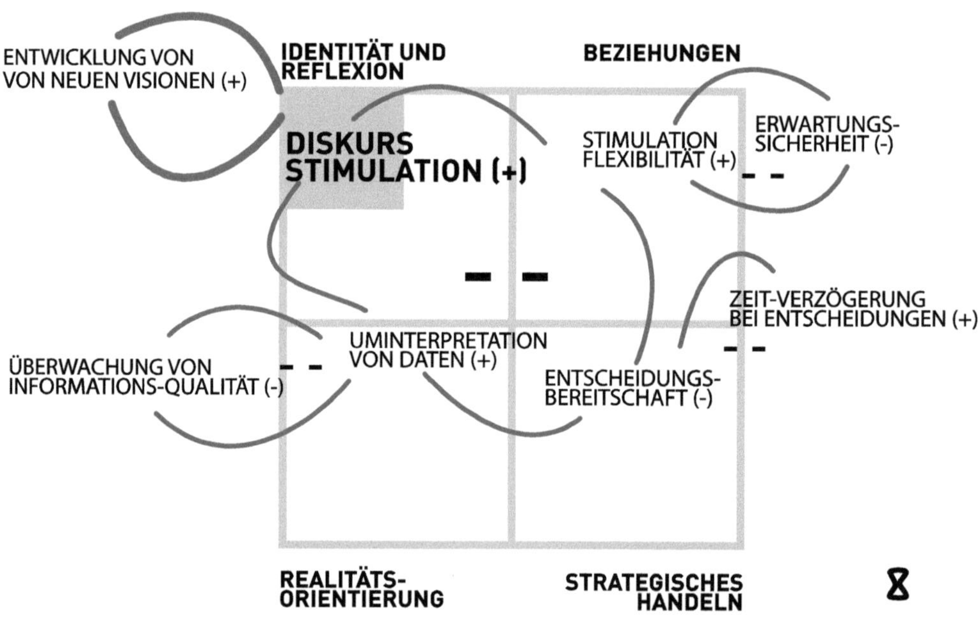

Gegebenenfalls auftretende Syndrome sind im Detail zu untersuchen. Es ist festzustellen, welche Mechanismen für diese Erscheinungen verantwortlich sind und inwieweit veränderte Strukturen und verändertes individuelles Verhalten Störungen der Kommunikationsprozesse beheben können.

4. Prozess-Analyse – Check der bisherigen Konzeption

Analyse-Stufe 4

Im *vierten Schritt* der Analyse schauen wir uns im Detail an, wie die Kommunikationsfunktionen des Klientensystems in der Vergangenheit erfüllt worden sind.

Dazu analysieren wir im Einzelnen, welche Maßnahmen bisher zum Einsatz kamen und überprüfen, ob alle notwendigen Aufgabenfelder mit ausreichendem Erfolg bearbeitet wurden.

Dabei orientieren wir uns an folgender allgemeiner Übersicht in den Feldern der Kommunikationsplanung *(siehe Grafik auf der Folgeseite)*:

Felder der Kommunikationsplanung

	Identität und Reflexion	Beziehungen	
Diskurse	- Konstanz der Gestaltung von Strukturen - Rechtfertigung von Wertungen - Sicherstellung von Legitimität	- Sicherung Loyalität - Zusammenhalt - Realisierung eines Konsens mit Interaktions-Partnern	**Dialog-Systeme**
Informations-Management	- realistische Erfassung der Situation - Öffnung nach Außen - Gewinnung und Vermittlung von relevanten Informationen	- Fokussierung der Interaktionen auf Ziele - Chancen-Ausnutzung - Erfolgs-Sicherung durch Entwicklung von Annäherungszielen - Situationsgerechte Reaktion	**Kommunikativ-strategisches Handeln**
	Realitätsorientierung	Kommunikations-Ziele	

Wir sehen uns nun die Routinen an, die abliefen, als an den betreffenden Maßnahmen gearbeitet wurde. Wir bewerten den bisher realisierten Planungs- und Umsetzungsprozess.

Wichtig ist in dieser Analyse-Phase, möglichst viel Wissen zu den bisher entwickelten »professionellen« Kommunikations-Kompetenzen im Klientensystem zu ermitteln. Kommunikations-unerfahrene Klienten verhalten sich erfahrungsgemäß wesentlich anders, als Klienten, die bereits über jahrelange Maßnahmen-Erfahrung verfügen.

Anhand der folgenden Übersicht können wir uns die wesentlichen erforderlichen Kompetenzen vergegenwärtigen, denen wir im konkreten Fall nachzugehen haben *(siehe Grafik auf der Folgeseite)*:

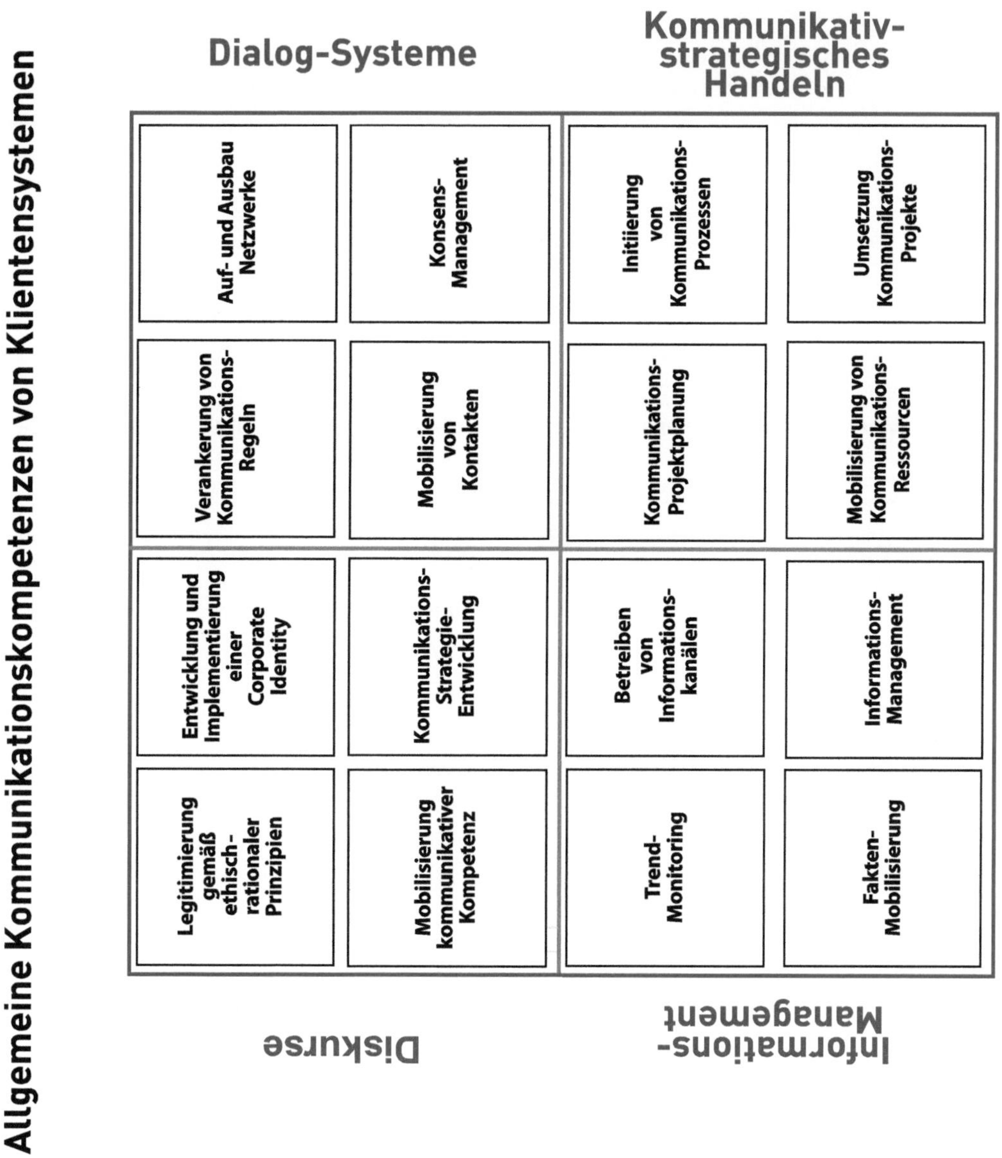
Allgemeine Kommunikationskompetenzen von Klientensystemen
Dialog-Systeme
Kommunikativ-strategisches Handeln
Diskurse
Informations-Management
Auf- und Ausbau Netzwerke
Konsens-Management
Verankerung von Kommunikations-Regeln
Mobilisierung von Kontakten
Entwicklung und Implementierung einer Corporate Identity
Kommunikations-Strategie-Entwicklung
Legitimierung gemäß ethisch-rationaler Prinzipien
Mobilisierung kommunikativer Kompetenz
Initiierung von Kommunikations-Prozessen
Umsetzung Kommunikations-Projekte
Kommunikations-Projektplanung
Mobilisierung von Kommunikations-Ressourcen
Betreiben von Informations-kanälen
Informations-Management
Trend-Monitoring
Fakten-Mobilisierung

Planung und Umsetzung von Kommunikations-Maßnahmen

Während die beschriebene Basisanalyse Schritt für Schritt durchgeführt wird, zeichnet sich Zug um Zug ab, welche Kommunikationsmaßnahmen in Zukunft für den Klienten zu konzipieren und umzusetzen sind.

Der Raum des vorliegenden Buchs reicht nicht aus, um Beispiele entsprechender Konzeptionen im Detail vorzustellen und zu erläutern. Dazu hat der Autor bereits weitere Bücher veröffentlicht.

Rationale Planungs-prinzipien

Was allerdings in diesem Kapitel stattdessen noch zu besprechen ist, sind die rationalen Prinzipien der Planung, welche wesentliche Kriterien für eine Erfolg versprechende Konzeption darstellen.

Als Soziotechnologen werden wir die »Planungslogik« des Alltagslebens, die heute noch die Maßnahmen-Entwicklung im Bereich der Öffentlichkeitsarbeit bestimmen, hinter uns zu lassen haben.

Wir werden uns demgegenüber an den Planungs-Prinzipien und -Kriterien orientieren, die in erfolgreichen Technologien und insbesondere Soziotechnologien üblich sind.[19]

Schauen wir uns diese Prinzipien an und übertragen wir diese auf unser Arbeitsfeld:

Wann immer im Bereich von Soziotechnologie Maßnahmen geplant werden, ist es von größter Wichtigkeit, von Anfang an ein Monitoring der Umsetzung des Maßnahmen-Plans einzurichten, um eine Grundlage zu haben, diesen laufend an neu eintretende Umstände, neue Erkenntnisse und veränderte Situationen anzupassen.

Wichtig ist, dass die Planung von Maßnahmen vorsieht, dass die Umsetzung der Konzeption *partizipativ* gemanagt wird – es sind alle Personen bei der Erfolgskontrolle und laufenden Diskussion des Fortgangs der Aktivitäten mit einzubeziehen, die bei der Implementierung der Maßnahmen mitarbeiten.

Erfolgreiche Planung muss nicht nur in diesem Sinne partizipativ sein, sondern insbesondere *skizzenhaft* und den veränderten Umständen anpassbar gehalten werden.

Dazu ist eine zentrale Planungs-Leitung erforderlich, welche die an Umsetzungen beteiligten Personen informiert, sich mit ihnen austauscht, Vorschläge macht und koordinierend Hilfestellung bietet, statt lediglich Kommandos zu erteilen und auf Vollzugsmeldungen zu warten.

Hintergrund dieser Vorgehensweise ist, dass die Planung im Bereich sozialer Systeme noch keine exakte Wissenschaft ist und wir das dazu notwendige vollständige Wissen nicht verfügbar haben, um alle betroffenen Umstände vorherzusehen. Das hat ganz unterschiedliche Gründe.

Zwar ist erfolgreiche Planung möglich und nötig. Der Mensch ist als zwecksetzendes und Ziele verfolgendes Individuum das planende Wesen »par excellence« – wir planen fortlaufend.

Planungen funktionieren allerdings nicht wie Gewehrschüsse – es reicht nicht, ein Ziel anzuvisieren, abzudrücken und darauf zu warten, dass das Ziel unmittelbar und hindernisfrei erreicht wird.

Planungs- und Handlungs-Kontingenz

Planungen und die Umsetzung von Plänen erfolgen aufgrund einer Vielzahl aufeinander bezogener Handlungen, die ständig in Tempo und Richtung an die Umgebung angepasst werden müssen. Planen und Pläne Verfolgen ähnelt in dieser Beziehung dem Steuern eines Autos zu einem Ziel angesichts dichten Verkehrsgetümmels und ständig drohender Staus.

Die Sozialwissenschaften bieten uns für unsere Arbeit noch kein vollständiges Wissen über die Gesetze sozialen Wandels.

Das ist ein Grund dafür, dass Planung in unserer Soziotechnologie noch kein ganz exaktes Werkzeug ist.

Ein weiterer Grund besteht darin, dass wir es mit Kommunikation also mit zweckhaftem sozialem Handeln zu tun haben. Grundcharakteristik sozialen Handelns ist, dass es unvorhersehbare Konsequenzen hat, weil es in sozialen Kontexten eingebettet ist und nicht etwa in einem Vakuum abläuft.

Durch unsere Interaktionen bilden wir soziale Netzwerke, die wiederum mit anderen sozialen Systemen eng verknüpft sind. Ziehen wir an dem einen »Faden«, sind andere Verbindungen und Strukturen in Systemen mitbetroffen.

Dieses Eingebettetsein ist einer der Gründe dafür, warum wir bei der Umsetzung von Plänen partizipativ und nicht vorschreibend und autoritär vorgehen sollten.

Weiterhin können wir hieraus die Erkenntnis ableiten, dass eine vernünftige Planung eine flexible Planung ist, die eher skizzenhaft als übertrieben detailliert strukturiert ist.

Unvorherseh-bare Hand-lungs-ergebnisse

Denn, wenn wir unsere Planung entwickeln, müssen wir von vornherein das Risiko unvorhersehbarer Ereignisse mitberücksichtigen, die uns dazu zwingen können, Planungsdetails nicht nur zu ändern, sondern möglicherweise sogar ganz aufzugeben.

Ereignisse können aus verschiedensten Gründen unvorhersehbar sein:

- *weil wir die genauen Umstände nicht kennen, in die unsere Maßnahmen hineinwirken*
- *weil sich die Welt um uns herum ständig wandelt und dabei unser Ursprungsziel irrelevant werden kann*
- *weil durch Wandel die uns zur Verfügung stehenden Mittel unzureichend oder ganz wirkungslos werden können*
- *weil wir zufällig auf neue Informationen und neue Probleme stoßen, die uns nötigen, unsere ursprünglichen Pläne zu ändern*
- *weil die Ergebnisse unserer Maßnahmen sich als unbefriedigend erweisen können*

Diese Erwägungen zwingen uns dazu, Pläne zu entwickeln, die ausreichend flexibel sind. Erfolgreiche Pläne sind solche, die schnell an veränderte Ausgangssituationen angepasst werden können.

Angesichts dieser Lage stellen Zyniker provokativ die Frage, warum wir überhaupt planen und konzipieren sollen, wo sich doch unvorhersehbare Nebeneffekte unseren Vorhaben jederzeit entgegenstellen können.

Warum machen wir nicht einfach einen »Forecast« – eine Abschätzung mit Blick auf die wahrscheinlichsten gesellschaftlichen Entwicklungen, passen uns an diesem prognostizierten Gang der Dinge an, indem wir die eine oder andere Kommunikationsmaßnahme durchführen, und lassen den Rest der Dinge auf uns zukommen?

Dies ist das Prinzip, nach dem heute häufig Public Relations betrieben werden:

Es wird Jahr für Jahr von PR–Abteilungen und –Agenturen ein gewisses Kommunikations–Programm mit festen Terminen der Berichterstattung und der Veranstaltung von Events vorgesehen und organisiert.

Mit einer Planung im Sinne einer Soziotechnologie, die auf die gezielte Gestaltung von Kommunikationssystemen ausgerichtet ist, hat diese »Verwaltung« von PR–Programmen wenig gemeinsam.

Dieser passive Umgang mit Kommunikationsprozessen in der Öffentlichkeit ist deshalb riskant, weil das Klientensystem damit unvorbereitet von Meinungstrends überrollt werden kann.

Realistische flexible Pläne

Demgegenüber haben im beschriebenen Sinne geplante Kommunikationsmaßnahmen den Vorzug, positive Wirkungen nach dem Prinzip der sich selbst erfüllenden Prophezeiung zu begünstigen – vorausgesetzt dass der zugrunde liegende Plan auf realistischen Annahmen und Daten basiert und dass dieser an veränderte Umstände anpassbar ist.

Realistische und flexible Pläne sind sich selbst erfüllende Prophezeiungen, denn sie definieren zukünftige Situationen als wirklich, wodurch sie die Tendenz entwickeln, sich tatsächlich realisieren zu lassen. Statt zu versuchen, Situationen und Entwicklungen vorherzusehen und diese einfach abzuwarten, ist es deshalb rational, die Umstände zu redesignen und durch gezielte Maßnahmen die Zukunft selber zu gestalten.

Wir können zwar nicht in die Zukunft schauen und diese genau erkennen.

Wir können die Zukunft aber »geschehen« machen, wenn auch kaum bis ins letzte Detail vorausplanen.

Wir können nicht jede Einzelheit gemäß Plan realisieren, doch bei guter Vorbereitung erreichen wir durchaus das erwartete Ziel, wenn wir den einen oder anderen Umweg in Kauf nehmen und unser geplantes Vorgehen in dem einen oder anderen Punkt anpassen.

Durch sorgfältiges Monitoring und durch laufendes kritisches Prüfen der Umsetzung unseres Plans sind wir in der Lage, nachzujustieren, wenn Abweichungen auftreten und wir einen alternativen Kurs einschlagen müssen.

Dieses Monitoring und laufende Optimieren von Plänen funktioniert am besten, wenn sowohl diejenigen, welche die Pläne umsetzen müssen, als auch diejenigen, die direkt von diesen betroffen sind, mit in den Planungs–Vorgang einbezogen werden, statt dass ein »von oben« verabschiedeter abstrakter

Plan einfach – auch gegen eventuellen Widerstand durch Umstände und Entwicklungen – »durchgedrückt« wird.

Demokratische Netzwerk-Organisation

Denken wir an eine optimale Organisationsform zur Realisierung von Plänen, dann zeigt sich, dass eine demokratische Netzwerk-Organisation hier wesentliche Vorteile gegenüber der strikten Hierarchie in einer pyramidenförmigen Struktur hat, die nach dem Befehl-Gehorsams-Prinzip arbeitet.

Erfolgreiche Planung arbeitet also einerseits nach einem Top-down-Prinzip – Entscheidungen und die Verabschiedung von Konzepten sowie die Freigabe von Ressourcen müssen »oben« bzw. in einem Zentrum erfolgen. Von hier aus wird auch der Gesamt-Planungsvorgang koordiniert.

Doch im Zuge der Umsetzung der Planung und der laufenden Anpassung von Maßnahmen-Details sind Akteure auf vielen »unteren« Ebenen in der Organisation des Klientensystems verteilt betroffen und zu berücksichtigen, um Pläne erfolgreich zu implementieren.

Das bedeutet, Pläne sind nicht nur top-down, sondern auch bottom-up zu realisieren.

Fazit: So funktioniert realistische, rationale Planung.

Diese Prinzipien rationaler Planung haben gewichtige Konsequenzen für unsere Arbeit als Konzeptioner – insbesondere für die Gestaltung unserer Beziehungen zu unseren Klienten.

Offenbar haben wir uns bewusst zu machen, dass es die Erfüllung unserer Funktion nicht nur erforderlich macht, als Experten für professionelle Kommunikationsmaßnahmen aufzutreten. Wir sind demgegenüber vor allem auch Planungsexperten, denn wir haben den Beteiligten zu vermitteln, wie Planen vernünftig zu erfolgen hat – nämlich vor allem flexibel.

Klienten und deren Mitarbeiter zeigen dagegen häufig eine große *Kontroll-Erwartung*.

Sie stellen sich vor, dass Planungs-Kompetenz bedeutet, Pläne »eins zu eins« umsetzen zu können. Sie neigen dazu, schnell an der Qualität der betreffenden Konzeption und des Konzeptioners zu zweifeln, wenn bei der Maßnahmen-Umsetzung Planungsdetails modifiziert werden.

Solche Klienten sind schlechte Implementierungs–Partner und können unsere Projekte von Beginn an gefährden, wenn wir ihnen nicht rechtzeitig das Wesen der realistischen und rationalen Planung nahe gebracht haben.

Gerade Organisationen und deren Mitarbeiter, die gewohnt sind, von »oben herab« zu kontrollieren und Entscheidungen zu zentralisieren, sind problematische Begleiter bei der Umsetzung von Maßnahmen und fungieren ohne ausreichende Einführung in die Planungs–Prinzipien als potenzielle »Projekt–Behinderer und –Abbrecher«.

Grundsätzlich ist bei der Vermittlung der Planungs–Notwendigkeiten und bei der Umsetzung der Planungen sensibles Vorgehen wichtig.

Mitarbeiter aus dem Klientensystem sollten nicht den Eindruck gewinnen, von Prozessen ausgeschlossen zu sein oder zurückgesetzt zu werden. Selbst vermeintlich »unwichtige« Kollegen können, wenn ihr Engagement nicht geweckt wird, unsere Projekte im einen oder anderen wichtigen Detail scheitern lassen.

Gelungene Projekte setzen eine kooperative Zusammenarbeit und Übertragung von Verantwortung an alle Beteiligten voraus.

Nun noch ein paar abschließende Gedanken zum Planungsthema:

Wenn wir hierzu ein motivierendes Fazit ziehen können, dann ist es gewiss der folgende Satz

> *»Die Zukunft gehört denen, die diese Zukunft machen und gestalten, und nicht denen, die lediglich auf sie warten«.*[20]

Die Zukunft gehört den Planern.

An diese Stelle passen ein paar Gedanken zu unserem professionellen Selbstverständnis:

Da viele Sozialsysteme Interaktionssysteme sind und viele gesellschaftliche Prozesse heute durch Kommunikation ausgelöst und gestaltet werden, sind wir als Konzeptioner wichtige »Macher der Zukunft«.

Da wir als Soziotechnologen dabei an Plänen arbeiten, die wesentliche Wandlungs–Prozesse in Gang bringen können, tragen wir große Verantwortung.

Wir haben unsere Pläne deshalb stets zu rechtfertigen – sie haben einerseits effizient zu sein und sollten in ihren Konsequenzen für Betroffene akzeptabel sein.

Mario Bunge sieht in diesem Zusammenhang sechs Kriterien, anhand derer Pläne von Soziotechnologen zu legitimieren sind.[21]

Kriterien für korrektes Planen

- ***epistemisches Kriterium:*** *unsere Pläne haben durch plausible Theorien und empirische Daten gedeckt zu sein – zumindest skizzenhaft*
- ***experimentelles Kriterium:*** *unsere Pläne sollen ausprobiert und evaluiert werden – etwa durch Anwendung an Test-Gruppen und kleinen Sozialsystemen –, bevor wir Maßnahmen in großem Maßstab umsetzen*
- ***ökonomisches Kriterium:*** *unsere Pläne müssen ökonomisch verantwortbar sein, also Effektivität mit Effizienz verbinden*
- ***politisches Kriterium:*** *unser Plan soll politisch umsetzbar sein – tauglich sein, von der öffentlichen Meinung gestützt und von Interessengruppen und politischen Entscheidern akzeptiert zu werden*
- ***Umwelt-Kriterium:*** *unsere Pläne sollen so wenig wie möglich negative Auswirkungen für die Umwelt nach sich ziehen*
- ***moralisches Kriterium:*** *die geplanten Maßnahmen sollen einer Kritik unter Maßgabe des fundamentalen Moralprinzips »Enjoy life and help live!« standhalten können*

Abschluss

Wir sind an das Ende des sechszehnten Kapitels gelangt.

Bevor wir mit dem abschließenden Kapitel 17 beginnen, sind die Leser wie gewohnt eingeladen, den gerade abgeschlossenen Gedankengang noch einmal aufzugreifen und anhand einer Übung zu vertiefen.

Zum Einstieg in dieses Kapitel haben wir uns die schwierige Ausgangssituation zu Beginn jeder Konzeptions-Entwicklung vergegenwärtigt – wichtige Kommunikationswege sind versperrt und von der Öffentlichkeit ist keine spontane Aufnahmebereitschaft mit Blick auf unsere Themen und Anliegen zu erwarten.

Lassen Sie Ihre Beratungs– und Konzeptionsprojekte der letzten Jahre einmal Revue passieren und beantworten Sie folgende Fragen:

- *Fallen Ihnen spontan Beispiele für besonders gravierende Fälle dieser Öffentlichkeits–Blockaden ein?*
- *In welcher Form sind Ihnen diese Blockaden begegnet?*
- *Worauf führen Sie den starken Widerstand zurück, der Ihrer Arbeit dabei entgegengebracht wurde?*
- *Wie ist es Ihnen gelungen, am Ende mit den auftauchenden Blockaden fertig zu werden?*
- *Gab es Fälle, in denen Sie vor den Blockaden kapitulieren mussten und Sie Ihre Arbeit vernünftiger Weise abgebrochen haben?*
- *Haben Sie möglicherweise ein erfolgreiches Lösungsmodell entwickelt, um mit Widerstand fertig zu werden? Nach welchem Prinzip funktioniert es?*

Quellenhinweise und Anmerkungen

1. Bunge, Mario; *Finding Philosophy in Social Science (1996)* S. 165

2. Im Folgenden berücksichtigen wir Analysen verschiedener Autoren, unter anderem:

   - Chomsky, Noam; »Warum die Mainstreammedien ‹Mainstream› sind« – Vortrag im Z Media Institude, *Z Magazine,* Juli 1997
   - Chomsky, Noam; *Media Control. Wie die Medien uns manipulieren;* Hamburg/Wien 2002
   - Leif, Thomas; »Kommunikationseliten und ihre Strategien – Wer füllt das Vakuum, das die Politik hinterlässt?«; in: Rolke, Lothar; Volker Wolff (Hg.), *Die Meinungsmacher in der Mediengesellschaft,* Opladen 2003; S. 25–34
   - Meyn, Hermann; *Massenmedien in Deutschland;* Konstanz 2001
   - Wolff, Volker; »Medienwirklichkeit im Wandel – einige Schlaglichter«, in: Rolke, Lothar; Volker Wolff (Hg.), *Wie die Medien die Wirklichkeit steuern und selber gesteuert werden,* Opladen 1999, S. 23–34

3. Wissenschaftlich ist zwar noch nicht umfassend untersucht, wie Mechanismen bei der Meinungsbeeinflussung durch Medien funktionieren, die ihre Publikationen werbetreibenden Unternehmen »zur Verfügung« stellen (Werberaum und unterstützende redaktionelle Berichterstattung bieten). Was Kommunikations-Praktikern aus der täglichen Arbeit als PR-oder Werbe-Berater kennen und ihrer Zusammenarbeit mit Nachrichten- und Wirtschaftsmagazinen erwarten können, ist mittlerweile auch Forschern an Hochschulen nicht verborgen geblieben. Nach der Durchführung einer Studie fassen Kommunikationswissenschaftler der Technischen Universität Dresden zuammen: *»Die Interessen von Anzeigenkunden gelten zwar seit jeher als potentiell verzerrender Faktor der Berichterstattung von Medien, die sich durch Werbung finanzieren. Doch sind solche Einflüsse nur selten Gegenstand von systematischen Studien. Insbesondere mangelt es an fundierten Inhaltsanalysen. Im Rahmen der vorliegenden Studie wird erstmals untersucht, wie die Darstellung von Unternehmen in den beiden führenden deutschen*

politischen Wochenzeitschriften Der Spiegel und Focus mit dem Umfang von Inseraten zusammenhängt, die Unternehmen in diesen beiden Medien schalten. Die Inhaltsanalyse erfasst alle Anzeigen aus dem Jahr 2011 und die gesamte Berichterstattung über ausgewählte Unternehmen im gleichen Zeitraum. Als zentrales Ergebnis zeigt sich, dass über Unternehmen sowohl im Spiegel als auch im Focus erstens häufiger, zweitens freundlicher, drittens mit mehr Produktnennungen berichtet wird, je mehr Anzeigen diese Unternehmen schalten.« (Hagen, L., Flämig A., In der Au, A.-M. (2014). *Synchronisation von Nachricht und Werbung. Wie das Anzeigenaufkommen von Unternehmen mit ihrer Darstellung in Spiegel und Focus korreliert.* Publizistik 59(4), S. 367-386.)

4.

»Nehmen wir zum Beispiel die New York Times. Die New York Times ist ein Großunternehmen, das ein Produkt verkauft. Das Produkt sind die Leser. Das Unternehmen verdient sein Geld nicht mit dem Verkauf seiner Zeitung. Die Zeitung selbst wird sogar kostenlos ins Internet gesetzt. Tatsächlich verliert das Unternehmen beim Verkauf der Zeitung sogar Geld. Wie auch immer, die Leser sind das Produkt, und sie gehören genau wie die Leute, die die Zeitung machen, zu den höheren, privilegierten Schichten, denen, die in unserer Gesellschaft die Entscheidungen treffen. Für ein Produkt braucht man einen Markt, und dieser Markt sind natürlich die Werbekunden der Zeitung, mit anderen Worten, andere Wirtschaftsunternehmen. Das Produkt der Medien, ganz gleich, ob wir vom Fernsehen, den Zeitungen oder anderen Medien sprechen, ist immer das jeweilige Publikum. Unternehmen verkaufen ihr jeweiliges Publikum an andere Unternehmen.Und im Fall der Elitemedien handelt es sich dabei um Großunternehmen.«

– zitiert aus: Chomsky, Noam; »Warum die Mainstreammedien ‹Mainstream› sind« (1997).

4. Vergleiche:

Wolff, Volker; „Medienwirklichkeit im Wandel – einige Schlaglichter" (1999) S. 32

6. Vergleiche:

   Meyn, Hermann; *Massenmedien in Deutschland (2001)* S. 33–9

7.

   »Daneben gibt es einen weiteren Mediensektor, nämlich die Elitemedien, die manchmal auch als die trendbestimmenden Medien bezeichnet werden, weil sie über die Mittel verfügen und den thematischen Rahmen abstecken, an den alle anderen sich halten müssen. Das sind Unternehmen vom Kaliber der New York Times und von CBS. Sie bedienen zum größten Teil die privilegierten Schichten. Leute, die die New York Times lesen, also Leute mit einem gewissen Einkommen oder Angehörige dessen, was manchmal als die politische Klasse bezeichnet wird, sind tatsächlich auf beständiger Basis am politischen System beteiligt. Sie gehören zur Managerschicht. Dabei kann es sich um Politiker, Wirtschaftsmanager wie die Topleute der Großkonzerne, akademisches Führungspersonal wie Universitätsprofessoren oder auch um Journalisten anderer Medienunternehmen handeln, die sich ebenfalls damit befassen, das Denken und die Weltsicht der Medienkonsumenten zu beeinflussen.

   Die Elitemedien stecken den Rahmen ab, in dem die restlichen Medien operieren. Wenn man sich Agenturen wie Associated Press ansieht, die eine permanente Nachrichtenflut ausstoßen, stellt sich heraus, dass dieser Strom vermischter Nachrichten jeden Nachmittag durch die Meldung unterbrochen wird: ‹An die Redaktionen: auf der Titelseite der New York Times werden morgen folgende Berichte erscheinen.› Wenn man beispielsweise Redakteur einer Zeitung in Dayton, Ohio, ist und nicht über die Ressourcen verfügt oder sich sowieso nicht die Mühe machen will, selbst an wichtige Nachrichten heranzukommen, erfährt man auf diesem Weg, was als ‹Nachricht› zu gelten hat, Damit wird dann die Viertelseite gefüllt, die für andere Themen als für Lokalberichte und Unterhaltung reserviert ist. Diese Berichte werden dann als Nachrichten von nationaler Bedeutung gebracht, weil die New York Times uns sagt, dass das die wichtigen Themen des morgigen Tages sind. Als kleiner Redakteur in Dayton, Ohio, hat man kaum eine andere Wahl, als es so zu machen, weil man nicht über viele andere Möglichkeiten verfügt, an Nachrichten heranzukommen. Wenn man vom vorgeschriebenen Weg abweicht und Berichte bringt, die den Unwillen der großen Zeitungen erregen, wird man das ziemlich bald zu spüren bekommen.

[...] Es gibt eine Menge von Machtmechanismen, durch die jemand, der aus der Reihe tanzt, wieder auf Linie gebracht werden kann. Wenn man versucht, das Regelwerk des Systems zu sprengen, wird man sich nicht lange darin halten können. All das funktioniert recht gut, und es ist nicht schwer zu erkennen, dass sich darin lediglich ganz offenkundige Machtverhältnisse äußern.«

– zitiert aus: Chomsky, Noam; »Warum die Mainstreammedien ‹Mainstream› sind« (1997).

8. Entsprechend heisst es in der Zusammenfassung der Dresdener Studie »Synchronisation Nachricht und Werbung« in Bezug auf deutschen Nachrichtenmagazine (Hagen, L., Flämig A., In der Au, A.-M. (2014). *Synchronisation von Nachricht und Werbung. Wie das Anzeigenaufkommen von Unternehmen mit ihrer Darstellung in Spiegel und Focus korreliert.* Publizistik 59(4), S. 367-386.): *»Als zentrales Ergebnis zeigt sich, dass über Unternehmen sowohl im Spiegel als auch im Focus erstens häufiger, zweitens freundlicher, drittens mit mehr Produktnennungen berichtet wird, je mehr Anzeigen diese Unternehmen schalten. Dieser Befund ist bedenklich. Nicht nur, weil er mit dem Spiegel ein Urgestein der deutschen Qualitätsmedienlandschaft trifft.«*

9. Vergleiche:

   Bunge, Mario; *Finding Philosophy in Social Science (1996)* S. 145–50, 277–81

   Bunge, Mario; *Social Science under Debate (1998)* S. 72–9

   Bunge, Mario; *The Sociology–Philosophy Connection (1999)* S. 165–71

   Bunge, Mario; *Philosophy in Crisis (2001)* S. 100–3, 125–7

   Bunge, Mario; *Emergence and Convergence (2003)* S. 129–48

   Coleman, James S.; »Microfoundation and Macrosocial Behavior«; in: Alexander, Jeffrey C.; Bernhard Giesen; Richard Münch; Neil J. Smelser (Hg.); *The Micro–Macro Link;* Berkeley, Los Angeles, London 1987, S. 153–75

10. Vergleiche:

    Bunge, Mario; Finding Philosophy in Social Science (1996) S. 278

11. Vergleiche:

    Ebenda: S. 278–9

12. Vergleiche:
    Bunge, Mario; *Social Science under Debate (1998)* S. 105–6
    Bunge, Mario; *Philosophy in Crisis (2001)* S. 42, 71, 112

13. Vergleiche:
    Bunge, Mario; *Finding Philosophy in Social Science (1996)* S. 280–1

14. Vergleiche:
    Bunge, Mario; *Emergence and Convergence (2003)* S. 135–7

15. Vergleiche:
    Bales, Robert Freed; *Social Interaction Systems (2001)* S. 92–101

16. Droste, Heinz W.; *AGIL - Kommunikation als kreativer Prozess;* Hückelhoven 2019, S. 195–266

17. Vergleiche:
    Droste, Heinz W.; *Praktikerhandbuch Investor Relations;* Stuttgart 2001, S. 112–28

18. Droste, Heinz W.; *Kommunikations-Strategie;* Hückelhoven 2018, S. 223–235

19. Vergleiche:
    Bunge, Mario; *Finding Philosophy in Social Science (1996)* S. 164–5
    Bunge, Mario; *Social Science under Debate (1998)* S. 206, 302, 334–53, 385–7, 412–7, 444–7 439–54
    Bunge, Mario; *Emergence and Convergence (2003)* S. 71–3, 121–2
    Bunge, Mario; *Political Philosophy (2009)* S. 322–5

20. Vergleiche:
    Bunge, Mario; Social Science under Debate (1998) S. 351

21. Vergleiche:
    Ebenda

»Mass persuasion is not manipulative when it provides access to pertinent facts; it is manipulative when the appeal to sentiment is used to the exclusion of pertinent information.«
(1)
Robert K. Merton

Kapitel 17

Wirkungsvolle Konzeptionstechnik:

Kompetenzen und Voraussetzungen

Das »Hyperboloid-Prinzip« der Konzeptionstechnik

Wir haben unseren Weg hin zu unserem Ziel, der Rekonstruktion der Konzeptionslehre als Soziotechnologie, beinahe abgeschlossen.

Mancher Leser wird in verschiedenen Kapiteln verstärkt das Gefühl gehabt haben, recht steile und beschwerliche Streckenabschnitte bewältigen zu müssen. Zum Trost sei an dieser Stelle gesagt, dass es dem Autor nicht anders gegangen ist.

Doch nun sind wir fast am Gipfel angekommen. Nur noch ein kurzer Abschnitt – eine kurze Steigung – und wir haben die Höhe erreicht, von der wir unser Projekt »Konzeptionstechnik« komplett überblicken können.

Beginnen wir unseren letzten Streckenabschnitt damit, ein Fazit aus den Betrachtungen des letzten Kapitels zu ziehen:

Wir haben mit den beiden Instrumenten *Basisanalyse von Kommunikationsprozessen* und *der rationalen Planung von Maßnahmen* die wesentlichen Werkzeuge der Konzeptions-Entwicklung kennen gelernt. Hierauf aufbauend verfügen wir nun über ein komplettes, zweigliedriges Konzeptions-Modell. Hierin werden Konzeptions-Entwicklung und Konzeptions-Umsetzung als fest integrierte Prozessschritte der Planung gehandhabt.

Planungsphase 1

In einer *ersten Planungsphase* wird die beschriebene Basisanalyse vorgenommen. Dabei werden parallel Schritt für Schritt Maßnahmen entwickelt und projektiert. Es ist das Prinzip der Basisanalyse, den Blickwinkel der Analyse Schritt für Schritt zu fokussieren, um Strukturen und Prozesse rund um das Klientensystem zu erfassen und schließlich innerhalb dieses Systems zu untersuchen.

Planungsphase 2

Am Ende der Analyse entwerfen wir einen flexiblen Maßnahmenplan, den wir zugrunde legen, wenn wir in die *zweite Planungsphase* übergehen und mit der laufenden Implementierung der konzipierten Maßnahmen beginnen.

Nachdem wir unseren Blick in der ersten Planungsphase bei der Betrachtung von Strukturen und Prozessen sozusagen »eingezoomt« haben, gehen wir nun schrittweise umgekehrt vor – wir benutzen systematisch Monitoring-Verfahren, deren Fokus von Betrachtungsebene zu Betrachtungsebene auszoomt.

Wir starten dabei mit einem ***Prozess-Monitoring***, in dessen Rahmen wir die von uns konzipierten Maßnahmen testen und dabei beobachten, wie diese auf die Umgebungen wirken und wie das Klientensystem sich bei der Umsetzung der Maßnahmen verhält. Gegebenenfalls passen wir nun unser Maßnahmenpaket an, um Wirkungen und Reaktionen zu optimieren.

Im Anschluss startet die laufende Umsetzung der Kommunikationsmaßnahmen.

Abgestuftes Monitoring

Parallel verfolgen wir laufend die Wirkungen dieser Maßnahmen auf allen relevanten Ebenen:

- *die Wirkungen auf die Kommunikationsprozesse innerhalb des Klientensystems **(Mikro-Monitoring),***
- *die Wirkungen auf die Umgebung des Klientensystems **(Meso-Monitoring)***
- *und die Wirkung auf die weitere Öffentlichkeit **(Meta-Monitoring).***

Anhand der Ergebnisse dieser unterschiedlich fokussierten Monitorings passen wir weiter laufend unser Maßnahmen-Konzept und unsere Implementierungsverfahren an.

Hyperboloidkonstruktion

Wir können uns das Prinzip dieses Planungsverfahrens anhand der grafischen Darstellung einer einschaligen Hyperboloidkonstruktion detailliert vergegenwärtigen.

Wir beginnen oben mit einem weiten Fokus der Betrachtung, den wir Ebene für Ebene verengen, um dann ab der Phase der Umsetzung den Fokus Schritt für Schritt wieder zu erweitern (*siehe Grafik auf der Folgeseite*):

Konzeptions-Kompetenzen

Um Konzeptionen gemäß dieses »Hyperboloid«-Prinzips zu realisieren, bedarf es gewiss mehr, als ein paar Bücher wie das vorliegende durchzuarbeiten.

Auch mit einem einzelnen Seminar zur Einführung in Konzeptionstechnik werden Konzeptions-Interessierte dieses Konzept nicht umsetzen lernen. Konzeptionslehre im Sinne einer Soziotechnologie lässt sich nicht in ein paar Tagen eintrainieren.

Konzeptions-Entwicklung nach Maßgabe empirisch-wissenschaftlichen Wissens erfordert das Engagement kompetenter Personen. Maßnahmen-

»Hyperboloid«-Prinzip der Konzeption: Analyse, Planung, Implementierung, Monitoring

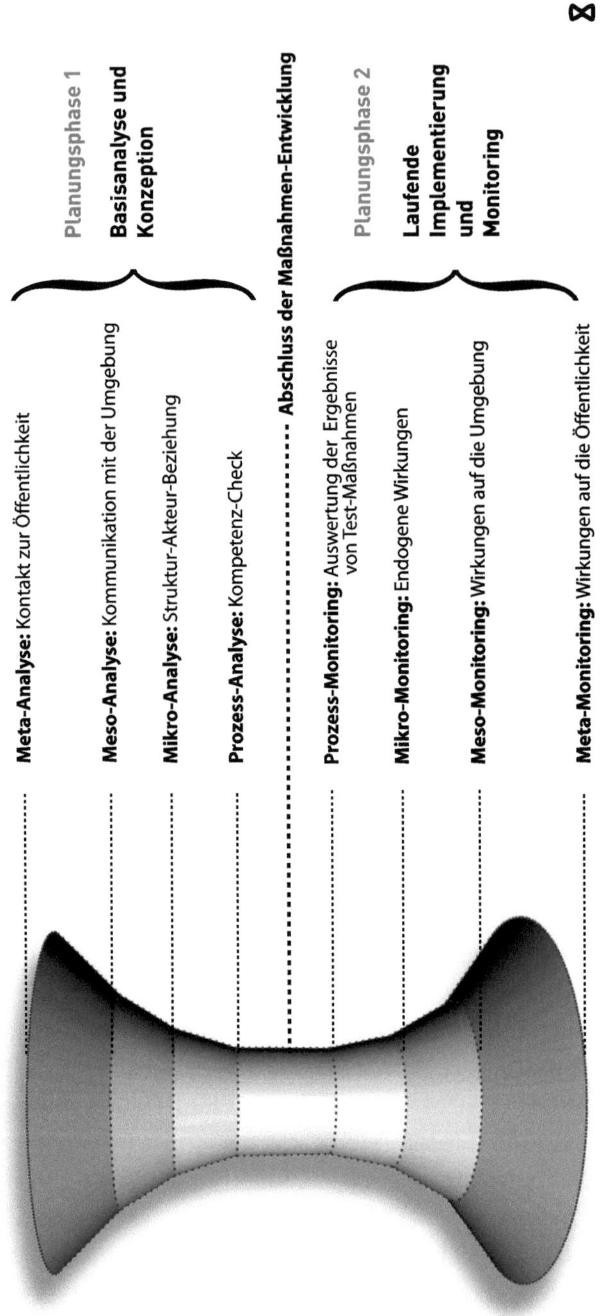

Konzepte entstehen nicht automatisch, auch wenn wir in den letzten Kapiteln eine Struktur für eine Vorgehensweise diskutiert haben, die in Umsetzungsprozessen implementiert werden kann.

Wie sehen die Kompetenzen eines Konzeptioners aus, der im hier vorgestellten Sinn erfolgreich als Soziotechnologe arbeitet?

Kompetenzen zukünftiger Konzeptioner

Offenbar sollte er zunächst einmal solide Erfahrungen aus früheren Kommunikations–Projekten haben. Er sollte insbesondere die Umsetzung von Maßnahmen beobachten und deren Ergebnisse beurteilen können. Er sollte aus eigener Erfahrung wissen, wie Maßnahmen im Einzelnen gesteuert und nachgesteuert werden.

Er muss Daten aus der empirischen Sozialforschung mit Blick auf Kommunikations-Mechanismen auswerten können und über eine solide Grundlage sozialwissenschaftlichen Wissens verfügen.

Darüber hinaus wird von ihm erwartet, dass er die Mitglieder des Projektteams fachlich anleiten kann. Er sollte deshalb in der Lage sein, Gruppenprozesse zu gestalten. Zudem muss er mit Klienten und deren Anforderungen und Kommunikationsbedürfnissen umgehen können.

Vierstufige Kommunikations–Kompetenz

Wir werden uns dieses komplexe Kompetenz–Profil genauer ansehen.

Um zunächst Ordnung in die Betrachtung der erforderlichen Fähigkeiten eines Konzeptioners zu bringen, arbeiten wir mit einem vierstufigen Konzept, das vier wesentliche Kommunikations–Kompetenzen unterscheidet:(2)

- ***Instrumentelle Kommunikations–Kompetenz*** –
  Konzeptioner haben ihr fachliches Instrumentarium zu beherrschen, um Maßnahmen zu entwickeln, die geschickt soziale Mechanismen nutzen und so die mit Klienten abgestimmten Ziele erreichbar machen.

- ***Strategische Kommunikations–Kompetenz*** –
  Konzeptioner sind in der Lage, die Bedürfnislage ihrer Klienten zu erkennen und Maßnahmen gezielt zur Umsetzung der Interessen der Klienten zu entwickeln.

- ***Soziale Kommunikations–Kompetenz*** –
  Konzeptioner können gezielt Netzwerke gestalten und Gruppenprozesse anleiten.

- ***Metakommunikations–Kompetenz*** –
  Konzeptioner können Wertorientierungen erkennen, diese problematisieren und gemeinsam mit Klienten bearbeiten. Sie leiten Klienten dabei an, die moralisch–ethische Beurteilung der eigenen Positionen und Meinungen zu diskutieren.

In diesem umfassenden Sinn hat ein Konzeptioner Klienten von seinen Fähigkeiten und Kompetenzen zu überzeugen und so deren Vertrauen zu gewinnen:

1. Kompetenz

Er benötigt zum Ersten dessen Vertrauen in seine Sachkompetenz, also seine Fähigkeit, Kommunikationsprozesse in ausreichendem Maß zu kontrollieren *(Instrumentelle Kommunikations–Kompetenz).*

2. Kompetenz

Zum Zweiten sollte der Klient dem Konzeptioner soweit trauen, dass er es diesem überlässt, für seine Organisation wichtige Ziele zu verfolgen. Er sollte sich sicher sein, dass der Konzeptioner in der Lage ist, diese mit Hilfe wirkungsvoller Mittel effektiv erreichbar zu machen *(Strategische Kommunikations–Kompetenz).*

3. Kompetenz

Da die Umsetzung von Maßnahmen in der Regel auf die Strukturen des Klientensystems und insbesondere auf wichtige Beziehungen zu Umgebungssystemen zurückwirkt, ist der Konzeptioner drittens darauf angewiesen, dass Klienten ihm die entsprechende Fähigkeit zum Umgang mit Systemen und Netzwerken zutrauen *(Soziale Kommunikations–Kompetenz).*

4. Kompetenz

Manche Maßnahmen setzen an der Kultur, an den Werten des Klientensystems an. Wertorientierungen sind offen zu diskutieren und gegebenenfalls zu bearbeiten. Konzeptioner sind also viertens darauf angewiesen, dass ihnen Klienten die entsprechende Kompetenz zutrauen und akzeptieren, sich von ihnen in moralisch–ethischen Fragen beraten zu lassen *(Metakommunikations–Kompetenz).*

Bringen Klienten Konzeptionern kein entsprechendes Vertrauen entgegen, stehen diese auf verlorenem Posten. Selbst perfekt entwickelte Konzeptionsansätze und Projektpläne können nicht umgesetzt werden, wenn dem Konzeptioner nicht zugetraut wird, in diesen Bereichen über angemessene Fähigkeiten zu verfügen. Fehlendes »Standing« in einem dieser Bereiche wird zur *»Self–destroying Prophecy«*, das heißt, jede Aktion des Konzeptioners und seines Teams droht von vornherein, mit der Erwartung beobachtet zu werden, dass Fehler auftreten. Auf diese Weise ist die Zusammenarbeit mit Klienten meist zum Scheitern verurteilt.

Kompetenzen ergänzen und ausbauen

(1) Instrumentelle Kompetenz ausbauen

Gewiss braucht es keine Zauberei oder Hexerei, um die meisten beschriebenen Kompetenzen zu erreichen.

Diese Fähigkeiten können durch Studium, Training und durch Praxiserfahrung weitestgehend erlernt werden.

Im Rahmen eines Studiums sozialwissenschaftlicher Fächer können wir die Basis schaffen für Kenntnisse rund um Kommunikations–Mechanismen und deren Beeinflussbarkeit.

Wichtig ist dabei, Methoden der empirischen Sozialforschung kennen zu lernen und ein Forschungspraktikum abzulegen, um beispielsweise das Entwickeln von Fragebögen, die Durchführung von Interviews sowie deren statistische Auswertung in der Praxis einzuüben.

Zukünftige Konzeptioner sollten empirische Daten aus Kommunikationssystemen selber erheben und analysieren können. Entsprechend sollten sie bereits vorliegende Studien und Daten beurteilen und für ihre Zwecke auswerten können.

Weiterhin benötigen Konzeptioner mehrjährige Projekterfahrung bei der Umsetzung von Kommunikations–Maßnahmen.

Sie sollten die Maßnahmen, die sie später im Rahmen ihrer Konzeptionen projektieren, möglichst aus eigener Erfahrung kennen. Sollten Konzeptioner mit Maßnahmen arbeiten, zu deren Umsetzung sie keine eigenen Erfahrungen haben, sollten sie in der Lage sein, sich etwa mit Hilfe von Praktikern Informationen über die Umsetzungsdetails und die zu erwartenden Begleiterscheinungen zu verschaffen, die fehlende Erfahrungen wettmachen.

Soweit zur *Instrumentellen Kommunikations–Kompetenz* – nun zur *Strategischen Kommunikations–Kompetenz*:

(2) Strategische Kompetenz ausbauen

Es gibt unter Konzeptionern und Kommunikationsberatern »strategische Naturtalente«, also Personen, die recht schnell das Vertrauen der Klienten zu gewinnen, in der Lage sind. Sie werden von ihnen bereitwillig umfassend in die Hintergründe der Organisations–Strategien eingeweiht. Aber wir »Normalsterblichen« müssen mühsam lernen, bei Klienten so viel Zutrauen zu erreichen, dass sie uns mehr oder weniger offen sagen, was ihre strategischen Intentionen und Zukunftsperspektiven sind. Noch schwieriger ist es, bei ihnen so viel Vertrauen zu erreichen, dass sie sich bei ihren Überlegungen von uns beraten lassen.

In diesem Feld können Konzeptioner ihre Kompetenz durch Coaching-Ausbildungen ausbauen, die sie berufsbegleitend absolvieren. Hier lernen sie in zwei bis drei Jahren die notwendigen Interventions-Methoden und Techniken.[3]

(3) Soziale Kompetenz ausbauen

Entsprechendes gilt für das Kompetenzfeld der *Sozialen Kommunikation*: Die meisten Konzeptioner werden nicht über ein natürliches Talent zur Veränderung von Sozialsystemen und zur Gestaltung von Netzwerken verfügen.

Sie können aber ebenfalls berufsbegleitend eine Qualifikation zur Moderation von Prozessen in Interaktionssystemen absolvieren und hier lernen, wie Gruppen durch gezielte Interventionen angeleitet und für einen offenen Austausch der Gruppenmitglieder vorbereitet werden.[4]

Auch für das vierte Kompetenz-Feld, die *Metakommunikations-Kompetenz*, gibt es lernbare Kriterien und studierbare Fakten, an denen sich kompetente und vertrauenswürdige Konzeptioner orientieren.

(4) Kulturelle Kompetenz ausbauen

Dass es solche »harten« moralisch-ethischen Fakten tatsächlich gibt, übersehen heute allerdings viele PR-Leute, Konzeptioner und Fachautoren. Deshalb wollen wir uns diesen Fakten, die, wie wir sehen werden, einen besonders großen Einfluss auf die Erfolgsaussichten unserer Kommunikations-Maßnahmen haben, ganz genau »unter die Lupe« nehmen.

Moralisch-ethische Qualifikation

Ethisch-moralische Kriterien haben eine besonders große Relevanz für die Anwender von Technologien, von Soziotechnologien und insbesondere für uns Konzeptioner.

Denn anders als Wissenschaftler, deren spezifische Aufgabe es ist, die Welt neutral und sachlich zu erkunden, fertigen Technologen Werkzeuge – materielle oder intellektuelle Instrumente – zur gezielten Gestaltung von Strukturen und Prozessen.[5]

Gerade Soziotechnologen wie wir Konzeptioner stellen anderen Personen Mittel zur Verfügung, die deren Einfluss auf andere Menschen vergrößern. Berücksichtigen wir dabei nicht in ausreichendem Maße ethisch-moralische Kriterien, stellen wir also nicht angemessen sicher, dass unsere Vorgehensweisen und Ziele moralisch legitimierbar sind, gehen wir hohe Risiken ein. Die daraus entstehenden Gefahren für unsere Maßnahmen, für unsere Klienten und für uns selbst sind vielfältig:

- *wird in der Öffentlichkeit bekannt, dass unsere Vorgehensweisen Interessen anderer Gruppen und Personen illigitimerweise einschränken, werden unsere Versuche, Meinungen in unserem Sinne zu beeinflussen, unvermeidbar scheitern*

- *darüber hinaus riskieren wir durch die Nutzung nicht legitimierbarer Vorgehensweisen, dass Schäden für unseren Klienten und dessen Organisation entstehen – wir riskieren, dass er seinen »guten Ruf« möglicherweise für lange Zeit verliert*

- *außerdem schaden wir uns als Konzeptioner und als Konzeptions-Team selber – wir riskieren, unser Ansehen in der Branche und bei unseren Klienten zu verspielen*

Risikopotenzial mangelhafter Reflektion

Allerdings ist mit diesen Punkten das Risiko-Potential, das in mangelhafter moralischer Reflexion von Kommunikations-Maßnahmen steckt, längst noch nicht vollständig beschrieben. Das hängt damit zusammen, dass wir als Anwender von Techniken zur Beeinflussung von öffentlichen Meinungen große gesellschaftliche Verantwortung tragen. – Das hört sich wie ein »Allgemeinplatz« an – sollte aber unbedingt ernst genommen werden – viel ernster, als wir uns dies in der Tagesarbeit oft bewusst machen.

Um zu der angemessenen Ernsthaftigkeit mit Blick auf diese soziale Verantwortung zu gelangen, schauen wir uns die beeindruckende Studie von Robert K. Merton an, welche dieser im Jahr 1945 abgeschlossen und im Jahr 1946 veröffentlicht hat.

Gefährdung des sozialen Friedens

Unter dem Titel »*Mass Persuasion – The Social Psychology of a War Bond Drive*« legte Merton die Ergebnisse einer Untersuchung vor, die sich mit den Folgen der Beeinflussung öffentlicher Meinung durch den Einsatz von Massenmedien beschäftigte.[6]

Er analysierte an einem konkreten Fall, welche Mechanismen bei der Gestaltung öffentlicher Meinungen zum Einsatz kamen und welche Auswirkungen dabei zu beobachten waren.

Kriegs-anleihen-Tag 21.09.1943

Der betrachtete Fall war der »Kriegs-Anleihen-Tag«, den das CBS-Radio am 21. September 1943 USA-weit veranstaltete.[7] Der populäre Radio-Star Kate Smith moderierte an diesem Tag über 18 Stunden – von morgens um acht Uhr bis nachts um zwei Uhr – eine Sendung, in der sie jeweils im Rahmen von Ein- bis Zwei-Minuten-Beiträgen die Hörer zum Zeichnen amerikanischer Kriegsanleihen aufforderte, wobei sie auf moralisch recht zweifelhafte Weise starken Druck auf die Zuhörer ausübte. Sie erreichte an diesem Tag mit ihren Zeichnungs-Aufforderungen ca. 23 Millionen Amerikaner. Resultat dieser eintägigen »Kriegsanleihen-Kampagne« (»War Bond Drive«) war, dass tatsächlich Anleihen in einem Wert von 39 Millionen Dollar gezeichnet wurden.

Merton hatte sich damit für seine Untersuchung ein Beispiel äußerst »erfolgreicher« Massenbeeinflussung vorgenommen. – Kommen wir zu seinen Ergebnissen:

Was waren aus seiner Sicht die wichtigsten Implikationen seiner Untersuchung der am 21. September 1943 eingesetzten Kommunikationstechniken?

Merton hielt es für seine Haupterkenntnis, dass er im Rahmen seiner Studie die »moralische Dimension« der Massenkommunikation entdeckte:

Er stellte fest, dass es eine enge Wechselwirkung zwischen Kommunikationstechnik und Moralität gibt.

Aus seiner Sicht muss sich jeder Konzeptioner von Kommunikations-Maßnahmen mit moralischen Fragen beschäftigen, wenn er Kommunikationstechniken zur Beeinflussung sozialer Systeme einsetzt. Insbesondere dann, wenn effektive Massenbeeinflussung angestrebt wird und die »Effektivität« von Maßnahmen daran gemessen wird, wie viele Menschen dadurch zu einem bestimmten Verhalten und zu einer Meinung genötigt werden. In diesem Fall wird nämlich die Wahl der Mittel durch enge technische Gesichtspunkte bestimmt, die moralische Kriterien zu verletzen drohen. Moralität wird dabei häufig zugunsten des Interesses an technischer Kommunikationswirkung beschnitten.

»Kommunikationstechniker« müssen aus Mertons Sicht grundsätzlich entscheiden, ob sie tatsächlich Methoden einsetzen, die mit demokratischen Wertvorstellungen in Konflikt stehen.

Konflikt zwischen Demokratie und Manipulation

Insbesondere müssen sie sich genau überlegen, ob sie verantworten können, an Gefühle und Ängste des Massenpublikums zu appellieren, *um Privatinteressen effektvoll als Interessen der Allgemeinheit auszugeben.*

Denn, was passiert beispielsweise am Ende mit den Persönlichkeiten von Menschen, denen über einen längeren Zeitraum »eingehämmert« wird, dass sie sozial geächtet werden, wenn sie nicht ein bestimmtes Mittel zur Bekämpfung ihres Mundgeruchs oder ihres Körpergeruchs kaufen? Oder wesentlich folgenschwerer – was sind die Auswirkungen, wenn die Eltern von Soldaten, die irgendwo an der Front kämpfen, durch das Argument terrorisiert werden, sie würden das Leben ihres Sohnes und seine Heimkehr gefährden, wenn sie heute keine Kriegs–Anleihen zeichnen?[8]

Mertons Antwort ist aufrüttelnd:

Eine Gesellschaft, die ihre Kommunikationstechniker unablässig einen Fluss von »effektiven« Halbwahrheiten auf die Bevölkerung ergießen lässt, um ihre Ängste auszubeuten, wird schließlich das Zutrauen und das gegenseitige Vertrauen verlieren, das für die Erhaltung der Stabilität der sozialen Strukturen einer Gesellschaft wichtig ist.

Aus Mertons Sicht wirkt manipulative Meinungsbeeinflussung in einer Gesellschaft massiv destabilisierend.

Deshalb darf Meinungsbildung seiner Ansicht nach nicht manipulativ sein, das heißt, sie muss stattdessen den Zugang zu sachlichen Informationen eröffnen und darf nicht einseitig an Gefühle zu appellieren, um so den Blick auf sachliche Hintergründe zu verstellen.[9]

Public Relations = Propaganda?

Merton ist davon überzeugt, dass die Anwendung von Techniken der manipulativen Beeinflussung öffentlicher Meinung Gesellschaften destabilisiert.

Wenn Kommunikations–Verantwortliche die moralische Dimension ihrer Kommunikationstechniken außer acht lassen und beispielsweise systematisch Ängste in der Bevölkerung schüren, kann die für den sozialen Frieden in einer Demokratie notwendige Akzeptanz der Gesellschaftsordnung verloren gehen.

Zukünftige Haltung gegenüber Propaganda

Zur Bezeichnung der risikoreichen manipulativen Kommunikation verwendet Robert K. Merton in seiner Studie den Begriff der »Propaganda«. Wir wollen im Weiteren an diesen Begriff anknüpfen und uns fragen, welche Bedeutung solche »Propaganda« für den Alltag der professionellen Beeinflussung der Öffentlichkeit hat. Was haben beispielsweise Public Relations mit Propaganda zu tun? Welche Haltung nehmen wir zukünftig als Konzeptioner zur Verwendung von Propaganda–Maßnahmen ein?

Der deutsche Kommunikationswissenschaftler Michael Kunczik ist gewiss nicht der einzige Beobachter, der die Begriffe »Public Relations« und »Propaganda« synonym verwendet. In seinem in Deutschland verbreiteten Lehrbuch *»Public Relations – Konzepte und Theorien«* behauptet er, dass alle Versuche, Werbung, PR und Propaganda zu unterscheiden sinnlos wären.[10] Er behauptet weiter, dass die Gleichsetzung von Propaganda und PR als Tradition fest in der Geschichte der Public Relations verankert sei.

Stimmt das tatsächlich?

Wir müssen der Behauptung Kunczıks, wie das Folgende zeigen wird, weitestgehend zustimmen, sollten im Detail aber wichtige Präzisierungen vornehmen.

Dazu begeben wir uns auf eine kleine historische »Fährtensuche« zur Aufdeckung der Beziehung der PR zur Propaganda:

Geschichte der Propaganda

Zum ersten Mal tauchte der Begriff Propaganda, der sich vom lateinischen Verb »propagare« – deutsch: »verbreiten« – ableitet, auf, als Papst Gregor XV. im Jahr 1622 eine neue Institution zu Glaubensverbreitung schuf.[11] Zu diesem Zeitpunkt expandiert der Protestantismus rasend schnell und erschütterte die katholische Welt. Der Papst initiierte deshalb die »Congregatio de propaganda fide« – die Kongregation zur Verbreitung des Glaubens –, welche die Aufgabe hatte, die missionarischen Maßnahmen der Kirche auf der ganzen Welt zu steuern.

Der Begriff Propaganda wurde bis zum Ersten Weltkrieg allerdings weitestgehend neutral verwendet. Er bezeichnete den Vorgang des Verbreitens von

Informationen und Ansichten – dabei klangen noch nicht Vorstellungen von »Manipulation«, »professionellem Lügen«, »Übervorteilung« usw. mit.

Während des Ersten Weltkrieges änderte sich die Situation, als im Jahr 1917 in den USA die so genannte *»Creel–Commission«, das »Committee on Public Information« (»Komitee für Öffentlichkeits–Information«)* gegründet wurde.[12] Die Gründung dieser Kommission wird heute oft als Geburtsstunde der professionellen Public Relations in den USA betrachtet.

Woodrow Wilsons Friedensversprechen

Hintergrund war, dass der damalige amerikanische Präsident Woodrow Wilson im Jahr zuvor mittels eines Friedensversprechens seine Landsleute erfolgreich dazu motiviert hatte, ihn zum Präsidenten zu wählen. Die Amerikaner waren zu diesem Zeitpunkt – zumindest was die Außenpolitik anging – ein friedliebendes Volk und wollten sich nicht an dem im Jahr 1914 ausgebrochenen Krieg in Europa beteiligen.

Präsident Wilson wollte sich aber insgeheim durchaus in den Krieg einmischen und sich auf die Seite der Engländer schlagen, um diese in ihrem Kampf gegen die deutschen Truppen zu unterstützen. Wilson hatte nun das Problem, dass er dazu die pazifistische Bevölkerung erst einmal in eine kriegslüsterne, anti–deutsche Masse zu verwandeln hatte. Denn es mussten kurzfristig viele tausend hochmotivierte Soldaten nach Europa verschifft werden.

Zur Lösung dieses Problems setzte Wilson zusammen mit seinen Beratern auf die systematische Manipulation seiner Landsleute, zu deren Umsetzung besagte Creel–Commission eingesetzt wurde.

Kommission verbreitet Kriegs–Hysterie

Die Kommission arbeitete mit großem Erfolg – innerhalb weniger Monate hatte sich im ganzen Land eine beispiellose Kriegshysterie ausgebreitet. Die USA konnten kurzfristig aktiv in den Krieg eingreifen.

Das brachte allerdings nicht nur den Sieg, sondern hatte auch Folgen, die vielen Beteiligten erst nach den Siegesfeiern klar wurden:

Die Amerikaner hatten zahlreiche Kriegsopfer zu beklagen, zahlreiche Ex–Soldaten kamen als Versehrte oder durch schwere psychische Schäden gezeichnet in die Heimat zurück.

Als Spätfolge der Arbeit der Kommission müssen wir heute auch die Wirkung betrachten, die sie auf den Führer der Nationalsozialistischen Bewegung in Deutschland hatte. Adolf Hitler war durch die Arbeit der von Wilson eingesetzten Manipulations–Experten höchst beeindruckt. Er schwärmte förmlich davon, wie wirkungsvoll es war, die Deutschen den Amerikanern gegenüber als Volk von »Barbaren und Hunnen« zu stilisieren. In *»Mein Kampf«* geht Hitler sogar so weit zu behaupten, Deutschland habe den Ersten Weltkrieg deshalb verloren, weil es im Propaganda–Kampf unterlegen sei.[13] Hitler und seine Komplizen waren höchst lernbereit und etablierten während des »Dritten Reichs« ihr berüchtigtes »Propaganda–Ministerium«, mit dem sie die deutsche Bevölkerung systematisch terrorisierten.

Die Creel–Commission und die Entstehung moderner PR

Doch was hat nun diese Meinungsbeeinflussungs–Maschinerie, diese Organisation für Propaganda, mit modernen Public Relations zu tun?

Um diese Frage zu beantworten, schauen wir einmal auf die »Köpfe«, die während des ersten Weltkrieges in der Creel–Commission zusammenkamen.

Eine der heute noch bekannten Personen, die damals eine wichtige Rolle spielten, war Edward Bernays, der international als einer der wichtigsten »Gründerväter« der modernen PR gilt.[14].

Er begann nach der Auflösung der Kommission eine glänzende Karriere als PR–Fachmann für Auftraggeber aus der Politik und aus der Wirtschaft. Auch als PR–Fachautor machte er sich einen Namen.

Im Jahr 1928 veröffentlichte er sein wichtigstes Buch unter dem Titel *»Propaganda«*, das selbst für die heutigen Public Relations noch Maßstäbe setzt. [15]

Freuds Neffe Edward Bernays setzt Maßstäbe

In diesem Buch greift Bernays explizit seine Arbeit aus dem Krieg auf, und zeigt, welche Lehren er aus den Erfolgen der Creel–Commission gezogen hat.

Er behauptet, diese Erfolge hätten die Tatsache belegt, dass das Denken einer Öffentlichkeit genauso »dirigiert« werden kann, wie eine Armee die Körper ihrer Soldaten dirigiert. Er war der Überzeugung, dass die Kommission neue Techniken der »Reglementierung des Geistes« entwickelt hätte, die nun – nachdem der Krieg beendet ist – von einer wohlwollenden und intelligenten Elite genutzt werden sollten, um die Meinungen und das Verhalten der »unwissenden« und »unreifen« Bevölkerung zu steuern. Mittels der neuen bewährten Techniken hielt er dies von nun an für praktizierbar.

Tatsächlich konnte er in seiner langen Berufskarriere eine Menge erstaunlicher PR–Erfolge vorweisen. Einer seiner größten Coups landete er im Auftrag der Zigaretten–Industrie – er erdachte eine PR– und Werbekampagne, um Frauen das Rauchen »schmackhaft« zu machen. Bis dahin galten rauchende Frauen als »verrucht«. Damit machte Bernays Schluss. Er ließ bekannte Models und Filmstars in der Öffentlichkeit mit Zigaretten im Mund auftreten. Rauchen für Damen wurde »chic« – und das obwohl Bernays zu diesem Zeitpunkt schon gewusst haben dürfte, welche gesundheitlichen Risiken mit dem Tabakgenuss verbunden sind. Die Veröffentlichung der Ergebnisse von entsprechenden wissenschaftlichen Untersuchungen wurde zu diesem Zeitpunkt allerdings unterdrückt.[16]

Ein weiteres bekanntes Beispiel seiner »Erfolge« war seine Rolle bei der Destabilisierung der Regierung in Guatemala im Jahr 1953. Im Auftrag der United Fruit Company streute er das Gerücht, Guatemala sei kommunistisch unterwandert. Die demokratisch gewählte Regierung von Jacobo Arbenz Guzmán konnte daraufhin durch einen von den Vereinigten Staaten unterstützten Putsch gestürzt und durch das Regime des Diktators Carlos Castillo Armas ersetzt werden, ohne dass sich dagegen wirkungsvoller Widerstand in der amerikanischen Bevölkerung zeigte.[17]

Die Mechanismen der Propaganda

Dass Bernays solche Wirkungen nicht durch einfache Pressemitteilungen oder durch die Organisation von ein paar Pressekonferenzen erreichen konnte, ist nach unserem gemeinsamen Weg durch die Hintergründe von Konzeptionstechnik in diesem Buch überdeutlich.

Mechanismen der Propaganda

Was steckt tatsächlich hinter dieser Propaganda, was sind ihre Mechanismen? Wie sieht das Modell aus, nach dem Propaganda–Experten wie Edward Bernays arbeiten?

In seinem bekannten PR–Fachbuch *»Propaganda«* aus dem Jahr 1928 gewährt uns Bernays bereitwillig Einblicke in die Hintergründe.

Wir werden ein paar Seiten lang bei seinem Werk verweilen und hautnah verfolgen, wie der »Gründervater der PR« die Operationsweise seines Instrumentariums präsentiert. Er verspricht uns, die Mechanismen zu enthüllen mit denen die Öffentlichkeit gesteuert wird:

> *»Dieses Buch erläutert die Strukturen und Mechanismen, mit denen das öffentliche Bewusstsein gesteuert wird. Es zeigt, wie Akteure, die das Wohlwollen der Öffentlichkeit für eine Idee oder ein Produkt gewinnen wollen, dieses Bewusstsein manipulieren.«*[18]

Bernays verweist gerne auf das Creel–Projekt, durch das er sein Propaganda–Wissen erlangte, welches er nun in Friedenszeiten schlau neuen Anwendungen zuführt:

> *»Der grandiose Erfolg der Propaganda im Krieg hat den Weitsichtigen die Augen geöffnet für die Möglichkeiten von Manipulation der Massenmeinung in allen Bereichen des Lebens. […] Es war also nur logisch, dass denkende Menschen sich fragten, ob es nicht möglich sei, eine ähnliche Technik auch für die Probleme in Friedenszeiten anzuwenden.«*[19]

In diesem Zusammenhang möchte Bernays Propaganda als Mechanismus verstanden wissen. Dazu definiert er folgendermaßen:

> *»Propaganda ist der Mechanismus, mit dem Ideen im großen Stil gestreut werden, hier im weiteren Sinne verstanden als der wohlorganisierte Versuch, einen bestimmten Glauben oder eine Doktrin zu verbreiten.«*[20]

Bernays liefert nicht nur Begriffsklärungen, er offenbart wie der *»Mechanismus Propaganda«* funktioniert.

Er erläutert *vier wesentliche Faktoren.*

Macht–Faktor

Als *ersten und wichtigsten Faktor*, macht er die *politische Macht* aus, welche das Instrument der Propaganda einsetzt, um die »demokratischen Massen« in Schach zu halten:

> *»Es schien, als würden nun die Massen die Macht übernehmen. Mittlerweile hat allerdings eine Gegenreaktion eingesetzt. Die herrschende Minderheit hat ein mächtiges Instrument entdeckt, mit dem sie die Mehrheit beeinflussen kann. […] Wann immer etwas von allgemeiner Bedeutung unternommen werden soll, [...] dient Propaganda den unsichtbaren Herrschern als Mittel zur Durchsetzung.«*[21]

Propaganda setzt seiner Ansicht nach eine politische Elite voraus, die hinter den Institutionen steht, und Einfluss genug hat, um die öffentliche Meinung »intelligent« zu steuern:

»Ob es uns gefällt oder nicht, Tatsache ist, dass wir in fast allen Aspekten des täglichen Lebens, ob in Wirtschaft oder Politik, unserem Sozialverhalten oder unseren ethischen Einstellungen, von einer (angesichts von 120 Millionen US-Bürgern) relativ kleinen Gruppe Menschen abhängig sind, die die mentalen Abläufe und gesellschaftlichen Dynamiken von Massen verstehen. Sie steuern die öffentliche Meinung, stärken alte gesellschaftliche Kräfte und bedenken neue Wege, um die Welt zusammenzuhalten und zu führen.«[22]

Solche Art der Machtausübung sieht Bernays als Existenzvoraussetzung demokratischer Gesellschaften:

»Die bewusste und zielgerichtete Manipulation der Verhaltensweisen und Einstellungen der Massen ist ein wesentlicher Bestandteil demokratischer Gesellschaften. Organisationen, die im Verborgenen arbeiten, lenken die gesellschaftlichen Abläufe. Sie sind die eigentlichen Regierungen in unserem Land.«[23]

Wirtschafts-Faktor

Als *zweite Voraussetzung* der Funktion von Propaganda sieht Bernays die umfassende *wirtschaftliche Macht* zur Nutzung eines umfassenden »Publizitätsapparats«. Denn:

»Zur Platzierung ihrer Botschaften setzen Propagandaspezialisten alle Medien ein, die die Menschen täglich zum Gedankenaustausch gebrauchen. Kein Mittel der menschlichen Kommunikation könnte nicht auch als Instrument gezielter Propaganda verwendet werden […]«[24]

Die erforderliche Kontrolle über die Massenmedien ist sehr kostspielig, so dass sie nur wirklich bedeutenden Akteuren zur Verfügung steht:

»Es ist teuer, die gesellschaftliche Maschine zu manipulieren. […] Will man durch Werbung fünfzig Millionen Menschen erreichen, so kostet das viel Geld.«[25]

Der Einsatz von Propaganda setzt aus Bernays Sicht massive politische Macht sowie Wirtschaftsmacht zur umfassenden Nutzung von Massenmedien voraus. Bernays stellt zwei weitere Faktoren heraus:

Propaganda setzt als *dritten Faktor* voraus, dass deren Nutzer *soziale Institutionen kontrollieren* und die ganze Bevölkerung durchziehende Netzwerke beherrschen.

Sozialer Faktor

Er verweist in seinem Buch auf die seiner Meinung nach beispielhafte Vorgehensweise der Creel–Comission. Diese versicherte sich, *»von ganzen Burschenschaften, Religionsgemeinschaften, Wirtschaftsvereinigungen, patriotischen Vereinen, sozialen und regionalen Gruppen«*[26] unterstützt zu werden, denn:

> *»Die Nutzung der gesellschaftlichen Gruppenstrukturen ist eine der* effektivsten Methoden zur Verbreitung neuer Ideen.«[27]

Kultureller Faktor

Der *vierte Faktor* den Bernays ausmacht, ist die *Macht über kulturelle Ressourcen*. Propaganda braucht seiner Meinung nach Schlüsselpersonen, die an der Seite der Propaganda–Spezialisten stehen und über die persönliche Macht und Überzeugungskraft verfügen, die Gedanken, die Gefühle und den Geschmack der Bevölkerung zu bestimmen – *»deren Wort für Hunderte, Tausende oder gar Hunderttausende Gewicht«*[28] haben – Personen wie beispielsweise Walter Lippmann, der Journalist und Autor, mit dem Bernays beim Creel–Projekt zusammenarbeitete.

Lippmann überzeugte die amerikanischen Intellektuellen von dem Dogma, dass die Bürger in der modernen Massengesellschaft mehr oder weniger unfähig sind, klare Gedanken zu fassen und deshalb ausschließlich gemäß eines Herdentriebs und aufgrund von Vorurteilen handeln.[29] Dadurch »legitimierte« er Bernays› Fazit in Bezug auf die durchschlagende Wirkung, die der Mechanismus der Propaganda in einer Demokratie hat:

> *»Wir werden von Personen regiert, deren Namen wir noch nie gehört haben. Sie beeinflussen unsere Meinungen, unseren Geschmack, unsere Gedanken. Doch das ist nicht überraschend, dieser Zustand ist nur eine logische Folge der Struktur unserer Demokratie: Wenn viele Menschen möglichst reibungslos in einer Gesellschaft zusammenleben sollen, sind Steuerungsprozesse dieser Art unumgänglich.«*[30]

Durch Edward Bernays› Hilfe sind wir nun in der Lage, abschließend das komplette »Modell der Propaganda« zu zeichnen:

Das Propaganda-Modell

Kulturelle Macht zur Nutzung von Prozessen und Techniken der Meinungsbeeinflussung **Macht über kulturelle Ressourcen**	Beherrschen von Netzwerken für die Übertragung gestalteter Meinungen und Standpunkte **Kontrolle über soziale Institutionen**
Wirtschaftliche Macht zur Nutzung eines massenmedialen Publizitätsapparats **Medien- und Wirtschaftsmacht**	Politischer Einfluss zur Stützung und Absicherung von Beeinflussungszielen **Politische Macht**

Es wird deutlich, dass dieses Modell lediglich von Personen, Personengruppen und Organisationen gehandhabt werden kann, die in einer Gesellschaft über beherrschende Machtpositionen parallel in vier Bereichen verfügen – in der Politik, in der Wirtschaft, in wichtigen sozialen Organisationen und in kulturellen Institutionen:

- *Sie verfügen über ausreichend **wirtschaftliche Macht**, um Massenmedien soweit zu nutzen, dass sie ihre Beeinflussungs–Zielgruppen über einen langen Zeitraum einem multimedialen »Meinungs–Dauerfeuer« aussetzen können.*

- *Anwender von Propaganda verfügen über ausreichenden **politischen Einfluss** um ihre Beeinflussungsziele zu stützen und gegen politischen Widerstand durchzusetzen.*

- *Sie **beherrschen wichtige soziale Netzwerke** soweit, dass sie diese nutzen können, um ihre Meinungen und Standpunkte massiv bei den Akteuren in verschiedensten Sozialsystemen durchzusetzen.*

- *Weiterhin haben sie die **kulturelle Macht**, um gewünschte Meinungen durchzusetzen – in Form von Einfluss auf Intellektuelle, auf Ausbildungs–Institutionen, etwa das Schulsystem oder die Universitäten eines Landes, auf Künstler usw.*

Ohne solche Schlüsselpositionen inne zu haben, kann niemand erwarten, Meinungen in der Weise zu beeinflussen, wie Bernays es in seinem Buch als Propaganda–Anwendung beschreibt.

Keine Propaganda ohne Macht–positionen

Wenn wir heute seine großen »PR–Coups« betrachten, wird deutlich, dass Bernays› »Erfolge« nur mithilfe der Macht möglich waren, die seine Auftraggeber im Hintergrund einsetzten.

Bernays› Kampagne gegen die Regierung Guatemalas war nur aufgrund des politischen Einflusses seines Auftraggebers – der United Fruit Company – auf die US–amerikanische Regierung möglich. Ohne einen großen Etat zur umfassenden Nutzung von Massenmedien zur Verbreitung von »Halbwahrheiten« über die demokratisch gewählte, angeblich kommunistisch unterwanderte Regierung in Guatemala hätte er die Bevölkerung nicht überzeugen können. Weitere wichtige Faktoren seiner Kampagne waren unterstützende Aktivitäten von sozialen und kulturellen Institutionen sowie von politischen Organisationen. So intervenierte die CIA vor Ort, um den oppositionellen Putschisten zum Erfolg zu verhelfen.[31]

Entsprechendes gilt für den zweiten bekannten »Bernays–Coup«, den wir hier erwähnt haben:

- *Ohne den politischen Einfluss der Tabakindustrie, die damals wissenschaftliche Erkenntnisse über die Schädlichkeit von Nikotin unterdrücken konnte,*
- *ohne Etats für massive Medien–Kampagnen,*
- *ohne die Unterstützung von Wirtschaftsverbänden und*
- *ohne die »kulturelle« Unterstützung durch weibliche Prominente, die im PR-Auftrag in der Öffentlichkeit provozierend genussvoll rauchten,*

hätte Bernays die »Damenwelt« nicht zur Zigarette bekehren können.

Anhand des Propaganda–Modells erkennen wir, dass PR–Professionals und PR–Agenturen durchaus Teil einer Propaganda–Maschinerie sein können.

Aber das eigentliche Ingangsetzen ihres Mechanismus setzt eine Organisation und eine politische sowie ökonomische Macht voraus, die PR–Leuten selber nicht zur Verfügung steht. Die Erward Bernays zugeschriebenen Erfolge, sind nur oberflächlich betrachtet ihm selbst zuzuschreiben – die materiellen Voraussetzungen für sie lagen woanders.

Wir können also feststellen, dass in der Geschichte der Öffentlichkeitsarbeit Public Relations und Propaganda durchaus miteinander in Kontakt getreten sind. PR und Propaganda gleichzusetzen, würde aber bedeuten, die materiellen Bedingungen und die dahinter ablaufenden Mechanismen zu übersehen.

Insoweit müssen wir also der weit verbreiteten These widersprechen, PR und Propaganda wären ein und dieselbe Sache.

Die Berufsorganisationen der PR–Leute wehren sich bekanntlich schon lange vehement gegen diese These.

Verhaltensgrundsätze der PR–Branche

Die PR–Berufsverbände weltweit haben deshalb in den letzten Jahrzehnten zahlreiche Verhaltensgrundsätze und Ehrenkodizes verabschiedet und in ihre Satzungen aufgenommen. Moralische Integrität und Loyalität gegenüber demokratischen Werten gehören zum festen »Werte–Programm« der PR–Berufskultur.[32]

Inwieweit diese Kultur tatsächlich gelebt wird, könnte anhand von empirischen Untersuchungen konkret nachvollzogen werden. Und aus unserer Erfahrung heraus können wir gewiss sagen, dass es viele PR–Leute gibt, die sich gewissenhaft an die Kodizes ihres Berufsverbands halten.

Allerdings zeigen kritische Beobachtungen auch, dass das von Bernays beschriebene Propaganda-Modell auch heute noch von mächtigen Akteuren – etwa von Medienkonzernen und großen Industrieverbänden – folgenreich genutzt wird.
Als Helfershelfer – wenn auch mit viel weniger Einfluss, als sich dies Außenstehende meist vorstellen –, sind dabei trotz aller anders lautender Verhaltensgrundsätze stets auch »leichtsinnige« PR-Agenturen und PR-Professionals beteiligt.

Gerade daran zeigt sich, dass uns Konzeptionern und Soziotechnologen als Richtschnur unserer Arbeit kein Ehrenkodex oder Verhaltensgrundsatz ausreicht.

In unserer Technologie spielen ethisch-moralische Erwägungen eine zentrale Rolle. Zum Abschluss des Kapitels werden wir uns das mit Hilfe eines kleinen Modells vergegenwärtigen:

Die Nutzung von Propaganda gehört zu den manipulativen Vorgehensweisen, die Robert K. Merton schon im Jahr 1946 kritisierte, weil sie demokratische Gesellschaften destabilisieren und sich mit den Wertvorstellungen solcher Gesellschaften nicht vereinbaren lassen.

Moral spielt stets eine Rolle.

Als Konzeptioner setzen wir in unserem Technologie-Approach dem beschriebenen Propaganda-Modell deshalb explizit ein Modell entgegen, in dem die »moralische Dimension« unserer Soziotechnologie eine feste, im Tagesgeschäft nicht zu übersehende Größe wird.

Es ist das *Moderations-Modell der Konzeptionstechnik (siehe Grafik auf der Folgeseite)*:

Konzeptioner moderieren verantwortungsvoll gesellschaftliche Interaktionsprozesse. Das heißt, sie setzen wirkungsvolle Kommunikations-Maßnahmen ein, um die individuellen und partikularen legitimen Interessen ihrer Klienten und deren Organisationen zu verfolgen *(siehe links im Modell)*.

Zu dieser Verfolgung legitimer Interessen gehört grundsätzlich, dass die Bedürfnisse des Klienten mit den Interessen und Bedürfnissen der betroffenen Personen und Gruppen außerhalb des Klientensystems abgeglichen werden. Klienteninteressen sind nur insoweit durchsetzungswürdig als die legitimen Ansprüche und Bedürfnisse von Außenstehenden nicht verletzt werden, sondern möglichst sogar gefördert werden *(siehe im Modell rechts)*.

Moderations-Modell der Konzeptionstechnik

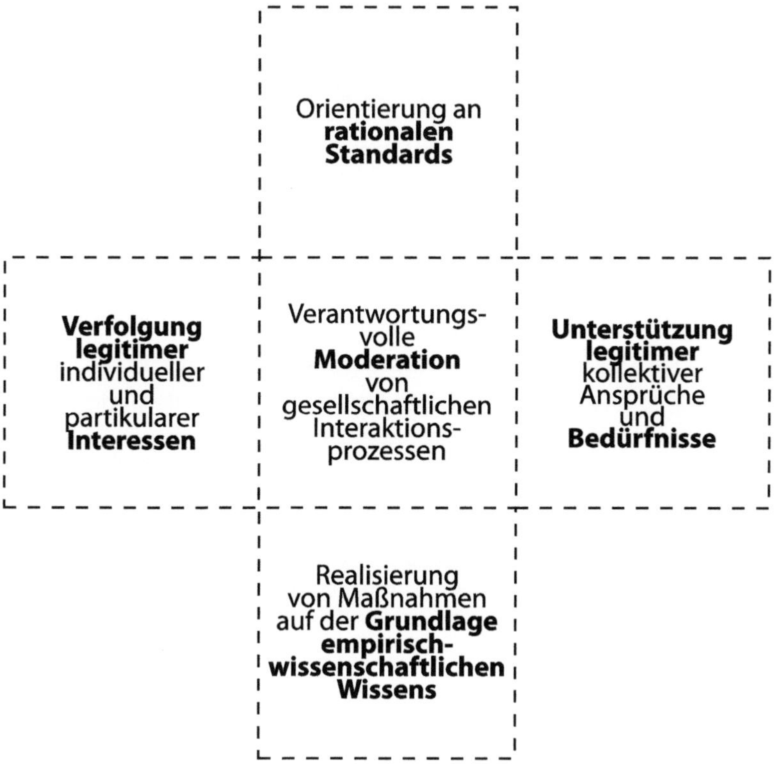

Konzeptioner orientieren sich bei ihrer Arbeit an rationalen Standards *(siehe oben im Modell)*,

- *indem sie konsequent moralische Kriterien umsetzen,*
- *indem sie sich an den bewährten Standards empirischer Wissenschaften orientieren,*
- *indem sie sich an bewährten praktischen Konventionen erfolgreicher Technologien orientieren.*

Konzeptioner planen auf der Grundlage empirisch–wissenschaftlicher Kenntnisse.

Sie entwickeln ihre Maßnahmenpläne auf der Grundlage gültigen Wissens über soziale Mechanismen und deren Potenzial zur Gestaltung von Kommunikationsprozessen *(siehe im Modell unten).*

Wer sich als Konzeptioner nicht an dieses oder ein ähnliches Modell und insbesondere an seine grundlegenden moralisch-ethischen Kriterien hält, arbeitet nicht sachgerecht und setzt seinen Klienten fahrlässig der Gefahr aus, seine Ziele zu verfehlen, in Kommunikations-Maßnahmen investierte Ressourcen zu verschwenden und darüber hinaus Schaden an seiner Organisation zu erleiden.

Ablehnung von Propaganda dient gesellschaftlichem »Umweltschutz«.

Da wir uns als Konzeptioner bewusst sind, dass Manipulation von Meinungen und die Verbreitung von Halbwahrheiten die Stabilität von Sozialstrukturen gefährden, lehnen wir Propaganda-Maßnahmen ab. So leisten wir einen Beitrag zum Schutz unserer wichtigsten Kommunikations-Umwelt, der demokratischen und freiheitlichen Gesellschaft und der sie bildenden Sozialsysteme.

Am Ziel angekommen!

Der letzte Anstieg ist geschafft, wir schließen mit dem 17. Kapitel das letzte Kapitel dieses Buchs ab.

Vor uns liegt nur noch ein kurzes Nachwort.

Doch zuvor gibt es wieder eine kleine Aufgabenstellung für die Leser, welche die Gedanken der letzten Abschnitte vertiefen möchten.

Im Anschluss an die Darstellung des Hyperboloid-Prinzips der Konzeptionstechnik sind wir auf die notwendigen Kompetenzen von Konzeptionern zu sprechen gekommen. Wir haben gesehen, es gibt notwendige sachlich-instrumentelle, strategische, soziale und ethisch-moralische Kompetenzen:

Was fällt Ihnen auf, wenn Sie nun Ihren Berufsalltag und Ihre bisherigen Tätigkeitsschwerpunkte daraufhin durchsehen?

- *Wo liegen Ihre Hauptstärken mit Blick auf das skizzierte Kompetenzprofil?*

- *Wo liegen Ihre Hauptinteressen?*

- *Wo spüren Sie den größten Reiz, noch mehr zu lernen und Fähigkeiten auszubauen?*

- *Wo gibt es Felder, in denen Sie sich Hilfe von anderen dazuholen wollen?*

Quellenhinweise und Anmerkungen

1. Merton, Robert K.; *Mass Persuasion. The Social Psychology of a War Bond Drive;* New York/London; 1971 (1946); S. 186

2. Vergleiche:

   Droste, Heinz W.; *Praktikerhandbuch Investor Relations (2001)* S. 182–9

   Heinrichs, Johannes; *Handlungen. Das periodische System der Handlungsarten;* München 2007 (2)

   Heinrichs, Johannes; *Die Entschlüsselung von Kants zentralem Lehrstück;* Berlin 2004 (2)

   Schulz von Thun, Friedemann; *Miteinander reden;* Hamburg 1998

3. Bei der Auswahl der Methoden ist darauf zu achten, dass nicht–manipulative Ansätze gewählt werden, deren Interventionen möglichst weitgehend empirisch abgesichert und Wirkungen belegt sind. Manipulativ–instrumentelle Methoden wie beispielsweise das Neurolinguistische Programmieren (NLP) u.ä. sind grundsätzlich für unsere Zwecke ungeeignet.

   Einen Einblick in Hintergründe erfolgreicher Interventionen geben:

   - Franz, Hans–Werner; Ralf Kopp; *Kollegiale Fallberatung. State of the Art und Organisationale Praxis;* Bergisch Gladbach 2003
   - Langmaack, Barbara; Michael Braune–Krickau; *Wie die Gruppe laufen lernt. Anregungen zum Planen und Leiten von Gruppen;* Weinheim 2000 (7)
   - Moreno, Jacob L.; *Gruppenpsychotherapie und Psychodrama. Einleitung in die Theorie und Praxis;* Stuttgart, New York 1993 (4)
   - Richter, Kurt F.; *Erzählweisen des Körpers. Kreative Gestaltarbeit in Theorie, Beratung, Supervision und Gruppenarbeit;* Seelze–Velber 2003 (3)
   - Richter, Kurt F.; *Coaching als kreativer Prozess;* Göttingen 2009

4. Für unsere Zwecke gut geeignet ist die von Ruth C. Cohn in den USA entwickelt Methode der *Themenzentrierten Interaktion (TZI).* Hier wird die

individualistische und kollektivistische Interventions- und Kommunikations-Perspektive zu einem integrierten Moderationsansatz verbunden. TZI konnte beispielsweise in der Vergangenheit im Rahmen eines berufsbegleitenden Studiengangs an der Universität Hagen theoretisch und praktisch erlernt werden.

Einen ersten Einblick in Hintergründe des TZI-Ansatze bieten:

- Cohn, Ruth C.; Alfred Farau; *Gelebte Geschichte der Psychotherapie. Zwei Perspektiven;* Stuttgart 1999 (2)
- Langmaack, Barbara; *Themenzentrierte Interaktion. Einführende Texte rund ums Dreieck;* Weinheim/Basel 1996 (3)

Wer im Rahmen seiner Moderationen – etwa bei der Durchführung von Workshops – auf das bewährte SYMLOG-Instrument zurückgreifen möchte, findet hier Hilfestellung und Anregung:

- Bales, Robert Freed; *SYMLOG Case Study Kit – with Instructions for A Group Self Study;* New York/London 1980
- Baker, Herbert G.; A. Paul Hare; Joseph Powers; Endre Sjøvold (Hg.); *Analysis of Social Interaction Systems. SYMLOG Research and Applications;* Lanham/Maryland 2005.
- Hare, A. Paul; Richard Brian Polley; Philip J. Stone (Hg.); *The SYMLOG Pracititioner. Applications of Small Group Research;* New York, Westport/ Connecticut, London 1988
- Hare, A. Paul; Sharon E. Hare (Hg.); *SYMLOG Field Theory. Organizational Consultation, Value Differences, Personality and Social Perception;* Westport/Connecticut, London 1996
- Kröger, Friedeberg; Dieter Wälte (Hg.); *Interaktionsforschung mit dem SYMLOG-Methodeninventar. Theorie und Praxis;* Frankfurt/Main 2000

5. Vergleiche:

Bunge, Mario; *Finding Philosophy in Social Science (1996)* S. 197–205

Bunge, Mario; *Social Science under Debate (1998)* S. 297–454

Bunge, Mario; *Philosophy in Crisis (2001)* S. 17–25

Bunge, Mario; *Political Philosophy (2009)* S. 313–50

6. Merton, Robert K.; *Mass Persuasion (1971/1946)*

7. Vergleiche:

   Merton, Robert K.; *Mass Persuasion (1971/1946)* S. 4 –19

8. Vergleiche Kapitel 7 in Mertons Studie – »*Mass Persuasion: A Technical Problem and a Moral Dilemma*«:

   Ebenda: 175 – 89

9. Vergleiche:

   Ebenda: 188–9

10. Vergleiche:

    Kunczik, Michael; *Public Relations. Konzepte und Theorien;* Köln, Weimar, Wien 2002 (4); S. 31–8

11. Vergleiche:

    Miller, Mark Crispin; »Nachwort«, in: Bernays, Edward; *Propaganda. Die Kunst der Public Relations;* Freiburg 2007 (englisch–sprachige Originalausgabe: 1928); S. 137

12. Vergleiche:

    Chomsky, Noam; »Warum die Mainstreammedien ‹Mainstream› sind« (1997)

    Miller, Mark Crispin; »Nachwort«, in: *Bernays, Edward; Propaganda (2007/1928)*, S. 138–42

13. Chomsky stellt den Eindruck der Arbeit der Creel–Commission auf Hitler folgendermaßen dar:

    »Daraus ergab sich das Problem, eine pazifistisch gestimmte Bevölkerung in lauter verrückte antideutsche Fanatiker zu verwandeln, die am liebsten alle Deutschen umgebracht hätten. So etwas geht nicht ohne Propaganda, und so gründete die Regierung die erste – und im Übrigen auch einzige – große staatliche Propagandainstitution der US–Geschichte. Sie hieß offiziell ‹Komi-

tee zur Information der Öffentlichkeit› und wurde auch die ‹Creel-Commission› genannt. Ihre Aufgabe bestand darin, durch die Verbreitung von Propaganda eine hurrapatriotische Hysterie in der Bevölkerung auszulösen. Das Ganze war ein unglaublicher Erfolg. Binnen weniger Monate herrschte eine hemmungslose Kriegshysterie, und dem Kriegseintritt der USA stand kein Hindernis mehr entgegen. Von dieser Leistung waren viele Leute höchst beeindruckt. Einer davon war Hitler, was später seine Folgen haben sollte. In Mein Kampf zieht er den nicht ganz unberechtigten Schluss, Deutschland sei im Ersten Weltkrieg besiegt worden, weil es den Propagandakrieg verloren habe. Deutschland konnte mit der britischen und amerikanischen Propaganda, die sich als vollkommen übermächtig erwies, nicht einmal ansatzweise mithalten. Hitler kündigte an, beim nächsten Mal werde Deutschland seine eigene Propagandamaschinerie haben, und so war es im Zweiten Weltkrieg dann auch.«

– zitiert aus: Chomsky, Noam; »Warum die Mainstreammedien ‹Mainstream› sind« (1997).

Chomsky bezieht sich dabei auf Hitlers Analysen der amerikanischen Propaganda-Anstrengungen in seinem »Mein Kampf«. Der äußerte sich hier unter anderem folgendermaßen:

»Am Gegner aber war unendlich viel zu lernen für den, der mit offenen Augen und unverkalktem Empfinden die viereinhalb Jahre lang anstürmende Flutwelle der feindlichen Propaganda für sich verarbeitete.«

14. Vergleiche:

    Zedtwitz-Arnim, Georg-Volkmar, *Tu Gutes und rede darüber. Public Relations für die Wirtschaft;* Köln 1978; S. 20–3

    Avenarius, Horst; *Public Relations. Die Grundform der gesellschaftlichen Kommunikation;* Darmstadt 2000; S. 1–6

15. Bernays, Edward; *Propaganda. Die Kunst der Public Relations;* Freiburg 2007 (englisch-sprachige Originalausgabe: 1928).

16. Vergleiche:

    Miller, Mark Crispin; »Nachwort«, in: Bernays, Edward; *Propaganda (2007/1928)* S. 151

17. Vergleiche:
    Ebenda: S. 152–3

18. Bernays, Edward; Propaganda (2007/1928) S. 26
19. Ebenda: S. 33
20. Ebenda: S. 28
21. Ebenda: S. 27
22. Ebenda: S. 19
23. Ebenda
24. Ebenda: S. 127
25. Ebenda: S. 40
26. Ebenda: S. 33
27. Ebenda: S. 56
28. Ebenda: S. 33

29. Vergleiche:
    Ebenda: S. 49

30. Ebenda: S. 19

31. Vergleiche:
    Miller, Mark Crispin; »Nachwort«, in: Bernays, Edward; *Propaganda (2007/1928)* S. 152

32. So hat der deutsche PR–Berufsverband den europäischer Kodex der Verhaltensgrundsätze in der Öffentlichkeitsarbeit – den »Kodex von Lissabon« übernommen.

    Hier heisst es in Artikel 2:
    »In der Ausübung ihres Berufes respektieren die Public Relations–Fachleute die Grundsätze der ‹Allgemeinen Erklärung der Menschenrechte›, insbesondere den Grundsatz der Freiheit der Meinungsäußerung und den der Presse– bzw. Medienfreiheit. Auf diesen Grundsätzen beruht auch das Recht des Indivi-

duums, Informationen im Rahmen professioneller Vertraulichkeitsregeln zu erlangen. Public Relations–Fachleute handeln in Übereinstimmung mit dem öffentlichen Interesse und unternehmen nichts, was die Würde des Einzelnen verletzen würde.«

»Ich bin versucht zu glauben,
daß das, was wir notwendige Institutionen
nennen, oft nicht mehr ist als Institutionen,
an die wir uns gewöhnt haben, und daß im Bereich
der sozialen Verfassung das Feld der
Möglichkeiten viel weiter ist, als die Menschen,
die in ihren jeweiligen Gesellschaften leben,
es sich vorzustellen vermögen.«
(1)
Alexis de Tocqueville

Nachwort

Lerne erst und handle dann!

Beobachte, denke, analysiere, modelliere, konzipiere, gestalte, teste!

Kontinuierliche Krise

Heute ist die Welt in einem kontinuierlichen Krisenzustand.

Globale Probleme türmen sich auf, welche eine harmonische und glückliche Entwicklung der Geschicke der »Art Mensch« und der von ihr in Besitz genommenen Erde zunehmend zweifelhaft erscheinen lassen.

Traditionelle Ideologien helfen nicht dabei, soziale Systeme so zu gestalten, dass diese negativen Trends aufgehalten werden können. So hat es das herrschende Konzept vom »homo oeconomicus« nicht vermocht, die große Wirtschaftskrise, die im Jahr 2007 offen zutage trat, zu verhindern. Im Gegenteil:

Die dahinter steckende, global vorherrschende Vorstellung, dass der Mensch eine durch und durch »egoistische Kreatur« ist, hat sich als »sich selbst erfüllende Prophezeiung« erwiesen und die Krisenzustände begünstigt und provoziert.

Wir haben in diesem Buch unter anderem gesehen, dass dieses Menschenbild der klassischen Ökonomie empirisch wissenschaftlich längst widerlegt ist. Es kann als bewiesen gelten, dass beispielsweise Gier begrenzt werden kann, indem soziale Systeme – insbesondere Wirtschaftssysteme – entsprechend gestaltet werden und einer sozialen, selbstgesteuerten Kontrolle unterworfen werden.

Gleiches gilt auch für die negativen Entwicklungen, die sich heute in vielen Gesellschaften zeigen, in denen zunehmende soziale und ökonomische Ungleichheiten, ungleiche Bildungschancen bisher stabile Sozialstrukturen aufzulösen drohen.

Auch hier gilt, dass durchaus Hoffnung besteht, dass negative Trends gestoppt und aussichtsreiche Initiativen ergriffen werden können, die sozialen Frieden und positive gesellschaftliche Entwicklung begünstigen.

Effektive Kommunikation erforderlich

Für die dazu notwendige Umgestaltung von sozialen Systemen wird effektive Kommunikation benötigt, um die notwendigen, insbesondere politischen und ökonomischen Mechanismen zu unterstützen und in Gang zu setzen.

Unsere Ahnen verfügten noch nicht über die Werkzeuge, über die wir heute hierzu verfügen:

Wir können auf einige solide Ergebnisse empirischer Forschungen der Sozialwissenschaften zurückgreifen und sind in der Lage, darauf aufbauend mit technologischen Methoden zu arbeiten. Wir können Kommunikationsprozesse mit Hilfe der Konzeptionstechnik als Soziotechnologie planen und gestalten.

Zwar sind die Potenziale der dadurch möglichen Soziotechnologie längst noch nicht vollständig entwickelt. Und gewiss steht die empirisch-wissenschaftliche Erforschung sozialer Systeme noch am Anfang ihrer Entwicklung.

Doch wir sind aufgrund der bisher bereits vorliegenden Erkenntnisse in der Lage, heute noch übliche »Dummheiten« zukünftig zu unterlassen und laufend flexibel auf neu auftretende Probleme zu reagieren.

Das setzt allerdings voraus, dass wir uns einig sind, entschlossen dieses Wissen tatsächlich einzusetzen und überkommene Ideologien und Gewohnheiten konsequent beiseite zu lassen.

Heute gibt es in diesem Zusammenhang immer wieder Streit darüber, ob soziale Systeme gehandhabt werden können und darüber hinaus, ob dieses »Handhaben« moralisch-ethisch zu rechtfertigen ist.

Darauf ist zum Ersten zu antworten:

Soziale Systeme können gestaltet werden:

Systeme **können** *nicht nur gestaltet werden …*

In jeder Institution und in jedem Sozialsystem gibt es spontane Beziehungen und Prozesse. Es stimmt tatsächlich, dass diese nicht vollständig erfasst oder komplett beeinflusst werden können. Doch ein wesentlicher Anteil von sozialen Prozessen und insbesondere Kommunikationsprozesse können tatsächlich gezielt und wirkungsvoll bearbeitet werden.

Da diese Prozesse zudem nicht komplett und nicht bis ins letzte Detail vorhersehbar sind, ist es notwendig, dass wir unsere Eingriffe und Interventionen flexibel planen. Wir haben gesehen, dass dies möglich ist, wenn wir aufgrund von solidem sozialwissenschaftlichen Wissen handeln.

Ließen wir solches Wissen außen vor, wären unsere Maßnahmen im besten Fall uneffektiv. Im schlimmsten Fall wären unsere Interventionen mit desaströsen Folgen verbunden.

Damit kommen wir zum zweiten Aspekt des Streits um die Handhabung von sozialen Systemen:

Es ist moralisch-ethisch geboten, Sozialsysteme planvoll zu gestalten. Denn schon heute greifen Politiker, Ökonomen, Industrie- und Medienkonzerne in Sozialsysteme und Sozialprozesse ein und erzielen damit einschneidende Wirkungen.

Sie haben – wie unter anderem durch sie ausgelöste globale Wirtschaftskrisen zeigen – durch fehlendes Wissen, und häufig genug geblendet durch einseitige ökonomische Interessen und Ideologien, für Wirtschafts- und Währungskrisen, politische Krisen, Zusammenbrüche ganzer Wirtschaftszweige und am Ende für das Ausbreiten von Massenarbeitslosigkeit gesorgt oder zumindest die Voraussetzungen für alle diese Katastrophen geschaffen.

Das liegt nicht etwa an dem Faktum, dass sie in die Prozesse eingegriffen haben.

... Systeme **müssen** *gestaltet werden.*

Sozialsysteme sind künstliche Systeme, die von Menschen gestaltet sind und deshalb auch von ihnen »gewartet« werden müssen, wenn sich beispielsweise ungünstige Entwicklungen abzeichnen.

Das Versagen liegt an der Art der Wartung – die Probleme kommen nicht daher, dass politisch und ökonomisch Verantwortliche eingegriffen haben, sondern daher, dass sie dies taten, ohne die Gesellschaft vorher untersucht zu haben. Es lag genau genommen daran, dass sie ihr Vorgehen nicht ausreichend durch empirisch und theoretisch abgesicherte Pläne begleitet hatten.

Für die gesellschaftliche Entwicklung positiv wirkende Eingriffe erfordern ein Vorgehen, dass Mario Bunge folgendermaßen auf den Punkt gebracht hat:

- *Beobachte, denke, analysiere, modelliere, konzipiere, gestalte, teste – setze erst danach Deine Lösung ins Werk!*

- *Kurz:* ***Lerne erst und handle dann!***(2)

Abschluss

Nachdem wir mit diesem technologischen Imperativ »Erst lernen – dann zu Werke gehen!« bereits zur Quintessenz dieses Buchs gelangt sind, ist es Zeit, zum Ende unserer Überlegungen zu kommen.

Doch wie gewohnt, gibt es hier keinen Abschluss ohne das Angebot an die Leser, Gelesenes anhand einer kleinen Aufgabenstellung zu vertiefen.

Diesmal geht es allerdings nicht nur darum, ein Fazit mit Blick auf das laufende Kapitel zu ziehen, sondern es geht insbesondere um die letzten dreizehn Kapitel und um die Wirkung des gesamten Buchs.

Zum Ende des vierten Kapitels wurden die Leser gebeten, ihre Erwartungen zu notieren. Sie sollten aufschreiben, was Sie sich im Einzelnen von den folgenden Untersuchungen an Einsichten und Erkenntnissen erhofften.

Dazu konnten Sie Ihre spontanen Ideen aufschreiben.

Sie waren gebeten worden, Ihre Notizen für die Schlussbeurteilung griffbereit aufzubewahren.

Jetzt ist der Zeitpunkt gekommen – blicken Sie bitte in Ihre Notizen und lassen Sie Ihre Erwartungen Revue passieren:

- *Welche Erwartungen wurden erfüllt?*

- *Was hat sich möglicherweise ganz anders entwickelt, als Sie es sich zu jenem Zeitpunkt vorstellten?*

- *Gab es auf dem Weg durch das Buch deutliche »Aha–Effekte« bei Ihnen? Wenn ja – welche durch das Lesen ausgelöste Gedanken haben Sie am meisten angesprochen?*

- *Wo sind Ihre Erwartungen möglicherweise nicht erfüllt worden? Wo sehen Sie Lücken?*

- *Wo wollen Sie nun mehr wissen? Wo wollen Sie in Details einsteigen?*

Und nun ein paar »intime« Fragen:

- *Wollen Sie als Konzeptioner angesichts der Lektüre dieses Buchs lieber weiterhin am klassischen Konzept der Konzeptionstechnik festhalten?*

- *Oder sind Sie möglicherweise »ins Grübeln« geraten?*

- *Wollen Sie kurzfristig frühere Vorgehensweisen revidieren? Sind Sie inspiriert worden, Dinge in Zukunft grundsätzlich anders anzufassen? Wenn ja, welche Dinge sind das im Einzelnen?*

Quellenhinweise und Anmerkungen

1. Zitat übernommen von Robert K. Merton:

   Merton, Robert K.; »Die Eigendynamik gesellschaftlicher Voraussagen«; in: Topitsch, Ernst (Hg.); *Logik der Sozialwissenschaften (1980)* S. 160

2. Vergleiche:

   Bunge, Mario; *Social Science under Debate (1998)* S. 303

Quellen und Anmerkungen

Dank

Dankeschön!

Nach dem Abschluss der Gedankengänge dieses Buchs bleibt noch eine Aufgabe, der ich mich als Autor nun zu guter Letzt gerne zuwende:

Ich möchte mich bei all denen bedanken, ohne deren Vorarbeiten *»Kommunikation«* nicht hätte geschrieben werden können.

Hervorheben möchte ich dabei insbesondere die Soziologen Mark Granovetter, James Samuel Coleman, Raymond Boudon und Torsten Hägerstrand, ohne deren empirische Studien und theoretischen Befunde die *»Soziotechnologie Kommunikations–Konzeption«* noch kein empirisches Fundament hätte.

Für wichtige Orientierung und wesentliche Perspektiven sorgten an vielen wichtigen Punkten der vorgelegten Untersuchungen immer wieder Überlegungen, die Robert King Merton in die theoretische Diskussion der empirisch orientierten Soziologie eingebracht hat.

Robert Freed Bales› Studien über Interaktionssysteme und deren Messbarkeit haben die bisher in den Sozialwissenschaften verbreiteten, überwiegend holistischen systemtheoretischen Ansätze revolutioniert. Seine Forschungsergebnisse waren im Laufe der hier vorgelegten Überlegungen wesentlich, um herauszuarbeiten, in welchen Kommunikations–Dimensionen Konzeptioner in Zukunft Wirkungen erzielen müssen, um Einfluss auf Meinungsbildungsprozesse nehmen zu können.

All diese Beiträge verdienstvoller Sozialwissenschaftler könnten allerdings im Projekt *»zukunftsträchtige Konzeptionstechnik«* keine Rolle spielen, hätten wir auf den zurückliegenden 699 Seiten nicht Klarheit über die wissenschaftstheoretischen Voraussetzungen insbesondere der Soziologie gehabt.

Ohne die Einsicht in die Voraussetzungen empirisch wissenschaftlicher Erklärungen in den Sozialwissenschaften und damit in die *»Mechanismen der Gesellschaft«* können wir keine Kommunikationsprozesse bearbeiten und keine öffentlichen Meinungen gestalten.

Damit kommen wir auf die vielfältigen Beiträge von Mario Bunge – einem der über Jahrzehnte hinweg meistzitierten Wissenschafts–Philosophen – zu sprechen.

Immer wieder hatten wir auf seine Analysen zur Wissenschaftstheorie der Sozialwissenschaften zurückzugreifen, um unser Projekt voranzutreiben.

Und überhaupt:
Die Idee, Konzeptionstechnik als Technologie zu rekonstruieren, ist durch seine Untersuchungen über die Bedeutung von Soziotechnologien in modernen Gesellschaften inspiriert.

Wenn wir in Zukunft bei der Entwicklung von Konzeptionen über den bisher verbreiteten Laien–Approach hinausgehen können und zu rational geplanten sowie empirisch abgesicherten Vorgehensweisen kommen, dann profitieren wir vor allem von Bunges Überlegungen zu den Grundlagen moderner empirischer Wissenschaften und Technologien.

Soweit zu den eher fachlichen Würdigungen im Rahmen meiner Dankesworte. Ich komme nun zu den persönlich gefärbten Würdigungen:

Zunächst möchte ich Professor Bunge recht herzlich für seine freundliche Korrespondenz mit mir danken. Trotz seines engen Terminplans und seiner Arbeit an eigenen großen Buchveröffentlichungen nahm er sich die Zeit, mein Buchprojekt aus der Ferne zu begleiten - per Diskussion meiner Gliederung und per Feedback zum vollständig erstellten Manuskript gegen Ende.

Vielen Dank für den Zuspruch!

Danken möchte ich an dieser Stelle insbesondere meinen Klienten, die mir im Laufe der letzten beiden Jahrzehnte viele anspruchsvolle Aufgabenstellungen übertragen haben und mir vertrauensvoll Einblicke in ihre Organisationen und Kommunikationssysteme gewährten. Ohne die anschließende intensive gemeinsame Arbeit an ihren Kommunikations–Projekten hätte ich nicht das Urteilsvermögen entwickeln können, das mich zielsicher zur möglichst praxisgerechten Entwicklung des nun vorliegenden neuen Konzeptions–Modells geführt hat.

Vielen Dank für die vertrauensvolle Zusammenarbeit!

Keine Zeile dieses Buchs wäre je zu Papier gebracht worden, hätte meine Frau Marion Droste mich nicht vom ersten Tag der Manuskriptentwicklung an massiv unterstützt und so manchen Störfaktoren vom »Hals« gehalten. Außerdem hörte sie mir während des Schreibprozesses stets geduldig zu, wenn ich wieder einmal neue Gedanken auszusprechen und auszuprobieren hatte. So konnten wir gemeinsam manchen Einfall, der in eine Sackgasse geführt hätte, frühzeitig zunächst ad absurdum und zügig ad acta legen.

Vielen Dank für die vielen spontanen Reaktionen, Hinweise und Verbesserungsvorschläge!

Nun bleibt mir noch, meinen zukünftigen Lesern zu danken, die nicht nur durch den Kauf dieses Buchs das Projekt der erneuerten Konzeptionstechnik unterstützen:

Durch Ihr Lesen und Durcharbeiten dieser beiden Bände haben Sie die darin aufgezeichneten Gedanken in Ihrem Bewusstsein Wirklichkeit werden lassen und die Voraussetzung dafür geschaffen, das darin entwickelte Modell nachhaltig in die Tat umzusetzen.

Vielen Dank dafür, dass Sie über Hunderte von Seiten mit mir am Ball geblieben sind!

Mein letzter Dank gilt nun noch denjenigen Lesern, die nach der Lektüre mit mir Kontakt aufnehmen, um mir ihre Anmerkungen, Fragen und ihre kritischen Gedanken zu übermitteln, die Ausgangspunkt werden können, für folgende Überarbeitungen von »Kommunikation« und für weiterführende Publikationen zum Thema Konzeptionstechnik.

Vielen Dank im Voraus!

Heinz W. Droste

hd@a-g-i-l.de
https://a-g-i-l.de (Weblog »Wissenschaft und Kommunikation«)

Literatur

Verwendete Literatur

Acham, Karl; »*Sozialwissenschaft und Wertegeschehen*«; in: Topitsch, Ernst (Hg.); Logik der Sozialwissenschaften;Königstein/Taunus 1980 (10); S. 165 –95

Albert, Hans; *Joseph Ratzingers Rettung des Christentums. Beschränkungen des Vernunftgebrauchs im Dienste des Glaubens*; Aschaffenburg 2008
– *Traktat über rationale Praxis*; Tübingen 1978
– *Erkenntnislehre und Sozialwissenschaft. Karl Poppers Beitrag zur Analyse sozialer Zusammenhänge*; Wien 2003
– (Hg.); *Theorie und Realität. Ausgewählte Aufsätze zur Wissenschaftslehre der Sozialwissenschaften*; Tübingen 1972 (2)

Alexander, Jeffrey C.; Bernhard Giesen; Richard Münch; Neil J. Smelser (Hg.); *The Micro–Macro Link*; Berkeley, Los Angeles, London 1987

Atteslander, Peter; *Methoden der empirischen Sozialforschung*; Berlin, Heidelberg, New York 2006 (11)

Avenarius, Horst; *Public Relations. Die Grundform der gesellschaftlichen Kommunikation*; Darmstadt 2000

Baker, Herbert G.; A. Paul Hare; Joseph Powers; Endre Sjøvold (Hg.); *Analysis of Social Interaction Systems. SYMLOG Research and Applications*; Lanham, Maryland 2005

Bales, Robert Freed; *Personality and Interpersonal Behavior;* New York, Chicago, San Francisco, Atlanta, Dallas, Montreal, Toronto, London, Sydney 1970
– *Interaction Process Analysis. A Method for the Study of Small Groups*; Chicago, London, Neudruck 1976 (1950)
– *SYMLOG Case Study Kit – with Instructions for A Group Self Study;* New York, London 1980
– *Social Interaction Systems. Theory and Measurement;* New Brunswick, London 2001

Bales, Robert Freed; Stephen P. Cohen; *SYMLOG. Ein System für die mehrstufige Beobachtung von Gruppen;* Stuttgart 1982 (englischsprachige Originalausgabe: 1979)

Bauer, Joachim; *Warum ich fühle, was du fühlst. Intuitive Kommunikation und das Geheimnis der Spiegelneuronen*; München 2005
– *Prinzip Menschlichkeit. Warum wir von Natur aus kooperieren;* Hamburg 2007
– *Das kooperative Gen. Abschied vom Darwinismus*; Hamburg 2008

Bernays, Edward; *Propaganda. Die Kunst der Public Relations;* Freiburg 2007 (englischsprachige Originalausgabe: 1928)

Birkigt, Klaus;Hans Joachim Funck; Marinus M. Stadler (Hg.) ; *Corporate Identity. Grundlagen, Funktionen, Fallbeispiele;* Landsberg/Lech 1993

Bollnow, Otto Friedrich; *Dilthey. Eine Einführung in seine Philosophie*; Schaffhausen 1980 (4)

Bortz, Jürgen; Nicola Döring; *Forschungsmethoden und Evaluation;* Berlin, Heidelberg, New York 1995 (2)

Boudon, Raymond; *Die Logik des gesellschaftlichen Handelns. Eine Einführung in die soziologische Denk– und Arbeitsweise;* Neuwied, Darmstadt 1980
– *Theories of Social Change. A Critical Appraisal;* Cambridge 1986
– »Social Mechanisms without black boxes«; in: Hedström, Peter; Richard Swedberg (Hg.); *Social Mechanisms – An Analytical Approach to Social Theory;* Cambridge 1998; S. 172 – 203

Boyd, Robert; Herbert Gintis; Samuel Bowles; Peter J. Richerson; »The Evolution of Altruistic Punishment«; in: *PNAS*, 2003: Volume 100, Nummer 6; S. 3531–5

Bunge, Mario; *Scientific Research I. The Search for System*; Berlin, Heidelberg, New York 1967
– *Scientific Research II. The Search for Truth;* Berlin, Heidelberg, New York 1967

– *Treatise on Basic Philosophy Volume 4. Ontology II (A World of Systems);* Dordrecht, Boston, London 1979
– *Treatise on Basic Philosophy Volume 5; Epistemology & Methodology I (Exploring the World);* Dordrecht, Boston, London 1983
– *Treatise on Basic Philosophy. Volume 6: Epistemology & Methodology II (Understanding the World);* Dordrecht, Boston, London 1983
– *Treatise on Basic Philosophy. Volume 8: Ethics (The Good and the Right);* Dordrecht, Boston, Lancaster 1989
– *Finding Philosophy in Social Science;* New Haven, London 1996
– *Social Science under Debate. A philosophical perspective;* Toronto, Buffalo, London 1998
– *The Sociology–Philosophy Connection – with a foreword by Raymond Boudon;* New Brunswick,London 1999
– *Philosophy in Crisis. The Need for Reconstruction;* Amherst, New York 2001
– *Emergence and Convergence. Qualitative Novelty and the Unity of Knowledge;* Toronto, Buffalo, London 2003
– *Philosophical Dictionary. Enlarged Edition;* Amherst, New York 2003
– *Chasing Reality. Strife over Realism;* Toronto, Buffalo, London 2006
– *Political Philosophy. Facts, Fiction and Vision;* New Brunswick, London 2009

Bunge, Mario; Rubén Ardila; *Philosophie der Psychologie;* Tübingen 1990

Bunge, Mario; Martin Mahner; *Philosophische Grundlagen der Biologie;* Berlin, Heidelberg, New York 2000.
– *Über die Natur der Dinge. Materialismus und Wissenschaft;* Stuttgart, Leipzig 2004

Camerer, Colin F.; Ernst Fehr; »When Does ‹Economic Man› Dominate Social Behavior?« in: *Science*, Volume 311, 6.1.2006; S. 47 – 52

Chomsky, Noam; »Warum die Mainstreammedien ‹Mainstream› sind«; Vortrag im Z Media Institude, *Z Magazine*, Juli 1997
– *Media Control. Wie die Medien uns manipulieren;* Hamburg, Wien 2002

Cohn, Ruth C.; Alfred Farau; *Gelebte Geschichte der Psychotherapie. Zwei Perspektiven;* Stuttgart 1999 (2)

Coleman, James S.; »Microfoundation and Macrosocial Behavior«; in: Alexander, Jeffrey C.; Bernhard Giesen; Richard Münch; Neil J. Smelser (Hg.); *The Micro–Macro Link;* Berkeley, Los Angeles, London 1987; S. 153–75
– *Grundlagen der Sozialtheorie. Band 1 (Handlungen und Handlungssysteme);* München 1991

Coleman, James S.; Elihu Katz; Herbert Menzel; »The Diffusion of an Innovation among Physicans«; in: *Sociometry,* Volume 20, No. 4, S. 253–70

Dörrbecker, Klaus; Renée Fissenewert; *Wie Profis PR–Konzeptionen entwickeln. Das Buch zur Konzeptionstechnik;* Frankfurt/Main 2003 (4)

Droste, Heinz W.; *Die methodologischen Grundlagen der soziologischen Handlungstheorie Talcott Parsons›;* Inaugural–Dissertation, Düsseldorf 1985
– *Public Relations;* Wiesbaden 1989
– *Praktikerhandbuch Investor Relations. Mit IPO–Kommunikationskalender für die erfolgreiche Börsenpräsenz;* Stuttgart 2001
– *Turn of the Tide – Gezeitenwechsel. Einführung in Mario Bunges exakte Philosophie;* Aschaffenburg 2015
– *Kommunikations-Strategie. Analyse-Methode – Lösungs-Findung – Crossmediale Planung;* Hückelhoven 2018
– *AGIL. Kommunikation als kreativer Prozess;* Hückelhoven 2019

Esser, Hartmut; Klaus Klenovitz; Helmut Zehnpfennig; *Wissenschafttheorie 1. Grundlagen und Analytische Wissenschaftstheorie;* Stuttgart 1977
– *Wissenschaftstheorie 2. Funktionalanalyse und hermeneutisch–dialektische Ansätze;* Stuttgart 1977

Etzioni, Amitai; *Jenseits des Egoismus–Prinzips. Ein neues Bild von Wirtschaft, Politik und Gesellschaft;* Stuttgart 1994

Ernst Fehr, »Die Psychologische Wende in der Ökonomik«, *Vortrag zum ›Dies Academicus‹ der Universität St. Gallen am 8.6.2002* (Online–Scipt: »www.iew.unizh.ch/moe/fehr/«)

Fehr, Ernst; Urs Fischbacher; Simon Gächter; »Strong Reciprocity, Human Cooperation an the Enforcement of Social Norms«; in: *Human Nature 13*, 2002; S. 1 – 25

Fehr, Ernst; Urs Fischbacher; »The Nature of Human Altruism«; in: *Nature*, Volume 425, 23. Oktober 2003; S. 785–91

Fehr, Ernst; Simon Gächter; »Altruistic Punishment in Humans«; in: *Nature*, Volume 415, 10. Januar 2002; S. 137–40

Fehr, Ernst; Herbert Gintis; »Human Motivation and Social Cooperation: Experimental and Analytical Foundations«; in: *The Annual Review of Sociology 33*, 2007; S. 43 – 64

Fissenewert, Renée; Stephanie Schmidt; *Konzeptionspraxis;* Frankfurt/Main 2004 (2)

Flückinger, Christoph; Günther Wüsten; *Ressourcenaktivierung. Ein Manual für die Praxis;* Bern 2008

Franz, Hans–Werner; Ralf Kopp; *Kollegiale Fallberatung. State of the Art und Organisationale Praxis;* Bergisch Gladbach 2003

Freud, Sigmund, *Briefe 1873 – 1939;* Frankfurt/Main, 1960

Generalversammlung der Vereinten Nationen; *»Allgemeine Erklärung der Menschenrechte«*, 10.12.1946, Palais de Chaillot/Paris

Goethe, Johann Wolfgang von; *Faust 1, Der Tragödie erster Teil;* Tübingen 1808

Granovetter, Mark S.; »The Strength of Weak Ties«; in: *American Journal of Sociology*, Volume 78, November 1973; S. 1360–80
– »Threshold Models of Collective Behavior«; in: *American Journal of Sociology*, Volume 83, Mai 1978; S. 1420–43
– »The Strength of Weak Ties: A Network Theory Revisited«; in: *Sociological Theory*, Volume 1 (1983: hg. v. American Sociological Association); S. 201–233
– »Economic Action and Social Structure: The Problem of Embeddedness«; in: *American Journal of Sociology*, Volume 91, November 1985; S. 481–510
– »Business Groups«, in: Smelser, Neil J.; Richard Swedberg (Hg.); *The Handbook of Economic Sociology*; Princeton/New Jersey, New York 1994; S. 453–75

Granovetter, Mark S.; Roland Soong; »Threshold Models of Diffusion and Collective Behavior«; in: *Journal of Mathematical Sociology*, November 1983; S. 165–179

Grawe, Klaus; *Psychologische Therapie;* Göttingen, Bern, Toronto, Seattle 1998
– *Neuropsychotherapie;* Göttingen, Bern, Toronto, Seattle, Oxford, Prag 2004

Grawe, Klaus; Martin Grosse Holtforth; *FAMOS. Fragebogen zur Analyse Motivationaler Schemata – Manual;* Göttingen, Bern, Toronto, Seattle 2002

Grossner, Claus; *Verfall der Philosophie. Politik deutscher Philosophien;* Hamburg 1971

Habermas, Jürgen; *Theorie des kommunikativen Handelns;* Frankfurt/Main 1981

Hägerstrand, Torsten; »A Monte Carlo approach to diffusion«; in: *Archives européennes de Sociologie*, 6, 1965; S. 43 – 57

Hagen, Lutz M.; Anne Fläming; Anne-Marie in der Au; »*Synchronisation von Nachricht und Werbung. Wie das Anzeigenaufkommen von Unternehmen mit ihrer Darstellung in Spiegel und Focus korreliert*«; in: Publizistik 59(4), S. 367 – 386; Springer Verlag, 2014

Haller, Max; *Soziologische Theorie im systematisch–kritischen Vergleich;*- Wiesbaden 2006 (1999)
Hare, A. Paul; Richard Brian Polley; Philip J. Stone (Hg.); *The SYMLOG Pracititioner. Applications of Small Group Research;* New York, Westport, Connecticut, London 1988

Hare, A. Paul; Sharon E. Hare (Hg.); *SYMLOG Field Theory. Organizational Consultation, Value Differences, Personality and Social Perception;* Westport/ Connecticut, London 1996

Hebb, Donald Olding; *The Organization of Behavior: A neuropsychological theory;* New York 1949

Hedström, Peter; Richard Swedberg; »Social mechanisms: An introductory essay«; in: Hedström, Peter; Richard Swedberg (Hg.); *Social Mechanisms – An Analytical Approach to Social Theory;* Cambridge 1998; S. 1 – 31
– (Hg.); *Social Mechanisms. An Analytical Approach to Social Theory;* Cambridge 1998

Heinrichs, Johannes; *Handlungen. Das periodische System der Handlungsarten;* München 2007 (2)
– *Das Geheimnis der Kategorien. Die Entschlüsselung von Kants zentralem Lehrstück;* Berlin 2004 (2)

Hempel, Carl G.; »Wissenschaftliche und historische Erklärungen«, in: Albert, Hans (Hg.); *Theorie und Realität; Ausgewählte Aufsätze zur Wissenschaftslehre der Sozialwissenschaften;* Tübingen 1972 (2); S. 237 – 261

Hendrix, Jerry; *Public Relations Cases;* Belmont/Kalifornien 2003 (6)

Jäckel, Michael; *Medienwirkungen;* Wiesbaden 2005 (3)

Jensen, Keith; Josep Call; Michael Tomasello; »Chimanzees Are Rational Maximizers in an Ultimatum Game«; in: *Science*, Volume 318, 5. Oktober 2007; S. 107–9

Kahneman, Daniel; Paul Slovic; Amos Tversky; *Judgement under uncertainty: Heuristics and biaces;* Cambridge 1982

Kant, Immanuel; *Kritik der praktischen Vernunft;* hg. v. Karl Vorländer; Hamburg (Felix Meiner Verlag) 1929 (9)
– *Grundlegung der Metaphysik der Sitten;* hg. v. Karl Vorländer; Hamburg (Felix Meiner Verlag) – 1965: unveränderter Nachdruck der 3. Auflage

Kanitscheider, Bernulf; *Entzauberte Welt. Über den Sinn des Lebens in uns Selbst – Eine Streitschrift;* Stuttgart 2008

Katz, Elihu; Paul F. Lazarsfeld; *Persönlicher Einfluß und Meinungsbildung;* München 1962 (englischsprachige Originalausgabe 1955)

Kendall, Robert; *Public Relations Campaign Strategies. Planing for implementation;* New York 1997 (2)

Klassen, Michael; *Was leisten Systemtheorien in der Sozialen Arbeit? Ein Vergleich der Systemischen Ansätze von Niklas Luhmann und Mario Bunge;* Bern, Stuttgart, Wien 2004

Kliemann, Wolfgang; Norbert Müller; *Logik und Mathematik für Sozialwissenschaftler 1. Grundlagen formalisierter Modelle in den Sozialwissenschaftler;* München 1973

Knödler–Bunte, Eberhard; Klaus Schmidbauer; *Das Kommunikationskonzept. Konzepte entwickeln und präsentieren;* Potsdam 2004

Kotler, Philip; Eduardo L. Roberto; Ned Roberto; *Social Marketing. Improving the Quality of Life;* Thousand Oaks/Kalifornien 2002 (2)

Kröger, Friedeberg; Dieter Wälte (Hg.); *Interaktionsforschung mit dem SYMLOG–Methodeninventar. Theorie und Praxis;* Frankfurt/Main 2000

Kunczik, Michael; *Public Relations. Konzepte und Theorien;* Köln, Weimar, Wien 2002 (4)

Langmaack, Barbara; *Themenzentrierte Interaktion. Einführende Texte rund ums Dreieck;* Weinheim, Basel 1996 (3)

Langmaack, Barbara; Michael Braune–Krickau; *Wie die Gruppe laufen lernt. Anregungen zum Planen und Leiten von Gruppen;* Weinheim 2000 (7)

Langner, Sascha; *Viral Marketing. Wie Sie Mundpropaganda gezielt auslösen und Gewinn bringend nutzen;* Wiesbaden 2007

Ledoux, Joseph; *Das Netz der Persönlichkeit. Wie unser Selbst entsteht;* München 2002.

Leif, Thomas; »Kommunikationseliten und ihre Strategien – Wer füllt das Vakuum, das die Politik hinterlässt?«, in: Rolke, Lothar; Volker Wolff (Hg.), *Die Meinungsmacher in der Mediengesellschaft;* Opladen 2003, S. 25–34

Leipziger, Jürg W.; *Konzepte entwickeln. Handfeste Anleitungen für bessere Kommunikation;* Frankfurt/Main 2007 (2)

Lewin, Kurt; *Kurt–Lewin–Werkausgabe Band 1. Wissenschaftstheorie I*; Bern, Stuttgart 1981
– *Kurt–Lewin–Werkausgabe Band 4. Feldtheorie;* Bern, Stuttgart 1982

Lück, Helmut E.; *Kurt Lewin; Eine Einführung in sein Werk;* Weinheim 1996

Luhmann, Niklas; *Einführung in die Systemtheorie – hg. v. Dirk Baecker;* Heidelberg 2002
– *Soziale Systeme. Grundriss einer allgemeine Theorie;* Frankfurt/Main 1987

Marston, John E.; *The Nature of Public Relations;* New York 1963

Merton, Robert K.; *Soziologische Theorie und soziale Struktur;* Berlin, New York 1995
– *Mass Persuasion. The Social Psychology of a War Bond Drive;* New York, London 1971 (1946)
– »The Thomas Theorem and the Matthew Effect«, in: *Social Forces*, 74 (2), December 1995; S. 379 – 424
– »Die Eigendynamik gesellschaftlicher Voraussagen«; in: Topitsch, Ernst (Hg.); *Logik der Sozialwissenschaften*; Königstein/Taunus 1980 (10); S. 144–61

Meyn, Hermann; *Massenmedien in Deutschland;* Konstanz 2001

Miller, Mark Crispin; »Nachwort«, in: Bernays, Edward; *Propaganda. Die Kunst der Public Relations;* Freiburg 2007, S. 137–55

Moreno, Jacob L.; *Gruppenpsychotherapie und Psychodrama. Einleitung in die Theorie und Praxis;* Stuttgart, New York 1993 (4)

Mouzelis, Nicos; *Sociological Theory: What Went Wrong? Diagnosis and Remedies;* New York 1995

Münch, Richard; *Gesellschaftstheorie und Ideologiekritik;* Hamburg 1973
– *Theorie sozialer Systeme. Eine Einführung in Grundbegriffe, Grundannahmen und logische Struktur;* Opladen 1976
– *Theorie des Handelns. Zur Rekonstruktion der Beiträge von Talcott Parsons, Emile Durkheim und Max Weber;* Frankfurt/Main 1982
– *Soziologische Theorie. Band 3: Gesellschaftstheorie;* Frankfurt/Main, New York 2004

Neske, Fritz; *PR–Management;* Gernsbach 1977

Nickel, Volker; *Informieren muss man können;* Landsberg am Lech 1985

Oeckl, Albert; *PR–Praxis. Der Schlüssel zur Öffentlichkeitsarbeit;* Düsseldorf, Wien 1967

Parsons, Talcott; *The Structure of Social Action 1. Marshall, Pareto, Durkheim;* New York/London 1968 (Paperback Edition 1)
– *The Structure of Social Action 2. Weber;* New York/London 1968 (Paperback Edition 1)
– *Zur Theorie sozialer Systeme;* Opladen 1976

Parsons, Talcott; Charles Ackerman; »Der Begriff ‹Sozialsystem› als theoretisches Instrument« in: Parsons, Talcott; *Zur Theorie sozialer Systeme;* Opladen 1976

Parsons, Talcott; Robert F. Bales; Edward A. Shils; *Working Papers in the Theory of Action;* New York, London 1953

Parsons, Talcott; Robert F. Bales; James Olds; Morris Zelditch; Philip E. Slater; *Family, Socialization, and Interaction Process;* New York 1955

Pfannenberg, Jörg; Ansgar Zerfaß (Hg.), *Wertschöpfung durch Kommunikation;* Frankfurt/Main 2005

Pickel, Andreas, »Systems and Mechanisms«, in: *Philosophy of the Social Sciences*, Vol. 34, No. 2, Juni 2004; S. 169–81

Popper, Sir Karl Raimund: »Philosophische Selbstinterpretation und Polemik gegen die Dialektik«; in: Grossner, Claus; *Verfall der Philosophie;* Hamburg 1971; S. 278–89
– *Objektive Erkenntnis. Ein evolutionärer Entwurf;* Hamburg 1973

Powell, Walter W.; Laurel Smith–Doerr; »Networks and Economic Life«; in: Smelser, Neil J.; Richard Swedberg (Hg.); *The Handbook of Economic Sociology*; Princeton/New Jersey, New York 1994; S. 365 – 402

Quine, Willard V. O.; *Grundzüge der Logik;* Frankfurt/Main 1978 (2)

Richter, Kurt F.; *Erzählweisen des Körpers. Kreative Gestaltarbeit in Theorie, Beratung, Supervision und Gruppenarbeit;* Seelze–Velber 2003 (3)
– *Coaching als kreativer Prozess;* Göttingen 2009

Rolke, Lothar; Volker Wolff (Hg.), *Wie die Medien die Wirklichkeit steuern und selber gesteuert werden;*Opladen 1999
– *Die Meinungsmacher in der Mediengesellschaft;* Opladen 2003

Ronneberger, Franz; Manfred Rühl; *Theorie der Public Relations. Ein Entwurf;* Opladen 1992

Schenk, Michael (Hg.); *Medienwirkungsforschung;* Tübingen 1987

Schlick, Moritz; »Über den Begriff der Ganzheit«; in: Topitsch, Ernst (Hg.); *Logik der Sozialwissenschaften;* Königstein/Taunus 1980 (10); S. 292–40

Schulz, Beate; *Strategische Planung von Public Relations. Das Konzept und ein Fallbeispiel;* Frankfurt/Main, New York 1991

Schulze–Fürstenow, Günther (Hg.); *Handbuch für Öffentlichkeitsarbeit (PR) – (Loseblattsammlung);* Neuwied

Schulz von Thun, Friedemann; *Miteinander reden;* Hamburg 1998

Segeth, Wolfgang; *Elementare Logik;* Berlin 1973

Smelser, Neil J.; Richard Swedberg; »The Sociological Perspective on the Economy«; in: Smelser, Neil J.; Richard Swedberg (Hg.); *The Handbook of Economic Sociology;* Princeton/New Jersey, New York 1994; S. 3 – 26
– (Hg.); *The Handbook of Economic Sociology; Princeton/*New Jersey, New York 1994

Smith, Ronald D.; *Strategic Planning for Public Relations;* Mahwah/New Jersey 2005 (2)

Stegmüller, Wolfgang; *Probleme und Resultate der Wissenschaftstheorie und Analytischen Philosophie. Band 1 – Wissenschaftliche Erklärung und Begründung;* Berlin, Heidelberg, New York 1969

Sydow, Jörg; Arnold Windeler (Hg.); *Steuerung von Netzwerken. Konzepte und Praktiken;* Opladen/Wiesbaden 2000

Thomas, William Isaac; Dorothy Swaine Thomas; *The Child in America. Behavior Problems and Programs;* New York 1928

Topitsch, Ernst (Hg.); *Logik der Sozialwissenschaften;* Königstein/Taunus 1980 (10)

Vollmer, Gerhard; *Wieso können wir die Welt erkennen? Neue Beiträge zur Wissenschaftstheorie;* Stuttgart 2003
– *Wissenschaftstheorie im Einsatz. Beiträge zu einer selbstkritischen Wissenschaftsphilosophie;* Stuttgart 1993

Weber, Max; *Soziologie – Universalgeschichtliche Analysen – Politik;* Stuttgart 1973
– »Über einige Kategorien der verstehenden Soziologie«; in: Weber, Max; *Soziologie – Universalgeschichtliche Analysen – Politik;* Stuttgart 1973; S. 97–150
– »Die ‹Objektivität› sozialwissenschaftlicher Erkenntnis«; in: Weber, Max; *Soziologie – Universalgeschichtliche Analysen – Politik;* Stuttgart 1973; S. 186 – 262.
– »Der Sinn der ‹Wertfreiheit› der Sozialwissenschaften«; in: Weber, Max; *Soziologie – Universalgeschichtliche Analysen – Politik;* Stuttgart 1973; S. 263 – 310

Weintraub Austin, Erica; Bruce E. Pinkleton; *Strategic Public Relations Management. Planing and Managing Effective Communication Programs;* Mahwah/ New Jersey 2006 (2)

Whitehead, Alfred North; *Process and Reality. An Essay in Cosmology;* New York, London 1929

Wilkens, Rainer; *Werbewirkung in der Praxis;* Essen 1994

Wolff, Volker: »Medienwirklichkeit im Wandel – einige Schlaglichter«; in: Rolke, Lothar; Volker, Wolff (Hg.), *Wie die Medien die Wirklichkeit steuern und selber gesteuert werden;* Opladen 1999; S. 23–34

Wright, Georg Henrik von; *Erklären und Verstehen;* Frankfurt/Main 1974

Zedtwitz–Arnim, Georg–Volkmar, *Tu Gutes und rede darüber. Public Relations für die Wirtschaft;* Köln 1978

Index

A

B

C

D

E

J

K

L

M

O

P

Q

R

S

T

U

V

W

Z

Heinz W. Droste

Kommunikations-Strategie:
Analyse-Methode - Lösungs-Findung - Crossmediale Planung

- Taschenbuch: 256 Seiten
- Verlag: Pedion Verlag;
- ISBN-13: 978-3981488258

- Preis: 8,99 Euro

Kommunikations-Profis haben es mit vielfältigen Zielgruppen zu tun. Wichtige Netzwerke zeichnen sich durch individuelles Eigenleben und hohe Eigendynamik aus. Dialoge erfordern deshalb den routinierten Einsatz professioneller klassischer PR-Maßnahmen wie beispielsweise Presse- und Medienarbeit - und mehr: strategisch betriebene Online-Medien und Social Media-Kanäle. In diesem Band »Kommunikations-Strategie« erhalten Leserinnen und Leser - kurz und knapp vorgetragen - die dazu erforderlichen Analyse-Methoden, Kommunikations-Tools und Crossmedialen Strategien.

AGIL – Kommunikation als kreativer Prozess

Heinz W. Droste

AGIL – Kommunikation als kreativer Prozess: Anleitungen, Checklisten, Modelle und Case Stories

- Taschenbuch: 304 Seiten
- Verlag: Pedion Verlag;
- ISBN-13: 978-3981488289

- Preis: 10,99 Euro

Nach der Lektüre von »AGIL« verfügen die Leser über ein Komplett-Paket mit Werkzeugen erfolgreicher Kommunikationsprofis.

Sie profitieren bei zukünftigen Aufgabenstellungen im Bereich Social Media-Marketing, Presse- und Medienarbeit sowie Public Relations, indem sie
- Problem-Konstellationen schneller erfassen und treffender reagieren
- sich zügig in neue Aufgabenstellungen einarbeiten
- ihre Kommunikations-Kompetenzen kontinuierlich weiterentwickeln
- in Krisensituationen wirkungsvollere Lösungsansätze ermitteln
- kreativere und komplexere Kommunikations-Ideen entwickeln
- ihre Arbeit übersichtlicher und überzeugender präsentieren